普通高等教育“十一五”国家级规划教材
“十二五”江苏省高等学校重点教材
中国机械工业教育协会“十四五”普通高等教育规划教材

线性代数

第5版

主编　陈建华
参编　刘金林　魏俊潮

江苏省高等学校重点教材编号：2015-1-035

机械工业出版社

本书根据教育部《高等教育本科线性代数课程教学基本要求》编写而成．全书分6章，前3章为基础部分，介绍行列式、矩阵、向量与线性方程组；后3章为应用提高部分，介绍矩阵相似对角化、二次型及线性空间与线性变换的基础知识．

本书是为普通高等院校非数学专业本科生编写的，内容选择突出精选、够用，语言表达力求通俗易懂，章节安排考虑了不同专业的选用需求．本书也可作为大专院校和成人教育学院的教学参考书，还可供参加自考的广大读者参考．

图书在版编目（CIP）数据

线性代数 / 陈建华主编．—5版．—北京：机械工业出版社，2024.6（2025.6重印）

普通高等教育“十一五”国家级规划教材 “十二五”江苏省高等学校重点教材 中国机械工业教育协会“十四五”普通高等教育规划教材

ISBN 978-7-111-75912-6

Ⅰ.①线… Ⅱ.①陈… Ⅲ.①线性代数-高等学校-教材 Ⅳ.①O151.2

中国国家版本馆CIP数据核字（2024）第105931号

机械工业出版社（北京市百万庄大街22号 邮政编码100037）

策划编辑：韩效杰 责任编辑：韩效杰 汤 嘉

责任校对：张爱妮 张 薇 封面设计：王 旭

责任印制：任维东

北京瑞禾彩色印刷有限公司印刷

2025年6月第5版第3次印刷

184mm×260mm · 17.5印张 · 411千字

标准书号：ISBN 978-7-111-75912-6

定价：54.90元

电话服务

客服电话：010-88361066

010-88379833

010-68326294

网络服务

机 工 官 网：www.cmpbook.com

机 工 官 博：weibo.com/cmp1952

金 书 网：www.golden-book.com

机工教育服务网：www.cmpedu.com

第 5 版前言

人才是第一资源，创新是第一动力．党的二十大报告将教育、科技与人才三者有机结合，强调“教育、科技、人才是全面建设社会主义现代化国家的基础性、战略性支撑”．“用心打造培根铸魂、启智增慧的精品教材”是全面深化课程改革，落实立德树人根本任务的重要组成部分．

本书关注知识应用，内容选择进一步适应大数据时代需求．本书依据教育部《高等教育本科线性代数课程教学基本要求》编写，同时涵盖了硕士研究生入学考试的相关基本要求．内容安排以学生发展为本，落实立德树人，培养学生的科学精神和创新意识，追求学生在认知方式、情感体验、思想境界和实践能力等维度发生实质性的变化，由此达成培养学生在数学抽象、数学推理、数学建模等学科核心素养的高层次发展目标．

本书的特点是：关注学与教的过程，在优化课程结构、突出主线、精选内容的同时，重视知识的精细处理；概念引入、理论分析、方法叙述等的呈现充分体现以学生为中心的教育理念；提供探究型、归纳型或反思型的问题，使部分定理或例题得到预先思考；提供一定的思维空间，鼓励学生用不同的解题方法，发散学生的思维，给学生提供更广阔的空间去发挥想象力和创造力；充分利用好页面边栏，通过增加问题、批注或解释，简明扼要地介绍方法、历史、文化等，为读者架设阅读平台，激发学习热情，培养学习兴趣；调控读者阅读教材的节奏，引导读者完成一些计算或推导，让读者在阅读理解和解决问题两种模式间切换，减少注意力疲劳，同时增强教材的预习功能．

本书尝试引入信息技术，初步实现教材的现代化．本书为读者提供了大量的文字、图片、网页和微视频等教学信息，弘扬数学文化，激发学生的爱国情怀．本书利用出版社的平台，使读者通过扫描二维码实现教与学资源的共享．

江苏省教育厅、机械工业出版社、扬州大学教务处、扬州大学数学科学学院对教材的出版和使用给予了大力支持．本次修订获扬州大学 2022 年精品本科教材建设经费资助．本书的内容取材和编写思想大量吸收了专家学者的观点，在此一并向他们表示衷心的感谢．

限于编者的水平，书中难免存在不足，敬请读者批评、指正．

编　者

第 4 版前言

第 3 版自 2011 年 5 月出版发行以来，由于其内容安排合理，既满足教育部《高等教育本科线性代数课程教学基本要求》和硕士研究生入学考试的基本要求，又具有文字表述流畅、可读性强等特点，受到了读者的肯定．

经过几年的教学实践和教学改革，根据专家、同行的宝贵建议，我们对第 3 版做了进一步修订．本次修订保持了第 3 版的优点与特色，期望更好地适应“大众教育”和应用型本科院校教育改革的需要，更多的是关注学与教的过程．

本书在内容的呈现上充分体现以学生为中心的教育思想，并努力在概念引入、理论分析、方法叙述等方面的呈现上实现创新：（1）充分利用好页面边栏．通过增加问题、批注或解释，简明扼要地介绍方法、历史、文化等，为读者搭建阅读平台，激发学生的学习热情和培养学习兴趣．（2）调控读者阅读教材的节奏．每隔一定的阅读量，就这段内容，通过提供探究型、归纳型或反思型问题，碎化部分定理或例题，为读者提供一定的思维空间．引导读者完成一些计算或推导，让读者在阅读理解和解决问题两种模式间切换，减少注意力疲劳，同时改善教材的预习体验．

本次修订得到了扬州大学出版基金资助，还得到了江苏省教育厅、扬州大学教务处和扬州大学数学科学学院给予的大力支持。机械工业出版社的编辑们对本次修订付出了大量劳动。许多想法取材于专家学者的文献，在此一并表示衷心的感谢．

限于编者的水平，书中难免存在不足，敬请读者批评指正．

编　者

第 3 版前言

第 2 版是我们为普通高等学校非数学专业学生编写的公共数学基础课教材. 第 2 版的内容选择依据教育部《高等教育本科线性代数课程教学基本要求》, 涵盖了硕士研究生入学考试大纲的基本要求, 以矩阵为编写主线, 辅以线性空间. 第 2 版的具体阐述遵循了由浅入深、难点分散的原则, 力争删繁就简, 加强基础. 第 2 版自出版以来, 经几轮使用, 师生的反映较好, 达到了为学生提供专业学习的数学知识准备和帮助学生打下良好的素质、能力基础的目的. 但在纷繁复杂的世界里, 数学的新应用不断被发现, 需要我们及时传达给学生. 伴随着我国高等教育改革的推进, 教材使用者的情况也在不断变化, 需要我们与时俱进, 更好地将线性代数作为有用、有趣的课程讲授给学生.

本次修订的主要内容包括以下两个方面:

首先, 习题编写上做了较大的调整. 从习题的层次看, 根据小节配置练习, 每章再配置习题; 从习题的类型看, 增加了问答题、选择题、判断题等形式的习题; 从习题的数量看, 本书达到第 2 版的两倍以上. 本书给学生提供了更大的可选择空间, 让学生能按照自己的能力和目标接受更合理、科学的训练. 希望在增强习题训练的目的性的同时, 提高习题的教育功能.

其次, 正文增加"历史寻根""方法索引""背景聚焦"等栏目, 介绍一些与线性代数课程相关的数学历史、数学应用知识及重要的数学方法, 为开阔学生眼界、提高学生素养"铺路架桥". 值得注意的是, 这部分内容读懂多少算多少, 可能回过头再看, 自然就能理解, 有的也许还需要查阅其他参考书. 借助于问答题进一步加强代数与几何的联系, 帮助学生体会几何对代数的促进作用.

线性代数是最有用、最有趣的大学数学课程之一. 从某种意义上说, 线性代数是一种语言. 建议同学们用学习外语的方法每天学习这种语言. 本书的习题是为了让读者理解教学内容, 一个显著的特点是数值计算并不复杂. 要透彻理解每一节内容, 必须完成习题. 如果能坚持思考每章的问答题, 对理解课程内容也是很有益的.

本次修订工作得到扬州大学教务处和扬州大学数学科学学院的大力支持. 感谢扬州大学数学科学学院的全体老师, 特别是承担线性代数课程教学任务的老师, 本书的形成、成长离不开他们的支持.

限于编者水平, 书中定有许多不妥之处, 敬请读者指正.

编　者
2010 年 6 月

第 2 版前言

第 1 版自 2002 年出版以来，经几轮使用，师生的反映较好. 第 1 版的内容安排合理，既满足教育部《高等教育本科线性代数课程教学基本要求》，又涵盖了硕士研究生入学考试大纲的基本要求，但也存在许多不足之处.

本次修订，在内容组织上仍以矩阵为编写主线，辅以线性空间. 本书在内容的具体阐述上遵循了由浅入深，难点分散的原则，删繁就简，加强基础；采用“几何观点”和“矩阵方法”并重，贯穿始终，便于读者掌握线性代数主要内容的内在规律；在培养学生能力上，选择最重要、最基本的内容，有利于学生形成扎实的基础，在今后的学习中以不变应万变 . 本书一方面为学生学习提供数学知识准备，另一方面要为学生今后学习打下良好的素质、能力基础.

本次修订的主要内容包括以下几个方面：

1. 侧重于高等学校的理工类专业学生的需要，删去第 1 版第 7 章投入产出的数学模型.
2. 重新选配正文中的部分例题，加以分析，帮助学生理解相关理论.
3. 在习题的编写上，调整部分习题，增强习题的目的性，同时分清层次，让学生能按照自己的能力和目标接受到科学的训练. 增加习题答案，方便学生使用.
4. 增加附录 C，介绍数域和多项式的相关知识.
5. 查、纠教材中遗漏和错误.

此次修订工作得到了机械工业出版社、扬州大学教务处和扬州大学数学科学学院的大力支持. 机械工业出版社郑丹和张继宏两位老师对本书的修订出版做了大量工作，在此我们表示衷心感谢.

由于我们水平有限，书中难免有不妥之处，欢迎读者批评指正.

编　者

2005 年 5 月

第 1 版前言

线性代数是一门重要的基础课，在自然科学、工程技术和管理科学等诸多领域有着广泛的应用. 根据《高等教育本科线性代数课程教学基本要求》，编者结合多年从事线性代数课程教学的体会编写了这本书，其目的是为普通高等学校非数学专业学生提供一本适用面较宽的线性代数教材.

在编写过程中，本书借鉴了国内外许多优秀教材的思想和处理方法，内容上突出精选够用，表达上力求通俗易懂. 根据非数学专业学生使用的需要，本书以矩阵作为贯穿全书的主线，一方面让线性方法得以充分体现，同时有利于学生理解线性代数课程的基本概念和基本原理. 在概念的引入、理论分析和例题演算等环节上尽可能多地反映代数与几何结合的思想，这样可以使学生从几何背景中理解代数概念的来龙去脉，并获得解决问题的启示. 本书重视例题和习题的设计和选配，除了选配巩固课程内容的基本题目，还选配了部分提高题.

本书共 7 章，前 3 章为基础篇，后 4 章为应用提高篇. 根据本科线性代数课程教学基本要求，工科类学生应掌握本书的前 6 章的内容；管理专业、财经专业学生应掌握本书的前 5 章和第 7 章的内容；化学、化工专业和农学专业学生应掌握本书的前 4 章的内容. 开设工程数学（线性代数）课程的专业，学时数为 27 学时的，选讲本教材的前 3 章以及第 4 章的第 2、3 节；学时数为 36 学时的，选讲本教材的前 4 章以及第 5 章的大部分内容. 开设线性代数课程的专业，学时数为 54 学时可讲完前 6 章，或前 5 章和第 7 章. 教师可以根据不同专业和不同教学时数选择有关章节进行教学. 根据现行研究生入学考试的考试大纲，从内容上看，本书的前 6 章覆盖了数学（一）的考试要求，本书的前 5 章覆盖了数学（三）的考试要求，本书的前 4 章覆盖了数学（二）和数学（四）的考试要求.

在编写过程中，中国科学技术大学章璞教授对本书的编写大纲提出了许多宝贵的意见. 扬州大学蔡传仁教授审阅了全书，蒋宏圣副教授校阅了书稿. 机械工业出版社，扬州大学教务处、理学院和数学系对本书的编写出版给予了很大的帮助，在此表示衷心的感谢. 此外，编者从学习代数学到讲授代数课程，始终得到方洪锦教授、蔡传仁教授的指导和扬州大学数学系老师的关心，在此一并表示感谢.

由于编者水平有限，书中内容、体系、结构不当甚至错误在所难免，敬请各位专家、学者不吝赐教，欢迎读者批评指正.

编　者

2002 年 2 月

目录

第 1 章
行 列 式

线性代数是高等学校的一门重要基础课，也是中学代数的继续和发展．行列式是线性代数中主要研究对象方阵的重要数值特征，它在线性代数中起着重要作用．本章介绍行列式的概念、基本性质、计算方法及简单应用．

线性代数是一种数学语言，必须用类似学习外语的方法每天学习这种语言．在线性代数中，概念和计算同样重要，为了掌握线性代数里的概念，必须反复阅读教材．

1.1 行列式的定义

行列式的概念来源于解线性方程组的问题．在初等数学中，为了简化线性方程组解的表达式，引进了二、三阶行列式的概念．作为线性代数的重要工具，在讨论 n 元线性方程组和向量的运算时，需要把行列式推广到 n 阶，即讨论 n 阶行列式的问题．

行列式概念的发明

线性代数应用举例

1.1.1 二阶、三阶行列式

在初等数学中，二元一次方程组

$$\begin{cases} a_{11}x_1+a_{12}x_2=b_1, \\ a_{21}x_1+a_{22}x_2=b_2 \end{cases} \tag{1-1}$$

的解，实际上为平面上两条直线的交点．当这两条直线不平行时，即 $a_{11}a_{22}-a_{12}a_{21}\neq 0$ 时，利用消元法可解得

$$x_1=\frac{b_1a_{22}-b_2a_{12}}{a_{11}a_{22}-a_{12}a_{21}},\quad x_2=\frac{b_2a_{11}-b_1a_{21}}{a_{11}a_{22}-a_{12}a_{21}},$$

为了便于记忆上述解的公式，引进记号

$$D=\begin{vmatrix} a_{11} & a_{12} \\ a_{21} & a_{22} \end{vmatrix}=a_{11}a_{22}-a_{12}a_{21},$$

并称之为二阶行列式．利用二阶行列式的概念，方程组(1-1)的解可以表示为

二阶行列式 $D_1=\begin{vmatrix} a_{11} & a_{12} \\ a_{21} & a_{22} \end{vmatrix}$ 是 oxy 平面上以向量 $\boldsymbol{\alpha}_1=\begin{pmatrix} a_{11} \\ a_{12} \end{pmatrix}$，$\boldsymbol{\alpha}_2=\begin{pmatrix} a_{12} \\ a_{22} \end{pmatrix}$ 为邻边的平行四边形的有向面积，从 $\boldsymbol{\alpha}_1$ 到 $\boldsymbol{\alpha}_2$ 逆(顺)时针方向排列为正(负).

$$x_1=\frac{D_1}{D},\ x_2=\frac{D_2}{D},$$

其中 $D_1=\begin{vmatrix} b_1 & a_{12} \\ b_2 & a_{22} \end{vmatrix}$，$D_2=\begin{vmatrix} a_{11} & b_1 \\ a_{21} & b_2 \end{vmatrix}$.

例 1-1 解线性方程组 $\begin{cases} \cos\theta \cdot x-\sin\theta \cdot y=1, \\ \sin\theta \cdot x+\cos\theta \cdot y=1, \end{cases}$ 并讨论解的几何意义.

解 计算二阶行列式

$$D=\begin{vmatrix} \cos\theta & -\sin\theta \\ \sin\theta & \cos\theta \end{vmatrix}=1\neq 0,$$

而

$$D_1=\begin{vmatrix} 1 & -\sin\theta \\ 1 & \cos\theta \end{vmatrix}=\cos\theta+\sin\theta,$$

$$D_2=\begin{vmatrix} \cos\theta & 1 \\ \sin\theta & 1 \end{vmatrix}=\cos\theta-\sin\theta,$$

所以两直线的交点

$$x=\frac{D_1}{D}=\cos\theta+\sin\theta,\ y=\frac{D_2}{D}=\cos\theta-\sin\theta.$$

几何意义可以理解为 $P(\cos\theta+\sin\theta, \cos\theta-\sin\theta)$ 是方程对应的两直线的交点.

几何直观是获得对数学深度理解的依托. 你能够说明三阶行列式的几何意义吗?

三阶行列式的几何意义

对于含有三个未知量的线性方程组

$$\begin{cases} a_{11}x_1+a_{12}x_2+a_{13}x_3=b_1, \\ a_{21}x_1+a_{22}x_2+a_{23}x_3=b_2, \\ a_{31}x_1+a_{32}x_2+a_{33}x_3=b_3, \end{cases} \tag{1-2}$$

可以进行类似的讨论. 由此引进记号

$$\begin{vmatrix} a_{11} & a_{12} & a_{13} \\ a_{21} & a_{22} & a_{23} \\ a_{31} & a_{32} & a_{33} \end{vmatrix}=a_{11}a_{22}a_{33}+a_{12}a_{23}a_{31}+a_{13}a_{21}a_{32}-$$
$$a_{13}a_{22}a_{31}-a_{12}a_{21}a_{33}-a_{11}a_{23}a_{32},$$

并称之为 3 阶行列式. 行列式中的横排、纵排分别称为它的行和列. 行列式中的数，称为行列式的元素. 每个元素有两个下标，第一个下标表示它所在的行，称为行指标；第二个下标表示它所在的列，称为列指标，如 a_{12} 就是位于第 1 行，第 2 列的元素. 2、3 阶行列式展开式中的数利用对角线法则来记忆(见图 1-1).

对角线法则只适用于二、三阶行列式. 理解什么是行、列及 (i, j) 对应位置的元素 a_{ij}.

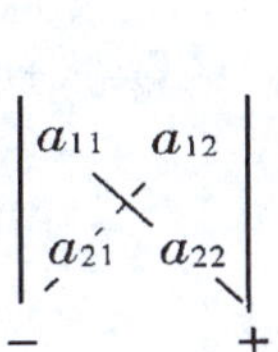

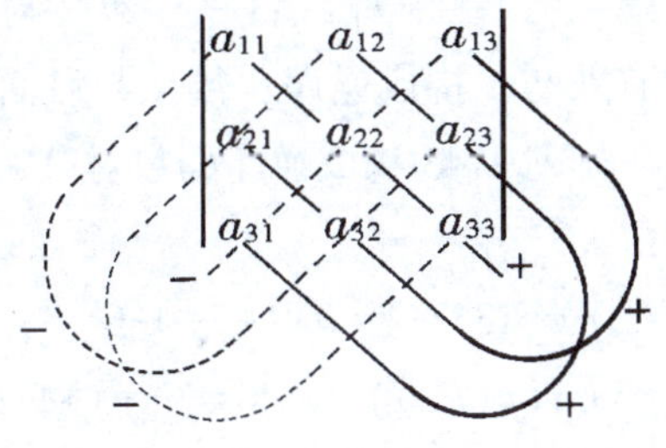

图 1-1

例 1-2

计算行列式 $D=\begin{vmatrix} 1 & 2 & 3 \\ 4 & 0 & 5 \\ -1 & 0 & 6 \end{vmatrix}$.

解 $D=1\times0\times6+2\times5\times(-1)+3\times4\times0-$
$1\times5\times0-2\times4\times6-3\times0\times(-1)$
$=-10-48=-58.$

从 2、3 阶行列式的定义可以看出，行列式的值是一些“项”的代数和．例如在 3 阶行列式中，每一项都是 3 个数的连乘积，而且这三个数取自 3 阶行列式的不同的行与不同的列，总项数以及每一项相应的符号，则与其下标的排列有关. 为了揭示 2、3 阶行列式的结构规律，将行列式的概念推广到 n 阶，先简单介绍一些有关排列的基本知识.

1.1.2 数码的排列

n 个数码 1，2，…，n 组成的有序数组称为一个 n 元排列．n 元排列的一般形式可表示为 i_1，i_2，…，i_n，其中 $i_k(1\leqslant k\leqslant n)$ 为数 1，2，…，n 中的某一个数，且互不相同，而 $i_k(1\leqslant k\leqslant n)$ 的下标 k 表示 i_k 在 n 元排列中的第 k 个位置上．如 312 和 634521 分别为三元和六元排列，在排列 312 中，$i_1=3$，$i_2=1$，$i_3=2$. 众所周知，n 个数码 1，2，…，n 组成的全部排列总数为 $n!$. 例如自然数 1，2，3 可组成 $3!=6$ 个排列.

> 本课程的排列特指由 1 到 n 个不重复、不遗漏数码排成的一个有序数组.

定义 1-1　在排列 $i_1\cdots i_s\cdots i_t\cdots i_n$ 中，如果 $i_s>i_t$，称这两个数构成一个逆序．排列 $i_1i_2\cdots i_n$ 中逆序的总个数称为该排列的**逆序数**，记为 $\tau(i_1i_2\cdots i_n)$.

例 1-3　求下列排列的逆序数：

(1) 2143；(2) 13524；(3) $n(n-1)\cdots 21$；

(4) $135\cdots(2n-1)246\cdots(2n)$.

解 (1)在排列 2143 中，数 2 与后面的 1 构成逆序；数 1 后面没有数与 1 构成逆序；数 4 与后面的 3 构成逆序；数 3 排在最后面．排列 2143 构成逆序的数对有 21，43. 故 $\tau(2143)=1+0+1+0=2$；

(2) $\tau(13524)=0+1+2+0+0=3$；

(3) $\tau(n(n-1)\cdots 21)=(n-1)+(n-2)+\cdots+2+1$

$$=\frac{n(n-1)}{2};$$

(4)所给排列中 1，3，5，…，$(2n-1)$的逆序个数为 0，2，4，6，…，$(2n)$的逆序个数也为 0，故只要计算其余数的逆序个数.

$$\tau(135\cdots(2n-1)246\cdots(2n))=1+2+\cdots+(n-1)=\frac{n(n-1)}{2}.$$

排列 $12\cdots(n-1)n$ 具有自然顺序，称为自然排列.

定义 1-2 一个排列的逆序数为偶数时，称它为**偶排列**；一个排列的逆序数为奇数时，称它为**奇排列**.

排列 23154 的逆序数 $\tau(23154)=3$，为奇排列，而排列 23451 的逆序数 $\tau(23451)=4$，为偶排列．排列 $n(n-1)\cdots 21$ 的逆序数为 $\frac{1}{2}n(n-1)$，当 $n=4k$ 或 $4k+1$ 时，为偶排列，当 $n=4k+2$ 或 $4k+3$ 时，为奇排列.

例 1-4 由 1，2，3 这三个数码组成的三元排列共有 $3!=6$ 个，这 6 个排列及其奇偶性如下表所示：

排列	逆序数	排列的奇偶性
123	0	偶排列
132	1	奇排列
213	1	奇排列
231	2	偶排列
312	2	偶排列
321	3	奇排列

学习建议

在一个排列 $i_1\cdots i_s\cdots i_t\cdots i_n$ 中，如果将两个数码 i_s 与 i_t 对调，其余的数码不变而得到另一个新排列 $i_1\cdots i_t\cdots i_s\cdots i_n$，这样的变换叫作一个对换，记为$(i_s, i_t)$.

如，对排列 21354 施以对换(1,4)后得到排列 24351.

定理 1-1 对换改变排列的奇偶性.

对换相邻数码情形.

证明 首先讨论对换相邻数码的特殊情形. 设排列为 $AijB$，其中 A，B 表示除了 i，j 两个数码外的其余数码，经过对换 (i,j)，变为新排列 $AjiB$. 比较上面两个排列中的逆序关系，显然 A，B 中数码的次序没有改变，i，j 与 A，B 中数码的次序也没有改变，仅仅改变了 i 与 j 的次序，因此，新排列仅比原排列增加了一个逆序(当 $i<j$ 时)，或减少了一个逆序(当 $i>j$ 时)，所以对换后排列与原排列的奇偶性相反.

一般情形化归.

现在看一般情形. 设排列为 $Aik_1k_2\cdots k_s jB$，经过对换 (i,j)，变为新排列 $Ajk_1k_2\cdots k_s iB$. 新排列可以由原排列将数码 i 依次与 k_1，k_2，…，k_s，j 做 $s+1$ 次相邻数码的对换，变为 $Ak_1k_2\cdots k_s jiB$，再将 j 依次与 k_s，…，k_2，k_1 做 s 次相邻数码的对换，变为 $Ajk_1k_2\cdots k_s iB$，即可以由原排列经过 $2s+1$ 相邻数码的对换得到. 由前面的讨论可知，它改变了奇数次奇偶性，所以它们的奇偶性相反. 证毕.

思考：设排列 $i_1i_2\cdots i_n$ 的逆序数为 I，则排列 $i_ni_{n-1}\cdots i_2i_1$ 的逆序数是多少？

思考题答案

定理 1-2 全体 $n(n>1)$ 元排列的集合中，奇、偶排列各占一半.

证明 n 个数码 1，2，…，n 组成的全部排列总数为 $n!$，设其中奇排列为 p 个，偶排列为 q 个. 设想将每一个奇排列施以相同的对换，如 $(1,2)$，则由定理 1-1 可知，p 个奇排列全部变为偶排列，于是 $p\leqslant q$；同理如果将全部偶排列施以相同的对换，如 $(1,2)$，则 q 个偶排列全部变为奇排列，于是 $q\leqslant p$，所以 $p=q$. 证毕.

推论 任意一个排列都可以经过一定次数的对换，变成自然排列，且奇排列变成自然排列的对换次数为奇数，偶排列变成自然排列的对换次数为偶数.

1.1.3 *n* 阶行列式的定义

有了排列的逆序数和奇偶性的概念，我们观察 2、3 阶行列式的“项”的构成. 每一项的正、负号及项数，它们可分别表示为

请关注 2、3 阶行列式展开式中项数、各项的构成及其符号，它们是行列式的本质.

$$\begin{vmatrix} a_{11} & a_{12} \\ a_{21} & a_{22} \end{vmatrix} = \sum_{j_1j_2} (-1)^{\tau(j_1j_2)} a_{1j_1}a_{2j_2},$$

$$\begin{vmatrix} a_{11} & a_{12} & a_{13} \\ a_{21} & a_{22} & a_{23} \\ a_{31} & a_{32} & a_{33} \end{vmatrix} = \sum_{j_1j_2j_3}(-1)^{\tau(j_1j_2j_3)}a_{1j_1}a_{2j_2}a_{3j_3}.$$

这里 $\sum\limits_{j_1j_2}$ 表示对1，2这两个数所有排列 j_1j_2（2项）求和，$\sum\limits_{j_1j_2j_3}$ 表示对1，2，3三个数的所有排列 $j_1j_2j_3$（6项）求和.

类似地，根据这个规律，可推广2阶、3阶行列式的概念，定义 n 阶行列式.

行列式是一个算式，把 n^2 个元素按照一定的法则进行运算，结果称为行列式的值. 用解析式表达行列式简洁明了，便于计算行列式的值和推导行列式的性质.

关于行列式概念的理解

定义 1-3 n^2 个数 $a_{ij}(i,j=1,2,\cdots,n)$ 组成的符号

$$\begin{vmatrix} a_{11} & a_{12} & \cdots & a_{1n} \\ a_{21} & a_{22} & \cdots & a_{2n} \\ \vdots & \vdots & & \vdots \\ a_{n1} & a_{n2} & \cdots & a_{nn} \end{vmatrix}$$

称为 n **阶行列式**，其中横排、纵排分别称为它的**行**和**列**. 它表示所有可能取自不同的行、不同的列的 n 个元素乘积的代数和，各项的符号确定方法是：当这一项中元素的行标按自然顺序排列后，如果对应的列标构成的排列是偶排列则取正号，是奇排列则取负号. 因此 n 阶行列式表示的数为

$$\sum_{j_1j_2\cdots j_n}(-1)^{\tau(j_1j_2\cdots j_n)}a_{1j_1}a_{2j_2}\cdots a_{nj_n}$$

其中 $(-1)^{\tau(j_1j_2\cdots j_n)}a_{1j_1}a_{2j_2}\cdots a_{nj_n}$ 称为 n 阶行列式的一般项，$\sum\limits_{j_1j_2\cdots j_n}$ 表示对所有 n 元排列求和，简记为 $|a_{ij}|_{n\times n}$.

微课视频：行列式的定义

根据行列式的定义，在5阶行列式中，$a_{14}a_{25}a_{31}a_{43}a_{52}$ 因行标排列是自然顺序，而 $\tau(45132)=7$，故该项所带的符号为“-”. 由行列式的定义可知4阶行列式共24项，因此不能用对角线法则计算.

特别地，规定一阶行列式 $|a_{11}|$ 就是 a_{11}（注意与绝对值的区别）.

例 1-5 计算行列式

$$D=\begin{vmatrix} a_{11} & a_{12} & a_{13} & \cdots & a_{1n} \\ 0 & a_{22} & a_{23} & \cdots & a_{2n} \\ 0 & 0 & a_{33} & \cdots & a_{3n} \\ \vdots & \vdots & \vdots & & \vdots \\ 0 & 0 & 0 & \cdots & a_{nn} \end{vmatrix}$$

其中 $a_{ii}\neq 0$，$(i=1,2,\cdots,n)$.

解 行列式 D 的一般项为 $(-1)^{\tau(j_1j_2\cdots j_n)}a_{1j_1}a_{2j_2}\cdots a_{nj_n}$. 一般项中最后一个元素 a_{nj_n} 取自第 n 行，但第 n 行中只有一个元素 a_{nn} 不为零，因而 $j_n=n$，即行列式中除了含 a_{nn} 的那些项外，其余项均为零. 一般项中，倒数第二个元素 $a_{n-1,j_{n-1}}$ 取自第 $n-1$ 行，但第 $n-1$ 行中只有两个元素 $a_{n-1,n-1}$ 和 $a_{n-1,n}$ 不为零，而 a_{nn} 取自第 n 行第 n 列，因此 $a_{n-1,n}$ 在这一项中不能再取，即行列式中只有含 $a_{n-1,n-1}$，a_{nn} 的项不为零，其余均为零，由类似讨论可知不为零的项只有 $a_{11}a_{22}\cdots a_{nn}$. 由于 $\tau(12\cdots n)=0$，这一项取正号，故

$$\begin{vmatrix} a_{11} & a_{12} & a_{13} & \cdots & a_{1n} \\ 0 & a_{22} & a_{23} & \cdots & a_{2n} \\ 0 & 0 & a_{33} & \cdots & a_{3n} \\ \vdots & \vdots & \vdots & & \vdots \\ 0 & 0 & 0 & \cdots & a_{nn} \end{vmatrix}=a_{11}a_{22}\cdots a_{nn}. \tag{1-3}$$

类似地

$$\begin{vmatrix} a_{11} & 0 & 0 & \cdots & 0 \\ a_{21} & a_{22} & 0 & \cdots & 0 \\ a_{31} & a_{32} & a_{33} & \cdots & 0 \\ \vdots & \vdots & \vdots & & \vdots \\ a_{n1} & a_{n2} & a_{n3} & \cdots & a_{nn} \end{vmatrix}=a_{11}a_{22}\cdots a_{nn}. \tag{1-4}$$

特别地

$$\begin{vmatrix} a_{11} & & & & \\ & a_{22} & & & \\ & & a_{33} & & \\ & & & \ddots & \\ & & & & a_{nn} \end{vmatrix}=a_{11}a_{22}\cdots a_{nn}. \tag{1-5}$$

上述式(1-3)、式(1-4)和式(1-5)中的行列式分别称为上、下三角形行列式和对角形行列式.

由行列式的定义不难得出：如果行列式中有一行(或一列)的元素全为零，则此行列式的值为零.

关于 n 阶行列式定义的表达式可等价地表示为

$$\sum_{i_1i_2\cdots i_n}(-1)^{\tau(i_1i_2\cdots i_n)}a_{i_11}a_{i_22}\cdots a_{i_nn}, \tag{1-6}$$

或

$$\sum(-1)^{\tau(i_1i_2\cdots i_n)+\tau(j_1j_2\cdots j_n)}a_{i_1j_1}a_{i_2j_2}\cdots a_{i_nj_n}. \tag{1-7}$$

利用排列对换的性质不难证明式(1-6)和式(1-7)，请读者自

已完成.

例 1-6　设$(-1)^{\tau(i432k)+\tau(52j14)}a_{i5}a_{42}a_{3j}a_{21}a_{k4}$为5阶行列式中的一项，求$i$、$j$、$k$的值，并确定该项的符号.

解　由行列式的定义知，每一项中的元素取自不同的行不同的列，故$j=3$，$i=1$，$k=5$或$j=3$，$i=5$，$k=1$.

当$j=3$，$i=1$，$k=5$时，$\tau(14325)+\tau(52314)=9$，该项取负号.

当$j=3$，$i=5$，$k=1$时，由对换的性质知该项取正号.

图 1-2　关孝和（约 1642—1708）

历史寻根：行列式

行列式概念是人们在研究线性方程组的求解过程中逐步产生的，它最早是一种速记的表达式，现在已经是数学中一种非常有用的工具. 行列式是由莱布尼茨和日本数学家关孝和发明的. 1683 年，日本数学家关孝和（Seki Kowa，约 1642—1708）在其著作《解伏题之法》中首先提出了行列式的概念与算法，介绍了它的展开方法. 1693 年 4 月，德国数学家莱布尼茨（Leibniz，1646—1716）在写给法国数学家洛必达（L'Hospital，1661—1704）的一封信中使用并给出了行列式，指出了线性方程组的系数行列式为零的条件. 现在所用的"行列式"一词则是法国数学家柯西（Cauchy，1789—1857）于 1812 年给出的. 柯西在一篇论文中给出了行列式的第一个系统的、几乎是近代的处理，其中主要结果之一是行列式的乘法定理.

习题 1.1

部分习题详解

1. 计算下列排列的逆序数：

(1) 41325；　　(2) $n123\cdots(n-1)$；

(3) 35412；　　(4) $(n-1)(n-2)\cdots321n$.

2. 计算行列式：

(1) $\begin{vmatrix} \dfrac{\sqrt{2}}{2} & \dfrac{\sqrt{2}}{2} \\ \dfrac{\sqrt{2}}{2} & -\dfrac{\sqrt{2}}{2} \end{vmatrix}$；　　(2) $\begin{vmatrix} 1 & 2 & 3 \\ 3 & 1 & 2 \\ 2 & 3 & 1 \end{vmatrix}$；

(3) $\begin{vmatrix} 1 & 2 & 5 \\ 3 & 4 & 5 \\ 0 & 0 & 4 \end{vmatrix}$；　　(4) $\begin{vmatrix} a & 0 & 0 & 0 \\ 0 & 0 & b & 0 \\ 0 & c & 0 & 0 \\ 0 & 0 & 0 & d \end{vmatrix}$.

3. 写出4阶行列式中含 $a_{12}a_{34}$ 的所有项.

4. 证明等式：$\begin{vmatrix} a_1 & a_2 & a_3 \\ b_1 & b_2 & b_3 \\ c_1 & c_2 & c_3 \end{vmatrix} = a_1\begin{vmatrix} b_2 & b_3 \\ c_2 & c_3 \end{vmatrix} - a_2\begin{vmatrix} b_1 & b_3 \\ c_1 & c_3 \end{vmatrix} + a_3\begin{vmatrix} b_1 & b_2 \\ c_1 & c_2 \end{vmatrix}$.

5. 解方程：$\begin{vmatrix} 3 & 1 & x \\ 4 & x & 0 \\ 1 & 0 & x \end{vmatrix} = 0$.

6. 设 n 阶行列式中有 n^2-n 个以上的元素为零，证明：该行列式为零.

1.2 行列式的性质

用行列式的定义直接计算行列式的值，常是十分费事的，仅从项数来看，n 阶行列式共 $n!$ 项，每一项要做 $n-1$ 次乘法运算，就需要做 $(n-1)n!$ 次乘法运算，当 n 较大时，乘法次数将是一个惊人的数字．本节我们将推导行列式的一些性质，通过它们可使行列式的计算在许多情况下大为简化．

定义 1-4 设

$$D = \begin{vmatrix} a_{11} & a_{12} & \cdots & a_{1n} \\ a_{21} & a_{22} & \cdots & a_{2n} \\ \vdots & \vdots & & \vdots \\ a_{n1} & a_{n2} & \cdots & a_{nn} \end{vmatrix},$$

把 D 的行与列互换，得到新的行列式，记为

$$D^{\mathrm{T}} = \begin{vmatrix} a_{11} & a_{21} & \cdots & a_{n1} \\ a_{12} & a_{22} & \cdots & a_{n2} \\ \vdots & \vdots & & \vdots \\ a_{1n} & a_{2n} & \cdots & a_{nn} \end{vmatrix},$$

称 D^{T} 为 D 的**转置行列式**. 显然 $(D^{\mathrm{T}})^{\mathrm{T}} = D$.

性质 1 行列式与它的转置行列式相等，即

$$\begin{vmatrix} a_{11} & a_{21} & \cdots & a_{n1} \\ a_{12} & a_{22} & \cdots & a_{n2} \\ \vdots & \vdots & & \vdots \\ a_{1n} & a_{2n} & \cdots & a_{nn} \end{vmatrix} = \begin{vmatrix} a_{11} & a_{12} & \cdots & a_{1n} \\ a_{21} & a_{22} & \cdots & a_{2n} \\ \vdots & \vdots & & \vdots \\ a_{n1} & a_{n2} & \cdots & a_{nn} \end{vmatrix}.$$

证明 由行列式的定义及式(1-6)立即可得. 证毕.

性质1表明行列式中行与列的地位是对称的，性质1也可叙述为行列式行列互换，其值不变，记为 $D^{\mathrm{T}}=D$.

性质2 交换行列式的两行，行列式变号，即

$$\begin{vmatrix} a_{11} & a_{12} & \cdots & a_{1n} \\ \vdots & \vdots & & \vdots \\ a_{i1} & a_{i2} & \cdots & a_{in} \\ \vdots & \vdots & & \vdots \\ a_{s1} & a_{s2} & \cdots & a_{sn} \\ \vdots & \vdots & & \vdots \\ a_{n1} & a_{n2} & \cdots & a_{nn} \end{vmatrix} = - \begin{vmatrix} a_{11} & a_{12} & \cdots & a_{1n} \\ \vdots & \vdots & & \vdots \\ a_{s1} & a_{s2} & \cdots & a_{sn} \\ \vdots & \vdots & & \vdots \\ a_{i1} & a_{i2} & \cdots & a_{in} \\ \vdots & \vdots & & \vdots \\ a_{n1} & a_{n2} & \cdots & a_{nn} \end{vmatrix}.$$

证明 乘积项 $a_{1j_1}\cdots a_{ij_i}\cdots a_{sj_s}\cdots a_{nj_n}$ 既是等式左边，又是右边的项，且一一对应. 考察它在等式两边行列式中的符号. 它在左边行列式中的符号是 $(-1)^{\tau(1\cdots i\cdots s\cdots n)+\tau(j_1\cdots j_i\cdots j_s\cdots j_n)}$，而在右边行列式中的符号为 $(-1)^{\tau(1\cdots i\cdots s\cdots i\cdots n)+\tau(j_1\cdots j_i\cdots j_s\cdots j_n)}$，故性质2成立.

证毕.

推论 如果行列式有两行(或列)相同，那么行列式的值为零.

证明 设行列式 D 的第 i 行与第 j 行($i\neq j$)相同，由性质2可知，交换这两行后，行列式改变符号，所以新行列式等于 $-D$. 另一方面，交换相同的两行，行列式并没有改变. 由此可得 $D=-D$，即 $2D=0$，所以 $D=0$.

性质3行列式的某一列中所有的元素都乘以同一个数 k，等于用数 k 乘此行列式，其几何意义见图1-3. 设 $D=\begin{vmatrix} a_{11} & a_{12} \\ a_{21} & a_{22} \end{vmatrix}$，记 $\boldsymbol{\alpha}_1=\begin{pmatrix} a_{11} \\ a_{21} \end{pmatrix}$，$\boldsymbol{\alpha}_2=\begin{pmatrix} a_{12} \\ a_{22} \end{pmatrix}$，则

$$\begin{vmatrix} ka_{11} & a_{12} \\ ka_{21} & a_{22} \end{vmatrix}=k\begin{vmatrix} a_{11} & a_{12} \\ a_{21} & a_{22} \end{vmatrix}=kD.$$

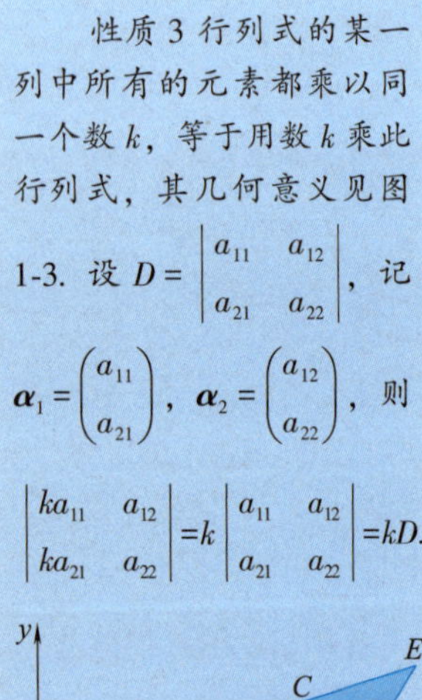

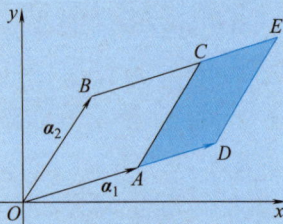

图1-3 数乘行列式几何解释

性质3 行列式的某行所有元素的公因子可以提到行列式符号的外边，即

$$\begin{vmatrix} a_{11} & a_{12} & \cdots & a_{1n} \\ \vdots & \vdots & & \vdots \\ ka_{i1} & ka_{i2} & \cdots & ka_{in} \\ \vdots & \vdots & & \vdots \\ a_{n1} & a_{n2} & \cdots & a_{nn} \end{vmatrix} = k \begin{vmatrix} a_{11} & a_{12} & \cdots & a_{1n} \\ \vdots & \vdots & & \vdots \\ a_{i1} & a_{i2} & \cdots & a_{in} \\ \vdots & \vdots & & \vdots \\ a_{n1} & a_{n2} & \cdots & a_{nn} \end{vmatrix}.$$

证明

$$\text{左边}=\sum_{j_1\cdots j_i\cdots j_n}(-1)^{\tau(j_1\cdots j_i\cdots j_n)}a_{1j_1}\cdots(ka_{ij_i})\cdots a_{nj_n}$$
$$=k\sum_{j_1\cdots j_i\cdots j_n}(-1)^{\tau(j_1\cdots j_i\cdots j_n)}a_{1j_1}\cdots a_{ij_i}\cdots a_{nj_n}$$
$$=\text{右边}.$$

证毕.

推论1　数 k 乘以行列式等于数 k 乘以行列式的某一行.

推论2　如果行列式的某两行的对应元素成比例，则行列式的值为零.

性质4　行列式的某行的元素都是两数之和，则该行列式等于两个行列式之和，即

$$\begin{vmatrix} a_{11} & a_{12} & \cdots & a_{1n} \\ \vdots & \vdots & & \vdots \\ b_{i1}+c_{i1} & b_{i2}+c_{i2} & \cdots & b_{in}+c_{in} \\ \vdots & \vdots & & \vdots \\ a_{n1} & a_{n2} & \cdots & a_{nn} \end{vmatrix}$$
$$=\begin{vmatrix} a_{11} & a_{12} & \cdots & a_{1n} \\ \vdots & \vdots & & \vdots \\ b_{i1} & b_{i2} & \cdots & b_{in} \\ \vdots & \vdots & & \vdots \\ a_{n1} & a_{n2} & \cdots & a_{nn} \end{vmatrix}+\begin{vmatrix} a_{11} & a_{12} & \cdots & a_{1n} \\ \vdots & \vdots & & \vdots \\ c_{i1} & c_{i2} & \cdots & c_{in} \\ \vdots & \vdots & & \vdots \\ a_{n1} & a_{n2} & \cdots & a_{nn} \end{vmatrix}.$$

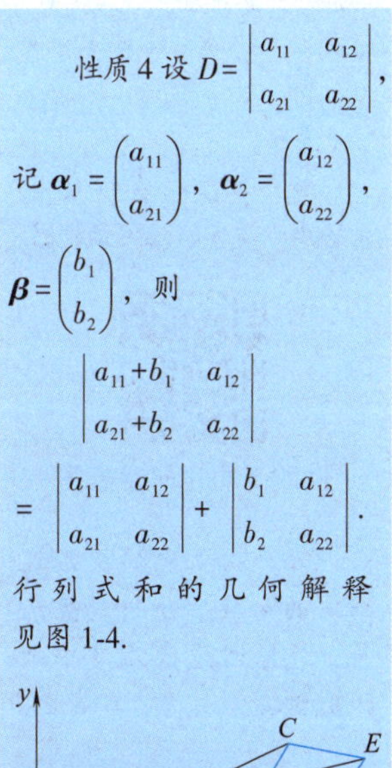

性质4设 $D=\begin{vmatrix} a_{11} & a_{12} \\ a_{21} & a_{22} \end{vmatrix}$，记 $\boldsymbol{\alpha}_1=\begin{pmatrix} a_{11} \\ a_{21} \end{pmatrix}$，$\boldsymbol{\alpha}_2=\begin{pmatrix} a_{12} \\ a_{22} \end{pmatrix}$，$\boldsymbol{\beta}=\begin{pmatrix} b_1 \\ b_2 \end{pmatrix}$，则

$$\begin{vmatrix} a_{11}+b_1 & a_{12} \\ a_{21}+b_2 & a_{22} \end{vmatrix}=\begin{vmatrix} a_{11} & a_{12} \\ a_{21} & a_{22} \end{vmatrix}+\begin{vmatrix} b_1 & a_{12} \\ b_2 & a_{22} \end{vmatrix}.$$

行列式和的几何解释见图1-4.

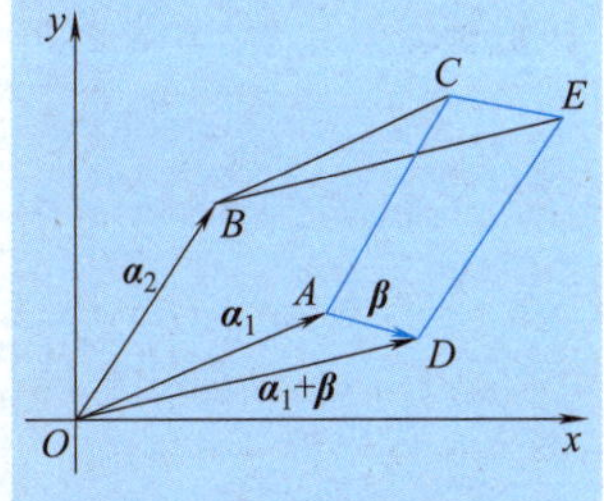

图1-4　行列式和的几何解释

证明

$$\text{左边}=\sum_{j_1\cdots j_i\cdots j_n}(-1)^{\tau(j_1\cdots j_i\cdots j_n)}a_{1j_1}\cdots(b_{ij_i}+c_{ij_i})\cdots a_{nj_n}$$
$$=\sum_{j_1\cdots j_i\cdots j_n}(-1)^{\tau(j_1\cdots j_i\cdots j_n)}a_{1j_1}\cdots b_{ij_i}\cdots a_{nj_n}+$$
$$\sum_{j_1\cdots j_i\cdots j_n}(-1)^{\tau(j_1\cdots j_i\cdots j_n)}a_{1j_1}\cdots c_{ij_i}\cdots a_{nj_n}$$
$$=\text{右边}.$$

证毕.

性质3与性质4说明行列式关于它的一行是线性的. 注意利用

性质 4 每次只能分拆一行. 如

$$\begin{vmatrix} a_1+a_2 & b_1+b_2 \\ c_1+c_2 & d_1+d_2 \end{vmatrix} = \begin{vmatrix} a_1 & b_1+b_2 \\ c_1 & d_1+d_2 \end{vmatrix} + \begin{vmatrix} a_2 & b_1+b_2 \\ c_2 & d_1+d_2 \end{vmatrix} = \begin{vmatrix} a_1 & b_1 \\ c_1 & d_1 \end{vmatrix} + \begin{vmatrix} a_1 & b_2 \\ c_1 & d_2 \end{vmatrix} + \begin{vmatrix} a_2 & b_1 \\ c_2 & d_1 \end{vmatrix} + \begin{vmatrix} a_2 & b_2 \\ c_2 & d_2 \end{vmatrix}.$$

性质 5 通常被称为倍加不变性. 运用该性质, 第 i 行的 k 倍加到第 j 行时, 特别注意, 第 i 行元素是不变的.

模仿性质 3 和性质 4, 请给出性质 5 的几何示意图.

性质 5 的几何示意图

行列式性质的使用过程中的对换、分拆或叠加等, 就像团体操表演中的队形变换.

性质 5 行列式的某行元素的 k 倍对应地加到另一行, 行列式的值不变, 即

$$\begin{vmatrix} a_{11} & a_{12} & \cdots & a_{1n} \\ \vdots & \vdots & & \vdots \\ a_{i1} & a_{i2} & \cdots & a_{in} \\ \vdots & \vdots & & \vdots \\ ka_{i1}+a_{s1} & ka_{i2}+a_{s2} & \cdots & ka_{in}+a_{sn} \\ \vdots & \vdots & & \vdots \\ a_{n1} & a_{n2} & \cdots & a_{nn} \end{vmatrix} = \begin{vmatrix} a_{11} & a_{12} & \cdots & a_{1n} \\ \vdots & \vdots & & \vdots \\ a_{i1} & a_{i2} & \cdots & a_{in} \\ \vdots & \vdots & & \vdots \\ a_{s1} & a_{s2} & \cdots & a_{sn} \\ \vdots & \vdots & & \vdots \\ a_{n1} & a_{n2} & \cdots & a_{nn} \end{vmatrix}.$$

证明 利用性质 4 将上式左边行列式按第 s 行拆成两个行列式之和, 再由性质 3 的推论 2 可知结论成立. 证毕.

性质 5 在简化行列式的计算中经常用到. 使用性质 5 时, 要注意只有被加行变化, 其余各行不变.

性质 2~性质 5 是对行性质而言的. 由性质 1 知这些性质对列均成立.

在行列式的计算中采用下列记号:

$r_i \leftrightarrow r_j$——互换第 i 行与第 j 行, $c_i \leftrightarrow c_j$——互换第 i 列与第 j 列; $r_i(k)$——第 i 行的 k 倍, $c_i(k)$——第 i 列的 k 倍; r_i+kr_j——将第 j 行的 k 倍加到第 i 行上去; c_i+kc_j——将第 j 列的 k 倍加到第 i 列上去.

例 1-7 计算行列式

$$D=\begin{vmatrix} 3 & 1 & -1 & 2 \\ -5 & 1 & 3 & -4 \\ 2 & 0 & 1 & -1 \\ 1 & -5 & 3 & -3 \end{vmatrix}.$$

解 $D\xlongequal{c_1\leftrightarrow c_2}-\begin{vmatrix}1&3&-1&2\\1&-5&3&-4\\0&2&1&-1\\-5&1&3&-3\end{vmatrix}$

$\xlongequal[r_4+5r_1]{r_2+(-1)r_1}-\begin{vmatrix}1&3&-1&2\\0&-8&4&-6\\0&2&1&-1\\0&16&-2&7\end{vmatrix}$

$\xlongequal{r_2\leftrightarrow r_3}\begin{vmatrix}1&3&-1&2\\0&2&1&-1\\0&-8&4&-6\\0&16&-2&7\end{vmatrix}$

$\xlongequal[r_4+(-8)r_2]{r_3+4r_2}\begin{vmatrix}1&3&-1&2\\0&2&1&-1\\0&0&8&-10\\0&0&-10&15\end{vmatrix}$

$\xlongequal{r_4+\frac{5}{4}r_3}\begin{vmatrix}1&3&-1&2\\0&2&1&-1\\0&0&8&-10\\0&0&0&\dfrac{5}{2}\end{vmatrix}$

$=40.$

利用性质将(1,1)位置换成1或−1的目的是利用倍加性质时更容易处理.

你注意到又做了一次行的交换吗?

利用性质将行列式化成比较简单且易于计算的行列式(如上三角形行列式)是计算行列式的两个基本方法之一.

例 1-8 计算行列式

$$D=\begin{vmatrix}1&2&3&4\\2&3&4&5\\5&6&7&8\\6&7&8&9\end{vmatrix}.$$

解 $D\xlongequal[r_4+(-1)r_3]{r_2+(-1)r_1}\begin{vmatrix}1&2&3&4\\1&1&1&1\\5&6&7&8\\1&1&1&1\end{vmatrix}=0.$

例 1-9 证明:

$$D_n=\begin{vmatrix}a&b&b&\cdots&b\\b&a&b&\cdots&b\\b&b&a&\cdots&b\\\vdots&\vdots&\vdots&&\vdots\\b&b&b&\cdots&a\end{vmatrix}=[a+(n-1)b](a-b)^{n-1}.$$

这是一个非常有用的行列式,且该行列式的计算方法也是很典型的.

思考：关注每行元素之和相等了吗？能找到行列式的一个因数吗？如何使用行列式性质获得该因数？接下来，你能继续化成上三角形行列式吗？

证明

$$D_n \xlongequal[i=2,\cdots,n]{c_1+c_i} \begin{vmatrix} a+(n-1)b & b & b & \cdots & b \\ a+(n-1)b & a & b & \cdots & b \\ a+(n-1)b & b & a & \cdots & b \\ \vdots & \vdots & \vdots & & \vdots \\ a+(n-1)b & b & b & \cdots & a \end{vmatrix}$$

$$=[a+(n-1)b]\begin{vmatrix} 1 & b & b & \cdots & b \\ 1 & a & b & \cdots & b \\ 1 & b & a & \cdots & b \\ \vdots & \vdots & \vdots & & \vdots \\ 1 & b & b & \cdots & a \end{vmatrix}$$

$$\xlongequal[i=2,\cdots,n]{r_i+(-1)r_1}[a+(n-1)b]\begin{vmatrix} 1 & b & b & \cdots & b \\ 0 & a-b & 0 & \cdots & 0 \\ 0 & 0 & a-b & \cdots & 0 \\ \vdots & \vdots & \vdots & & \vdots \\ 0 & 0 & 0 & \cdots & a-b \end{vmatrix}$$

$$=[a+(n-1)b](a-b)^{n-1}.$$

证毕.

思考：例 1-9 还有其他解法吗？

思考题答案

注　如果将本例中的 a 改为变量 x，可得

$$D(x)=\begin{vmatrix} x & b & b & \cdots & b \\ b & x & b & \cdots & b \\ \vdots & \vdots & \vdots & & \vdots \\ b & b & b & \cdots & x \end{vmatrix}=[x+(n-1)b](x-b)^{n-1},$$

为 x 的 n 次多项式，它的 n 个根为 $x_1=(1-n)b$，$x_2=\cdots=x_n=b$.

部分习题详解

习题 1.2

1. 计算下列行列式：

(1) $\begin{vmatrix} 1 & 1 & 1 & 1 \\ -1 & 1 & 1 & 1 \\ -1 & -1 & 1 & 1 \\ -1 & -1 & -1 & 1 \end{vmatrix}$；　(2) $\begin{vmatrix} 1 & -5 & 3 & -3 \\ -5 & 1 & 3 & -4 \\ 2 & 0 & 1 & -1 \\ 3 & 1 & -1 & 2 \end{vmatrix}$；

(3) $\begin{vmatrix} 3 & 1 & 1 & 1 \\ 1 & 3 & 1 & 1 \\ 1 & 1 & 3 & 1 \\ 1 & 1 & 1 & 3 \end{vmatrix}$；　(4) $\begin{vmatrix} a & b & c & d \\ a & a+b & a+b+c & a+b+c+d \\ a & 2a+b & 3a+2b+c & 4a+3b+2c+d \\ a & 3a+b & 6a+3b+c & 10a+6b+3c+d \end{vmatrix}$.

2. 利用行列式的性质证明：$\begin{vmatrix} b+c & c+a & a+b \\ a+b & b+c & c+a \\ c+a & a+b & b+c \end{vmatrix}=2\begin{vmatrix} a & b & c \\ c & a & b \\ b & c & a \end{vmatrix}$.

3. 计算下列 n 阶行列式：

(1) $\begin{vmatrix} 1 & a_1 & a_2 & \cdots & a_n \\ 1 & a_1+b_1 & a_2 & \cdots & a_n \\ 1 & a_1 & a_2+b_2 & \cdots & a_n \\ \vdots & \vdots & \vdots & & \vdots \\ 1 & a_1 & a_2 & \cdots & a_n+b_n \end{vmatrix}$；　(2) $\begin{vmatrix} 1 & 3 & 3 & \cdots & 3 \\ 3 & 2 & 3 & \cdots & 3 \\ 3 & 3 & 3 & \cdots & 3 \\ \vdots & \vdots & \vdots & & \vdots \\ 3 & 3 & 3 & \cdots & n \end{vmatrix}$.

4. 求方程 $\begin{vmatrix} 2 & -1 & 3 & 1 \\ 9-x^2 & 3 & 4 & -2 \\ 2 & -1 & 3 & 2-x^2 \\ 5 & 3 & 4 & -2 \end{vmatrix}=0$ 的根.

5. 设 $D=|a_{ij}|_n$ 为 n 阶行列式，若 $a_{ij}=a_{ji}(\forall i,j=1,2,\cdots,n)$，则称 D 为对称行列式；若 $a_{ij}=-a_{ji}(\forall i,j=1,2,\cdots,n)$，则称 D 为反对称行列式. 证明：奇数阶反对称行列式的值为零.

1.3 行列式的展开定理

行列式按一行(列)的展开式是计算行列式的一种常用方法，它把计算一个 n 阶行列式转化为计算 n 个 $n-1$ 阶行列式. 由于 2、3 阶行列式可直接计算，故这也是计算行列式的有效途径.

1.3.1 余子式和代数余子式

定义 1-5 在 n 阶行列式 $D=|a_{ij}|_{n\times n}$ 中，去掉元素 a_{ij} 所在的第 i 行和第 j 列的所有元素而得到的 $n-1$ 阶行列式，称为元素 a_{ij} 的**余子式**，记作 M_{ij}. 并把数

$$A_{ij}=(-1)^{i+j}M_{ij} \tag{1-8}$$

称为元素 a_{ij} 的**代数余子式**.

请分析习题 1.1 第 4 题，思考：(1) a_1 与 $\begin{vmatrix} b_2 & b_3 \\ c_2 & c_3 \end{vmatrix}$、$a_2$ 与 $\begin{vmatrix} b_1 & b_3 \\ c_1 & c_3 \end{vmatrix}$、$a_3$ 与 $\begin{vmatrix} b_1 & b_2 \\ c_1 & c_2 \end{vmatrix}$ 的关系；(2) 如何解决第 2 项的符号？(3) 这一等式关系具有一般性吗？

例如，3 阶行列式 $D=|a_{ij}|_{3\times 3}$ 中 a_{11}，a_{12}，a_{13} 的代数余子式分别为

$$A_{11}=\begin{vmatrix} a_{22} & a_{23} \\ a_{32} & a_{33} \end{vmatrix},\ A_{12}=-\begin{vmatrix} a_{21} & a_{23} \\ a_{31} & a_{33} \end{vmatrix},\ A_{13}=\begin{vmatrix} a_{21} & a_{22} \\ a_{31} & a_{32} \end{vmatrix}$$

又如在行列式

$$\begin{vmatrix} 1 & 2 & 3 & 7 \\ 2 & 1 & 2 & 0 \\ 3 & 0 & -1 & 2 \\ 1 & 2 & -2 & 4 \end{vmatrix}$$

中

$$M_{43}=\begin{vmatrix}1&2&7\\2&1&0\\3&0&2\end{vmatrix},\ A_{34}=(-1)^{3+4}\begin{vmatrix}1&2&3\\2&1&2\\1&2&-2\end{vmatrix}.$$

为了证明行列式按一行(列)展开的定理，我们先证明一个引理.

引理的证明依据是行列式的定义，记该行列式为 D_{nn}.

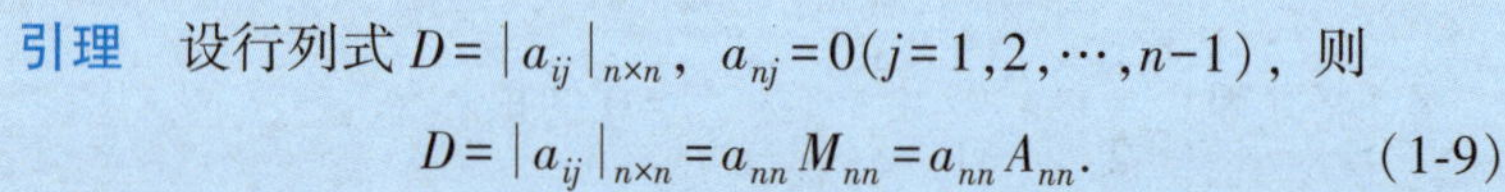

引理 设行列式 $D=|a_{ij}|_{n\times n}$，$a_{nj}=0(j=1,2,\cdots,n-1)$，则

$$D=|a_{ij}|_{n\times n}=a_{nn}M_{nn}=a_{nn}A_{nn}. \tag{1-9}$$

证明 因为行列式的每一项都含有第 n 行中的元素，但第 n 行中仅有 $a_{nn}\neq 0$，所以该行列式中仅含有下面形式的非零项

$$\begin{aligned}&(-1)^{\tau(j_1j_2\cdots j_{n-1}n)}a_{1j_1}a_{2j_2}\cdots a_{n-1j_{n-1}}a_{nn}\\=&[(-1)^{\tau(j_1j_2\cdots j_{n-1})}a_{1j_1}a_{2j_2}\cdots a_{n-1j_{n-1}}]a_{nn}\end{aligned}$$

等号右端的括号内恰是 M_{nn} 的一般项，即 $D=a_{nn}M_{nn}$. 又由于 $A_{nn}=(-1)^{n+n}M_{nn}=M_{nn}$，故 $D=a_{nn}A_{nn}$. 证毕.

1.3.2 行列式按行(列)展开定理

微课视频：行列式按行(列)展开定理

思考：为什么不是直接将第 i 行与第 n 行交换，将第 j 列与第 n 列交换？

思考题答案

回顾定理证明过程，从 $D_{nn}\to D_{ij}\to D$，体会化归思想在解决问题过程中的重要性.

定理 1-3 行列式 D 等于它的任一行(列)各元素与其代数余子式乘积之和，即

$$D=a_{i1}A_{i1}+a_{i2}A_{i2}+\cdots+a_{in}A_{in}(i=1,2,\cdots,n), \tag{1-10}$$

$$D=a_{1j}A_{1j}+a_{2j}A_{2j}+\cdots+a_{nj}A_{nj}(j=1,2,\cdots,n). \tag{1-11}$$

证明 先证明行列式 D 中第 i 行除了 $a_{ij}\neq 0$ 外，其余元素均为零的情形. 此时行列式记为 D_{ij}，把 D_{ij} 中第 i 行依次与第 $i+1$，$i+2$，…，n 行交换(共交换 $n-i$ 次)，使第 i 行换到第 n 行；再把所得行列式中第 j 列依次与第 $j+1$，$j+2$，…，n 列交换(共交换 $n-j$ 次)，使第 j 列换到第 n 列，于是 D_{ij} 等于

$$(-1)^{(n-i)+(n-j)}\begin{vmatrix}a_{11}&\cdots&a_{1,j-1}&a_{1,j+1}&\cdots&a_{1n}&a_{1j}\\\vdots&&\vdots&\vdots&&\vdots&\vdots\\a_{i-1,1}&\cdots&a_{i-1,j-1}&a_{i-1,j+1}&\cdots&a_{i-1,n}&a_{i-1,j}\\a_{i+1,1}&\cdots&a_{i+1,j-1}&a_{i+1,j+1}&\cdots&a_{i+1,n}&a_{i+1,j}\\\vdots&&\vdots&\vdots&&\vdots&\vdots\\a_{n1}&\cdots&a_{n,j-1}&a_{n,j+1}&\cdots&a_{nn}&a_{nj}\\0&\cdots&0&0&\cdots&0&a_{ij}\end{vmatrix},$$

其中左上角元素构成的 $n-1$ 阶行列式恰是 D_{ij} 中元素 a_{ij} 的余子式 M_{ij}，根据引理有

$$D_{ij}=(-1)^{2n-i-j}a_{ij}M_{ij}=a_{ij}(-1)^{i+j}M_{ij}=a_{ij}A_{ij}. \tag{1-12}$$

对于一般的 n 阶行列式 $D=|a_{ij}|_{n\times n}$，将其第 i 行元素 a_{i1}，a_{i2}，…，a_{in} 写成

$$a_{i1}+0+\cdots+0,\ 0+a_{i2}+\cdots+0,\ \cdots,\ 0+\cdots+0+a_{in},$$

由行列式的性质 4 和式(1-12)的结果，即得

$$D=D_{i1}+D_{i2}+\cdots+D_{in}=a_{i1}A_{i1}+a_{i2}A_{i2}+\cdots+a_{in}A_{in},$$

式(1-10)得证．由行列式的性质 1 和式(1-10)可证式(1-11)也成立．证毕.

例如，3 阶行列式按第 2 行展开式为

$$D=a_{21}A_{21}+a_{22}A_{22}+a_{23}A_{23}.$$

推论 行列式 D 的任一行(列)对应各元素与另一行(列)元素代数余子式乘积之和为零，即

$$a_{i1}A_{s1}+a_{i2}A_{s2}+\cdots+a_{in}A_{sn}=0(i\neq s), \tag{1-13}$$

$$a_{1j}A_{1t}+a_{2j}A_{2t}+\cdots+a_{nj}A_{nt}=0(j\neq t). \tag{1-14}$$

关于推论的证明，请关注余子式 M_{ij}（代数余子式 A_{ij}）的大小与元素 a_{ij} 的位置有关，与该元素的大小无关的特性.

证明 设将行列式的第 s 行元素换为第 $i(i\neq s)$ 行的对应元素，得到有两行相同的行列式 D_1，根据行列式的性质 2 的推论得知 $D_1=0$. 再将行列式 D_1 按第 s 行展开，则

$$a_{i1}A_{s1}+a_{i2}A_{s2}+\cdots+a_{in}A_{sn}=0(i\neq s).$$

同理，可证得按列展开的情形．证毕.

提示

将式(1-10)和式(1-13)，式(1-11)和式(1-14)统一起来写成

$$\sum_{k=1}^{n}a_{ik}A_{sk}=\begin{cases}D, & i=s,\\ 0, & i\neq s.\end{cases} \tag{1-15}$$

$$\sum_{k=1}^{n}a_{kj}A_{kt}=\begin{cases}D, & j=t,\\ 0, & j\neq t.\end{cases} \tag{1-16}$$

例 1-10 分别按第 1 行与第 2 列展开行列式

$$D=\begin{vmatrix}1 & 0 & -2\\ 1 & 1 & 3\\ -2 & 3 & 1\end{vmatrix}.$$

解 (1)按第 1 行展开

$$D=1\times(-1)^{1+1}\begin{vmatrix}1 & 3\\ 3 & 1\end{vmatrix}+0\times(-1)^{1+2}\begin{vmatrix}1 & 3\\ -2 & 1\end{vmatrix}+$$

利用展开定理计算行列式是行列式计算的两个基本方法之一．使用展开定理时，可以按照自己的意愿选择展开的行(或列).

$$(-2)\times(-1)^{1+3}\begin{vmatrix}1 & 1\\ -2 & 3\end{vmatrix}$$

$$=1\times(-8)+0+(-2)\times5=-18.$$

(2)按第 2 列展开

$$D=0\times(-1)^{1+2}\begin{vmatrix}1 & 3\\ -2 & 1\end{vmatrix}+1\times(-1)^{2+2}\begin{vmatrix}1 & -2\\ -2 & 1\end{vmatrix}+$$

$$3\times(-1)^{3+2}\begin{vmatrix}1 & -2\\ 1 & 3\end{vmatrix}$$

$$=0+1\times(-3)+3\times(-1)\times5=-18.$$

例 1-11 计算下列行列式

$$D=\begin{vmatrix}5 & 3 & -1 & 2 & 0\\ 1 & 7 & 2 & 5 & 2\\ 0 & -2 & 3 & 1 & 0\\ 0 & -4 & -1 & 4 & 0\\ 0 & 2 & 3 & 5 & 0\end{vmatrix}.$$

思考：从计算量的角度看，如何恰当地选择展开的行(或列)？

思考题答案

解 $D=2\times(-1)^{2+5}\begin{vmatrix}5 & 3 & -1 & 2\\ 0 & -2 & 3 & 1\\ 0 & -4 & -1 & 4\\ 0 & 2 & 3 & 5\end{vmatrix}$ (按第 5 列展开)

$$=(-2)\times5\times(-1)^{1+1}\begin{vmatrix}-2 & 3 & 1\\ -4 & -1 & 4\\ 2 & 3 & 5\end{vmatrix}\text{(按第 1 列展开)}$$

$$\xlongequal[r_3+r_1]{r_2+(-2)r_1}(-10)\times\begin{vmatrix}-2 & 3 & 1\\ 0 & -7 & 2\\ 0 & 6 & 6\end{vmatrix}$$

$$=(-10)\times(-2)\times(-1)^{1+1}\begin{vmatrix}-7 & 2\\ 6 & 6\end{vmatrix}\text{(按第 1 列展开)}$$

$$=-1080.$$

根据该行列式的特点，可以多次使用行列式展开定理来计算.

例 1-12 把多项式

$$f(x)=\begin{vmatrix}2 & 1 & 0 & 2\\ x & x^2 & 2 & x^3\\ -1 & 2 & 3 & 4\\ 1 & 0 & 0 & 2\end{vmatrix}$$

写成关于 x 的降幂的形式.

解 多项式 $f(x)$ 是以行列式形式给出的，而 x 恰好都在第 2

行，故按第 2 行展开来给出 $f(x)$ 的降幂形式.

$$f(x)=x(-1)^{2+1}\begin{vmatrix}1&0&2\\2&3&4\\0&0&2\end{vmatrix}+x^2(-1)^{2+2}\begin{vmatrix}2&0&2\\-1&3&4\\1&0&2\end{vmatrix}+$$

$$2\times(-1)^{2+3}\begin{vmatrix}2&1&2\\-1&2&4\\1&0&2\end{vmatrix}+x^3(-1)^{2+4}\begin{vmatrix}2&1&0\\-1&2&3\\1&0&0\end{vmatrix}$$

$$=3x^3+6x^2-6x-20.$$

*1.3.3 拉普拉斯(Laplace)展开定理

行列式展开定理将行列式按一行(列)展开．下面介绍的拉普拉斯(Laplace)定理实现行列式按数行展开．为了介绍这个定理，先给出子式和子式的余子式的概念.

定义 1-6 在 n 阶行列式 D 中，任意选定 k 行、k 列($1\leqslant k\leqslant n$)，位于这些行和列的交叉点上的 k^2 个元素按照原来的相对位置构成的 k 阶行列式 M，称为行列式 D 的一个 k 阶**子式**. 在 D 中划去这 k 行、k 列后余下的元素按照原来的相对位置组成的 $n-k$ 阶行列式 M'称为 k 阶子式 M 的**余子式**.

由定义可以看出，M 与 M'互为余子式. 在 n 阶行列式中取定 k 行，在这 k 行中可取 C_n^k 个 k 阶子式.

如，在 5 阶行列式

$$D=\begin{vmatrix}5&3&-1&2&0\\1&7&2&5&2\\0&-2&3&1&0\\0&-4&-1&4&0\\0&2&3&5&0\end{vmatrix}$$

中，3 阶子式

$$M=\begin{vmatrix}5&3&2\\1&7&5\\0&-4&4\end{vmatrix}$$

的余子式为

$$M'=\begin{vmatrix}3&0\\3&0\end{vmatrix}.$$

定义 1-7 设 M 为行列式 D 的一个 k 阶子式，如果它在行列式 D 中的行和列的指标分别为 $i_1, i_2, \cdots, i_k$ 和 $j_1, j_2, \cdots, j_k$，我们称 $A=(-1)^{i_1+i_2+\cdots+i_k+j_1+j_2+\cdots+j_k}M'$为 M 的**代数余子式**.

这里不加证明地给出拉普拉斯(Laplace)展开定理.

定理 1-4 在 n 阶行列式 D 中，任意选定 k 行，由这 k 行元素组成的所有 k 阶子式分别与它们的代数余子式的乘积之和等于行列式 D.

设取定的 k 行的所有子式为 M_1，M_2，…，M_t，其所对应的代数余子式分别为 A_1，A_2，…，$A_t(t=C_n^k)$，则

$$D=M_1A_1+M_2A_2+\cdots+M_tA_t.$$

应用拉普拉斯展开定理可以知道

$$\begin{vmatrix} a_{11} & \cdots & a_{1k} & 0 & \cdots & 0 \\ \vdots & & \vdots & \vdots & & \vdots \\ a_{k1} & \cdots & a_{kk} & 0 & \cdots & 0 \\ c_{11} & \cdots & c_{1k} & b_{11} & \cdots & b_{1s} \\ \vdots & & \vdots & \vdots & & \vdots \\ c_{s1} & \cdots & c_{sk} & b_{s1} & \cdots & b_{ss} \end{vmatrix} = \begin{vmatrix} a_{11} & \cdots & a_{1k} \\ \vdots & & \vdots \\ a_{k1} & \cdots & a_{kk} \end{vmatrix} \cdot \begin{vmatrix} b_{11} & \cdots & b_{1s} \\ \vdots & & \vdots \\ b_{s1} & \cdots & b_{ss} \end{vmatrix}, \tag{1-17}$$

还可以证明

行列式乘法规则经常被使用，比如可将某些涉及两个方阵之和的行列式问题用“和化积”的思想予以解决. 它的证明还可以使用矩阵的初等变换和行列式的基本性质完成.

定理 1-5 行列式乘法公式

$$\begin{vmatrix} a_{11} & a_{12} & \cdots & a_{1n} \\ a_{21} & a_{22} & \cdots & a_{2n} \\ \vdots & \vdots & & \vdots \\ a_{n1} & a_{n2} & \cdots & a_{nn} \end{vmatrix} \cdot \begin{vmatrix} b_{11} & b_{12} & \cdots & b_{1n} \\ b_{21} & b_{22} & \cdots & b_{2n} \\ \vdots & \vdots & & \vdots \\ b_{n1} & b_{n2} & \cdots & b_{nn} \end{vmatrix} = \begin{vmatrix} c_{11} & c_{12} & \cdots & c_{1n} \\ c_{21} & c_{22} & \cdots & c_{2n} \\ \vdots & \vdots & & \vdots \\ c_{n1} & c_{n2} & \cdots & c_{nn} \end{vmatrix}, \tag{1-18}$$

其中 $c_{ij}=a_{i1}b_{1j}+a_{i2}b_{2j}+\cdots+a_{in}b_{nj}$，$(i,j=1,2,\cdots,n)$.

(定理 1-5 的证明在 2. 3 节中给出)

例 1-13 证明

$$D=\begin{vmatrix} a & b & c & d \\ -b & a & -d & c \\ -c & d & a & -b \\ -d & -c & b & a \end{vmatrix}=(a^2+b^2+c^2+d^2)^2.$$

证明 利用 $D^{\mathrm{T}}=D$，有

$$D^2=D\cdot D^{\mathrm{T}}=\begin{vmatrix} a & b & c & d \\ -b & a & -d & c \\ -c & d & a & -b \\ -d & -c & b & a \end{vmatrix}\cdot\begin{vmatrix} a & -b & -c & -d \\ b & a & d & -c \\ c & -d & a & b \\ d & c & -b & a \end{vmatrix}$$

$$=\begin{vmatrix} a^2+b^2+c^2+d^2 & 0 & 0 & 0 \\ 0 & a^2+b^2+c^2+d^2 & 0 & 0 \\ 0 & 0 & a^2+b^2+c^2+d^2 & 0 \\ 0 & 0 & 0 & a^2+b^2+c^2+d^2 \end{vmatrix}$$

$$=(a^2+b^2+c^2+d^2)^4.$$

于是

$$D=\pm(a^2+b^2+c^2+d^2)^2.$$

由于行列式的展开式中 a^4 的系数为 1，故上式取正号，从而

$$D=(a^2+b^2+c^2+d^2)^2.$$

证毕.

你体会到乘法规则的作用了吗？该过程的进一步理解在矩阵的乘法运算学习之后．实际上，产生这种想法不是偶然的，学习正交矩阵后会有更深刻的体会.

注 虽然例 1-13 有一定的特殊性，但说明当 D^2 或 $D^2=DD^{\mathrm{T}}$ 易于计算时，可先求出 D^2，然后确定 D 的符号，从而求出 D.

注释

背景聚焦：解析几何中的行列式

行列式是一个数. 1750 年，瑞士数学家克莱姆(G. Cramer, 1704—1752)在一篇论文中指出行列式在解析几何中很有用处. 事实上，借助几何直观，我们不难理解三阶行列式的几何意义. 设空间三向量 $\boldsymbol{\alpha}=(a_1,a_2,a_3)$，$\boldsymbol{\beta}=(b_1,b_2,b_3)$，$\boldsymbol{\gamma}=(c_1,c_2,c_3)$，一方面，三向量的混合积 $\boldsymbol{\alpha}\cdot(\boldsymbol{\beta}\times\boldsymbol{\gamma})$ 的绝对值等于这三个向量张成的平行六面体的体积，另一方面，混合积 $\boldsymbol{\alpha}\cdot(\boldsymbol{\beta}\times\boldsymbol{\gamma})=\begin{vmatrix} a_1 & a_2 & a_3 \\ b_1 & b_2 & b_3 \\ c_1 & c_2 & c_3 \end{vmatrix}$，即 $V_{平行六面体}=|\boldsymbol{\alpha}\cdot(\boldsymbol{\beta}\times\boldsymbol{\gamma})|=\left|\begin{vmatrix} a_1 & a_2 & a_3 \\ b_1 & b_2 & b_3 \\ c_1 & c_2 & c_3 \end{vmatrix}\right|$.

这样，三阶行列式 $\begin{vmatrix} a_1 & a_2 & a_3 \\ b_1 & b_2 & b_3 \\ c_1 & c_2 & c_3 \end{vmatrix}$ 表示以 $\boldsymbol{\alpha}$，$\boldsymbol{\beta}$，$\boldsymbol{\gamma}$ 为相邻棱的平行六面体的有向体积，当 $\boldsymbol{\alpha}$，$\boldsymbol{\beta}$，$\boldsymbol{\gamma}$ 构成右手系时，体积取正值；当 $\boldsymbol{\alpha}$，$\boldsymbol{\beta}$，$\boldsymbol{\gamma}$ 构成左手系时，体积取负值. 实际上改变任意两向量次序，取值符号改变恰好与行列式的性质(交换两行，行列式改变符号)一致.

1812 年，柯西(Cauchy，1789—1857)使用行列式给出多个多面体体积的行列式公式，如：空间四点 $A_i(x_i,y_i,z_i)(i=1,2,3,4)$ 构成的四面体的体积为

$$V_{A_1-A_2A_3A_4}=\frac{1}{6}\left|\begin{vmatrix} x_1 & y_1 & z_1 & 1 \\ x_2 & y_2 & z_2 & 1 \\ x_3 & y_3 & z_3 & 1 \\ x_4 & y_4 & z_4 & 1 \end{vmatrix}\right|.$$

设四面体 $O-ABC$ 的六条棱长分别为 $OA=a$，$OB=b$，$OC=c$，$BC=p$，$CA=q$，$AB=r$，则有

$$V_{O-ABC}^2=\frac{1}{288}\begin{vmatrix} 0 & r^2 & q^2 & a^2 & 1 \\ r^2 & 0 & p^2 & b^2 & 1 \\ q^2 & p^2 & 0 & c^2 & 1 \\ a^2 & b^2 & c^2 & 0 & 1 \\ 1 & 1 & 1 & 1 & 0 \end{vmatrix}.$$

习题 1.3

部分习题详解

1. 已知行列式 $D=\begin{vmatrix} 1 & 2 & 3 & 4 \\ 1 & 0 & 1 & 2 \\ 3 & -1 & -1 & 0 \\ 1 & 2 & 0 & -5 \end{vmatrix}$，求余子式 M_{13} 和代数余子式 A_{43}.

2. 用行列式按行(列)展开定理计算行列式：$D=\begin{vmatrix} 1 & 2 & 3 & 4 \\ 1 & 0 & 1 & 2 \\ 3 & -1 & -1 & 0 \\ 1 & 2 & 0 & -5 \end{vmatrix}$.

3. 已知 4 阶行列式 D 的第 3 行元素依次为 -1，2，0，1，它们的余子式分别为 5，3，-7，4，求行列式的值.

4. 计算行列式：

(1) $\begin{vmatrix} 7 & 3 & 4 & 5 & -5 \\ 2 & 0 & 3 & 0 & -2 \\ 0 & 0 & 3 & 0 & 7 \\ 0 & 0 & 0 & 0 & 1 \\ -2 & 4 & 6 & 0 & -3 \end{vmatrix}$；

比较按第 1 行展开与按第 1 列展开的优劣.

(2) $\begin{vmatrix} a & b & 0 & 0 & \cdots & 0 & 0 \\ 0 & a & b & 0 & \cdots & 0 & 0 \\ 0 & 0 & a & b & \cdots & 0 & 0 \\ \vdots & \vdots & \vdots & \vdots & & \vdots & \vdots \\ 0 & 0 & 0 & 0 & \cdots & a & b \\ b & 0 & 0 & 0 & \cdots & 0 & a \end{vmatrix}$ $(a\neq0)$.

*5. 用拉普拉斯定理计算 $2n$ 阶行列式：

$$D_{2n}=\begin{vmatrix} a & & & & & b \\ & \ddots & & & \iddots & \\ & & a & b & & \\ & & c & d & & \\ & \iddots & & & \ddots & \\ c & & & & & d \end{vmatrix}.$$

*1.4 行列式的计算

前面讨论了行列式的性质以及展开定理，利用行列式的性质可以把一个行列式化为上(下)三角形行列式，从而很快地把行列式计算出来；或利用展开定理，可以降阶计算行列式. 但是，行列式的计算，尤其是字母行列式的计算依然是一个难点. 本节研究行列式的一些常用计算方法.

1.4.1 利用行列式的定义

例 1-14 证明一个 n 阶行列式 D，如果零的个数大于 n^2-n，则行列式 D 为零.

证明 因为 n 阶行列式的一般项为 $(-1)^{\tau(j_1j_2\cdots j_n)}a_{1j_1}a_{2j_2}\cdots a_{nj_n}$，即每一项都是 n 个取自不同行不同列的数的积. 而 n 阶行列式 D 中，不为零的数的个数小于 $n^2-(n^2-n)=n$ 个，从而 n 阶行列式 D 的每一项都是零，即它的值为零. 证毕.

例 1-15 设 n 阶行列式

$$D=\begin{vmatrix} 1 & -1 & -1 & \cdots & -1 \\ 1 & 1 & -1 & \cdots & -1 \\ \vdots & \vdots & \vdots & & \vdots \\ 1 & 1 & 1 & \cdots & -1 \\ 1 & 1 & 1 & \cdots & 1 \end{vmatrix},$$

求 D 展开后的正项总项数.

解 设 D 展开后正项个数为 a，负项个数为 b，而

$$D\xlongequal[i=1,\ 2,\ \cdots,\ n-1]{r_i+r_n}\begin{vmatrix} 2 & 0 & 0 & \cdots & 0 \\ 2 & 2 & 0 & \cdots & 0 \\ \vdots & \vdots & \vdots & & \vdots \\ 2 & 2 & 2 & \cdots & 0 \\ 1 & 1 & 1 & \cdots & 1 \end{vmatrix}=2^{n-1},$$

所以 $a-b=2^{n-1}$，$a+b=n!$，解得

$$a=2^{n-2}+\frac{1}{2}n!.$$

1.4.2 化为上(下)三角形行列式

思考：(1) 如果条件 $a_1a_2\cdots a_n\neq 0$ 不成立，即存在 $a_i=0$，请计算相应行列式的值；(2) 你能用定义计算该行列式吗？

思考题答案

例 1-16 计算行列式

$$D=\begin{vmatrix} a_0 & 1 & 1 & \cdots & 1 \\ 1 & a_1 & 0 & \cdots & 0 \\ 1 & 0 & a_2 & \cdots & 0 \\ \vdots & \vdots & \vdots & & \vdots \\ 1 & 0 & 0 & \cdots & a_n \end{vmatrix} \quad (a_i\neq 0, i=1,2,\cdots,n).$$

解
$$D \xlongequal[(i=2,3,\cdots,n+1)]{c_1+\left(-\frac{1}{a_{i-1}}\right)c_i} \begin{vmatrix} a_0-\sum\limits_{i=1}^{n}\frac{1}{a_i} & 1 & 1 & \cdots & 1 \\ 0 & a_1 & 0 & \cdots & 0 \\ 0 & 0 & a_2 & \cdots & 0 \\ \vdots & \vdots & \vdots & & \vdots \\ 0 & 0 & 0 & \cdots & a_n \end{vmatrix}$$

$$=a_1a_2\cdots a_n\left(a_0-\sum_{i=1}^{n}\frac{1}{a_i}\right).$$

注 形如例 1-16 的行列式称为箭形行列式，它是一种重要类型的行列式. 在计算中，经常先利用性质将行列式化为这种形式，然后再化为上三角形行列式计算.

1.4.3 利用行列式展开定理

行列式展开定理及其推论是计算行列式的重要方法之一，它体现了降阶的思想.

本题的推广形式为两对角线元素分别换为 a_1，a_2，…，a_n；b_1，b_2，…，b_n；c_1，c_2，…，c_n；d_1，d_2，…，d_n，此时行列式的值为 $D_{2n}=\prod\limits_{k=1}^{n}(a_kd_k-b_kc_k)$.

例 1-17 计算行列式

$$D_{2n}=\begin{vmatrix} a & & & & & & & b \\ & a & & & & & b & \\ & & \ddots & & & \unicode{x22F0} & & \\ & & & a & b & & & \\ & & & c & d & & & \\ & & \unicode{x22F0} & & & \ddots & & \\ & c & & & & & d & \\ c & & & & & & & d \end{vmatrix}.$$

解 按第一行展开后再展开，有

$$D_{2n}=adD_{2(n-1)}-bc(-1)^{2n-1+1}D_{2(n-1)}=(ad-bc)D_{2(n-1)},$$

以此作递推公式，即可得

$$D_{2n}=(ad-bc)D_{2(n-1)}=(ad-bc)^2D_{2(n-2)}$$
$$=\cdots=(ad-bc)^{n-1}D_2$$
$$=(ad-bc)^{n-1}\begin{vmatrix}a & b\\ c & d\end{vmatrix}=(ad-bc)^n.$$

注 例1-17在计算过程中，实际上省略了归纳法的叙述格式，但归纳法的主要步骤 $D_{2n}=(ad-bc)D_{2(n-1)}$ 及 $D_2=\begin{vmatrix}a & b\\ c & d\end{vmatrix}=ad-bc$ 不能省略.

方法索引：数学归纳法

数学归纳法是数学上证明与自然数有关的命题的一种特殊方法，它主要用来研究与正整数有关的数学问题，在高中数学中常用来证明等式成立和数列通项公式成立. 数学归纳法有两种基本形式：

第一数学归纳法. 一般地，证明某个与自然数有关的命题 $P(n)$，如果满足下面两个条件，就对一切自然数成立：

(1) $P(1)$ 命题成立；

(2) 假设当 $n=k$ 时命题成立，蕴含 $n=k+1$ 时命题也成立.

第二数学归纳法. 对于某个与自然数有关的命题，

(1) 验证 $n=n_0$ 时 $P(n)$ 成立；

(2) 假设 $n_0<n<k$ 时 $P(n)$ 成立，并在此基础上，推出 $P(k+1)$ 成立.

综合(1)(2)对一切自然数 $n(>n_0)$，命题 $P(n)$ 都成立.

除此以外还有倒推归纳法(反向归纳法)，螺旋式归纳法，跷跷板归纳法等.（见参考文献[14]）

1.4.4 数学归纳法

例1-18 证明范德蒙德(Van der Monde)行列式

$$D_n=\begin{vmatrix}1 & 1 & \cdots & 1\\ x_1 & x_2 & \cdots & x_n\\ x_1^2 & x_2^2 & \cdots & x_n^2\\ \vdots & \vdots & & \vdots\\ x_1^{n-1} & x_2^{n-1} & \cdots & x_n^{n-1}\end{vmatrix}=\prod_{1\leqslant i<j\leqslant n}(x_j-x_i) \qquad (1\text{-}19)$$

其中记号“$\prod$”表示全体同类因子的乘积.

请先观察然后归纳范德蒙德行列式的特点.

范德蒙德行列式的特点

证明 用数学归纳法. 因为

$$D_2=\begin{vmatrix}1 & 1\\ x_1 & x_2\end{vmatrix}=x_2-x_1=\prod_{1\leq i<j\leq 2}(x_j-x_i),$$

所以，当 $n=2$ 时，式(1-19)成立. 现在假设式(1-19)对 $n-1$ 阶范德蒙德行列式成立，下证对 n 阶范德蒙德行列式成立.

将 n 阶范德蒙德行列式从 n 行开始，后一行加上前行的 $(-x_1)$ 倍，有

分别将第 1 行的 $-x_1$ 倍、$-x_1^2$ 倍、…、$-x_1^{n-1}$ 倍加到第 2，3，…，n 行，也可以将行列式的第 1 列其余元素都化为零，思考为什么不这样做？

$$D_n=\begin{vmatrix}1 & 1 & 1 & \cdots & 1\\ 0 & x_2-x_1 & x_3-x_1 & \cdots & x_n-x_1\\ 0 & x_2(x_2-x_1) & x_3(x_3-x_1) & \cdots & x_n(x_n-x_1)\\ \vdots & \vdots & \vdots & & \vdots\\ 0 & x_2^{n-2}(x_2-x_1) & x_3^{n-2}(x_3-x_1) & \cdots & x_n^{n-2}(x_n-x_1)\end{vmatrix},$$

按第 1 列展开，并把每列的公因子 (x_j-x_1) 提出，就有

结论显示 $D_n\neq 0$ 的充分必要条件是 $x_1, x_2, \cdots, x_n$ 互不相等. 这是范德蒙德行列式的重要性的体现.

$$D_n=(x_2-x_1)(x_3-x_1)\cdots(x_n-x_1)\begin{vmatrix}1 & 1 & \cdots & 1\\ x_2 & x_3 & \cdots & x_n\\ \vdots & \vdots & & \vdots\\ x_2^{n-2} & x_3^{n-2} & \cdots & x_n^{n-2}\end{vmatrix}$$

$$=(x_2-x_1)(x_3-x_1)\cdots(x_n-x_1)\prod_{2\leq i<j\leq n}(x_j-x_i)$$

$$=\prod_{1\leq i<j\leq n}(x_j-x_i).$$

证毕.

历史寻根：范德蒙德

范德蒙德(A. T. Van der Monde，1735—1796)法国数学家，就对行列式本身而言，他是这门理论的奠基人. 在行列式的发展史上，他是把行列式理论与线性方程组求解相分离的第一人. 范德蒙德自幼在父亲的指导下学习音乐，但对数学有浓厚的兴趣，后来终于成为法兰西科学院院士. 特别地，他给出了用二阶子式和它们的余子式来展开行列式的法则. 1772 年，法国数学家拉普拉斯(Laplace，1749—1827)在一篇论文中证明了范德蒙德提出的一些规则，推广了他的展开行列式的方法.

图 1-5 范德蒙德 (1735—1796)

1.4.5 递推法

计算"三对角"行列式的基本方法是递推法.

例 1-19 计算 n 阶行列式

$$D_n=\begin{vmatrix} a+b & ab & & & & \\ 1 & a+b & ab & & & \\ & 1 & a+b & ab & & \\ & & \ddots & \ddots & \ddots & \\ & & & 1 & a+b & ab \\ & & & & 1 & a+b \end{vmatrix}.$$

解 按第1行展开，有

$$D_n=(a+b)D_{n-1}-abD_{n-2}, \tag{1-20}$$

这就是我们要找的递推关系式. 当 $n>3$ 时，把式(1-20)改写为

$$D_n-aD_{n-1}=b(D_{n-1}-aD_{n-2}),$$

进而

$$\begin{aligned} D_n-aD_{n-1}&=b(D_{n-1}-aD_{n-2})=b^2(D_{n-2}-aD_{n-3}) \\ &=\cdots=b^{n-2}(D_2-aD_1), \end{aligned}$$

而

$$D_1=a+b$$

$$D_2=\begin{vmatrix} a+b & ab \\ 1 & a+b \end{vmatrix}=(a+b)^2-ab,$$

代入上式得

$$D_n-aD_{n-1}=b^n,$$

由式(1-20)又可得

$$D_n-bD_{n-1}=a^n,$$

解得

$$(a-b)D_n=a^{n+1}-b^{n+1}.$$

当 $a\neq b$ 时，$D_n=\dfrac{a^{n+1}-b^{n+1}}{a-b}$.

当 $a=b$ 时，式(1-20)化为 $D_n=aD_{n-1}+a^n$，连续运用这个递推公式，得 $D_n=a^{n-1}D_1+(n-1)a^n=(n+1)a^n$.

递推公式变形实现递推关系向等比数列关系的转化，这是一种解题技巧. 一般地，数列 $\{x_n\}$ 满足 $x_{n+1}=\alpha x_n+\beta x_{n-1}$，其中 α,β 为已知常数，可令 $x_n=kq^{n-1}$ 代入得关于 q 的二次方程，解得 $x_n=k_1q_1^{n-1}+k_2q_2^{n-1}$，令 $n=1,2$，确定 k_1,k_2，从而获得 x_n 的表达式.

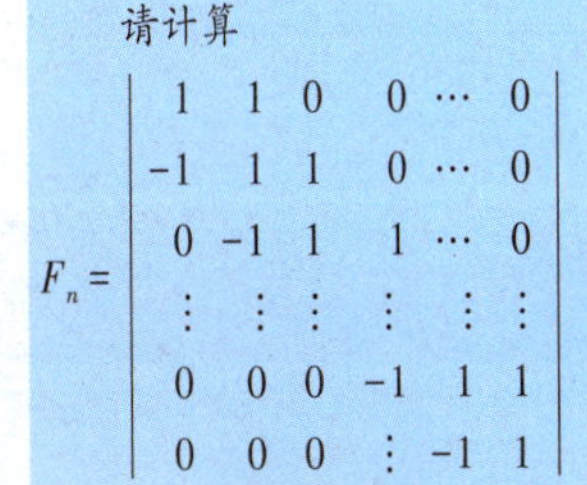
请计算

$$F_n=\begin{vmatrix} 1 & 1 & 0 & 0 & \cdots & 0 \\ -1 & 1 & 1 & 0 & \cdots & 0 \\ 0 & -1 & 1 & 1 & \cdots & 0 \\ \vdots & \vdots & \vdots & \vdots & & \vdots \\ 0 & 0 & 0 & -1 & 1 & 1 \\ 0 & 0 & 0 & \vdots & -1 & 1 \end{vmatrix}$$

通项求解办法

1.4.6 升阶法(加边法)

例 1-20 计算行列式

$$D_n=\begin{vmatrix} x+a_1 & a_2 & a_3 & \cdots & a_n \\ a_1 & x+a_2 & a_3 & \cdots & a_n \\ a_1 & a_2 & x+a_3 & \cdots & a_n \\ \vdots & \vdots & \vdots & & \vdots \\ a_1 & a_2 & a_3 & \cdots & x+a_n \end{vmatrix}\ (n\geqslant 2).$$

解 当 $x=0$ 时，行列式为零.

当 $x\neq 0$ 时，将 D_n 添加一行及一列，构成 $n+1$ 阶行列式，使

其值不变.

$$D_n=\begin{vmatrix}1&a_1&a_2&a_3&\cdots&a_n\\0&x+a_1&a_2&a_3&\cdots&a_n\\0&a_1&x+a_2&a_3&\cdots&a_n\\0&a_1&a_2&x+a_3&\cdots&a_n\\\vdots&\vdots&\vdots&\vdots&&\vdots\\0&a_1&a_2&a_3&\cdots&x+a_n\end{vmatrix}$$

$$\xlongequal[i=2,3,\cdots,n+1]{r_i+(-1)r_1}\begin{vmatrix}1&a_1&a_2&a_3&\cdots&a_n\\-1&x&0&0&\cdots&0\\-1&0&x&0&\cdots&0\\-1&0&0&x&\cdots&0\\\vdots&\vdots&\vdots&\vdots&&\vdots\\-1&0&0&0&\cdots&x\end{vmatrix}$$

$$\xlongequal[j=2,\ 3,\ \cdots,\ n+1]{c_1+\left(\frac{1}{x}\right)\ c_j}\begin{vmatrix}1+\sum\limits_{j=1}^{n}\dfrac{a_j}{x}&a_1&a_2&a_3&\cdots&a_n\\0&x&0&0&\cdots&0\\0&0&x&0&\cdots&0\\0&0&0&x&\cdots&0\\\vdots&\vdots&\vdots&\vdots&&\vdots\\0&0&0&0&\cdots&x\end{vmatrix}$$

$$=x^n\left(1+\sum_{j=1}^{n}\frac{a_j}{x}\right).$$

注 升阶法实际上是逆用行列式展开定理.

1.4.7 利用已知行列式

例 1-21

计算行列式 $D=\begin{vmatrix}a&b&c\\a^2&b^2&c^2\\b+c&c+a&a+b\end{vmatrix}$.

解

$$D\xlongequal{r_3+r_1}\begin{vmatrix}a&b&c\\a^2&b^2&c^2\\a+b+c&a+b+c&a+b+c\end{vmatrix}$$

$$=(a+b+c)\begin{vmatrix}a&b&c\\a^2&b^2&c^2\\1&1&1\end{vmatrix}$$

$$=(a+b+c)\begin{vmatrix}1&1&1\\a&b&c\\a^2&b^2&c^2\end{vmatrix}$$

$$=(a+b+c)(b-a)(c-a)(c-b).$$

计算过程中，最后一个等号用了3阶范德蒙德行列式的结论.

例 1-22 设 $S_k=a^k+b^k+c^k(k=0,1,2,3,\cdots)$，求行列式 $D=\begin{vmatrix} s_0 & s_1 & s_2 \\ s_1 & s_2 & s_3 \\ s_2 & s_3 & s_4 \end{vmatrix}$的值.

解 记范德蒙德行列式 $D_0=\begin{vmatrix} 1 & 1 & 1 \\ a & b & c \\ a^2 & b^2 & c^2 \end{vmatrix}$，由行列式乘法规则，有

$$D=D_0\cdot D_0^{\mathrm{T}}=\begin{vmatrix} 1 & 1 & 1 \\ a & b & c \\ a^2 & b^2 & c^2 \end{vmatrix}\cdot\begin{vmatrix} 1 & a & a^2 \\ 1 & b & b^2 \\ 1 & c & c^2 \end{vmatrix}=(b-a)^2(c-a)^2(c-b)^2.$$

1.4.8 综合例题

例 1-23 计算行列式

$$D=\begin{vmatrix} 1 & 2 & 3 & \cdots & n \\ 2 & 3 & 4 & \cdots & 1 \\ 3 & 4 & 5 & \cdots & 2 \\ \vdots & \vdots & \vdots & & \vdots \\ n & 1 & 2 & \cdots & n-1 \end{vmatrix}.$$

你观察到该行列式的每行元素都是由1，2，…，n组成的，只是位置或次序不同吗？你想到它的每行元素之和相等吗？

每行元素之和

解 由于行列式的每一行都是由1，2，…，n构成，可先将该行列式的第2列到第n列的1倍加到第1列，然后提取公因子，即得

$$D=\frac{n(n+1)}{2}\begin{vmatrix} 1 & 2 & 3 & \cdots & n-1 & n \\ 1 & 3 & 4 & \cdots & n & 1 \\ 1 & 4 & 5 & \cdots & 1 & 2 \\ \vdots & \vdots & \vdots & & \vdots & \vdots \\ 1 & n & 1 & \cdots & n-3 & n-2 \\ 1 & 1 & 2 & \cdots & n-2 & n-1 \end{vmatrix}_{n\times n},$$

将所得n阶行列式从n行开始，后一行加上前行的-1倍，得

$$D=\frac{n(n+1)}{2}\begin{vmatrix} 1 & 2 & 3 & \cdots & n-1 & n \\ 0 & 1 & 1 & \cdots & 1 & 1-n \\ 0 & 1 & 1 & \cdots & 1-n & 1 \\ \vdots & \vdots & \vdots & & \vdots & \vdots \\ 0 & 1 & 1-n & \cdots & 1 & 1 \\ 0 & 1-n & 1 & \cdots & 1 & 1 \end{vmatrix}_{n\times n}.$$

请注意这一步的计算方法，目标是使行列式右下角部分，即a_{11}的余子式结构简单，便于下一步计算.

按第 1 列展开，得

> 想一想该 $n-1$ 阶行列式如何计算？

$$D=\frac{n(n+1)}{2}\begin{vmatrix}1&1&\cdots&1&1-n\\1&1&\cdots&1-n&1\\\vdots&\vdots&&\vdots&\vdots\\1&1-n&\cdots&1&1\\1-n&1&\cdots&1&1\end{vmatrix}_{(n-1)\times(n-1)}.$$

所得 $n-1$ 阶行列式的每一行都由 $n-2$ 个 1 和一个 $1-n$ 构成，可先将其第 2 列到第 $n-1$ 列的 1 倍加到第 1 列，这样可使第 1 列元素全部化为-1，再将第 1 列的 1 倍分别加到第 2 列直至第 $n-1$ 列，即可得

> 行列式的计算方法上有很大的灵活性和试探性.

$$\begin{aligned}D_n&=\frac{n(n+1)}{2}\begin{vmatrix}-1&1&\cdots&1&1-n\\-1&1&\cdots&1-n&1\\\vdots&\vdots&&\vdots&\vdots\\-1&1-n&\cdots&1&1\\-1&1&\cdots&1&1\end{vmatrix}_{(n-1)\times(n-1)}\\&=\frac{n(n+1)}{2}\begin{vmatrix}-1&0&\cdots&0&-n\\-1&0&\cdots&-n&0\\\vdots&\vdots&&\vdots&\vdots\\-1&-n&\cdots&0&0\\-1&0&\cdots&0&0\end{vmatrix}_{(n-1)\times(n-1)}\\&=\frac{n(n+1)}{2}(-1)(-n)^{n-2}(-1)^{\tau(n-1,n-2,\cdots,2,1)}\\&=\frac{n^{n-1}(n+1)}{2}(-1)^{\frac{n(n-1)}{2}}.\end{aligned}$$

> 请注意几个低阶循环行列式的值.
> $D_2=-3$,
> $D_3=-18$,
> $D_4=160$,
> $D_5=1875$.

本节给出了行列式的几种常用的计算方法，但在实际计算中应有机地将这些方法综合运用，希望读者仔细体会．当然行列式的计算除了这些方法外，还有许多其他方法，如分离因子法、利用行列式的乘法公式等，读者可阅读其他参考书.

习题 1.4

部分习题详解

1. 计算行列式 $D=\begin{vmatrix}1+x&1&1&1\\1&1-x&1&1\\1&1&1+y&1\\1&1&1&1-y\end{vmatrix}$ $(xy\neq0)$.

2. 计算行列式 $D_n=\begin{vmatrix}1&1&\cdots&1&n\\1&1&\cdots&n&1\\\vdots&\vdots&&\vdots&\vdots\\1&n&\cdots&1&1\\n&1&\cdots&1&1\end{vmatrix}$.

3. 计算行列式 $\begin{vmatrix} 1 & 1 & 1 & 1 \\ 1 & 2 & 2^2 & 2^3 \\ 1 & 3 & 3^2 & 3^3 \\ 1 & 4 & 4^2 & 4^3 \end{vmatrix}$.

4. 计算行列式 $\begin{vmatrix} a & b & c & 1 \\ b & c & a & 1 \\ c & a & b & 1 \\ b+c & c+a & a+b & 1 \end{vmatrix}$.

5. 计算行列式 $D_n = \begin{vmatrix} a+b & b & 0 & \cdots & 0 & 0 \\ a & a+b & b & \cdots & 0 & 0 \\ 0 & a & a+b & \ddots & 0 & 0 \\ 0 & 0 & a & \ddots & \ddots & \vdots \\ \vdots & \vdots & \vdots & \ddots & a+b & b \\ 0 & 0 & 0 & \cdots & a & a+b \end{vmatrix}$.

6. 用数学归纳法证明：$D_n = \begin{vmatrix} \cos a & 1 & & & & \\ 1 & 2\cos a & 1 & & & \\ & 1 & 2\cos a & 1 & & \\ & & 1 & \ddots & \ddots & \\ & & & \ddots & \ddots & 1 \\ & & & & 1 & 2\cos a \end{vmatrix} = \cos na.$

1.5 克拉默(Cramer)法则

对于二、三元线性方程组，当它们的系数行列式不为零时，其唯一解可以分别用 2、3 阶行列式的商来表示. 对于方程个数与未知量个数相等的 n 元线性方程组也有相仿的结果，这就是本节要介绍的克拉默(Cramer)法则.

定理 1-6 设线性方程组

$$\begin{cases} a_{11}x_1 + a_{12}x_2 + \cdots + a_{1n}x_n = b_1, \\ a_{21}x_1 + a_{22}x_2 + \cdots + a_{2n}x_n = b_2, \\ \quad\vdots \\ a_{n1}x_1 + a_{n2}x_2 + \cdots + a_{nn}x_n = b_n, \end{cases} \tag{1-21}$$

如果它的系数行列式 $D = |a_{ij}|_{n\times n}$ 不等于零，那么方程组(1-21)有唯一解

$$x_j = \frac{D_j}{D},\ j=1,\ 2,\ \cdots,\ n, \tag{1-22}$$

克拉默法则是用行列式求解二元、三元线性方程组的推广，同时又是线性方程组求解理论的特殊情况，但一般线性方程组理论的建立依赖于克拉默法则，因而不降低它独立存在的意义.

其中 $D_j=\begin{vmatrix} a_{11} & \cdots & a_{1,j-1} & b_1 & a_{1,j+1} & \cdots & a_{1n} \\ a_{21} & \cdots & a_{2,j-1} & b_2 & a_{2,j+1} & \cdots & a_{2n} \\ \vdots & & \vdots & \vdots & \vdots & & \vdots \\ a_{n1} & \cdots & a_{n,j-1} & b_n & a_{n,j+1} & \cdots & a_{nn} \end{vmatrix}$.

请思考这类问题的证明层次.

证明　首先证明式(1-22)为方程组(1-21)的解. 为了便于书写，把式(1-21)简记为

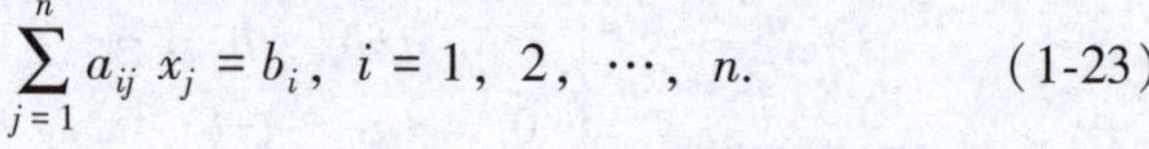

$$\sum_{j=1}^{n} a_{ij}\, x_j = b_i\,,\ i=1,\ 2,\ \cdots,\ n. \tag{1-23}$$

证明和克拉默趣闻

将式(1-22)中的 x_j 代入式(1-23)，利用行列式展开定理把 D_j 按第 j 列展开，有

$$\begin{aligned}\sum_{j=1}^{n} a_{ij}\, x_j &= \sum_{j=1}^{n} a_{ij}\frac{D_j}{D} = \frac{1}{D}\sum_{j=1}^{n} a_{ij}\sum_{k=1}^{n} b_k A_{kj} \\ &= \frac{1}{D}\sum_{k=1}^{n} b_k \sum_{j=1}^{n} a_{ij}\, A_{kj} = b_i\,,\end{aligned}$$

故式(1-22)是方程组(1-21)的解.

其次，证明解的唯一性. 用 D 的第 j 列元素的代数余子式 A_{1j}，A_{2j}，…，A_{nj} 依次乘以方程组(1-21)的各个方程，再把它们相加，得

$$\left(\sum_{k=1}^{n} a_{k1}A_{kj}\right)x_1+\cdots+\left(\sum_{k=1}^{n} a_{kj}\,A_{kj}\right)x_j+\cdots+\left(\sum_{k=1}^{n} a_{kn}\,A_{kj}\right)x_n=\sum_{k=1}^{n} b_k\,A_{kj}.$$

根据行列式展开定理的推论，上式中 x_j 的系数为 D，而其余的 x_k $(k\neq j)$的系数为0；又等式右边等于 D_j，于是

$$Dx_j=D_j,\ j=1,\ 2,\ \cdots,\ n. \tag{1-24}$$

即当 $D\neq0$ 时，方程组(1-24)有唯一的一个解(1-22).

由于方程组(1-24)是由方程组(1-21)经过数乘与相加两种运算而得，故方程组(1-21)的解一定是方程组(1-24)的解. 现方程组(1-24)只有一个解式(1-22)，这样方程组(1-21)如果有解，就只能是式(1-22). 证毕.

推论1　如果线性方程组(1-21)无解或至少有两个不同的解，则它的系数行列式等于零.

例 1-24 解线性方程组

$$\begin{cases}2x_1+x_2-5x_3+x_4=8,\\ x_1-3x_2-6x_4=9,\\ 2x_2-x_3+2x_4=-5,\\ x_1+4x_2-7x_3+6x_4=0.\end{cases}$$

> 从例 1-24 的解答过程可知，用克拉默法则求解线性方程组，计算量太大，实用价值较低，该条法则的重要意义在于理论上的应用.

解

$$D=\begin{vmatrix}2&1&-5&1\\1&-3&0&-6\\0&2&-1&2\\1&4&-7&6\end{vmatrix}=\begin{vmatrix}0&7&-5&13\\1&-3&0&-6\\0&2&-1&2\\0&7&-7&12\end{vmatrix}$$

$$=-\begin{vmatrix}7&-5&13\\2&-1&2\\7&-7&12\end{vmatrix}=-\begin{vmatrix}-3&-5&3\\0&-1&0\\-7&-7&-2\end{vmatrix}$$

$$=\begin{vmatrix}-3&3\\-7&-2\end{vmatrix}=27.$$

由于线性方程组的系数行列式不为零，故有唯一解.

$$D_1=\begin{vmatrix}8&1&-5&1\\9&-3&0&-6\\-5&2&-1&2\\0&4&-7&6\end{vmatrix}=81,$$

$$D_2=\begin{vmatrix}2&8&-5&1\\1&9&0&-6\\0&-5&-1&2\\1&0&-7&6\end{vmatrix}=-108,$$

$$D_3=\begin{vmatrix}2&1&8&1\\1&-3&9&-6\\0&2&-5&2\\1&4&0&6\end{vmatrix}=-27,$$

$$D_4=\begin{vmatrix}2&1&-5&8\\1&-3&0&9\\0&2&-1&-5\\1&4&-7&0\end{vmatrix}=27,$$

于是得方程组的解为

$$x_1=3,\ x_2=-4,\ x_3=-1,\ x_4=1.$$

在线性方程组中，如果右端的常数项为零，则称之为齐次线性方程组，否则称之为非齐次线性方程组. 由克拉默(Cramer)法则立即可得：

齐次的意义是每个方程的右边都为零.

推论 2 如果齐次线性方程组

$$\begin{cases} a_{11}x_1+a_{12}x_2+\cdots+a_{1n}x_n=0, \\ a_{21}x_1+a_{22}x_2+\cdots+a_{2n}x_n=0, \\ \qquad\vdots \\ a_{n1}x_1+a_{n2}x_2+\cdots+a_{nn}x_n=0 \end{cases} \tag{1-25}$$

的系数行列式不等于零，则它只有零解.

换句话说，如果齐次线性方程组(1-25)有非零解，则它的系数行列式一定等于零.

进一步，在第3章还可以证明，齐次线性方程组(1-25)的系数行列式等于零时，该齐次线性方程组一定存在非零解. 也就是说，齐次线性方程组(1-25)存在非零解的充要条件是系数行列式为零.

例 1-25 设

$$\begin{cases} (5-\lambda)x+2y+2z=0, \\ 2x+(6-\lambda)y=0, \\ 2x+(4-\lambda)z=0, \end{cases}$$

λ 取何值时，该方程组有非零解？

解 由推论2可知若齐次线性方程组有非零解，则它的系数行列式一定等于零，于是由

$$\begin{aligned} D &= \begin{vmatrix} 5-\lambda & 2 & 2 \\ 2 & 6-\lambda & 0 \\ 2 & 0 & 4-\lambda \end{vmatrix} \\ &= (5-\lambda)(2-\lambda)(8-\lambda) \\ &= 0, \end{aligned}$$

得 $\lambda=2$，$\lambda=5$ 或 $\lambda=8$.

不难验证，当 $\lambda=2$，$\lambda=5$ 或 $\lambda=8$ 时，该齐次线性方程组确有非零解.

克拉默法则的推论常用来解决解析几何中的相关问题.

应当指出，用克拉默法则解线性方程组时，必须具备方程个数与未知量个数相等这个条件. 在系数行列式不为零时，肯定了方程组有唯一解，且借助于行列式把方程组的解简洁地表示出来. 这在理论分析上具有十分重要的意义，但当方程个数较多时计算量较大，在第3章，我们将用矩阵作为工具来研究一般线性方程组的求解问题.

作为克拉默法则的应用我们再举一个例子.

例 1-26 设平面上有不在同一直线上的三个点(x_1,y_1)，(x_2,y_2)，(x_3,y_3)，x_1，x_2，x_3 互异，求证过这三个点且轴线与坐标轴 y 平行的抛物线方程的表达式为

$$\begin{vmatrix} y & x^2 & x & 1 \\ y_1 & x_1^2 & x_1 & 1 \\ y_2 & x_2^2 & x_2 & 1 \\ y_3 & x_3^2 & x_3 & 1 \end{vmatrix}=0.$$

代数与几何是不分家的，例 1-26 这类例题可以促进学以致用，利用几何直观去理解和掌握线性代数的概念和理论. 请思考：在空间直角坐标系中，如何求经过三个点 $P(1,1,2)$，$Q(3,-2,0)$，$R(0,5,-5)$ 的平面方程？

证明 设所求的抛物线方程为

$$y=ax^2+bx+c.$$

由于三点在抛物线上，所以坐标$(x_i,y_i)(i=1,2,3)$满足此方程，从而得到齐次线性方程组

$$\begin{cases} -y+ax^2+bx+c=0, \\ -y_1+ax_1^2+bx_1+c=0, \\ -y_2+ax_2^2+bx_2+c=0, \\ -y_3+ax_3^2+bx_3+c=0. \end{cases}$$

克拉默法则解决解析几何问题举例

将$(-1,a,b,c)$视为上述齐次线性方程组的一组非零解，则由推论 2，有

$$\begin{vmatrix} y & x^2 & x & 1 \\ y_1 & x_1^2 & x_1 & 1 \\ y_2 & x_2^2 & x_2 & 1 \\ y_3 & x_3^2 & x_3 & 1 \end{vmatrix}=0,$$

这就是满足题设条件的抛物线的方程的表达式.

历史寻根：克拉默

克拉默(G. Cramer，1704—1752)瑞士数学家，1750 年，克拉默在其著作《线性代数分析导引》中，对行列式的定义和展开法则给出了比较完整的阐述，并给出了解线性方程组的克拉默法则. 稍后，法国数学家贝祖(E. Bezout，1730—1783)将确定行列式每一项符号的方法进行了系统化. 指出了如何利用系数行列式判断一个齐次线性方程组有非零解.

图 1-6 克拉默 (1704—1752)

习题 1.5

部分习题详解

1. 用克拉默法则解下列线性方程组：

(1) $\begin{cases} bx-ay=-2ab, \\ -2cy+3bz=bc, (abc\neq 0) \\ cx+az=0; \end{cases}$ (2) $\begin{cases} x_1+x_2+2x_3+3x_4=1, \\ 3x_1-x_2-x_3-2x_4=-4, \\ 2x_1+3x_2-x_3-x_4=-6, \\ x_1+2x_2+3x_3-x_4=-4. \end{cases}$

2. λ 为何值时，线性方程组 $\begin{cases} \lambda x_1+x_2+x_3=1, \\ x_1+\lambda x_2+x_3=\lambda, \\ x_1+x_2+\lambda x_3=\lambda^2 \end{cases}$ 有唯一解？

3. a，b 取什么值时，齐次线性方程组

$$\begin{cases} ax_1+\ \ x_2+x_3=0, \\ x_1+\ bx_2+x_3=0, \\ x_1+2bx_2+x_3=0 \end{cases}$$

(1)只有零解？(2)有非零解？

4. 证明：当 a，b，c 是互不相等的常数时，线性方程组

$$\begin{cases} x_1+\ \ x_2+\ \ x_3=a+b+c, \\ ax_1+bx_2+cx_3=a^2+b^2+c^2, \\ bcx_1+cax_2+abx_3=3abc \end{cases}$$

有唯一解，并给出这个解.

部分习题详解

总习题一

一、问答题

1. 试解释 2、3 阶行列式的几何意义.

2. 行列式中元素的余子式、代数余子式与行列式有什么关系？

3. 试从几何的角度解释三元线性方程组有唯一解的意义.

4. 范德蒙德(Van der Monde)行列式的结构特点及结论是什么？

关键是有目的地构造，方向是范德蒙德行列式，再用两种方法计算构造的4阶范德蒙德行列式，比较多项式中一次幂的系数.

请运用范德蒙德行列式证明：$\begin{vmatrix} 1 & 1 & 1 \\ x_1^2 & x_2^2 & x_3^2 \\ x_1^3 & x_2^3 & x_3^3 \end{vmatrix} = (x_1x_2+x_2x_3+x_3x_1)\cdot \prod\limits_{1\leqslant i<j\leqslant 3}(x_j-x_i).$

二、单项选择题

三角形面积与行列式

1. n 级行列式 $\begin{vmatrix} 0 & 0 & \cdots & 0 & 1 \\ 0 & 0 & \cdots & 1 & 0 \\ \vdots & \vdots & & \vdots & \vdots \\ 0 & 1 & \cdots & 0 & 0 \\ 1 & 0 & \cdots & 0 & 0 \end{vmatrix} = (\quad)$.

A. -1　　B. $(-1)^{\frac{n(n-1)}{2}}$　　C. $(-1)^{\frac{n(n+1)}{2}}$　　D. 1

2. 设 $f(x)=\begin{vmatrix} 2 & x & 1 & 3 \\ 1 & 2 & 3 & 4 \\ -1 & 0 & -2 & -3 \\ -1 & 7 & -2 & -2 \end{vmatrix}$，那么 $f(x)$ 的一次项系数为(　　).

A. 1　　B. 2　　C. -1　　D. -2

3. 如果行列式 $\begin{vmatrix} a_{11} & a_{12} & a_{13} \\ a_{21} & a_{22} & a_{23} \\ a_{31} & a_{32} & a_{33} \end{vmatrix}=d\neq0$，那么 $\begin{vmatrix} 2a_{11} & 2a_{12} & 2a_{13} \\ 3a_{31} & 3a_{32} & 3a_{33} \\ -a_{21} & -a_{22} & -a_{23} \end{vmatrix}=$(　　).

A. $2d$　　B. $3d$　　C. $6d$　　D. $-6d$

4. 如果 $n(n\geqslant2)$ 级行列式中每个元素都是 1 或 -1，那么该行列式的值为(　　).

A. 偶数　　B. 奇数　　C. 1　　D. -1

5. 行列式 $\begin{vmatrix} 1 & 0 & \cdots & 0 \\ 0 & 2 & \cdots & 0 \\ \vdots & \vdots & & \vdots \\ 0 & 0 & \cdots & n \end{vmatrix}$ 的主对角线上每个元素与其代数余子式乘积之和为(　　).

A. $n!$　　B. $\dfrac{n(1+n)}{2}$　　C. $n\cdot n!$　　D. $\dfrac{n^2(1+n)}{2}$

6. 四阶行列式 $\begin{vmatrix} a_1 & 0 & 0 & b_1 \\ 0 & a_2 & b_2 & 0 \\ 0 & b_3 & a_3 & 0 \\ b_4 & 0 & 0 & a_4 \end{vmatrix}$ 的值等于(　　).

请思考该题的不同解法.

思考题答案

A. $a_1a_2a_3a_4-b_1b_2b_3b_4$　　B. $a_1a_2a_3a_4+b_1b_2b_3b_4$

C. $(a_1a_2-b_1b_2)(a_3a_4-b_3b_4)$　　D. $(a_2a_3-b_2b_3)(a_1a_4-b_1b_4)$

7. 行列式 D_n 为零的充分条件是(　　).

A. 零元素的个数大于 n　　B. D_n 中各行元素的和为零

C. 次对角线上元素全为零　　D. 主对角线上元素全为零

8. 方程 $\begin{vmatrix} 1 & 1 & 1 & 1 \\ 1 & 2 & -2 & x \\ 1 & 4 & 4 & x^2 \\ 1 & 8 & -8 & x^3 \end{vmatrix}=0$ 的根为(　　).

A. 1，2，-2　　B. 1，2，3　　C. 1，-1，2　　D. 0，1，2

9. 当 $a \neq ($　　$)$ 时，方程组 $\begin{cases} ax \quad\quad +z=0, \\ 2x+ay+z=0, \\ ax-2y+z=0 \end{cases}$ 只有零解.

A. −1　　B. 0　　C. −2　　D. 2

10. 设 $\begin{vmatrix} \lambda-1 & 1 & 2 \\ 3 & \lambda-2 & 1 \\ 2 & 3 & \lambda-3 \end{vmatrix}=0$，则 λ 的值可能为(　　).

A. 4　　B. −4　　C. 2　　D. −2

三、解答题

1. 计算行列式 $\begin{vmatrix} -a_1 & a_1 & 0 & \cdots & 0 & 0 \\ 0 & -a_2 & a_2 & \cdots & 0 & 0 \\ 0 & 0 & -a_3 & \ddots & 0 & 0 \\ \vdots & \vdots & \vdots & \ddots & a_{n-1} & \vdots \\ 0 & 0 & 0 & \cdots & -a_n & a_n \\ 1 & 1 & 1 & \cdots & 1 & 1 \end{vmatrix}$.

2. 计算下列行列式：

(1) $\begin{vmatrix} x & y & x+y \\ y & x+y & x \\ x+y & x & y \end{vmatrix}$；　　(2) $\begin{vmatrix} 1 & x & y & z \\ x & 1 & 0 & 0 \\ y & 0 & 1 & 0 \\ z & 0 & 0 & 1 \end{vmatrix}$；

(3) $\begin{vmatrix} 5 & 3 & 0 & 0 & 0 \\ 2 & 5 & 3 & 0 & 0 \\ 0 & 2 & 5 & 3 & 0 \\ 0 & 0 & 2 & 5 & 3 \\ 0 & 0 & 0 & 2 & 5 \end{vmatrix}$；　　(4) $\begin{vmatrix} 1 & 2 & 0 & 0 & 0 \\ 2 & 5 & 0 & 0 & 0 \\ 9 & 8 & 1 & 2 & 3 \\ 7 & 6 & 4 & 5 & 6 \\ 5 & 4 & 7 & 8 & 9 \end{vmatrix}$.

3. 用加边法计算行列式 $\begin{vmatrix} x_1+y_1 & x_1 & \cdots & x_1 \\ x_2 & x_2+y_2 & \cdots & x_2 \\ \vdots & \vdots & & \vdots \\ x_n & x_n & \cdots & x_n+y_n \end{vmatrix}$，$y_1y_2\cdots y_n \neq 0$.

4. 证明：$D_n=\begin{vmatrix} 2 & 1 & 0 & \cdots & 0 & 0 \\ 1 & 2 & 1 & \cdots & 0 & 0 \\ 0 & 1 & 2 & \cdots & 0 & 0 \\ \vdots & \vdots & \vdots & & \vdots & \vdots \\ 0 & 0 & 0 & \cdots & 2 & 1 \\ 0 & 0 & 0 & \cdots & 1 & 2 \end{vmatrix}=n+1$.

5. 设 x，y，z 是互异的实数，证明：$\begin{vmatrix} 1 & 1 & 1 \\ x & y & z \\ x^3 & y^3 & z^3 \end{vmatrix}=0$ 的充要条件是 $x+y+z=0$.

请思考构造范德蒙德行列式.

6. 证明：$\begin{vmatrix} ax+by & ay+bz & az+bx \\ ay+bz & az+bx & ax+by \\ az+bx & ax+by & ay+bz \end{vmatrix}=(a^3+b^3)\begin{vmatrix} x & y & z \\ y & z & x \\ z & x & y \end{vmatrix}$.

7. 当 λ 为何值时，方程组 $\begin{cases} (1+\lambda)x_1+x_2+x_3=1, \\ x_1+(1+\lambda)x_2+x_3=\lambda, \\ x_1+x_2+(1+\lambda)x_3=\lambda^2 \end{cases}$ 有唯一解？并由克拉默法则求这组解.

8. 设4阶行列式的第1行元素依次为2，m，k，3，第1行元素的余子式全为1，第3行元素的代数余子式依次为3，1，4，2，且行列式的值为1，求 m，k 的值.

9. 设 $D=\begin{vmatrix} 1 & -5 & 1 & 3 \\ 1 & 1 & 3 & 4 \\ 1 & 1 & 2 & 3 \\ 2 & 2 & 3 & 4 \end{vmatrix}$，计算 $A_{41}+A_{42}+A_{43}+A_{44}$ 的值，其中 $A_{4i}(i=1,2,3,4)$ 是对应元素的代数余子式.

请关注行列式特点，回忆行列式展开定理.

10. 设行列式 $D=|a_{ij}|_n$，$a_{ij}=|i-j|(\forall i,j)$，求 D 的值.

写出行列式，注意相邻两行之间的关系.

11. 设 a，b，c 为三角形的三边边长，证明：$D=\begin{vmatrix} 0 & a & b & c \\ a & 0 & c & b \\ b & c & 0 & a \\ c & b & a & 0 \end{vmatrix}<0$.

12. 设多项式 $f(x)=a_0+a_1x+a_2x^2+\cdots+a_nx^n$，用克拉默法则证明：如果 $f(x)$ 存在 $n+1$ 个互不相等的根，则 $f(x)=0$.

第2章 矩阵

2

从行列式的出现到矩阵的出现，大约经过了100年的时间. 矩阵的外观是一个长方形的数表，它是线性代数课程中一个强大的工具.

矩阵是线性代数的主要研究对象之一，它贯穿于线性代数的各个方面，是求解线性方程组的有力工具，也是自然科学、工程技术和经济研究等领域处理线性模型的重要工具. 本章讨论矩阵的定义与运算、方阵的逆运算、矩阵的分块运算、矩阵的初等变换和矩阵的秩、介绍对称矩阵、反对称矩阵、对角矩阵、上(下)三角形矩阵等几类特殊的矩阵及其性质.

2.1 矩阵的定义与运算

2.1.1 矩阵的概念

注意矩阵与行列式的区别：行列式是一个数；矩阵是一个长方形的数表. 矩阵也可以记为

$$A=\begin{pmatrix} a_{11} & a_{12} & \cdots & a_{1n} \\ a_{21} & a_{22} & \cdots & a_{2n} \\ \vdots & \vdots & & \vdots \\ a_{m1} & a_{m2} & \cdots & a_{mn} \end{pmatrix}.$$

西尔维斯特和凯莱

定义 2-1 数域 F 中 mn 个数 $a_{ij}(i=1,2,\cdots,m,j=1,2,\cdots,n)$ 排成 m 行 n 列的矩形数表

$$\begin{pmatrix} a_{11} & a_{12} & \cdots & a_{1n} \\ a_{21} & a_{22} & \cdots & a_{2n} \\ \vdots & \vdots & & \vdots \\ a_{m1} & a_{m2} & \cdots & a_{mn} \end{pmatrix}$$

称为数域 F 上的 $m\times n$ 矩阵，简称**矩阵**. 其中 a_{ij} 称为矩阵的元素，i 和 j 分别称为 a_{ij} 的行指标和列指标. 矩阵通常用大写字母 $\boldsymbol{A}$，$\boldsymbol{B}$，$\boldsymbol{C}$ 表示，如上面 $m\times n$ 矩阵可记为 $\boldsymbol{A}$ 或 $\boldsymbol{A}_{m\times n}$，有时也简写为 $\boldsymbol{A}=(a_{ij})_{m\times n}$. 有关数域的相关知识参阅附录 C.

当 $m=n$ 时称它为 n 阶方阵，只有一行的矩阵称为行向量，只有一列的矩阵，称为列向量.

两矩阵相等的含义.

两个矩阵 $\boldsymbol{A}_{m\times n}$ 和 $\boldsymbol{B}_{m\times n}$，如果它们对应位置的元素均相等，则称这两个矩阵相等.

设 $\boldsymbol{A}$ 为一个矩阵，如果矩阵 $\boldsymbol{B}$ 的每个位置上元素均为 $\boldsymbol{A}$ 的对应位置元素的相反数，称 $\boldsymbol{B}$ 为 $\boldsymbol{A}$ 的负矩阵，记作 $\boldsymbol{B}=-\boldsymbol{A}$.

所有位置元素均为 0 的矩阵称为零矩阵，记作 $\boldsymbol{O}$. 1×1 矩阵 (a_{11}) 通常看作一个数 a_{11}.

零矩阵的意义.

在对许多实际问题作数学描述时，都要用到矩阵的概念，这里给出几个简单的例子.

例 2-1 （价格矩阵）四种食品在三家商店中销售，单位量的售价（以某货币单位计）可用以下矩阵给出

$$\begin{matrix} & F_1 & F_2 & F_3 & F_4 & \\ & 17 & 8 & 11 & 21 & S_1 \\ & 15 & 9 & 13 & 19 & S_2. \\ & 18 & 8 & 12 & 20 & S_3 \end{matrix}$$

$$\begin{pmatrix} 17 & 8 & 11 & 21 \\ 15 & 9 & 13 & 19 \\ 18 & 8 & 12 & 20 \end{pmatrix}$$

这里的行表示商店，而列为食品，如，第 2 列就是第 2 种食品，其 3 个分量表示该食品在 3 家商店中的 3 个售价.

矩阵的概念来源于实际生活，矩阵代数是本课程处理问题的基本工具.

例 2-2 （通路矩阵）D 国三个城市 D_1，D_2，D_3，E 国三个城市 E_1，E_2，E_3，F 国两个城市 F_1，F_2，城市之间的通路情况如下：

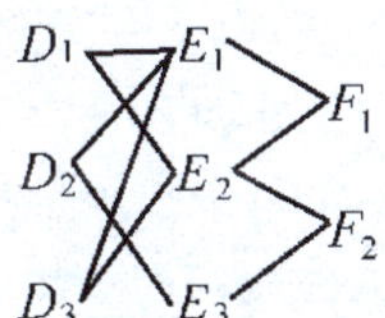

D 国与 E 国、E 国与 F 国城市间的通路情况可分别用下列两个矩阵表示：

$$\begin{array}{c} \quad E_1\ E_2\ E_3 \\ \begin{array}{c} D_1 \\ D_2 \\ D_3 \end{array}\begin{pmatrix} 1 & 1 & 0 \\ 1 & 0 & 1 \\ 1 & 1 & 0 \end{pmatrix} \end{array}, \quad \begin{array}{c} \quad F_1\ F_2 \\ \begin{array}{c} E_1 \\ E_2 \\ E_3 \end{array}\begin{pmatrix} 1 & 0 \\ 1 & 1 \\ 0 & 1 \end{pmatrix} \end{array}.$$

其中第一个矩阵的元素 x_{ij} 表示 D_i 与 E_j 之间的通路数，第二个矩阵中的元素 y_{ij} 表示 E_i 与 F_j 之间的通路数.

例 2-3 （原子矩阵）在复杂的化学反应系统中，涉及众多的化学物质，为了定量地研究反应平衡问题，可以引进表示这一系统的原子矩阵. 如在合成氨生产的甲烷与水蒸气生成合成气阶段，系统内除一些惰性气体外，还存在下列 7 种化学物质：CH_4，H_2O，H_2，CO，CO_2，C，C_2H_6 可写出原子矩阵

$$\begin{array}{c} \quad\ CH_4\ \ H_2O\ \ H_2\ \ CO\ \ CO_2\ \ C\ \ C_2H_6 \\ \begin{array}{c} C \\ H \\ O \end{array}\begin{pmatrix} 1 & 0 & 0 & 1 & 1 & 1 & 2 \\ 4 & 2 & 2 & 0 & 0 & 0 & 6 \\ 0 & 1 & 0 & 1 & 2 & 0 & 0 \end{pmatrix} \end{array}.$$

历史寻根：矩阵

矩阵是数学中的一个重要的基本概念，是代数学的一个主要研究对象，也是数学研究和应用的一个重要工具. 矩阵概念是从解线性方程组中产生的. 我国现存最古老的数学书《九章算术》中，方程章的第一个问题是："今有上禾三秉，中禾二秉，下禾一秉，实三十九斗；上禾二秉，中禾三秉，下禾一秉，实三十四斗；上禾一秉，中禾二秉，下禾三秉，实二十六斗. 问上、中、下禾实一秉各几何?" 为了使用加减消去法解方程组，古人把系数排成长方形的数表，

		左行	中行	右行
头位	上禾	1	2	3
中位	中禾	2	3	2
下位	下禾	3	1	1
	实	26	34	39

称这种矩形的数表为"方程"或"方阵"，其意义与矩阵相似. 在西方，"矩阵"这个词是由英国数学家西尔维斯特(Sylvester, 1814—1897)首先使用的，他是为了将数字的矩形阵列区别于行列式而发明了这个术语. 矩阵的许多基本性质也是在行列式的发展中建立起来的. 在逻辑上，矩阵的概念应先于行列式的概念，然而在历史上次序正好相反. 矩阵本身所具有的性质依赖于元素的性质，矩阵由最初作为一种工具经过两个多世纪的发展，现在已成为一门独立的数学分支——矩阵论. 而矩阵论又可分为矩阵方程论、矩阵分解论和广义逆矩阵论等矩阵的现代理论.

图 2-1 西尔维斯特 (1814—1897)

2.1.2 矩阵的加法

定义 2-2 两个行数相同，列数也相同的同型矩阵 $\boldsymbol{A}_{m\times n}$ 与 $\boldsymbol{B}_{m\times n}$ 的和，定义为

$$\boldsymbol{A}_{m\times n}+\boldsymbol{B}_{m\times n}=\boldsymbol{C}_{m\times n}. \tag{2-1}$$

其中 $c_{ij}=a_{ij}+b_{ij}(i=1,2,\cdots,m,j=1,2,\cdots,n)$，这里 a_{ij} 表示矩阵 $\boldsymbol{A}_{m\times n}$ 中第 i 行，第 j 列元素，b_{ij} 和 c_{ij} 类似.

例 2-4 设

$$\boldsymbol{A}=\begin{pmatrix}1&2&3\\4&5&6\end{pmatrix},\ \boldsymbol{B}=\begin{pmatrix}0&1&2\\0&2&3\end{pmatrix},$$

求 $\boldsymbol{A}+\boldsymbol{B}$.

解 $\boldsymbol{A}+\boldsymbol{B}=\begin{pmatrix}1&2&3\\4&5&6\end{pmatrix}+\begin{pmatrix}0&1&2\\0&2&3\end{pmatrix}=\begin{pmatrix}1&3&5\\4&7&9\end{pmatrix}$.

由于数的加法满足交换律、结合律，不难得出矩阵的加法运算的如下性质：

(1)交换律 $\boldsymbol{A}+\boldsymbol{B}=\boldsymbol{B}+\boldsymbol{A}$;

(2)结合律 $(\boldsymbol{A}+\boldsymbol{B})+\boldsymbol{C}=\boldsymbol{A}+(\boldsymbol{B}+\boldsymbol{C})$;

(3)零矩阵存在 $\boldsymbol{A}+\boldsymbol{O}=\boldsymbol{A}$;

(4)负矩阵存在 $\boldsymbol{A}+(-\boldsymbol{A})=\boldsymbol{O}$.

利用负矩阵，我们可以借助于加法派生出减法，即规定

$$\boldsymbol{A}-\boldsymbol{B}=\boldsymbol{A}+(-\boldsymbol{B}),$$

并称 $\boldsymbol{A}-\boldsymbol{B}$ 为 $\boldsymbol{A}$ 与 $\boldsymbol{B}$ 的差，据此若 $\boldsymbol{A}+\boldsymbol{B}=\boldsymbol{C}$，等式两边同时加 $-\boldsymbol{B}$，则有 $\boldsymbol{A}=\boldsymbol{C}-\boldsymbol{B}$，这就是我们熟悉的移项规则.

2.1.3 数乘矩阵

定义 2-3 数域 F 中一个数 k 与数域 F 上的矩阵 $\boldsymbol{A}$ 的数乘运算定义为 k 与矩阵 $\boldsymbol{A}$ 的每个元素相乘所得的矩阵，即

$$k\boldsymbol{A}=(ka_{ij}), \tag{2-2}$$

记作 $k\boldsymbol{A}$. 如

$$2\begin{pmatrix}0&1&3\\1&4&5\\1&2&0\end{pmatrix}=\begin{pmatrix}0&2&6\\2&8&10\\2&4&0\end{pmatrix}.$$

根据数乘运算的定义，不难证明满足下列性质：

(1)结合律 $k(l\boldsymbol{A})=(kl)\boldsymbol{A}$;

(2)分配律 $(k+l)\boldsymbol{A}=k\boldsymbol{A}+l\boldsymbol{A}$，$k(\boldsymbol{A}+\boldsymbol{B})=k\boldsymbol{A}+k\boldsymbol{B}$;

(3)幺元存在 $1\boldsymbol{A}=\boldsymbol{A}$.

例 2-5 设

$$\boldsymbol{A}=\begin{pmatrix}1&-1&2\\2&0&3\end{pmatrix},\ \boldsymbol{B}=\begin{pmatrix}0&2&-1\\-3&-1&2\end{pmatrix},$$

求 $\boldsymbol{A}+3\boldsymbol{B}$.

解
$$\begin{aligned}\boldsymbol{A}+3\boldsymbol{B}&=\begin{pmatrix}1&-1&2\\2&0&3\end{pmatrix}+3\begin{pmatrix}0&2&-1\\-3&-1&2\end{pmatrix}\\&=\begin{pmatrix}1&-1&2\\2&0&3\end{pmatrix}+\begin{pmatrix}0&6&-3\\-9&-3&6\end{pmatrix}\end{aligned}$$

$$=\begin{pmatrix}1&5&-1\\-7&-3&9\end{pmatrix}.$$

矩阵的加法和数乘两种运算称为线性运算.

例 2-6　设

$$\boldsymbol{A}=\begin{pmatrix}-1&0&3\\1&-1&0\\2&1&1\end{pmatrix},\ \boldsymbol{B}=\begin{pmatrix}3&2&-1\\1&-1&2\\2&1&-1\end{pmatrix},$$

求矩阵 $\boldsymbol{Z}$，使 $\boldsymbol{A}+2\boldsymbol{Z}=3\boldsymbol{B}$.

解　$2\boldsymbol{Z}=3\boldsymbol{B}-\boldsymbol{A}=3\begin{pmatrix}3&2&-1\\1&-1&2\\2&1&-1\end{pmatrix}-\begin{pmatrix}-1&0&3\\1&-1&0\\2&1&1\end{pmatrix}$

$$=\begin{pmatrix}10&6&-6\\2&-2&6\\4&2&-4\end{pmatrix},$$

所以

$$\boldsymbol{Z}=\begin{pmatrix}5&3&-3\\1&-1&3\\2&1&-2\end{pmatrix}.$$

2.1.4　矩阵与矩阵的乘法

微课视频：矩阵的乘法

设甲类金矿的矿石 1t 可以提炼 a_1g 黄金和 a_2g 白银，乙类金矿的矿石 1t 可以提炼 b_1g 黄金和 b_2g 白银．某企业开采了甲类矿石 x_1t 和乙类矿石 x_2t，生产黄金 c_1g 和白银 c_2g，那么这些数据有等式关系

$$a_1x_1+b_1x_2=c_1,$$
$$a_2x_1+b_2x_2=c_2,$$

如果记 $\boldsymbol{A}=\begin{pmatrix}a_1&b_1\\a_2&b_2\end{pmatrix}$，$\boldsymbol{X}=\begin{pmatrix}x_1\\x_2\end{pmatrix}$，$\boldsymbol{Y}=\begin{pmatrix}c_1\\c_2\end{pmatrix}$，则借助矩阵可以将这两个等式一起表达为 $\begin{pmatrix}a_1&b_1\\a_2&b_2\end{pmatrix}\begin{pmatrix}x_1\\x_2\end{pmatrix}=\begin{pmatrix}c_1\\c_2\end{pmatrix}$，进一步，可以简记为 $\boldsymbol{AX}=\boldsymbol{Y}$. 为此引入矩阵乘法的定义.

> 请从生活中找出矩阵乘法的背景，探寻这么定义的动机，体会如此定义的价值，深刻理解矩阵乘法运算中“左行右列”的实质.

定义 2-4　设矩阵 $\boldsymbol{A}=(a_{ij})_{m\times n}$，$\boldsymbol{B}=(b_{ij})_{n\times s}$，定义 $\boldsymbol{A}$ 与 $\boldsymbol{B}$ 的积为

$$\boldsymbol{AB}=(c_{ij})_{m\times s},$$

其中

$$c_{ij}=a_{i1}b_{1j}+a_{i2}b_{2j}+\cdots+a_{in}b_{nj}=\sum_{k=1}^{n}a_{ik}b_{kj}, \quad (2\text{-}3)$$

$$(i=1,2,\cdots,m;j=1,2,\cdots,s)$$

如：$\begin{pmatrix}1&2\\3&4\\1&1\end{pmatrix}\begin{pmatrix}1&-1\\-2&3\end{pmatrix}$

$$=\begin{pmatrix}1\times1+2\times(-2)&1\times(-1)+2\times3\\3\times1+4\times(-2)&3\times(-1)+4\times3\\1\times1+1\times(-2)&1\times(-1)+1\times3\end{pmatrix}=\begin{pmatrix}-3&5\\-5&9\\-1&2\end{pmatrix}.$$

矩阵是一个数表，这是从静态视角认识矩阵．定义了矩阵的乘法，可以从动态视角认识和理解矩阵．

矩阵乘法

$Y=AX$ 中 A 的几何意义

例 2-7 设

$$A=\begin{pmatrix}1&0&3&-1\\2&1&0&2\end{pmatrix},\ B=\begin{pmatrix}4&1&0\\-1&1&3\\2&0&1\\1&3&4\end{pmatrix}$$

求 AB.

解 $AB=\begin{pmatrix}1&0&3&-1\\2&1&0&2\end{pmatrix}\begin{pmatrix}4&1&0\\-1&1&3\\2&0&1\\1&3&4\end{pmatrix}=\begin{pmatrix}9&-2&-1\\9&9&11\end{pmatrix}.$

注意：这里 BA 没有意义，因为 B 的列数是 3，而 A 的行数是 2，两者不等.

例 2-8 设

$$A=\begin{pmatrix}-2&4\\1&-2\end{pmatrix},\ B=\begin{pmatrix}2&4\\-3&-6\end{pmatrix},$$

计算 AB 和 BA.

解 $AB=\begin{pmatrix}-2&4\\1&-2\end{pmatrix}\begin{pmatrix}2&4\\-3&-6\end{pmatrix}=\begin{pmatrix}-16&-32\\8&16\end{pmatrix},$

$BA=\begin{pmatrix}2&4\\-3&-6\end{pmatrix}\begin{pmatrix}-2&4\\1&-2\end{pmatrix}=\begin{pmatrix}0&0\\0&0\end{pmatrix}.$

由矩阵的乘法的定义，可得如下运算性质：

(1) 左分配律　$A(B+C)=AB+AC$；

(2) 右分配律　$(A+B)C=AC+BC$；

(3) 数乘结合律　$k(AB)=(kA)B=A(kB)$；

左、右分配律的不同，提醒我们在实施矩阵运算时，不能随意颠倒（改变）相乘矩阵的左右次序.

(4)结合律 $(AB)C=A(BC)$.

这里只给出性质(4)的证明，其余的请读者自行完成.

证明 设$A_{m\times n}$，$B_{n\times s}$，$C_{s\times t}$，$(AB)C$与$A(BC)$都有意义，且为同型$m\times t$矩阵. 按矩阵相等的意义，只要证明等式左、右两端所有对应位置元素相等.

令$A_{m\times n}B_{n\times s}=M$，$B_{n\times s}C_{s\times t}=N$，则$M$中元素

$$m_{ik}=a_{i1}b_{1k}+a_{i2}b_{2k}+\cdots+a_{in}b_{nk},$$

其中a_{ij}，b_{jk}分别为A、B中的元素. N中的元素

$$n_{jl}=b_{j1}c_{1l}+b_{j2}c_{2l}+\cdots+b_{js}c_{sl},$$

其中c_{ij}为C中的元素.

这时$(AB)C=MC$中第i行第l列元素为

$$m_{i1}c_{1l}+m_{i2}c_{2l}+\cdots+m_{is}c_{sl}=\sum_{k=1}^{s}\sum_{j=1}^{n}a_{ij}b_{jk}c_{kl},\tag{2-4}$$

$$(i=1,2,\cdots m;l=1,2,\cdots,t)$$

同理，$A(BC)=AN$中第i行第l列元素为

$$a_{i1}n_{1l}+a_{i2}n_{2l}+\cdots+a_{in}n_{nl}=\sum_{j=1}^{n}\sum_{k=1}^{s}a_{ij}b_{jk}c_{kl}.\tag{2-5}$$

$$(i=1,2,\cdots,m;l=1,2,\cdots,t)$$

在式(2-4)、式(2-5)中，除了加法的次序有所不同外，是完全相等的，故结合律成立. 证毕.

请带着寻找"$AB=BA$成立的条件有哪些?"这一问题去进一步学习矩阵运算.

构造反例是否定一个论断的常用方法. 拥有充足的反例也是理解数学的一种重要手段. 请构造一个例子说明矩阵的乘法运算不满足消去律. 构造反例时尽可能从简单而又特殊的情形入手去构想.

注 由例2-7和例2-8可知，矩阵的乘法不满足交换律，即在一般情况下，$AB\neq BA$. 因为AB有意义，BA不一定有意义，即使有意义也未必相等，如

$$A=(1,2,3),\ B=\begin{pmatrix}1\\1\\1\end{pmatrix},$$

$$AB=(6),\ BA=\begin{pmatrix}1&2&3\\1&2&3\\1&2&3\end{pmatrix}.$$

由例2-8还可以看出，矩阵的乘法运算中，$A\neq O$，$B\neq O$，但可能有$AB=O$，这样在数的乘法中成立的"若$ab=0$，则$a=0$或$b=0$"对矩阵的乘法通常不成立. 即矩阵的乘法运算不满足消去律.

矩阵乘法不满足消去律

利用矩阵乘法，线性方程组

$$\begin{cases}a_{11}x_1+a_{12}x_2+\cdots+a_{1n}x_n=b_1,\\a_{21}x_1+a_{22}x_2+\cdots+a_{2n}x_n=b_2,\\\quad\vdots\\a_{m1}x_1+a_{m2}x_2+\cdots+a_{mn}x_n=b_m\end{cases}$$

可简洁地表示成

$$AX=b, \tag{2-6}$$

这里是我们引进矩阵代数的主要目的之一.

其中

$$A=\begin{pmatrix} a_{11} & a_{12} & \cdots & a_{1n} \\ a_{21} & a_{22} & \cdots & a_{2n} \\ \vdots & \vdots & & \vdots \\ a_{m1} & a_{m2} & \cdots & a_{mn} \end{pmatrix},\ X=\begin{pmatrix} x_1 \\ x_2 \\ \vdots \\ x_n \end{pmatrix},\ b=\begin{pmatrix} b_1 \\ b_2 \\ \vdots \\ b_m \end{pmatrix}.$$

这样初等数学中解线性方程组，即求同解方程组问题可用矩阵语言描述为求解向量问题.

2.1.5　方阵的幂运算

对于 n 阶方阵 A 而言，$A\cdot A$ 是有意义的且乘法满足结合律，故可导入方阵 A 的 k 次幂的概念.

定义 2-5　设 A 为 n 阶矩阵，k 个 A 的乘积称为 A 的 k 次幂，记作 A^k.

约定 $A^0=E$，这里 E 为单位矩阵(将在 2.2 节中介绍).

例 2-9　求证 $\begin{pmatrix} \cos\theta & -\sin\theta \\ \sin\theta & \cos\theta \end{pmatrix}^n=\begin{pmatrix} \cos n\theta & -\sin n\theta \\ \sin n\theta & \cos n\theta \end{pmatrix}$.

求方阵的幂是本课程的重要任务之一，请在学习过程中不断总结求方阵幂的方法.

证明　用数学归纳法.

当 $n=1$ 时，等式显然成立.

假设当 $n=k$ 时，等式成立，即

$$\begin{pmatrix} \cos\theta & -\sin\theta \\ \sin\theta & \cos\theta \end{pmatrix}^k=\begin{pmatrix} \cos k\theta & -\sin k\theta \\ \sin k\theta & \cos k\theta \end{pmatrix}.$$

当 $n=k+1$ 时，

$$\begin{aligned}
&\begin{pmatrix} \cos\theta & -\sin\theta \\ \sin\theta & \cos\theta \end{pmatrix}^{k+1} \\
&=\begin{pmatrix} \cos\theta & -\sin\theta \\ \sin\theta & \cos\theta \end{pmatrix}^k\begin{pmatrix} \cos\theta & -\sin\theta \\ \sin\theta & \cos\theta \end{pmatrix} \\
&=\begin{pmatrix} \cos k\theta & -\sin k\theta \\ \sin k\theta & \cos k\theta \end{pmatrix}\begin{pmatrix} \cos\theta & -\sin\theta \\ \sin\theta & \cos\theta \end{pmatrix} \\
&=\begin{pmatrix} \cos k\theta\cos\theta-\sin k\theta\sin\theta & -\cos k\theta\sin\theta-\sin k\theta\cos\theta \\ \sin k\theta\cos\theta+\cos k\theta\sin\theta & -\sin k\theta\sin\theta+\cos k\theta\cos\theta \end{pmatrix} \\
&=\begin{pmatrix} \cos(k+1)\theta & -\sin(k+1)\theta \\ \sin(k+1)\theta & \cos(k+1)\theta \end{pmatrix}.
\end{aligned}$$

证毕.

从几何变换的角度体会矩阵 $\begin{pmatrix} \cos\theta & -\sin\theta \\ \sin\theta & \cos\theta \end{pmatrix}$ 的意义，它的意义是以原点为中心逆时针方向的旋转，如图 2-2 所示.

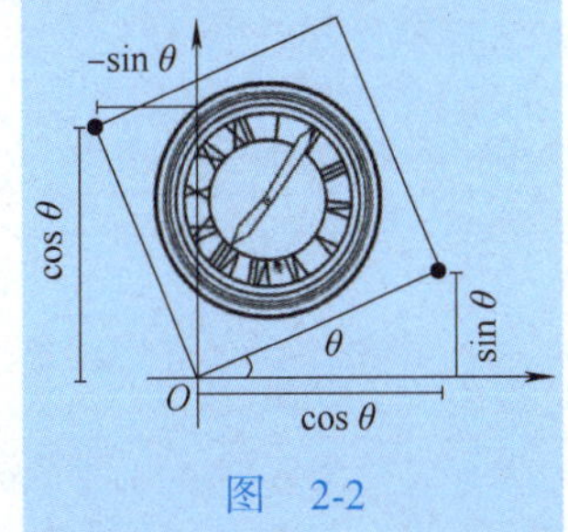

图　2-2

设 $\boldsymbol{A}$，$\boldsymbol{B}$ 为 n 阶矩阵，请思考下列等式是否成立？$(\boldsymbol{A}+\boldsymbol{B})^2=\boldsymbol{A}^2+2\boldsymbol{A}\boldsymbol{B}+\boldsymbol{B}^2$；$\boldsymbol{A}^2-\boldsymbol{B}^2=(\boldsymbol{A}+\boldsymbol{B})(\boldsymbol{A}-\boldsymbol{B})$。

你能够给出它们成立的一些条件吗？

根据矩阵的乘法满足结合律，有如下性质：

(1) $\boldsymbol{A}^k\boldsymbol{A}^l=\boldsymbol{A}^{k+l}$；

(2) $(\boldsymbol{A}^k)^l=\boldsymbol{A}^{kl}$.

其中 k，l 为正整数.

注 因矩阵的乘法不满足交换律，所以对两个 n 阶方阵 $\boldsymbol{A}$ 与 $\boldsymbol{B}$，一般说来 $(\boldsymbol{A}\boldsymbol{B})^k\neq\boldsymbol{A}^k\boldsymbol{B}^k$. 利用矩阵的幂运算、加法和数乘有矩阵多项式的概念.

设 $f(x)=a_nx^n+a_{n-1}x^{n-1}+\cdots+a_1x+a_0$，$a_n$，$a_{n-1}$，$\cdots$，$a_1$，$a_0$ 均为数域 F 上的数，$\boldsymbol{A}$ 为数域 F 上的方阵，将方阵 $\boldsymbol{A}$ 代入上述多项式后，得

$$f(\boldsymbol{A})=a_n\boldsymbol{A}^n+a_{n-1}\boldsymbol{A}^{n-1}+\cdots+a_1\boldsymbol{A}+a_0\boldsymbol{E},$$

称为 $\boldsymbol{A}$ 的矩阵多项式，其中 $\boldsymbol{E}$ 为单位矩阵. 在今后学习中会经常遇到矩阵多项式.

请关注单位矩阵 $\boldsymbol{E}$（有的参考书用 $\boldsymbol{I}$ 表示单位矩阵）.

例 2-10 设 $\boldsymbol{A}=\begin{pmatrix}1&0&1\\0&2&0\\1&0&1\end{pmatrix}$，计算

(1) $f(\boldsymbol{A})=\boldsymbol{A}^2-2\boldsymbol{A}$；

(2) $g(\boldsymbol{A})=\boldsymbol{A}^n-2\boldsymbol{A}^{n-1}$（$n\geqslant2$ 为正整数）.

注意 $\boldsymbol{A}-\boldsymbol{A}\boldsymbol{B}=\boldsymbol{A}(\boldsymbol{E}-\boldsymbol{B})$ 不能写成 $\boldsymbol{A}-\boldsymbol{A}\boldsymbol{B}=\boldsymbol{A}(1-\boldsymbol{B})$.

解 (1) 因为 $\boldsymbol{A}^2=\begin{pmatrix}2&0&2\\0&4&0\\2&0&2\end{pmatrix}=2\boldsymbol{A}$，故 $f(\boldsymbol{A})=\boldsymbol{A}^2-2\boldsymbol{A}=\boldsymbol{O}$.

(2) 对 n 为大于 1 的正整数

$$g(\boldsymbol{A})=\boldsymbol{A}^{n-2}(\boldsymbol{A}^2-2\boldsymbol{A})=\boldsymbol{A}^{n-2}\boldsymbol{O}=\boldsymbol{O}.$$

2.1.6 矩阵的转置

定义 2-6 设矩阵

$$\boldsymbol{A}_{m\times n}=\begin{pmatrix}a_{11}&a_{12}&\cdots&a_{1n}\\a_{21}&a_{22}&\cdots&a_{2n}\\\vdots&\vdots&&\vdots\\a_{m1}&a_{m2}&\cdots&a_{mn}\end{pmatrix},$$

将其行、列互换，即得

$$\boldsymbol{A}_{n\times m}^{\mathrm{T}}=\begin{pmatrix}a_{11}&a_{21}&\cdots&a_{m1}\\a_{12}&a_{22}&\cdots&a_{m2}\\\vdots&\vdots&&\vdots\\a_{1n}&a_{2n}&\cdots&a_{mn}\end{pmatrix}.$$

称为 A 的转置矩阵. 如矩阵 $A=\begin{pmatrix}1 & -1 & 5\\ 6 & 7 & 8\end{pmatrix}$ 的转置矩阵

$$A^{T}=\begin{pmatrix}1 & 6\\ -1 & 7\\ 5 & 8\end{pmatrix}.$$

由转置运算的定义，不难得出：

(1) $(A^{T})^{T}=A$;

(2) $(A+B)^{T}=A^{T}+B^{T}$;

(3) $(\lambda A)^{T}=\lambda A^{T}$;

(4) $(AB)^{T}=B^{T}A^{T}$.

证明 (1)、(2)、(3)请读者自己证明.

(4)设 $A_{m\times n}$，$B_{n\times s}$ 矩阵，$(AB)^{T}$ 为 $s\times m$ 矩阵，B^{T}，A^{T} 分别为 $s\times n$ 和 $n\times m$ 矩阵，这样 $B^{T}A^{T}$ 也为 $s\times m$ 矩阵，故(4)左、右两端为同型矩阵，剩下的只要证明对应位置的元素相等即可 . $(AB)^{T}$ 中第 i 行第 j 列元素等于 AB 中的第 j 行第 i 列元素即为

$$a_{j1}b_{1i}+a_{j2}b_{2i}+\cdots+a_{jn}b_{ni},$$

其中 a_{ij}，b_{ij} 分别是 A 和 B 中的元素，而 $B^{T}A^{T}$ 的第 i 行、第 j 列元素等于 B^{T} 的第 i 行与 A^{T} 中第 j 列对应元素的乘积，即等于 B 的第 i 列元素与 A 的第 j 行元素的乘积，所以也为

$$a_{j1}b_{1i}+a_{j2}b_{2i}+\cdots+a_{jn}b_{ni},$$

故(4)成立. 证毕.

2.1.7 共轭矩阵

定义 2-7 设 $A=(a_{ij})$ 为复矩阵，称 $\overline{A}=(\overline{a}_{ij})$ 为 A 的共轭矩阵，其中 $\overline{a}_{ij}$ 表示 a_{ij} 的共轭复数.

设 A，B 为复矩阵，λ 为复数 ，则有：

(1) $\overline{A+B}=\overline{A}+\overline{B}$;

(2) $\overline{\lambda A}=\overline{\lambda}\,\overline{A}$;

(3) $\overline{AB}=\overline{A}\,\overline{B}$;

(4) $\overline{A^{T}}=\overline{A}^{T}$.

矩阵代数系统与实数代数系统的联系与区别.

数的运算与矩阵的运算律比较表

根据复数的性质，(1)、(2)、(3)、(4) 的证明比较简单，请读者自己完成 .

例 2-11 设

$$A=\begin{pmatrix}1+\mathrm{i} & -1+2\mathrm{i}\\ 2-\mathrm{i} & 1\end{pmatrix},$$

求 $\overline{A}$，$\overline{A^{\mathrm{T}}}$.

解 $\overline{A}=\begin{pmatrix}1-\mathrm{i} & -1-2\mathrm{i}\\ 2+\mathrm{i} & 1\end{pmatrix}$，$\overline{A^{\mathrm{T}}}=(\overline{A})^{\mathrm{T}}=\begin{pmatrix}1-\mathrm{i} & 2+\mathrm{i}\\ -1-2\mathrm{i} & 1\end{pmatrix}$.

背景聚焦：天气的马尔可夫(Markov)链

假设我们把某市的天气分为三种状态：晴、阴和雨．如果今天阴，则明天晴的概率为 $\frac{1}{2}$，阴的概率为 $\frac{1}{4}$，雨的概率为 $\frac{1}{4}$．如果今天晴或雨，则明天的天气会出现另外的概率．这些可以通过一定时间的观察天气的变化趋势来确定．用矩阵表示这些概率，即有

$$\begin{array}{c} \text{今天} \\ \begin{array}{cccc} \text{明天} & \text{晴} & \text{阴} & \text{雨} \end{array} \end{array}$$

$$P=\begin{array}{c}\text{晴}\\ \text{阴}\\ \text{雨}\end{array}\begin{pmatrix}3/4 & 1/2 & 1/4\\ 1/8 & 1/4 & 1/2\\ 1/8 & 1/4 & 1/4\end{pmatrix}.$$

这是用概率方法预测天气的一种简化形式．通过考虑今天若干地区的天气，来预测明天的天气，称 P 为转移矩阵．这种以当前状态来推测下一段时间不同状态的概率的模型，称为马尔可夫(Markov，1856—1922)链．设 p_1，p_2，p_3 分别为今天是晴，是阴，是雨的概率，p_1'，p_2'，p_3'分别为明天是晴，是阴，是雨的概率．对于上述马尔可夫链，计算明天的天气的概率的公式为

$$p_1'=\frac{3}{4}p_1+\frac{1}{2}p_2+\frac{1}{4}p_3,$$

$$p_2'=\frac{1}{8}p_1+\frac{1}{4}p_2+\frac{1}{2}p_3,$$

$$p_3'=\frac{1}{8}p_1+\frac{1}{4}p_2+\frac{1}{4}p_3.$$

记 $X_0=(p_1,p_2,p_3)^{\mathrm{T}}$，$X_1=(p_1',p_2',p_3')^{\mathrm{T}}$，上述公式符合矩阵的乘积的定义：$X_1=PX_0$．如果想预测两天后天气的概率，计算公式为 $X_2=PX_1=P^2X_0$．这从一个侧面说明矩阵乘法和方阵的幂的实际背景.

习题 2.1

部分习题详解

1. 设 $\boldsymbol{A}=\begin{pmatrix}1&1&2\\1&-1&1\\1&3&1\end{pmatrix}$，$\boldsymbol{B}=\begin{pmatrix}1&3&2\\-2&1&4\\1&-1&3\end{pmatrix}$，求 $2\boldsymbol{A}+\boldsymbol{B}$，$3\boldsymbol{A}^{\mathrm{T}}-2\boldsymbol{B}$.

2. 计算下列各矩阵的积：

(1) $\begin{pmatrix}4&3&1\\1&-2&3\\5&7&0\end{pmatrix}\begin{pmatrix}1\\1\\1\end{pmatrix}$；　(2) $(1\ \ 2\ \ 3)\begin{pmatrix}3\\2\\1\end{pmatrix}$；

(3) $\begin{pmatrix}2\\1\\3\end{pmatrix}(-1\ \ 2\ \ 1)$；　(4) $(x_1\ \ x_2\ \ x_3)\begin{pmatrix}a_{11}&a_{12}&a_{13}\\a_{12}&a_{22}&a_{23}\\a_{13}&a_{23}&a_{33}\end{pmatrix}\begin{pmatrix}x_1\\x_2\\x_3\end{pmatrix}$；

(5) $\begin{pmatrix}1&2&1&0\\0&1&0&1\\0&0&2&1\\0&0&0&3\end{pmatrix}\begin{pmatrix}1&0&3&1\\0&1&2&-1\\0&0&-2&-3\\0&0&0&-3\end{pmatrix}$.

3. 设 $f(x)=3x^2-2x+5$，$\boldsymbol{A}=\begin{pmatrix}1&-2&3\\2&-4&1\\3&-5&2\end{pmatrix}$，求 $f(\boldsymbol{A})$.

4. 计算下列方阵的幂：

(1) 已知 $\boldsymbol{\alpha}=(1,2,3)$，$\boldsymbol{\beta}=(1,-1,2)$，$\boldsymbol{A}=\boldsymbol{\alpha}^{\mathrm{T}}\boldsymbol{\beta}$，求 $\boldsymbol{A}^4$；

(2) 已知 $\boldsymbol{A}=\begin{pmatrix}1&-1&2\\2&-2&4\\-1&1&-2\end{pmatrix}$，求 $\boldsymbol{A}^n$.

> 在4(1)中，请注意 $\boldsymbol{\alpha}^{\mathrm{T}}\boldsymbol{\beta}$ 为矩阵，而 $\boldsymbol{\beta}\boldsymbol{\alpha}^{\mathrm{T}}$ 是一个数. 在矩阵代数系统中，运算过程中一定要厘清是矩阵、向量还是数.

*5. 设 x_1，…，x_n；y_1，…，y_n 是两组变量，系数在数域 P 中的一组关系式

$$\begin{cases}x_1=c_{11}y_1+c_{12}y_2+\cdots+c_{1n}y_n,\\x_2=c_{21}y_1+c_{22}y_2+\cdots+c_{2n}y_n,\\\qquad\vdots\\x_n=c_{n1}y_1+c_{n2}y_2+\cdots+c_{nn}y_n\end{cases}$$

称为由 x_1，…，x_n 到 y_1，…，y_n 的一个线性替换. 已知两个线性替换

$$\begin{cases}x_1=\qquad y_2+2y_3,\\x_2=2y_1-y_2,\\x_3=-y_1-y_2+3y_3;\end{cases}\quad\begin{cases}y_1=z_1+2z_2-z_3,\\y_2=2z_1+3z_2+2z_3,\\y_3=-z_1\qquad+2z_3.\end{cases}$$

用矩阵的乘法求从 x_1，x_2，x_3 到 z_1，z_2，z_3 的线性替换.

2.2 几种特殊的矩阵

2.2.1 对角矩阵、数量矩阵和单位矩阵

1. 对角矩阵

如果 n 阶矩阵 $\boldsymbol{A}=(a_{ij})$ 中元素满足 $a_{ij}=0(i\neq j,\forall i,j=1,2,\cdots,n)$，则称 $\boldsymbol{A}$ 为对角矩阵. 即

$$\boldsymbol{A}=\begin{pmatrix} a_{11} & & & \\ & a_{22} & & \\ & & \ddots & \\ & & & a_{nn} \end{pmatrix}.$$

很明显，如果 $\boldsymbol{A}$，$\boldsymbol{B}$ 为同阶对角矩阵，则 $k\boldsymbol{A}$，$\boldsymbol{AB}$，$\boldsymbol{A}+\boldsymbol{B}$ 均为对角矩阵；如果 $\boldsymbol{A}$ 为对角矩阵，则 $\boldsymbol{A}^{\mathrm{T}}$ 为对角矩阵，且 $\boldsymbol{A}=\boldsymbol{A}^{\mathrm{T}}$.

2. 数量矩阵

如果 n 阶对角矩阵中元素 $a_{11}=a_{22}=\cdots=a_{nn}=d$，则称其为 n 阶数量矩阵. 记作

$$\boldsymbol{D}=\begin{pmatrix} d & & & \\ & d & & \\ & & \ddots & \\ & & & d \end{pmatrix}.$$

以数量矩阵 $\boldsymbol{D}$ 左乘或右乘(如果可以相乘)一个矩阵 $\boldsymbol{A}$，其乘积等于以数 d 乘以矩阵 $\boldsymbol{A}$，即 $\boldsymbol{DA}=d\boldsymbol{A}$ 或 $\boldsymbol{AD}=d\boldsymbol{A}$. 这也是 $\boldsymbol{D}$ 之所以称为数量矩阵的由来. 同时，上述结果也表明数量矩阵和同阶方阵相乘可交换.

3. 单位矩阵

如果 n 阶数量矩阵 $\boldsymbol{D}$ 中的元素 $d=1$ 时，称 $\boldsymbol{D}$ 为 n 阶单位矩阵，记作 $\boldsymbol{E}$. 对任意矩阵 $\boldsymbol{A}_{m\times n}$，显然有 $\boldsymbol{EA}=\boldsymbol{AE}=\boldsymbol{A}$，这里左乘 $\boldsymbol{A}$ 的 $\boldsymbol{E}$ 为 m 阶，右乘 $\boldsymbol{A}$ 的 $\boldsymbol{E}$ 为 n 阶. 另外，对任意方阵 $\boldsymbol{A}$，规定$\boldsymbol{A}^0=\boldsymbol{E}$.

2.2.2 上(下)三角形矩阵

如果 n 阶矩阵 $\boldsymbol{A}=(a_{ij})$，且满足 $a_{ij}=0(i>j,\forall i,j=1,2,\cdots,n)$，称 $\boldsymbol{A}$ 为 n 阶上三角形矩阵，即

方阵 $\boldsymbol{A}=(a_{ij})_{n\times n}$ 是上三角形矩阵的本质是“当 $i>j$ 时，有 $a_{ij}=0$”.

$$\boldsymbol{A}=\begin{pmatrix} a_{11} & a_{12} & \cdots & a_{1n} \\ 0 & a_{22} & \cdots & a_{2n} \\ \vdots & \vdots & & \vdots \\ 0 & 0 & \cdots & a_{nn} \end{pmatrix}.$$

如果 $\boldsymbol{A}$，$\boldsymbol{B}$ 为同阶上三角形矩阵，容易验证 $k\boldsymbol{A}$，$\boldsymbol{AB}$，$\boldsymbol{A}+\boldsymbol{B}$ 均为上三角形矩阵.

以 $\boldsymbol{AB}$ 为例，因为 $\boldsymbol{A}$，$\boldsymbol{B}$ 为 n 阶上三角形矩阵，所以当 $i>j$ 时有 $a_{ij}=0$，$b_{ij}=0$. 令 $\boldsymbol{AB}=\boldsymbol{C}$，则 $c_{ij}=a_{i1}b_{1j}+\cdots+a_{i,i-1}b_{i-1,j}+a_{i,i}b_{ij}+a_{i,i+1}b_{i+1,j}+\cdots+a_{in}b_{nj}(\forall i,j=1,2,\cdots,n)$.

当 $i>j$ 时，$a_{i1}=a_{i2}=\cdots=a_{i,i-1}=0$，$b_{ij}=b_{i+1,j}=\cdots=b_{n,j}=0$，故 $c_{ij}=0$，由上三角形定义知 $\boldsymbol{C}=\boldsymbol{AB}$ 为上三角形矩阵.

类似地，可以讨论下三角形矩阵.

2.2.3 对称矩阵和反对称矩阵

1. 对称矩阵

如果 n 阶方阵 $\boldsymbol{A}=(a_{ij})$，且满足 $a_{ij}=a_{ji}(\forall i,j=1,2,\cdots,n)$，称 $\boldsymbol{A}$ 为对称矩阵. 如

$$\begin{pmatrix} 0 & -1 \\ -1 & 0 \end{pmatrix},\ \begin{pmatrix} 1 & 0 & -2 \\ 0 & 2 & 3 \\ -2 & 3 & 0 \end{pmatrix}$$

均为对称矩阵. 对称矩阵是一类重要的矩阵，如二次曲线 $ax^2+by^2+2cxy=1$ 可以用对称矩阵 $\boldsymbol{A}=\begin{pmatrix} a & c \\ c & b \end{pmatrix}$ 表示成 $(x,y)\begin{pmatrix} a & c \\ c & b \end{pmatrix}\begin{pmatrix} x \\ y \end{pmatrix}=1$. 在第 4 章和第 5 章中还要专门讨论对称矩阵.

显然，矩阵 $\boldsymbol{A}$ 是对称矩阵的充分必要条件为 $\boldsymbol{A}^{\mathrm{T}}=\boldsymbol{A}$.

> $\boldsymbol{A}$ 是对称矩阵 $\Leftrightarrow a_{ij}=a_{ji}(\forall i,j)\Leftrightarrow \boldsymbol{A}^{\mathrm{T}}=\boldsymbol{A}$.

设 $\boldsymbol{A}$，$\boldsymbol{B}$ 为同阶对称矩阵，则 $\boldsymbol{A}+\boldsymbol{B}$，$k\boldsymbol{A}$ 和 $\boldsymbol{A}^k$ 均为对称矩阵，但 $\boldsymbol{AB}$ 未必是对称矩阵. 如 $\boldsymbol{A}=\begin{pmatrix} 0 & -1 \\ -1 & 1 \end{pmatrix}$，$\boldsymbol{B}=\begin{pmatrix} 1 & 1 \\ 1 & 1 \end{pmatrix}$ 为对称矩阵，但 $\boldsymbol{AB}=\begin{pmatrix} -1 & -1 \\ 0 & 0 \end{pmatrix}$ 不是对称矩阵. 关于 $\boldsymbol{AB}$ 的对称性见例 2-12.

例 2-12 设 $\boldsymbol{A}$，$\boldsymbol{B}$ 均为 n 阶对称矩阵，则 $\boldsymbol{AB}$ 对称当且仅当 $\boldsymbol{AB}=\boldsymbol{BA}$.

证明 由于 $\boldsymbol{A}$，$\boldsymbol{B}$ 均为 n 阶对称矩阵，所以 $\boldsymbol{A}^{\mathrm{T}}=\boldsymbol{A}$，$\boldsymbol{B}^{\mathrm{T}}=\boldsymbol{B}$.

一方面，若 $\boldsymbol{AB}=\boldsymbol{BA}$，则 $(\boldsymbol{AB})^{\mathrm{T}}=\boldsymbol{B}^{\mathrm{T}}\boldsymbol{A}^{\mathrm{T}}=\boldsymbol{BA}=\boldsymbol{AB}$，故 $\boldsymbol{AB}$ 对称.

另一方面，若 $\boldsymbol{AB}$ 是对称的，即 $(\boldsymbol{AB})^{\mathrm{T}}=\boldsymbol{AB}$，则有

$$\boldsymbol{AB}=(\boldsymbol{AB})^{\mathrm{T}}=\boldsymbol{B}^{\mathrm{T}}\boldsymbol{A}^{\mathrm{T}}=\boldsymbol{BA},$$

即 $\boldsymbol{A}$ 与 $\boldsymbol{B}$ 相乘可交换. 证毕.

对于任意矩阵 $\boldsymbol{A}$，$\boldsymbol{A}^{\mathrm{T}}\boldsymbol{A}$ 与 $\boldsymbol{AA}^{\mathrm{T}}$ 均为对称矩阵(证明留作习题).

2. 反对称矩阵

如果 n 阶方阵 $\boldsymbol{A}=(a_{ij})$，且满足 $a_{ij}=-a_{ji}(\forall i,j=1,2,\cdots,n)$，

> $\boldsymbol{A}$ 是反对称矩阵$\Leftrightarrow a_{ij}=-a_{ji}(\forall i,j)\Leftrightarrow \boldsymbol{A}^{\mathrm{T}}=-\boldsymbol{A}$.

称 $\boldsymbol{A}$ 为反对称矩阵.

由于 $a_{ii}=-a_{ii}$，故 $a_{ii}=0(i=1,2,\cdots,n)$，即反对称矩阵的主对角线元素全为 0.

设 $\boldsymbol{A}$ 为 n 阶方阵，$\boldsymbol{A}$ 为反对称矩阵当且仅当 $\boldsymbol{A}^{\mathrm{T}}=-\boldsymbol{A}$.

设 $\boldsymbol{A}$，$\boldsymbol{B}$ 为同阶反对称矩阵，则 $\boldsymbol{A}+\boldsymbol{B}$，$k\boldsymbol{A}$ 为反对称矩阵. 当 k 为奇数时，$\boldsymbol{A}^k$ 为反对称矩阵；当 k 为偶数时，$\boldsymbol{A}^k$ 为对称矩阵.

> 思考：在矩阵的各种运算中，矩阵的对称性和反对称性是否保持？

一些特殊矩阵对矩阵运算的保形性

例 2-13 证明：任一 n 阶方阵，均可表示为一个对称矩阵和一个反对称矩阵之和．试用该结论将下列矩阵表示为对称矩阵和反对称矩阵之和.

$$\boldsymbol{A}=\begin{pmatrix}1 & 2 & -1\\ 2 & 0 & -3\\ 5 & -1 & 2\end{pmatrix}.$$

证明 由于

$$\boldsymbol{A}=\frac{\boldsymbol{A}+\boldsymbol{A}^{\mathrm{T}}}{2}+\frac{\boldsymbol{A}-\boldsymbol{A}^{\mathrm{T}}}{2},$$

> 设 $\boldsymbol{A}$ 是方阵，则 $\boldsymbol{A}+\boldsymbol{A}^{\mathrm{T}}$ 是对称矩阵，$\boldsymbol{A}-\boldsymbol{A}^{\mathrm{T}}$ 是反对称矩阵.

其中，$\dfrac{\boldsymbol{A}+\boldsymbol{A}^{\mathrm{T}}}{2}$对称，$\dfrac{\boldsymbol{A}-\boldsymbol{A}^{\mathrm{T}}}{2}$反对称，故结论成立. 证毕.

$\boldsymbol{A}$ 可表示为 $\boldsymbol{B}=\begin{pmatrix}1 & 2 & 2\\ 2 & 0 & -2\\ 2 & -2 & 2\end{pmatrix}$ 与 $\boldsymbol{C}=\begin{pmatrix}0 & 0 & -3\\ 0 & 0 & -1\\ 3 & 1 & 0\end{pmatrix}$ 之和，其中 $\boldsymbol{B}$ 为对称矩阵，$\boldsymbol{C}$ 为反对称矩阵.

零方阵既是对称矩阵，又是反对称矩阵.

2.2.4 幂零矩阵、幂等矩阵和幂幺矩阵

从运算角度看，我们还会经常遇到幂等矩阵、幂幺矩阵和幂零矩阵等。它们的定义如下.

设 $\boldsymbol{A}$ 是 n 阶方阵，如果存在正整数 k 使得 $\boldsymbol{A}^{k-1}\neq\boldsymbol{O}$，但 $\boldsymbol{A}^k=\boldsymbol{O}$，则称 $\boldsymbol{A}$ 为幂零矩阵，其中 k 称为幂零指数；如果满足 $\boldsymbol{A}^2=\boldsymbol{A}$，则称 $\boldsymbol{A}$ 为幂等矩阵；如果满足 $\boldsymbol{A}^2=\boldsymbol{E}$，则称 $\boldsymbol{A}$ 为幂幺矩阵，其中 $\boldsymbol{E}$ 为单位矩阵.

> 注意有不同阶的单位矩阵.

此外，如果 n 阶方阵 $\boldsymbol{A}=(a_{ij})_{n\times n}$ 满足仅存在一个元素 $a_{ij}=1$，其余元素全为 0，则称 $\boldsymbol{A}$ 为基本单位矩阵，记作 $\boldsymbol{E}_{ij}$，即

$$\boldsymbol{E}_{ij}=\begin{pmatrix}0 & \cdots & 0 & \cdots & 0\\ \vdots & & \vdots & & \vdots\\ 0 & \cdots & 1 & \cdots & 0\\ \vdots & & \vdots & & \vdots\\ 0 & \cdots & 0 & \cdots & 0\end{pmatrix}\begin{matrix}\\ \\ (i).\\ \\ \\ \end{matrix}$$

（第 j 列标记为 (j)）

习题 2.2

部分习题详解

1. 计算下列方阵的幂：

(1) 已知 $A=\begin{pmatrix}0&2&4\\0&0&3\\0&0&0\end{pmatrix}$，求 A^2，A^3；　(2) 设 $J=\begin{pmatrix}\lambda&1&0\\0&\lambda&1\\0&0&\lambda\end{pmatrix}$，求 J^3.

2. 设 $A=\begin{pmatrix}2&2&4\\4&7&3\\0&-1&0\end{pmatrix}$，求对称矩阵 B 和反对称矩阵 C 使得 $A=B+C$.

3. 证明：对任意的 $m\times n$ 矩阵 A，$A^{\mathrm{T}}A$ 和 AA^{T} 都是对称矩阵.

4. 设 A 是实对称矩阵，若 $A^2=O$，证明：$A=O$.

思考第 4 题时，请抓住对称矩阵的定义和实数的特性.

5. n 阶方阵 A 的主对角线元素之和称为 A 的迹，记为 $\mathrm{tr}(A)$，即

$$\mathrm{tr}(A)=a_{11}+a_{22}+\cdots+a_{nn},$$

设 A，B 均为 n 阶方阵，试证：

(1) $\mathrm{tr}(A+B)=\mathrm{tr}(A)+\mathrm{tr}(B)$；

(2) $\mathrm{tr}(AB)=\mathrm{tr}(BA)$；

(3) $\mathrm{tr}(AA^{\mathrm{T}})=\sum\limits_{j=1}^{n}\sum\limits_{i=1}^{n}a_{ij}^2$.

2.3 可逆矩阵

在解析几何中，点 (x,y) 与 (x',y') 满足关系

$$\begin{cases}x'=x\cos\theta+y\sin\theta,\\ y'=-x\sin\theta+y\cos\theta,\end{cases}\quad 或\quad \begin{pmatrix}x\\y\end{pmatrix}=\begin{pmatrix}\cos\theta&-\sin\theta\\\sin\theta&\cos\theta\end{pmatrix}\begin{pmatrix}x'\\y'\end{pmatrix}.$$

确定 xOy 平面上的一个旋转，它把任一向量按逆时针方向旋转 θ 角. 这一过程是可逆的. 对一个非零数 a，有乘法逆元素 $a^{-1}=\frac{1}{a}$ 使得 $aa^{-1}=a^{-1}a=1$. 从矩阵的角度看，自然要讨论矩阵 A 的乘法逆的存在性及构造性问题. 本节讨论矩阵的乘法逆矩阵存在的条件及求逆矩阵的方法.

2.3.1 方阵的行列式

定义 2-8 由 n 阶方阵 A 的元素所构成的行列式(各元素的位置不变)，叫作方阵的行列式，记为 $|A|$ 或 $\det A$.

正确理解矩阵与行列式的联系与区别.

应该注意，方阵与行列式是两个不同的概念，$n(n>1)$阶方阵是n^2个数按一定方式排成的数表，而n阶行列式则是这些数(即数表$\boldsymbol{A}$)按一定的运算法则确定的一个数. 当然，这个数能反映$\boldsymbol{A}$的某种特性，当$|\boldsymbol{A}|\neq 0$时，称$\boldsymbol{A}$为非奇异矩阵.

由n阶方阵$\boldsymbol{A}$确定的行列式有下列性质：

(1) $|\boldsymbol{A}^{\mathrm{T}}|=|\boldsymbol{A}|$；

(2) $|\lambda\boldsymbol{A}|=\lambda^n|\boldsymbol{A}|$；

(3) $|\boldsymbol{AB}|=|\boldsymbol{A}||\boldsymbol{B}|$，(其中$\boldsymbol{A}$，$\boldsymbol{B}$均为$n$阶方阵).

性质(1)和(2)，用行列式的性质易证.

注意，性质(2)容易与行列式性质3混淆，如

$$|\boldsymbol{A}|=\left|\frac{1}{2}\begin{pmatrix}2&0&0\\0&1&3\\0&2&5\end{pmatrix}\right|=\frac{1}{8}\begin{vmatrix}2&0&0\\0&1&3\\0&2&5\end{vmatrix}=-\frac{1}{4},$$

而不是$|\boldsymbol{A}|=-1$.

举例说明下列等式不成立：$|\boldsymbol{A}+\boldsymbol{B}|=|\boldsymbol{A}|+|\boldsymbol{B}|$.

下面证明性质(3)，设$\boldsymbol{A}=(a_{ij})$，$\boldsymbol{B}=(b_{ij})$，记$2n$阶行列式

$$D=\begin{vmatrix}a_{11}&\cdots&a_{1n}&0&\cdots&0\\ \vdots&&\vdots&\vdots&&\vdots\\ a_{n1}&\cdots&a_{nn}&0&\cdots&0\\ -1&\cdots&0&b_{11}&\cdots&b_{1n}\\ \vdots&&\vdots&\vdots&&\vdots\\ 0&\cdots&-1&b_{n1}&\cdots&b_{nn}\end{vmatrix}=\begin{vmatrix}\boldsymbol{A}&\boldsymbol{O}\\-\boldsymbol{E}&\boldsymbol{B}\end{vmatrix}.$$

矩阵与行列式

由拉普拉斯定理知

$$D=|\boldsymbol{A}||\boldsymbol{B}|. \tag{2-7}$$

将行列式D的第$n+1$行的a_{11}倍加到第1行，第$n+2$行的a_{12}倍加到第1行，…，第$2n$行的a_{1n}倍加到第1行，由行列式的性质得

$$D=\begin{vmatrix}0&0&\cdots&0&c_{11}&c_{12}&\cdots&c_{1n}\\ a_{21}&a_{22}&\cdots&a_{2n}&0&0&\cdots&0\\ \vdots&\vdots&&\vdots&\vdots&\vdots&&\vdots\\ a_{n1}&a_{n2}&\cdots&a_{nn}&0&0&\cdots&0\\ -1&0&\cdots&0&b_{11}&b_{12}&\cdots&b_{1n}\\ 0&-1&\cdots&0&b_{21}&b_{22}&\cdots&b_{2n}\\ \vdots&\vdots&&\vdots&\vdots&\vdots&&\vdots\\ 0&0&\cdots&-1&b_{n1}&b_{n2}&\cdots&b_{nn}\end{vmatrix}.$$

其中，$c_{1j}=a_{11}b_{1j}+a_{12}b_{2j}+\cdots+a_{1n}b_{nj}(j=1,2,\cdots,n)$，类似上述步骤，将 D 中 a_{21}，a_{22}，$\cdots$，a_{2n}；$\cdots$；a_{n1}，a_{n2}，$\cdots$，a_{nn} 全部化为零时，就得

$$D=\begin{vmatrix} 0 & 0 & \cdots & 0 & c_{11} & c_{12} & \cdots & c_{1n} \\ 0 & 0 & \cdots & 0 & c_{21} & c_{22} & \cdots & c_{2n} \\ \vdots & \vdots & & \vdots & \vdots & \vdots & & \vdots \\ 0 & 0 & \cdots & 0 & c_{n1} & c_{n2} & \cdots & c_{nn} \\ -1 & 0 & \cdots & 0 & b_{11} & b_{12} & \cdots & b_{1n} \\ 0 & -1 & \cdots & 0 & b_{21} & b_{22} & \cdots & b_{2n} \\ \vdots & \vdots & & \vdots & \vdots & \vdots & & \vdots \\ 0 & 0 & \cdots & -1 & b_{n1} & b_{n2} & \cdots & b_{nn} \end{vmatrix}$$

$$=(-1)^n\cdot\begin{vmatrix} c_{11} & c_{12} & \cdots & c_{1n} & 0 & 0 & \cdots & 0 \\ c_{21} & c_{22} & \cdots & c_{2n} & 0 & 0 & \cdots & 0 \\ \vdots & \vdots & & \vdots & \vdots & \vdots & & \vdots \\ c_{n1} & c_{n2} & \cdots & c_{nn} & 0 & 0 & \cdots & 0 \\ b_{11} & b_{12} & \cdots & b_{1n} & -1 & 0 & \cdots & 0 \\ b_{21} & b_{22} & \cdots & b_{2n} & 0 & -1 & \cdots & 0 \\ \vdots & \vdots & & \vdots & \vdots & \vdots & & \vdots \\ b_{n1} & b_{n2} & \cdots & b_{nn} & 0 & 0 & \cdots & -1 \end{vmatrix}$$

$$=(-1)^n\cdot|\boldsymbol{AB}|\cdot|-\boldsymbol{E}|$$
$$=(-1)^n\cdot|\boldsymbol{AB}|\cdot(-1)^n$$
$$=|\boldsymbol{AB}|,$$

即

$$D=|\boldsymbol{AB}|. \tag{2-8}$$

由式(2-5)、式(2-6)知

$$|\boldsymbol{AB}|=|\boldsymbol{A}|\,|\boldsymbol{B}|. \tag{2-9}$$

证毕.

式(2-9)又称为乘法规则. 行列式计算中经常使用.

2.3.2 方阵的逆

定义 2-9　设 $\boldsymbol{A}$ 为 n 阶方阵，如果存在矩阵 $\boldsymbol{B}$ 使得

$$\boldsymbol{AB}=\boldsymbol{BA}=\boldsymbol{E}, \tag{2-10}$$

则称 $\boldsymbol{A}$ 为**可逆矩阵**，称 $\boldsymbol{B}$ 为 $\boldsymbol{A}$ 的一个逆矩阵. 例如

实数集合与矩阵集合运算比较

$$A=\begin{pmatrix}1&2\\0&1\end{pmatrix},\ B=\begin{pmatrix}1&-2\\0&1\end{pmatrix},$$

则

$$AB=\begin{pmatrix}1&2\\0&1\end{pmatrix}\begin{pmatrix}1&-2\\0&1\end{pmatrix}=\begin{pmatrix}1&0\\0&1\end{pmatrix},$$

$$BA=\begin{pmatrix}1&-2\\0&1\end{pmatrix}\begin{pmatrix}1&2\\0&1\end{pmatrix}=\begin{pmatrix}1&0\\0&1\end{pmatrix},$$

即 $AB=BA=E$，故 B 为 A 的一个逆矩阵.

显然，单位矩阵的逆矩阵是单位矩阵，零矩阵不是可逆矩阵，且矩阵的可逆问题只对方阵讨论.

如果方阵 A 是可逆的，那么 A 的逆矩阵是唯一的. 这是因为假设 B，C 均为 A 的逆矩阵，则由

$$AB=BA=E,\ AC=CA=E,$$

可得

$$B=BE=B(AC)=(BA)C=EC=C.$$

所以，当 A 可逆时，A 的逆矩阵通常记作 A^{-1}.

$\frac{1}{A}$，$\frac{B}{A}$是没有意义的.

注 A^{-1}不能写成$\frac{1}{A}$，因为 BA^{-1}不能写成$\frac{B}{A}$，否则可能与 $A^{-1}B$混淆.

方阵的逆矩阵满足下述运算性质：

(1)若 A 可逆，则 A^{-1}也可逆，且$(A^{-1})^{-1}=A$.

学习性质后，请读者仔细品味方阵可逆的证明方法.

(2)若 A，B 是同阶可逆矩阵，则 AB 可逆，且$(AB)^{-1}=B^{-1}A^{-1}$.

一般地，$(A_1A_2\cdots A_s)^{-1}=A_s^{-1}\cdots A_2^{-1}A_1^{-1}$.

(3)若 A 可逆，则 A^{T} 可逆，且$(A^{\mathrm{T}})^{-1}=(A^{-1})^{\mathrm{T}}$.

(4)若 A 可逆，k 为非零数，则 kA 可逆，且$(kA)^{-1}=k^{-1}A^{-1}$.

(5)若 A 可逆，则 $|A^{-1}|=|A|^{-1}$.

另外，当 A 为可逆矩阵时，可记$(A^{-1})^k$ 为 A^{-k}.

思考以下问题：(1)$(A+B)^{-1}=A^{-1}+B^{-1}$是否成立？(2)奇数阶反对称矩阵是否可逆？

若矩阵 A 可逆，由 $AA^{-1}=E$，两边取行列式可得 $|A|\cdot|A^{-1}|=|E|=1$，从而知 $|A|\neq0$，反之若 $|A|\neq0$，是否能判断 A 可逆呢？若 A 可逆，又如何求 A 的逆呢？为了解决这些问题，先介绍矩阵 A 的伴随矩阵.

定义 2-10 设 $n(n\geqslant 2)$ 阶方阵

$$A=\begin{pmatrix} a_{11} & a_{12} & \cdots & a_{1n} \\ a_{21} & a_{22} & \cdots & a_{2n} \\ \vdots & \vdots & & \vdots \\ a_{n1} & a_{n2} & \cdots & a_{nn} \end{pmatrix},$$

由 A 的行列式 $|A|$ 中的元素 a_{ij} 的代数余子式 A_{ij} 构成的 n 阶方阵

$$A^*=\begin{pmatrix} A_{11} & A_{21} & \cdots & A_{n1} \\ A_{12} & A_{22} & \cdots & A_{n2} \\ \vdots & \vdots & & \vdots \\ A_{1n} & A_{2n} & \cdots & A_{nn} \end{pmatrix}$$

称为矩阵 A 的**伴随矩阵**.

$A^*=(A_{ji})_{n\times n}=(A_{ij})^{\mathrm{T}}_{n\times n}$ 是要牢牢记住的.

注 A^* 是 A 的每个元素构成其对应的代数余子式，然后转置排列得到的矩阵.

例 2-14 设 $A=\begin{pmatrix} 1 & -1 \\ 2 & -3 \end{pmatrix}$，求 A^*，$(A^*)^*$.

解 $A^*=\begin{pmatrix} -3 & 1 \\ -2 & 1 \end{pmatrix}$，$(A^*)^*=A$.

二阶矩阵的伴随矩阵可以用“主对调、副相反”的口诀来记忆.

定理 2-1 设 A 为 n 阶方阵，A 可逆当且仅当矩阵 A 为非奇异矩阵($|A|\neq 0$)，且 $A^{-1}=\dfrac{A^*}{|A|}$，其中 A^* 为 A 的伴随矩阵.

矩阵可逆的证明方法

证明 必要性在上面已说明.

现证充分性，因为

$$\sum_{k=1}^{n} a_{ik}A_{sk}=\begin{cases} |A|, & i=s, \\ 0, & i\neq s, \end{cases}$$

则

$$AA^*=\begin{pmatrix} a_{11} & a_{12} & \cdots & a_{1n} \\ a_{21} & a_{22} & \cdots & a_{2n} \\ \vdots & \vdots & & \vdots \\ a_{n1} & a_{n2} & \cdots & a_{nn} \end{pmatrix}\begin{pmatrix} A_{11} & A_{21} & \cdots & A_{n1} \\ A_{12} & A_{22} & \cdots & A_{n2} \\ \vdots & \vdots & & \vdots \\ A_{1n} & A_{2n} & \cdots & A_{nn} \end{pmatrix}$$

$$=\begin{pmatrix} |A| & & & \\ & |A| & & \\ & & \ddots & \\ & & & |A| \end{pmatrix}=|A|E.$$

请仔细体会伴随矩阵的构造过程，努力回顾行列式按行(列)展开定理及其推论.

伴随矩阵是为了处理可逆矩阵而引入的，但它不仅在矩阵求逆过程中发挥作用，从研究矩阵的性质讲，伴随矩阵有其相对独立的一些性质，必须加以重视.

当 $|\boldsymbol{A}|\neq 0$ 时，故有 $\boldsymbol{A}\dfrac{\boldsymbol{A}^*}{|\boldsymbol{A}|}=\boldsymbol{E}$.

同理可得 $\dfrac{\boldsymbol{A}^*}{|\boldsymbol{A}|}\boldsymbol{A}=\boldsymbol{E}$，所以 $\dfrac{\boldsymbol{A}^*}{|\boldsymbol{A}|}$ 是 $\boldsymbol{A}$ 的逆矩阵. 证毕.

实际上，对任一 n 阶方阵 $\boldsymbol{A}$，存在伴随矩阵 $\boldsymbol{A}^*$ 使得

$$\boldsymbol{A}\boldsymbol{A}^*=\boldsymbol{A}^*\boldsymbol{A}=|\boldsymbol{A}|\boldsymbol{E}. \tag{2-11}$$

式(2-11)是线性代数中的一个十分重要的基本关系式.

关系式(2-11)是必须牢记的公式. 请读者思考下列结论是否成立？设 $\boldsymbol{A}$ 是 n 阶矩阵，若存在矩阵 $\boldsymbol{B}$ 使得 $\boldsymbol{AB}=\boldsymbol{BA}=|\boldsymbol{A}|\boldsymbol{E}$，则 $\boldsymbol{B}=\boldsymbol{A}^*$.

伴随矩阵相关结论

推论 设 $\boldsymbol{A}$，$\boldsymbol{B}$ 为方阵，如果 $\boldsymbol{AB}=\boldsymbol{E}$，则 $\boldsymbol{A}$，$\boldsymbol{B}$ 均为可逆矩阵，且 $\boldsymbol{B}=\boldsymbol{A}^{-1}$.

证明 因为 $\boldsymbol{AB}=\boldsymbol{E}$，故 $|\boldsymbol{A}||\boldsymbol{B}|=1$，所以 $|\boldsymbol{A}|\neq 0$，且 $|\boldsymbol{B}|\neq 0$，从而 $\boldsymbol{A}$，$\boldsymbol{B}$ 均为可逆矩阵. 对于 $\boldsymbol{AB}=\boldsymbol{E}$ 两端左乘 $\boldsymbol{A}^{-1}$，有 $\boldsymbol{A}^{-1}\boldsymbol{AB}=\boldsymbol{A}^{-1}$，即 $\boldsymbol{B}=\boldsymbol{A}^{-1}$. 证毕.

例 2-15 求矩阵 $\boldsymbol{A}$ 的逆矩阵，其中

$$\boldsymbol{A}=\begin{pmatrix}1&0&1\\2&1&2\\0&4&6\end{pmatrix}.$$

解 因为 $|\boldsymbol{A}|=6\neq 0$，所以 $\boldsymbol{A}^{-1}$ 存在. 再计算

$$A_{11}=(-1)^{1+1}\begin{vmatrix}1&2\\4&6\end{vmatrix}=-2,\ A_{12}=(-1)^{1+2}\begin{vmatrix}2&2\\0&6\end{vmatrix}=-12,$$

$$A_{13}=(-1)^{1+3}\begin{vmatrix}2&1\\0&4\end{vmatrix}=8,\ A_{21}=(-1)^{2+1}\begin{vmatrix}0&1\\4&6\end{vmatrix}=4,$$

$$A_{22}=(-1)^{2+2}\begin{vmatrix}1&1\\0&6\end{vmatrix}=6,\ A_{23}=(-1)^{2+3}\begin{vmatrix}1&0\\0&4\end{vmatrix}=-4,$$

$$A_{31}=-1,\ A_{32}=0,\ A_{33}=1,$$

微课视频：伴随矩阵

得

$$\boldsymbol{A}^*=\begin{pmatrix}-2&4&-1\\-12&6&0\\8&-4&1\end{pmatrix},$$

所以

$$\boldsymbol{A}^{-1}=\frac{\boldsymbol{A}^*}{|\boldsymbol{A}|}=\begin{pmatrix}-\frac{1}{3}&\frac{2}{3}&-\frac{1}{6}\\-2&1&0\\\frac{4}{3}&-\frac{2}{3}&\frac{1}{6}\end{pmatrix}.$$

例 2-16　设 n 阶方阵 $\boldsymbol{A}$ 满足 $\boldsymbol{A}^2+2\boldsymbol{A}-3\boldsymbol{E}=\boldsymbol{O}$，问 $\boldsymbol{A}$，$\boldsymbol{A}+2\boldsymbol{E}$，$\boldsymbol{A}+4\boldsymbol{E}$ 是否可逆？若可逆，求其逆.

> $\boldsymbol{A}$，$\boldsymbol{A}+2\boldsymbol{E}$ 的逆可以从已知条件解出来，而 $\boldsymbol{A}+4\boldsymbol{E}$ 的逆则需要利用已知条件推导出来.

解　由 $\boldsymbol{A}^2+2\boldsymbol{A}-3\boldsymbol{E}=\boldsymbol{O}$ 可得

$$\boldsymbol{A}(\boldsymbol{A}+2\boldsymbol{E})=3\boldsymbol{E},$$

即 $\boldsymbol{A}\dfrac{\boldsymbol{A}+2\boldsymbol{E}}{3}=\boldsymbol{E}$，或$\dfrac{\boldsymbol{A}}{3}(\boldsymbol{A}+2\boldsymbol{E})=\boldsymbol{E}$. 故 $\boldsymbol{A}$ 和 $\boldsymbol{A}+2\boldsymbol{E}$ 均可逆，且

$$\boldsymbol{A}^{-1}=\frac{\boldsymbol{A}+2\boldsymbol{E}}{3},\ (\boldsymbol{A}+2\boldsymbol{E})^{-1}=\frac{\boldsymbol{A}}{3}.$$

因为

$$\begin{aligned}(\boldsymbol{A}+4\boldsymbol{E})(\boldsymbol{A}-2\boldsymbol{E})&=\boldsymbol{A}^2+2\boldsymbol{A}-8\boldsymbol{E}\\&=\boldsymbol{A}^2+2\boldsymbol{A}-3\boldsymbol{E}-5\boldsymbol{E}\\&=-5\boldsymbol{E},\end{aligned}$$

即

$$(\boldsymbol{A}+4\boldsymbol{E})\frac{2\boldsymbol{E}-\boldsymbol{A}}{5}=\boldsymbol{E},$$

所以 $\boldsymbol{A}+4\boldsymbol{E}$ 可逆，且

$$(\boldsymbol{A}+4\boldsymbol{E})^{-1}=\frac{2\boldsymbol{E}-\boldsymbol{A}}{5}.$$

利用矩阵的逆，可以简洁地表示某些线性方程组的解，如设 $\boldsymbol{A}$ 为 n 阶可逆矩阵，对线性方程组 $\boldsymbol{AX}=\boldsymbol{b}$，两边同时左乘 $\boldsymbol{A}^{-1}$ 得 $\boldsymbol{X}=\boldsymbol{A}^{-1}\boldsymbol{b}$，这与克拉默法则求得的解是一致的. 一般地，我们可以讨论矩阵方程.

2.3.3　矩阵方程

所谓矩阵方程是指含有未知矩阵的矩阵等式. 如 $\boldsymbol{AX}+\boldsymbol{E}=\boldsymbol{B}^{-1}$ 是一个矩阵方程. 其中 $\boldsymbol{A}$，$\boldsymbol{B}$ 已知，$\boldsymbol{X}$ 未知 . 矩阵方程的基本形式有如下三种：

(1) $\boldsymbol{AX}=\boldsymbol{B}$，当 $\boldsymbol{A}$ 可逆时，$\boldsymbol{X}=\boldsymbol{A}^{-1}\boldsymbol{B}$；

(2) $\boldsymbol{XA}=\boldsymbol{B}$，当 $\boldsymbol{A}$ 可逆时，$\boldsymbol{X}=\boldsymbol{BA}^{-1}$；

(3) $\boldsymbol{AXB}=\boldsymbol{C}$，当 $\boldsymbol{A}$，$\boldsymbol{B}$ 可逆时，$\boldsymbol{X}=\boldsymbol{A}^{-1}\boldsymbol{CB}^{-1}$.

> 矩阵方程求解的本质是利用矩阵的乘法等运算来进行的，需要注意的是左乘与右乘的不同. 请读者思考：在(1)、(2)中，如果矩阵 $\boldsymbol{A}$ 不可逆，怎么求解？

例 2-17　设 $\boldsymbol{A}=\begin{pmatrix}1&0&-2\\0&1&0\\0&0&1\end{pmatrix}$，$\boldsymbol{B}=\begin{pmatrix}1&2\\3&1\\2&0\end{pmatrix}$，且 $\boldsymbol{AX}=\boldsymbol{B}$，求 $\boldsymbol{X}$.

解　因为

$$\boldsymbol{A}^{-1}=\begin{pmatrix}1&0&2\\0&1&0\\0&0&1\end{pmatrix},$$

所以

$$X=A^{-1}B=\begin{pmatrix}1&0&2\\0&1&0\\0&0&1\end{pmatrix}\begin{pmatrix}1&2\\3&1\\2&0\end{pmatrix}=\begin{pmatrix}5&2\\3&1\\2&0\end{pmatrix}.$$

对于项数较多(至少含有3项)的矩阵方程求解的基本原则是：先化简方程，后代入计算.

例 2-18 设 A，B 满足关系式 $AB=2B+A$，且

$$A=\begin{pmatrix}3&0&1\\1&1&0\\0&1&4\end{pmatrix},$$

求 B.

解 由 $AB=2B+A$，有 $(A-2E)B=A$，因为

$$|A-2E|=\begin{vmatrix}1&0&1\\1&-1&0\\0&1&2\end{vmatrix}=-1\neq 0,$$

故 $A-2E$ 可逆，且

$$B=(A-2E)^{-1}A=\begin{pmatrix}2&-1&-1\\2&-2&-1\\-1&1&1\end{pmatrix}\begin{pmatrix}3&0&1\\1&1&0\\0&1&4\end{pmatrix}$$

$$=\begin{pmatrix}5&-2&-2\\4&-3&-2\\-2&2&3\end{pmatrix}.$$

背景聚焦：矩阵密码法

为了发送秘密消息，编制密码的简单方法是把消息中的每个字母当做在1与26之间的一个数字来对待，即在26个英文字母与数字之间建立起一一对应：

$$\begin{matrix}A&B&\cdots&Y&Z\\\updownarrow&\updownarrow&&\updownarrow&\updownarrow\\1&2&\cdots&25&26\end{matrix}$$

若要发出信息“SEND MONEY”，使用上述代码，则此信息的编码是：19，5，14，4，13，15，14，5，25，其中5表示字母“E”. 不幸的是，这种编码很容易被别人破译. 在一个较长的信息编码中，人们会根据那个出现频率最高的数值而猜出它代表的是哪个字母，比如上述编码中出现次数最多的数值是5，人们自然会想到它代表的字母是“E”，因为统计规律告诉我们，字母E是英文单词中出现频率最高的. 后来人们采用线性加密，如设字母 L_x，用公式 $C_x=7L_x+6$ 加密为密码字母，但这样还是容易被破译. 一种使用简单，但很难破译的加密格式是把字母

分为两组，然后用两个线性方程组加密为两组密码字母，形成矩阵加密方法.

矩阵密码法是信息编码与译码的一种方法，其中有一种是基于利用可逆矩阵的方法. 现在我们用矩阵的乘法来对"明文"SEND MONEY 进行加密，让其变成"密文"后再进行传送. 方法是将"明文"信息按3列排成矩阵 $\boldsymbol{A}=\begin{pmatrix}19&4&14\\5&13&5\\14&15&25\end{pmatrix}$，利用加密矩阵 $\boldsymbol{P}=\begin{pmatrix}1&2&1\\2&5&3\\2&3&2\end{pmatrix}$ 与 $\boldsymbol{A}$ 的矩阵乘积 $\boldsymbol{PA}=\begin{pmatrix}43&45&49\\105&118&128\\81&77&93\end{pmatrix}$ 对应着将发出"密文"编码：43，105，81，45，118，77，49，128，93. 告知接收者加密矩阵，则接收者可以方便地译出信息. 一般地，通常用0代表空格.

习题 2.3

部分习题详解

1. 求下列矩阵的逆矩阵：

(1) $\boldsymbol{A}=\begin{pmatrix}1&3\\2&4\end{pmatrix}$； (2) $\boldsymbol{B}=\begin{pmatrix}\sin x&\cos x\\\sec x&-\csc x\end{pmatrix}$；

(3) $\boldsymbol{C}=\begin{pmatrix}1&0&1\\2&1&0\\-3&2&-5\end{pmatrix}$； (4) $\boldsymbol{D}=\begin{pmatrix}1&0&2\\2&-1&3\\4&1&8\end{pmatrix}$.

2. 解下列矩阵方程：

(1) $\begin{pmatrix}1&3&1\\2&2&1\\3&4&2\end{pmatrix}\boldsymbol{X}=\begin{pmatrix}2&7\\3&5\\5&10\end{pmatrix}$；

(2) $\boldsymbol{X}\begin{pmatrix}5&-2&-2\\4&-3&-2\\-2&2&3\end{pmatrix}=\begin{pmatrix}3&0&1\\1&1&0\\0&1&4\end{pmatrix}$；

(3) $\begin{pmatrix}1&1\\1&2\end{pmatrix}\boldsymbol{X}\begin{pmatrix}1&0&3\\0&1&0\\0&0&1\end{pmatrix}=\begin{pmatrix}1&0&2\\-2&1&0\end{pmatrix}$.

3. 设 $\boldsymbol{A}=\begin{pmatrix}1&0&0\\2&2&0\\3&4&5\end{pmatrix}$，$\boldsymbol{A}^*$ 为 $\boldsymbol{A}$ 的伴随矩阵，求 $(\boldsymbol{A}^*)^{-1}$.

4. 设 $\boldsymbol{A}$ 为4阶数量矩阵，且 $|\boldsymbol{A}|=16$，求 $\boldsymbol{A}$，$\boldsymbol{A}^{-1}$，$\boldsymbol{A}^*$.

请注意理解从 $\boldsymbol{AA}^*=\boldsymbol{A}^*\boldsymbol{A}=|\boldsymbol{A}|\boldsymbol{E}$ 到 $\boldsymbol{A}^{-1}=\dfrac{1}{|\boldsymbol{A}|}\boldsymbol{A}^*$ 和 $(\boldsymbol{A}^*)^{-1}=\dfrac{1}{|\boldsymbol{A}|}\boldsymbol{A}$ 的推理过程.

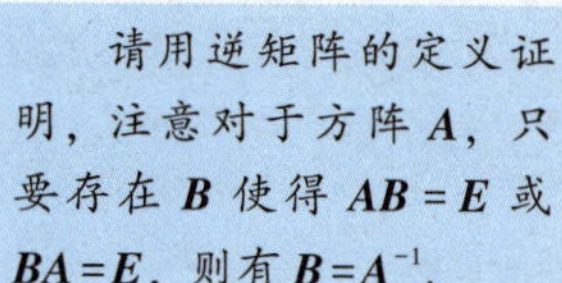
请用逆矩阵的定义证明，注意对于方阵 $\boldsymbol{A}$，只要存在 $\boldsymbol{B}$ 使得 $\boldsymbol{AB}=\boldsymbol{E}$ 或 $\boldsymbol{BA}=\boldsymbol{E}$，则有 $\boldsymbol{B}=\boldsymbol{A}^{-1}$.

5. 设 $\boldsymbol{A}=\dfrac{1}{2}\begin{pmatrix}1 & -\sqrt{3}\\ \sqrt{3} & 1\end{pmatrix}$，且 $\boldsymbol{A}^6=\boldsymbol{E}$，求 $\boldsymbol{A}^{11}$.

6. 设 $\boldsymbol{A}$ 是 n 阶矩阵，$\boldsymbol{E}$ 是单位矩阵，且 $\boldsymbol{A}^k=\boldsymbol{O}$($k$ 为正整数)，证明：$\boldsymbol{E}-\boldsymbol{A}$ 是可逆矩阵.

2.4 矩阵的分块

对于行数和列数较高的矩阵的计算，常采用矩阵分块法. 所谓矩阵分块是把矩阵分成若干子块，并把每个小块看做新矩阵的一个元素，这样把阶数较高的矩阵化为较低阶的矩阵，从而简化表示，便于计算.

2.4.1 矩阵的分块及运算

定义 2-11 把一个矩阵的元素分割成若干块(称为子块)，并以子块作为元素的矩阵称为**分块矩阵**.

例如，将 4 阶方阵 $\boldsymbol{A}=\begin{pmatrix}1 & 0 & 0 & 3\\ 0 & 1 & 0 & -1\\ 0 & 0 & 1 & 0\\ 0 & 0 & 0 & 1\end{pmatrix}$ 分成子块的分法很多，下面举出三种分块形式

$$\left(\begin{array}{cc:cc}1 & 0 & 0 & 3\\ 0 & 1 & 0 & -1\\ \hdashline 0 & 0 & 1 & 0\\ 0 & 0 & 0 & 1\end{array}\right),\quad \left(\begin{array}{ccc:c}1 & 0 & 0 & 3\\ 0 & 1 & 0 & -1\\ 0 & 0 & 1 & 0\\ \hdashline 0 & 0 & 0 & 1\end{array}\right),\quad \left(\begin{array}{c:c:c:c}1 & 0 & 0 & 3\\ 0 & 1 & 0 & -1\\ 0 & 0 & 1 & 0\\ 0 & 0 & 0 & 1\end{array}\right)$$

分别记为

$$\begin{pmatrix}\boldsymbol{E}_2 & \boldsymbol{A}_1\\ \boldsymbol{O} & \boldsymbol{E}_2\end{pmatrix},\quad \begin{pmatrix}\boldsymbol{E}_3 & \boldsymbol{\alpha}\\ \boldsymbol{O} & 1\end{pmatrix},\quad (\boldsymbol{\varepsilon}_1,\boldsymbol{\varepsilon}_2,\boldsymbol{\varepsilon}_3,\boldsymbol{\beta})$$

其中 $\boldsymbol{E}_2$，$\boldsymbol{E}_3$ 分别为 2 阶、3 阶单位矩阵，且

$$\boldsymbol{A}_1=\begin{pmatrix}0 & 3\\ 0 & -1\end{pmatrix},\ \boldsymbol{\alpha}=\begin{pmatrix}3\\ -1\\ 0\end{pmatrix},\ \boldsymbol{\varepsilon}_1=\begin{pmatrix}1\\ 0\\ 0\\ 0\end{pmatrix},\ \boldsymbol{\varepsilon}_2=\begin{pmatrix}0\\ 1\\ 0\\ 0\end{pmatrix},\ \boldsymbol{\varepsilon}_3=\begin{pmatrix}0\\ 0\\ 1\\ 0\end{pmatrix},\boldsymbol{\beta}=\begin{pmatrix}3\\ -1\\ 0\\ 1\end{pmatrix}.$$

如果用有序数组来定义向量，那么数是一维的，向量是有序数组，矩阵是向量的有序数组，比如：$\boldsymbol{A}=\begin{pmatrix}a_1 & b_1 & c_1\\ a_2 & b_2 & c_2\\ a_3 & b_3 & c_3\end{pmatrix}$，如果记 $\boldsymbol{\alpha}=\begin{pmatrix}a_1\\ a_2\\ a_3\end{pmatrix}$，$\boldsymbol{\beta}=\begin{pmatrix}b_1\\ b_2\\ b_3\end{pmatrix}$，$\boldsymbol{\gamma}=\begin{pmatrix}c_1\\ c_2\\ c_3\end{pmatrix}$，则 $\boldsymbol{A}=(\boldsymbol{\alpha},\boldsymbol{\beta},\boldsymbol{\gamma})$.

这些分块矩阵结构简洁明了，在讨论问题时，有助于我们抓住所要研究问题的特征.

分块矩阵的运算规则与普通矩阵的运算规则类似，分别说明

如下：

1. 分块矩阵的加法

设 $\boldsymbol{A}$，$\boldsymbol{B}$ 为 $m\times n$ 矩阵，用相同的方法分块为

$$\boldsymbol{A}=\begin{pmatrix}\boldsymbol{A}_{11} & \cdots & \boldsymbol{A}_{1r}\\ \vdots & & \vdots\\ \boldsymbol{A}_{s1} & \cdots & \boldsymbol{A}_{sr}\end{pmatrix},\ \boldsymbol{B}=\begin{pmatrix}\boldsymbol{B}_{11} & \cdots & \boldsymbol{B}_{1r}\\ \vdots & & \vdots\\ \boldsymbol{B}_{s1} & \cdots & \boldsymbol{B}_{sr}\end{pmatrix}.$$

其中 $\boldsymbol{A}_{ij}$ 与 $\boldsymbol{B}_{ij}$ 均为同型子块矩阵，则

$$\boldsymbol{A}+\boldsymbol{B}=\begin{pmatrix}\boldsymbol{A}_{11}+\boldsymbol{B}_{11} & \cdots & \boldsymbol{A}_{1r}+\boldsymbol{B}_{1r}\\ \vdots & & \vdots\\ \boldsymbol{A}_{s1}+\boldsymbol{B}_{s1} & \cdots & \boldsymbol{A}_{sr}+\boldsymbol{B}_{sr}\end{pmatrix}.$$

2. 数乘分块矩阵

设

$$\boldsymbol{A}=\begin{pmatrix}\boldsymbol{A}_{11} & \cdots & \boldsymbol{A}_{1r}\\ \vdots & & \vdots\\ \boldsymbol{A}_{s1} & \cdots & \boldsymbol{A}_{sr}\end{pmatrix},$$

k 是一个数，则

$$k\boldsymbol{A}=\begin{pmatrix}k\boldsymbol{A}_{11} & \cdots & k\boldsymbol{A}_{1r}\\ \vdots & & \vdots\\ k\boldsymbol{A}_{s1} & \cdots & k\boldsymbol{A}_{sr}\end{pmatrix}.$$

3. 分块矩阵的乘法

设 $\boldsymbol{A}$ 为 $m\times l$ 矩阵，$\boldsymbol{B}$ 为 $l\times n$ 矩阵，若 $\boldsymbol{A}$ 的列分块与 $\boldsymbol{B}$ 的行分块一致，即

$$\boldsymbol{A}=\begin{pmatrix}\boldsymbol{A}_{11} & \cdots & \boldsymbol{A}_{1t}\\ \vdots & & \vdots\\ \boldsymbol{A}_{s1} & \cdots & \boldsymbol{A}_{st}\end{pmatrix},\ \boldsymbol{B}=\begin{pmatrix}\boldsymbol{B}_{11} & \cdots & \boldsymbol{B}_{1r}\\ \vdots & & \vdots\\ \boldsymbol{B}_{t1} & \cdots & \boldsymbol{B}_{tr}\end{pmatrix}.$$

其中 $\boldsymbol{A}_{i1}$，$\boldsymbol{A}_{i2}$，…，$\boldsymbol{A}_{it}$ 的列数分别与 $\boldsymbol{B}_{1j}$，$\boldsymbol{B}_{2j}$，…，$\boldsymbol{B}_{tj}$ 的行数相等，则

$$\boldsymbol{AB}=\begin{pmatrix}\boldsymbol{C}_{11} & \cdots & \boldsymbol{C}_{1r}\\ \vdots & & \vdots\\ \boldsymbol{C}_{s1} & \cdots & \boldsymbol{C}_{sr}\end{pmatrix}.$$

其中 $\boldsymbol{C}_{ij}=\sum\limits_{k=1}^{t}\boldsymbol{A}_{ik}\boldsymbol{B}_{kj}(i=1,2,\cdots,s;j=1,2,\cdots,r)$.

例 2-19 设

$$\boldsymbol{A}=\begin{pmatrix}1 & 0 & 0 & 0\\ 0 & 1 & 0 & 0\\ -1 & 2 & 1 & 0\\ 1 & 1 & 0 & 1\end{pmatrix},\ \boldsymbol{B}=\begin{pmatrix}1 & 0 & 1 & 0\\ -1 & 2 & 0 & 1\\ 1 & 0 & 4 & 1\\ -1 & -1 & 2 & 0\end{pmatrix},$$

利用分块矩阵计算 $\boldsymbol{A}+\boldsymbol{B}$ 和 $\boldsymbol{AB}$.

解 把 $\boldsymbol{A}$, $\boldsymbol{B}$ 分块成

$$\boldsymbol{A}=\left(\begin{array}{cc:cc}1&0&0&0\\0&1&0&0\\ \hdashline -1&2&1&0\\1&1&0&1\end{array}\right)=\begin{pmatrix}\boldsymbol{E}&\boldsymbol{O}\\\boldsymbol{A}_{21}&\boldsymbol{E}\end{pmatrix},$$

$$\boldsymbol{B}=\left(\begin{array}{cc:cc}1&0&1&0\\-1&2&0&1\\ \hdashline 1&0&4&1\\-1&-1&2&0\end{array}\right)=\begin{pmatrix}\boldsymbol{B}_{11}&\boldsymbol{E}\\\boldsymbol{B}_{21}&\boldsymbol{B}_{22}\end{pmatrix},$$

则

$$\boldsymbol{A}+\boldsymbol{B}=\begin{pmatrix}\boldsymbol{E}+\boldsymbol{B}_{11}&\boldsymbol{E}\\\boldsymbol{A}_{21}+\boldsymbol{B}_{21}&\boldsymbol{E}+\boldsymbol{B}_{22}\end{pmatrix}=\begin{pmatrix}2&0&1&0\\-1&3&0&1\\0&2&5&1\\0&0&2&1\end{pmatrix},$$

$$\begin{aligned}\boldsymbol{AB}&=\begin{pmatrix}\boldsymbol{E}&\boldsymbol{O}\\\boldsymbol{A}_{21}&\boldsymbol{E}\end{pmatrix}\begin{pmatrix}\boldsymbol{B}_{11}&\boldsymbol{E}\\\boldsymbol{B}_{21}&\boldsymbol{B}_{22}\end{pmatrix}\\&=\begin{pmatrix}\boldsymbol{B}_{11}&\boldsymbol{E}\\\boldsymbol{A}_{21}\boldsymbol{B}_{11}+\boldsymbol{B}_{21}&\boldsymbol{A}_{21}+\boldsymbol{B}_{22}\end{pmatrix},\end{aligned}$$

又

$$\begin{aligned}\boldsymbol{A}_{21}\boldsymbol{B}_{11}+\boldsymbol{B}_{21}&=\begin{pmatrix}-1&2\\1&1\end{pmatrix}\begin{pmatrix}1&0\\-1&2\end{pmatrix}+\begin{pmatrix}1&0\\-1&-1\end{pmatrix}\\&=\begin{pmatrix}-2&4\\-1&1\end{pmatrix},\end{aligned}$$

$$\boldsymbol{A}_{21}+\boldsymbol{B}_{22}=\begin{pmatrix}-1&2\\1&1\end{pmatrix}+\begin{pmatrix}4&1\\2&0\end{pmatrix}=\begin{pmatrix}3&3\\3&1\end{pmatrix},$$

于是

$$\boldsymbol{AB}=\left(\begin{array}{cc:cc}1&0&1&0\\-1&2&0&1\\ \hdashline -2&4&3&3\\-1&1&3&1\end{array}\right).$$

4. 分块矩阵的转置

设

$$\boldsymbol{A}=\begin{pmatrix}\boldsymbol{A}_{11}&\boldsymbol{A}_{12}&\cdots&\boldsymbol{A}_{1r}\\\boldsymbol{A}_{21}&\boldsymbol{A}_{22}&\cdots&\boldsymbol{A}_{2r}\\\vdots&\vdots&&\vdots\\\boldsymbol{A}_{s1}&\boldsymbol{A}_{s2}&\cdots&\boldsymbol{A}_{sr}\end{pmatrix},$$

转置 $\boldsymbol{A}$ 时，在分块矩阵中除了作子块的行，列互换外，还要对每个子块作转置，即

$$\boldsymbol{A}^{\mathrm{T}}=\begin{pmatrix}\boldsymbol{A}_{11}^{\mathrm{T}} & \boldsymbol{A}_{21}^{\mathrm{T}} & \cdots & \boldsymbol{A}_{s1}^{\mathrm{T}}\\ \boldsymbol{A}_{12}^{\mathrm{T}} & \boldsymbol{A}_{22}^{\mathrm{T}} & \cdots & \boldsymbol{A}_{s2}^{\mathrm{T}}\\ \vdots & \vdots & & \vdots\\ \boldsymbol{A}_{1r}^{\mathrm{T}} & \boldsymbol{A}_{2r}^{\mathrm{T}} & \cdots & \boldsymbol{A}_{sr}^{\mathrm{T}}\end{pmatrix}.$$

例如，设

$$\boldsymbol{A}=\left(\begin{array}{cc:cc:c}1 & 0 & 2 & 3 & -1\\ 0 & 1 & 4 & 5 & 2\\ \hdashline 2 & 1 & 3 & 2 & 0\end{array}\right)=\begin{pmatrix}\boldsymbol{E}_2 & \boldsymbol{A}_{12} & \boldsymbol{A}_{13}\\ \boldsymbol{A}_{21} & \boldsymbol{A}_{22} & \boldsymbol{O}\end{pmatrix},$$

矩阵分块的方法是矩阵理论中的六大基本方法之一. 运算过程中请特别关注子块及其运算结果的形状.

则

$$\boldsymbol{A}^{\mathrm{T}}=\begin{pmatrix}\boldsymbol{E}_2 & \boldsymbol{A}_{21}^{\mathrm{T}}\\ \boldsymbol{A}_{12}^{\mathrm{T}} & \boldsymbol{A}_{22}^{\mathrm{T}}\\ \boldsymbol{A}_{13}^{\mathrm{T}} & \boldsymbol{O}\end{pmatrix}=\left(\begin{array}{cc:c}1 & 0 & 2\\ 0 & 1 & 1\\ \hdashline 2 & 4 & 3\\ 3 & 5 & 2\\ \hdashline -1 & 2 & 0\end{array}\right).$$

例 2-20 设 $m\times n$ 矩阵 $\boldsymbol{A}$ 作列分块 $\boldsymbol{A}=(\boldsymbol{\alpha}_1,\boldsymbol{\alpha}_2,\cdots,\boldsymbol{\alpha}_n)$，计算 $\boldsymbol{A}\boldsymbol{A}^{\mathrm{T}}$，$\boldsymbol{A}^{\mathrm{T}}\boldsymbol{A}$.

矩阵理论的六大基本方法

解

$$\boldsymbol{A}\boldsymbol{A}^{\mathrm{T}}=(\boldsymbol{\alpha}_1,\boldsymbol{\alpha}_2,\cdots,\boldsymbol{\alpha}_n)\begin{pmatrix}\boldsymbol{\alpha}_1^{\mathrm{T}}\\ \boldsymbol{\alpha}_2^{\mathrm{T}}\\ \vdots\\ \boldsymbol{\alpha}_n^{\mathrm{T}}\end{pmatrix}$$

$$=\boldsymbol{\alpha}_1\boldsymbol{\alpha}_1^{\mathrm{T}}+\boldsymbol{\alpha}_2\boldsymbol{\alpha}_2^{\mathrm{T}}+\cdots+\boldsymbol{\alpha}_n\boldsymbol{\alpha}_n^{\mathrm{T}},$$

$$\boldsymbol{A}^{\mathrm{T}}\boldsymbol{A}=\begin{pmatrix}\boldsymbol{\alpha}_1^{\mathrm{T}}\\ \boldsymbol{\alpha}_2^{\mathrm{T}}\\ \vdots\\ \boldsymbol{\alpha}_n^{\mathrm{T}}\end{pmatrix}(\boldsymbol{\alpha}_1,\boldsymbol{\alpha}_2,\cdots,\boldsymbol{\alpha}_n)$$

$$=\begin{pmatrix}\boldsymbol{\alpha}_1^{\mathrm{T}}\boldsymbol{\alpha}_1 & \boldsymbol{\alpha}_1^{\mathrm{T}}\boldsymbol{\alpha}_2 & \cdots & \boldsymbol{\alpha}_1^{\mathrm{T}}\boldsymbol{\alpha}_n\\ \boldsymbol{\alpha}_2^{\mathrm{T}}\boldsymbol{\alpha}_1 & \boldsymbol{\alpha}_2^{\mathrm{T}}\boldsymbol{\alpha}_2 & \cdots & \boldsymbol{\alpha}_2^{\mathrm{T}}\boldsymbol{\alpha}_n\\ \vdots & \vdots & & \vdots\\ \boldsymbol{\alpha}_n^{\mathrm{T}}\boldsymbol{\alpha}_1 & \boldsymbol{\alpha}_n^{\mathrm{T}}\boldsymbol{\alpha}_2 & \cdots & \boldsymbol{\alpha}_n^{\mathrm{T}}\boldsymbol{\alpha}_n\end{pmatrix}.$$

注意本例计算过程中 $\boldsymbol{\alpha}_i\boldsymbol{\alpha}_i^{\mathrm{T}}$ 为 m 阶方阵，而 $\boldsymbol{\alpha}_i^{\mathrm{T}}\boldsymbol{\alpha}_j$ 为 1 阶矩阵.

5. 分块矩阵的行列式

对于几类特殊的分块矩阵，它们的行列式的计算十分方便.

首先是形如

$$A=\begin{pmatrix}A_1 & & & \\ & A_2 & & \\ & & \ddots & \\ & & & A_s\end{pmatrix},$$

其中 A_i 均为方阵$(i=1,2,\cdots,s)$，对角线外的子块均为零子块，称 A 为分块对角矩阵(或准对角矩阵)，有

请联系拉普拉斯(Laplace)定理理解.

$$|A|=|A_1||A_2|\cdots|A_s|, \tag{2-12}$$

类似地，有

$$\begin{vmatrix}A_1 & & & * \\ & A_2 & & \\ & & \ddots & \\ O & & & A_s\end{vmatrix}=|A_1||A_2|\cdots|A_s|, \tag{2-13}$$

$$\begin{vmatrix}A_1 & & & O \\ & A_2 & & \\ & & \ddots & \\ * & & & A_s\end{vmatrix}=|A_1||A_2|\cdots|A_s|,$$

特别地，有

$$\begin{vmatrix}A & O \\ O & B\end{vmatrix}=|A||B|, \tag{2-14}$$

$$\begin{vmatrix}O & A \\ B & O\end{vmatrix}=(-1)^{mn}|A||B|, \tag{2-15}$$

其中 A，B 分别为 m，n 阶方阵.

你会证明式(2-15)吗?

式(2-15)的证明方法

2.4.2 可逆分块矩阵

1. 分块对角矩阵

分块对角矩阵 A 可逆，当且仅当每个子块均为可逆矩阵，且

$$\begin{pmatrix}A_1 & & & \\ & A_2 & & \\ & & \ddots & \\ & & & A_s\end{pmatrix}^{-1}=\begin{pmatrix}A_1^{-1} & & & \\ & A_2^{-1} & & \\ & & \ddots & \\ & & & A_s^{-1}\end{pmatrix}. \tag{2-16}$$

利用分块矩阵求逆矩阵是一种重要的求逆矩阵的方法.

特别地，设 A，B 均为可逆矩阵，则

$$\begin{pmatrix}A & O \\ O & B\end{pmatrix}^{-1}=\begin{pmatrix}A^{-1} & O \\ O & B^{-1}\end{pmatrix}, \tag{2-17}$$

但

$$\begin{pmatrix} O & A \\ B & O \end{pmatrix}^{-1} = \begin{pmatrix} O & B^{-1} \\ A^{-1} & O \end{pmatrix}. \tag{2-18}$$

例 2-21 设 $A = \begin{pmatrix} 1 & 2 & 0 & 0 & 0 \\ 3 & 4 & 0 & 0 & 0 \\ 0 & 0 & 1 & 2 & 3 \\ 0 & 0 & 2 & 5 & 1 \\ 0 & 0 & 0 & 0 & 1 \end{pmatrix}$，求 A^{-1}.

解　对 A 做如下分块：

$$A = \left(\begin{array}{cc:ccc} 1 & 2 & 0 & 0 & 0 \\ 3 & 4 & 0 & 0 & 0 \\ \hdashline 0 & 0 & 1 & 2 & 3 \\ 0 & 0 & 2 & 5 & 1 \\ 0 & 0 & 0 & 0 & 1 \end{array}\right) = \begin{pmatrix} A_1 & O \\ O & A_2 \end{pmatrix},$$

其中

$$A_1 = \begin{pmatrix} 1 & 2 \\ 3 & 4 \end{pmatrix},\ A_2 = \begin{pmatrix} 1 & 2 & 3 \\ 2 & 5 & 1 \\ 0 & 0 & 1 \end{pmatrix}.$$

由于

$$A_1^{-1} = -\frac{1}{2}\begin{pmatrix} 4 & -2 \\ -3 & 1 \end{pmatrix},\ A_2^{-1} = \begin{pmatrix} 5 & -2 & -13 \\ -2 & 1 & 5 \\ 0 & 0 & 1 \end{pmatrix},$$

故

$$A^{-1} = \begin{pmatrix} A_1^{-1} & O \\ O & A_2^{-1} \end{pmatrix} = \begin{pmatrix} -2 & 1 & 0 & 0 & 0 \\ \frac{3}{2} & -\frac{1}{2} & 0 & 0 & 0 \\ 0 & 0 & 5 & -2 & -13 \\ 0 & 0 & -2 & 1 & 5 \\ 0 & 0 & 0 & 0 & 1 \end{pmatrix}.$$

2. 分块三角形矩阵

设 A，B 均可逆时，则

$$\begin{pmatrix} A & O \\ C & B \end{pmatrix}^{-1} = \begin{pmatrix} A^{-1} & O \\ -B^{-1}CA^{-1} & B^{-1} \end{pmatrix}, \tag{2-19}$$

$$\begin{pmatrix} A & C \\ O & B \end{pmatrix}^{-1} = \begin{pmatrix} A^{-1} & -A^{-1}CB^{-1} \\ O & B^{-1} \end{pmatrix}. \tag{2-20}$$

证明 设$M=\begin{pmatrix}A & O\\ C & B\end{pmatrix}$.

因为A，B均为可逆矩阵，且$|M|=|A|\cdot|B|$，故M可逆，令$M^{-1}=\begin{pmatrix}X & Y\\ Z & W\end{pmatrix}$，则有

$$\begin{pmatrix}A & O\\ C & B\end{pmatrix}\begin{pmatrix}X & Y\\ Z & W\end{pmatrix}=\begin{pmatrix}E & O\\ O & E\end{pmatrix},$$

比较上式得

$$\begin{cases}AX=E,\\ AY=O,\\ CX+BZ=O,\\ CY+BW=E.\end{cases}$$

四个矩阵方程组成一个矩阵方程组.

因为A可逆，由$AX=E$得$X=A^{-1}$，进而知$Y=O$. 将$X=A^{-1}$代入$CX+BZ=O$得$CA^{-1}+BZ=O$. 又由B可逆，知$Z=-B^{-1}CA^{-1}$. 将$Y=O$代入$CY+BW=E$得$BW=E$，从而$W=B^{-1}$. 所以

$$M^{-1}=\begin{pmatrix}A^{-1} & O\\ -B^{-1}CA^{-1} & B^{-1}\end{pmatrix},$$

类似地有

$$\begin{pmatrix}A & C\\ O & B\end{pmatrix}^{-1}=\begin{pmatrix}A^{-1} & -A^{-1}CB^{-1}\\ O & B^{-1}\end{pmatrix}.$$

恰当地将矩阵分块对解决代数问题有着十分重要的意义. 如果设A为$m\times n$矩阵，B为$n\times s$矩阵，$AB=O$，如果我们将B进行分块

$$B=(B_1,B_2,\cdots,B_s),$$

则

$$AB=(AB_1,AB_2,\cdots,AB_s)=O,$$

利用矩阵分块理解矩阵的乘法运算，请关注常用的分块方法及其相关知识.

即

$$AB_j=\mathbf{0}\ (j=1,2,\cdots,s),$$

也就是说，B_j均为$AX=O$的解.

对于线性方程组$AX=b$，如果我们对系数矩阵A作如下分块

$$A=(\alpha_1,\alpha_2,\cdots,\alpha_n),$$

其中$\alpha_1=(a_{11},a_{21},\cdots,a_{m1})^{\mathrm T}$，$\alpha_2=(a_{12},a_{22},\cdots,a_{m2})^{\mathrm T}$，…，$\alpha_n=(a_{1n},a_{2n},\cdots,a_{mn})^{\mathrm T}$，未知量记为$X=(x_1,x_2,\cdots,x_n)^{\mathrm T}$，则线性方程组表示为

$$AX=(\alpha_1,\alpha_2,\cdots,\alpha_n)\begin{pmatrix}x_1\\ x_2\\ \vdots\\ x_n\end{pmatrix}=b,$$

即
$$x_1\boldsymbol{\alpha}_1+x_2\boldsymbol{\alpha}_2+\cdots+x_n\boldsymbol{\alpha}_n=\boldsymbol{b}. \tag{2-21}$$
式(2-21)通常称为线性方程组的向量形式，这些有用的分块在后面讨论和解题中将发挥重要作用，请读者注意.

部分习题详解

习题 2.4

请反思习题 1 的解答过程.

习题 1 的思考

1. 设 $\boldsymbol{A}$，$\boldsymbol{B}$ 为 3 阶方阵，$\boldsymbol{A}=\begin{pmatrix}1&3&5\\2&4&k\\3&5&3\end{pmatrix}$，$\boldsymbol{B}\neq\boldsymbol{O}$，且 $\boldsymbol{AB}=\boldsymbol{O}$，求 k.

2. 设 $\boldsymbol{A}=\begin{pmatrix}5&2&0&0\\2&1&0&0\\0&0&1&-2\\0&0&1&1\end{pmatrix}$，求 $|\boldsymbol{A}|$，$\boldsymbol{A}^{-1}$.

3. 设 $\boldsymbol{A}$，$\boldsymbol{B}$ 分别为 s，t 阶可逆矩阵，证明：$\begin{pmatrix}\boldsymbol{O}&\boldsymbol{A}\\\boldsymbol{B}&\boldsymbol{O}\end{pmatrix}^{-1}=\begin{pmatrix}\boldsymbol{O}&\boldsymbol{B}^{-1}\\\boldsymbol{A}^{-1}&\boldsymbol{O}\end{pmatrix}$.

4. 设 3 阶矩阵 $\boldsymbol{A}$ 列分块为 $\boldsymbol{A}=(\boldsymbol{\alpha}_1,\boldsymbol{\alpha}_2,\boldsymbol{\alpha}_3)$，矩阵 $\boldsymbol{B}=(2\boldsymbol{\alpha}_1+3\boldsymbol{\alpha}_2-5\boldsymbol{\alpha}_3,\boldsymbol{\alpha}_1+\boldsymbol{\alpha}_2,\ \boldsymbol{\alpha}_3)$，若 $|\boldsymbol{A}|=5$，求矩阵 $\boldsymbol{B}$ 的行列式的值.

5. 设 $\boldsymbol{A}$ 是 n 阶实数矩阵，若 $\boldsymbol{A}^{\mathrm{T}}\boldsymbol{A}=\boldsymbol{O}$，证明：$\boldsymbol{A}=\boldsymbol{O}$.

2.5 矩阵的初等变换与初等矩阵

矩阵的初等变换方法是矩阵理论中的一种十分重要的运算方法，它在解线性方程组，矩阵求逆及线性相关性等问题的讨论中起工具性作用.

微课视频：初等矩阵与初等变换

2.5.1 矩阵的初等变换

定义 2-12 下列三种变换称为矩阵的初等行变换

(1) 对调两行(对调 i，j 两行，记作 $r_i\leftrightarrow r_j$)；

(2) 以非零数乘以某一行的所有元素(用非零数 k 乘以第 i 行，记作 $r_i\times k$)；

(3) 把某一行的所有元素的同一倍数加到另一行(第 j 行的 k 倍加到第 i 行，记作 r_i+kr_j)；

类似地，可以定义初等列变换(所用记号是把“r”换成“c”)，初等行变换和初等列变换统称为初等变换.

矩阵等价是矩阵之间的一种基本关系，它是一种等价关系.我们还将学习方阵间的相似、合同两种等价关系.

定理 2-2 实现了从矩阵 $\boldsymbol{A}$ 到 $\boldsymbol{D}=\begin{pmatrix}\boldsymbol{E}_r & \boldsymbol{O}\\ \boldsymbol{O} & \boldsymbol{O}\end{pmatrix}$ 的变化过程.请读者思考，在这一过程中保留了矩阵的什么本质特征?

思考题答案

定义 2-13 如果一个矩阵 $\boldsymbol{A}$ 经过有限次初等变换化为另一个矩阵 $\boldsymbol{B}$，称这两个矩阵等价，记作 $\boldsymbol{A}\cong\boldsymbol{B}$.

矩阵之间的等价具有下列性质：

(1) 反身性 $\boldsymbol{A}\cong\boldsymbol{A}$；

(2) 对称性 若 $\boldsymbol{A}\cong\boldsymbol{B}$，则 $\boldsymbol{B}\cong\boldsymbol{A}$；

(3) 传递性 若 $\boldsymbol{A}\cong\boldsymbol{B}$，$\boldsymbol{B}\cong\boldsymbol{C}$，则 $\boldsymbol{A}\cong\boldsymbol{C}$.

定理 2-2 任一矩阵 $\boldsymbol{A}_{m\times n}$ 都可以经过有限次初等变换化为标准形 $\boldsymbol{D}=\begin{pmatrix}\boldsymbol{E}_r & \boldsymbol{O}\\ \boldsymbol{O} & \boldsymbol{O}\end{pmatrix}$，即

$$\boldsymbol{A}\cong\begin{pmatrix}\boldsymbol{E}_r & \boldsymbol{O}\\ \boldsymbol{O} & \boldsymbol{O}\end{pmatrix}.$$

证明 设 $\boldsymbol{A}=(a_{ij})_{m\times n}$，若 $a_{ij}=0(\forall i,j)$，则 $\boldsymbol{A}$ 已经是 $\boldsymbol{D}$ 的形式(此时 $r=0$)；如果至少有一个元素不等于零，不妨设 $a_{11}\neq0$(如 $a_{11}=0$，则对矩阵 $\boldsymbol{A}$ 施行第一种初等变换，可使左上角元素不等于零)，先用 $-\dfrac{a_{i1}}{a_{11}}$ 乘以第一行加到第 i 行上($i=2,3,\cdots,m$)，再用 $-\dfrac{a_{1j}}{a_{11}}$ 乘所得矩阵的第一列加到第 j 列($j=2,3,\cdots,n$)，然后以 $\dfrac{1}{a_{11}}$ 乘以第一行，于是矩阵 $\boldsymbol{A}$ 化为

$$\boldsymbol{A}_1=\begin{pmatrix}1 & 0 & \cdots & 0\\ 0 & a'_{22} & \cdots & a'_{2n}\\ \vdots & \vdots & & \vdots\\ 0 & a'_{m2} & \cdots & a'_{mn}\end{pmatrix}=\begin{pmatrix}1 & \boldsymbol{O}\\ \boldsymbol{O} & \boldsymbol{B}_1\end{pmatrix}.$$

如果 $\boldsymbol{B}_1=\boldsymbol{O}$，则 $\boldsymbol{A}$ 已化成 $\boldsymbol{D}$ 的形式；如果 $\boldsymbol{B}_1\neq\boldsymbol{O}$，那么按上述方法，继续下去总可以化为 $\boldsymbol{D}$ 的形式.

注 矩阵的等价标准形由 m，n，r 三个数完全确定，其中 r 是矩阵 $\boldsymbol{A}$ 的又一个重要数值特征，在下一节中做进一步讨论.

例 2-22 用初等变换将矩阵 $\boldsymbol{A}$ 化为标准形，其中

$$\boldsymbol{A}=\begin{pmatrix}2 & 1 & 2 & 3\\ 4 & 1 & 3 & 5\\ 2 & 0 & 1 & 2\end{pmatrix}.$$

解

$$
\boldsymbol{A}=\begin{pmatrix}2&1&2&3\\4&1&3&5\\2&0&1&2\end{pmatrix}
\xrightarrow[r_3+(-1)r_1]{r_2+(-2)r_1}\begin{pmatrix}2&1&2&3\\0&-1&-1&-1\\0&-1&-1&-1\end{pmatrix}
$$

$$
\xrightarrow[c_4+\left(-\frac{3}{2}\right)c_1]{c_2+\left(-\frac{1}{2}\right)c_1,\ c_3+(-1)c_1}\begin{pmatrix}2&0&0&0\\0&-1&-1&-1\\0&-1&-1&-1\end{pmatrix}
$$

$$
\xrightarrow[r_3+(-1)r_2]{r_1\left(\frac{1}{2}\right)}\begin{pmatrix}1&0&0&0\\0&-1&-1&-1\\0&0&0&0\end{pmatrix}
$$

$$
\xrightarrow[c_4+(-1)c_2]{c_3+(-1)c_2}\begin{pmatrix}1&0&0&0\\0&-1&0&0\\0&0&0&0\end{pmatrix}
$$

$$
\xrightarrow{r_2(-1)}\begin{pmatrix}1&0&0&0\\0&1&0&0\\0&0&0&0\end{pmatrix}=\begin{pmatrix}\boldsymbol{E}_2&\boldsymbol{O}\\\boldsymbol{O}&\boldsymbol{O}\end{pmatrix}.
$$

2.5.2 初等矩阵

矩阵的初等变换不仅可以用语言描述，而且可以用矩阵乘法来表示. 为此，引入初等矩阵的概念.

定义 2-14　单位矩阵经过一次初等变换所得到的矩阵，称为**初等矩阵**.

根据定义，初等矩阵可分为:

初等对换矩阵 $\boldsymbol{E}(i,j)$

$$
\boldsymbol{E}(i,j)=\begin{pmatrix}1&&&&&&\\&\ddots&&&&&\\&&0&\cdots&1&&\\&&\vdots&\ddots&\vdots&&\\&&1&\cdots&0&&\\&&&&&\ddots&\\&&&&&&1\end{pmatrix}\begin{matrix}\\\\(i)\\\\(j)\\\\\\\end{matrix},
$$

初等倍乘矩阵 $\boldsymbol{E}(i(k))$

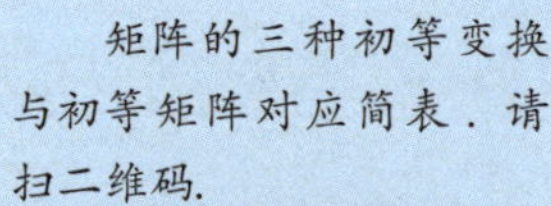
矩阵的三种初等变换与初等矩阵对应简表．请扫二维码．

矩阵的三种初等变换对应表

$$
\boldsymbol{E}(i(k))=\begin{pmatrix}1 & & & & \\ & \ddots & & & \\ & & k & & \\ & & & \ddots & \\ & & & & 1\end{pmatrix}(i),
$$

初等倍加矩阵 $\boldsymbol{E}(i,j(k))$

$$
\boldsymbol{E}(i,j(k))=\begin{pmatrix}1 & & & & & \\ & \ddots & & & & \\ & & 1 & \cdots & k & \\ & & & \ddots & \vdots & \\ & & & & 1 & \\ & & & & & \ddots \\ & & & & & & 1\end{pmatrix}\begin{matrix}\\ \\ (i)\\ \\ (j)\\ \\ \\ \end{matrix},
$$

如

$$
\boldsymbol{E}(1,3)=\begin{pmatrix}0 & 0 & 1\\ 0 & 1 & 0\\ 1 & 0 & 0\end{pmatrix},\ \boldsymbol{E}(2(2))=\begin{pmatrix}1 & 0 & 0\\ 0 & 2 & 0\\ 0 & 0 & 1\end{pmatrix},
$$

$$
\boldsymbol{E}(1,2)=\begin{pmatrix}0 & 1\\ 1 & 0\end{pmatrix},\ \boldsymbol{E}(1,2(-2))=\begin{pmatrix}1 & -2 & 0\\ 0 & 1 & 0\\ 0 & 0 & 1\end{pmatrix}.
$$

在二维平面上理解初等矩阵，$\begin{pmatrix}0 & 1\\ 1 & 0\end{pmatrix}$是关于“标准轴”的对称变换，$\begin{pmatrix}k & 0\\ 0 & 1\end{pmatrix}$或$\begin{pmatrix}1 & 0\\ 0 & k\end{pmatrix}$是某一坐标轴方向的伸缩变换，$\begin{pmatrix}1 & 0\\ k & 1\end{pmatrix}$或$\begin{pmatrix}1 & k\\ 0 & 1\end{pmatrix}$是某一坐标轴方向的切变变换．

切变变换的几何意义

不难证明，初等矩阵是可逆矩阵，且初等矩阵的逆矩阵是同类型的初等矩阵．即

$$
\boldsymbol{E}(i,j)^{-1}=\boldsymbol{E}(i,j),
$$

$$
\boldsymbol{E}(i(k))^{-1}=\boldsymbol{E}\left(i\left(\frac{1}{k}\right)\right),
$$

$$
\boldsymbol{E}(i,j(k))^{-1}=\boldsymbol{E}(i,j(-k)).
$$

2.5.3 初等矩阵与初等变换

初等变换可以用初等矩阵与矩阵的乘积来表示如下：

“左行右列”原则．

初等矩阵与初等变换是描述矩阵之间关系的两种不同语言．从作用看，初等矩阵语言主要用于某些理论方面的推演或证明，初等变换则侧重于给出具体数值的矩阵的运算．

定理 2-3 设 $\boldsymbol{A}$ 为 $m\times n$ 矩阵

（1）对 $\boldsymbol{A}$ 施行一次初等行变换，等同于用一个相应的初等矩阵左乘 $\boldsymbol{A}$．

（2）对 $\boldsymbol{A}$ 施行一次初等列变换，等同于用一个相应的初等矩阵右乘 $\boldsymbol{A}$．

证明 可以用初等矩阵直接验证，这里利用分块矩阵给出证明．

将 $\boldsymbol{A}=(a_{ij})_{m\times n}$ 与 $\boldsymbol{E}_m$ 分块为

$$A=\begin{pmatrix}A_1\\A_2\\\vdots\\A_m\end{pmatrix},\quad E=\begin{pmatrix}\varepsilon_1\\\varepsilon_2\\\vdots\\\varepsilon_m\end{pmatrix},$$

其中

$$A_i=(a_{i1},a_{i2},\cdots,a_{in})\ (i=1,2,\cdots,m),$$

$$\varepsilon_i=(0,\cdots,\underset{(i\text{列})}{1},\cdots,0)\ (i=1,2,\cdots,m),$$

$$E(i,j)A=\begin{pmatrix}\varepsilon_1\\\vdots\\\varepsilon_j\\\vdots\\\varepsilon_i\\\vdots\\\varepsilon_m\end{pmatrix}A=\begin{pmatrix}\varepsilon_1A\\\vdots\\\varepsilon_jA\\\vdots\\\varepsilon_iA\\\vdots\\\varepsilon_mA\end{pmatrix}=\begin{pmatrix}A_1\\\vdots\\A_j\\\vdots\\A_i\\\vdots\\A_m\end{pmatrix},\tag{2-22}$$

$$E(i(k))A=\begin{pmatrix}\varepsilon_1\\\vdots\\k\varepsilon_i\\\vdots\\\varepsilon_m\end{pmatrix}A=\begin{pmatrix}\varepsilon_1A\\\vdots\\k\varepsilon_iA\\\vdots\\\varepsilon_mA\end{pmatrix}=\begin{pmatrix}A_1\\\vdots\\kA_i\\\vdots\\A_m\end{pmatrix},\tag{2-23}$$

$$E(i,j(k))A=\begin{pmatrix}\varepsilon_1\\\vdots\\\varepsilon_i+k\varepsilon_j\\\vdots\\\varepsilon_j\\\vdots\\\varepsilon_m\end{pmatrix}A=\begin{pmatrix}\varepsilon_1A\\\vdots\\(\varepsilon_i+k\varepsilon_j)A\\\vdots\\\varepsilon_jA\\\vdots\\\varepsilon_mA\end{pmatrix}=\begin{pmatrix}A_1\\\vdots\\A_i+kA_j\\\vdots\\A_j\\\vdots\\A_m\end{pmatrix}.\tag{2-24}$$

由式(2-22)、式(2-23)和式(2-24)可见定理(1)的正确性. 证毕.

类似地，可以证明定理(2).

用初等矩阵乘法运算来理解定理 2-2 可以得出下面的推论.

推论1 设$\boldsymbol{A}$是$m\times n$矩阵，存在初等矩阵$\boldsymbol{P}_1$，…，$\boldsymbol{P}_s$，$\boldsymbol{Q}_1$，…，$\boldsymbol{Q}_t$使得

$$\boldsymbol{P}_1\boldsymbol{P}_2\cdots\boldsymbol{P}_s\boldsymbol{A}\boldsymbol{Q}_1\boldsymbol{Q}_2\cdots\boldsymbol{Q}_t=\begin{pmatrix}\boldsymbol{E}_r & \boldsymbol{O}\\ \boldsymbol{O} & \boldsymbol{O}\end{pmatrix}. \tag{2-25}$$

推论2 可逆矩阵$\boldsymbol{A}$一定可以经过有限次初等变换化为单位矩阵，即存在初等矩阵$\boldsymbol{P}_1$，…，$\boldsymbol{P}_s$，$\boldsymbol{Q}_1$，…，$\boldsymbol{Q}_t$使得

$$\boldsymbol{P}_1\boldsymbol{P}_2\cdots\boldsymbol{P}_s\boldsymbol{A}\boldsymbol{Q}_1\boldsymbol{Q}_2\cdots\boldsymbol{Q}_t=\boldsymbol{E}.$$

证明 设$\boldsymbol{A}$为n阶可逆阵，由推论1有

$$\boldsymbol{P}_1\boldsymbol{P}_2\cdots\boldsymbol{P}_s\boldsymbol{A}\boldsymbol{Q}_1\boldsymbol{Q}_2\cdots\boldsymbol{Q}_t=\begin{pmatrix}\boldsymbol{E}_r & \boldsymbol{O}\\ \boldsymbol{O} & \boldsymbol{O}\end{pmatrix}.$$

两边取行列式，由于$\boldsymbol{A}$可逆，故左边不为零，从而$r=n$. 证毕.

> 定理2-4实际上给出了可逆矩阵的一个等价条件．它是初等行变换求逆矩阵、解矩阵方程的理论基础.

定理2-4 可逆矩阵一定可以表示成有限个初等矩阵的积.

证明 设$\boldsymbol{A}$为可逆矩阵，由推论2存在初等矩阵$\boldsymbol{P}_1$，$\boldsymbol{P}_2$，…，$\boldsymbol{P}_s$和$\boldsymbol{Q}_1$，$\boldsymbol{Q}_2$，…，$\boldsymbol{Q}_t$使得

$$\boldsymbol{P}_1\boldsymbol{P}_2\cdots\boldsymbol{P}_s\boldsymbol{A}\boldsymbol{Q}_1\boldsymbol{Q}_2\cdots\boldsymbol{Q}_t=\boldsymbol{E},$$

所以

$$\boldsymbol{A}=\boldsymbol{P}_s^{-1}\cdots\boldsymbol{P}_2^{-1}\boldsymbol{P}_1^{-1}\boldsymbol{Q}_t^{-1}\cdots\boldsymbol{Q}_2^{-1}\boldsymbol{Q}_1^{-1}, \tag{2-26}$$

因为初等矩阵的逆矩阵仍为初等矩阵，证毕.

在上述讨论中，若令$\boldsymbol{P}=\boldsymbol{P}_1\boldsymbol{P}_2\cdots\boldsymbol{P}_s$，$\boldsymbol{Q}=\boldsymbol{Q}_1\boldsymbol{Q}_2\cdots\boldsymbol{Q}_t$，则$\boldsymbol{P}$，$\boldsymbol{Q}$为可逆矩阵，对矩阵$\boldsymbol{A}$施行若干次初等行变换，即为左乘一个可逆矩阵，对矩阵施行若干次初等列变换，即为右乘一个可逆矩阵. 由此可以给出矩阵等价的另一种定义方法.

> 矩阵$\boldsymbol{A}$，$\boldsymbol{B}$等价的充分必要条件是存在可逆矩阵$\boldsymbol{P}$，$\boldsymbol{Q}$使得$\boldsymbol{PAQ}=\boldsymbol{B}$.

推论 设矩阵$\boldsymbol{A}$和$\boldsymbol{B}$，如果存在可逆矩阵$\boldsymbol{P}$，$\boldsymbol{Q}$使得$\boldsymbol{PAQ}=\boldsymbol{B}$，则$\boldsymbol{A}$与$\boldsymbol{B}$等价.

特别地，任一矩阵$\boldsymbol{A}$都等价于它的标准形，即存在可逆矩阵$\boldsymbol{P}$，$\boldsymbol{Q}$，使得

$$\boldsymbol{PAQ}=\begin{pmatrix}\boldsymbol{E}_r & \boldsymbol{O}\\ \boldsymbol{O} & \boldsymbol{O}\end{pmatrix}. \tag{2-27}$$

式(2-27)在证题中经常被使用.

> 推论中关系式(2-27)给出矩阵的一种满秩分解.

关于关系式(2-27)的进一步理解

2.5.4 用初等变换的方法求逆矩阵

从定理2-3可以得到矩阵求逆的一个简单而有效的方法——初等行变换求逆法. 若$\boldsymbol{A}$可逆，则$\boldsymbol{A}^{-1}$可表示为有限个初等矩阵的积，不妨设$\boldsymbol{A}^{-1}=\boldsymbol{P}_1\boldsymbol{P}_2\cdots\boldsymbol{P}_s$. 由$\boldsymbol{A}^{-1}\boldsymbol{A}=\boldsymbol{E}$有

$$(\boldsymbol{P}_1\boldsymbol{P}_2\cdots\boldsymbol{P}_s)\boldsymbol{A}=\boldsymbol{E},\ (\boldsymbol{P}_1\boldsymbol{P}_2\cdots\boldsymbol{P}_s)\boldsymbol{E}=\boldsymbol{A}^{-1}.$$

前者表示$\boldsymbol{A}$经s次初等行变换可化为$\boldsymbol{E}$，而后者表示用同样的初等行变换，可将$\boldsymbol{E}$化为$\boldsymbol{A}^{-1}$，用分块矩阵的形式写成

$$(\boldsymbol{P}_1\boldsymbol{P}_2\cdots\boldsymbol{P}_s)(\boldsymbol{A}\ \vdots\ \boldsymbol{E})\rightarrow(\boldsymbol{E}\ \vdots\ \boldsymbol{A}^{-1}),$$

或

$$(\boldsymbol{A}\ \vdots\ \boldsymbol{E})\xrightarrow{\text{初等行变换}}(\boldsymbol{E}\ \vdots\ \boldsymbol{A}^{-1}).$$

利用初等行变换求矩阵逆是本课程的基本计算之一. 计算过程中初等变换的方向要明确，计算要准确，结果可检验.

例 2-23 用初等行变换法求$\boldsymbol{A}^{-1}$，其中

$$\boldsymbol{A}=\begin{pmatrix}1&0&1\\2&1&0\\-3&2&-5\end{pmatrix}.$$

解 构造分块矩阵，作初等行变换

$$(\boldsymbol{A}\ \vdots\ \boldsymbol{E})=\left(\begin{array}{ccc:ccc}1&0&1&1&0&0\\2&1&0&0&1&0\\-3&2&-5&0&0&1\end{array}\right)$$

$$\xrightarrow[r_3+(3)r_1]{r_2+(-2)r_1}\left(\begin{array}{ccc:ccc}1&0&1&1&0&0\\0&1&-2&-2&1&0\\0&2&-2&3&0&1\end{array}\right)$$

$$\xrightarrow{r_3+(-2)r_2}\left(\begin{array}{ccc:ccc}1&0&1&1&0&0\\0&1&-2&-2&1&0\\0&0&2&7&-2&1\end{array}\right)$$

$$\xrightarrow[r_2+(1)r_3]{r_1+\left(-\frac{1}{2}\right)r_3}\left(\begin{array}{ccc:ccc}1&0&0&-\frac{5}{2}&1&-\frac{1}{2}\\0&1&0&5&-1&1\\0&0&2&7&-2&1\end{array}\right)$$

$$\xrightarrow{\left(\frac{1}{2}\right)r_3}\left(\begin{array}{ccc:ccc}1&0&0&-\frac{5}{2}&1&-\frac{1}{2}\\0&1&0&5&-1&1\\0&0&1&\frac{7}{2}&-1&\frac{1}{2}\end{array}\right),$$

思考：(1)如果用初等列变换求逆矩阵，你认为应该怎么做？(2)你能够将例2-23中的矩阵$\boldsymbol{A}$写成若干初等矩阵的乘积吗？这种乘积的写法唯一吗？

思考题答案

所以

$$A^{-1}=\begin{pmatrix}-\frac{5}{2} & 1 & -\frac{1}{2}\\ 5 & -1 & 1\\ -\frac{7}{2} & -1 & \frac{1}{2}\end{pmatrix}.$$

例 2-24 解矩阵方程 $AX=A+2X$，其中

$$A=\begin{pmatrix}4 & 2 & 3\\ 1 & 1 & 0\\ -1 & 2 & 3\end{pmatrix}.$$

> 任何计算都需要在(且只有在)对相关概念的准确理解和规律掌握的基础上来进行．因为没有这种理解，计算就没有理论的指导，很可能会流于形式，带有盲目性，甚至犯概念性错误.
>
> 关于例 2-24 请思考下列问题：(1) 为什么 $A-2E$ 与 A 左右构成分块矩阵；(2) 在这种构造方法下，为什么只能做初等行变换？(3) 本题如果想采用初等列变换解题，应该如何实施？

解 由 $AX=A+2X$ 可得 $(A-2E)X=A$，而

$$A-2E=\begin{pmatrix}2 & 2 & 3\\ 1 & -1 & 0\\ -1 & 2 & 1\end{pmatrix}.$$

构造分块矩阵 $(A-2E \mid A)$，并对它施以初等行变换

$$(A-2E \mid A)=\left(\begin{array}{ccc|ccc}2 & 2 & 3 & 4 & 2 & 3\\ 1 & -1 & 0 & 1 & 1 & 0\\ -1 & 2 & 1 & -1 & 2 & 3\end{array}\right)$$

$$\to\left(\begin{array}{ccc|ccc}1 & -1 & 0 & 1 & 1 & 0\\ 0 & 4 & 3 & 2 & 0 & 3\\ 0 & 1 & 1 & 0 & 3 & 3\end{array}\right)$$

$$\to\left(\begin{array}{ccc|ccc}1 & 0 & 1 & 1 & 4 & 3\\ 0 & 1 & 1 & 0 & 3 & 3\\ 0 & 0 & -1 & 2 & -12 & -9\end{array}\right)$$

$$\to\left(\begin{array}{ccc|ccc}1 & 0 & 0 & 3 & -8 & -6\\ 0 & 1 & 0 & 2 & -9 & -6\\ 0 & 0 & 1 & -2 & 12 & 9\end{array}\right),$$

所以

$$X=\begin{pmatrix}3 & -8 & -6\\ 2 & -9 & -6\\ -2 & 12 & 9\end{pmatrix}.$$

习题 2.5

1. 用初等变换将下列矩阵化成等价标准形：

(1) $A=\begin{pmatrix}1 & -1 & 2\\ 3 & -3 & 1\\ -2 & 2 & -4\end{pmatrix}$；　　(2) $B=\begin{pmatrix}1 & -1 & 2\\ 3 & 2 & 1\\ 1 & -2 & 0\end{pmatrix}$；

部分习题详解

(3) $\boldsymbol{C}=\begin{pmatrix}1&3&4&3\\3&5&4&1\\2&3&2&0\\3&4&2&-1\end{pmatrix}$; (4) $\boldsymbol{D}=\begin{pmatrix}3&2&9&6\\-1&-3&6&-5\\1&4&-7&3\end{pmatrix}$.

2. 设 $\boldsymbol{A}=\begin{pmatrix}1&-1\\-3&2\end{pmatrix}$，请将 $\boldsymbol{A}$ 表示成若干初等矩阵的积.

3. 利用初等变换求下列矩阵的逆矩阵：

(1) $\boldsymbol{A}=\begin{pmatrix}1&3&1\\2&2&1\\3&4&2\end{pmatrix}$; (2) $\boldsymbol{B}=\begin{pmatrix}1&6&-1\\3&3&0\\-1&0&-2\end{pmatrix}$.

4. 设 $\boldsymbol{A}=\begin{pmatrix}1&2&3\\2&1&2\\1&3&4\end{pmatrix}$，$\boldsymbol{B}=\begin{pmatrix}1&-2\\0&1\end{pmatrix}$，$\boldsymbol{C}=\begin{pmatrix}1&2\\1&0\\2&3\end{pmatrix}$，用初等变换方法求解矩阵方程 $\boldsymbol{AXB}=\boldsymbol{C}$.

5. 设 $\boldsymbol{A}$ 为 n 阶可逆矩阵，将 $\boldsymbol{A}$ 的第 i 列和第 j 列对换后得矩阵 $\boldsymbol{B}$，试证：

(1) $\boldsymbol{B}$ 可逆；

(2) 求 $\boldsymbol{B}^{-1}\boldsymbol{A}$；

(3) 交换 $\boldsymbol{A}^{-1}$ 的第 i 行和第 j 行元素后得到的矩阵是 $\boldsymbol{B}^{-1}$；

(4) 交换 $\boldsymbol{A}^{*}$ 的第 i 行和第 j 行元素后得到的矩阵是 $-\boldsymbol{B}^{*}$.

2.6 矩阵的秩

在 2.5 节中，我们知道任一矩阵 $\boldsymbol{A}$，一定等价于标准形

$$\begin{pmatrix}\boldsymbol{E}_r&\boldsymbol{O}\\\boldsymbol{O}&\boldsymbol{O}\end{pmatrix},$$

其中数 r 是线性代数中的一个很重要的量，它是矩阵的一个数值特征. 本节讨论这个量.

2.6.1 子式

定义 2-15 在 $m\times n$ 矩阵 $\boldsymbol{A}=(a_{ij})$ 中，选取 k 行 $(i_1<i_2<\cdots<i_k)$，k 列 $(j_1<j_2<\cdots<j_k)$，位于这些行和列相交处的 k^2 个元素构成 k 阶行列式

$$\begin{vmatrix}a_{i_1j_1}&a_{i_1j_2}&\cdots&a_{i_1j_k}\\a_{i_2j_1}&a_{i_2j_2}&\cdots&a_{i_2j_k}\\\vdots&\vdots&&\vdots\\a_{i_kj_1}&a_{i_kj_2}&\cdots&a_{i_kj_k}\end{vmatrix}$$

称为 $\boldsymbol{A}$ 的一个 **k 阶子式**.

如

$$\boldsymbol{A}=\begin{pmatrix}1&2&3&1\\2&-1&3&0\\1&2&3&7\end{pmatrix},$$

取 $i_1=1$，$i_2=3$，$j_1=2$，$j_2=3$ 得一个 2 阶子式为 $\begin{vmatrix}2&3\\2&3\end{vmatrix}$.

一般来说，矩阵 $\boldsymbol{A}$ 的子式有很多种选法，事实上 $m\times n$ 矩阵 $\boldsymbol{A}$ 的所有 k 阶子式共有 $C_m^k\cdot C_n^k(k\leqslant\min\{m,n\})$ 个.

2.6.2 矩阵的秩

定义 2-16 设 $\boldsymbol{A}=(a_{ij})_{m\times n}$，如果 $\boldsymbol{A}=\boldsymbol{O}$，规定秩$(\boldsymbol{A})=0$；如果 $\boldsymbol{A}\neq\boldsymbol{O}$，存在 r 阶子式不为零，而所有的 $r+1$ 阶(如果存在)子式全为零，则定义 $\boldsymbol{A}$ 的秩为 r，记作秩$(\boldsymbol{A})=r$，或 $R(\boldsymbol{A})=r$.

当秩$(\boldsymbol{A})=m$ 时，称 $\boldsymbol{A}$ 为行满秩矩阵，当秩$(\boldsymbol{A})=n$ 时，称 $\boldsymbol{A}$ 为列满秩矩阵.

矩阵的秩是本课程最基本、最重要，也是最深刻的概念之一，利用它可以给矩阵集合建立一种秩序. 矩阵秩的本质是按矩阵的非零子式的阶数的大小对矩阵进行分类和排序，在线性代数课程中起着基本而深远的作用.

微课视频：矩阵秩的定义

由行列式的性质可知，在矩阵 $\boldsymbol{A}$ 中，当所有 $r+1$ 阶子式全等于 0 时，所有高于 $r+1$ 阶的子式一定全为 0，因此秩$(\boldsymbol{A})$是 $\boldsymbol{A}$ 中不等于 0 的子式的最高阶数.

设

$$\boldsymbol{A}=\begin{pmatrix}1&2&3&0\\0&1&0&1\\0&0&1&0\end{pmatrix},\ \boldsymbol{B}=\begin{pmatrix}1&2\\0&1\\3&1\end{pmatrix},\ \boldsymbol{C}=\begin{pmatrix}1&2&3&1&4\\0&2&1&4&0\\0&0&3&7&4\\0&0&0&0&0\end{pmatrix},$$

则根据矩阵秩的定义，秩$(\boldsymbol{A})=3$，秩$(\boldsymbol{B})=2$，对于 $\boldsymbol{C}$，存在 3 阶子式 $\begin{vmatrix}1&2&3\\0&2&1\\0&0&3\end{vmatrix}=6\neq0$，4 阶子式全为零，故秩$(\boldsymbol{C})=3$.

矩阵秩的定义为归纳定义，从定义我们可以看出：

(1) 若 $\boldsymbol{A}$ 为 $m\times n$ 矩阵，则 $0\leqslant$秩$(\boldsymbol{A})\leqslant\min\{m,n\}$；

(2) 秩$(\boldsymbol{A}^{\mathrm{T}})=$秩$(\boldsymbol{A})$，秩$(k\boldsymbol{A})=$秩$(\boldsymbol{A})$($k$ 为非零数)；

(3) 若 $\boldsymbol{A}$ 存在 r 阶子式不为零，则秩$(\boldsymbol{A})\geqslant r$；若 $\boldsymbol{A}$ 的所有 $r+1$ 阶子式全为零，则秩$(\boldsymbol{A})\leqslant r$；

(4) n 阶方阵 $\boldsymbol{A}$ 可逆当且仅当秩$(\boldsymbol{A})=n$，即 $\boldsymbol{A}$ 为满秩矩阵.

用定义去求行数和列数较大的矩阵的秩是不方便的，下面介绍用初等变换的方法求矩阵的秩.

2.6.3 初等变换求矩阵的秩

定理 2-5 矩阵经过初等变换，其秩不变.

证明 只要证经一次初等行变换的情形.

设 $\boldsymbol{A}_{m\times n}$ 经一次初等行变换变为 $\boldsymbol{B}_{m\times n}$，且秩$(\boldsymbol{A})=r_1$，秩$(\boldsymbol{B})=r_2$.

当对 $\boldsymbol{A}$ 施行以某非零数乘以某一行或交换两行的初等行变换时，矩阵 $\boldsymbol{B}$ 中任何 r_1+1 阶子式等于某一非零数 c 与 $\boldsymbol{A}$ 的某个 r_1+1 阶子式的乘积，其中 $c=\pm1$ 或其他非零数. 因为 $\boldsymbol{A}$ 的任何 r_1+1 阶子式均为零，故 $\boldsymbol{B}$ 的任一 r_1+1 阶子式也都为零.

当对 $\boldsymbol{A}$ 施行第 j 行的 k 倍加到第 i 行的变换时，矩阵 $\boldsymbol{B}$ 的任意 r_1+1 阶子式 $|\boldsymbol{B}_1|$，如果它不含 $\boldsymbol{B}$ 的第 i 行或既含 $\boldsymbol{B}$ 的第 j 行又含第 i 行，则它等于 $\boldsymbol{A}$ 的一个 r_1+1 阶子式；如果 $|\boldsymbol{B}_1|$ 含第 i 行但不含第 j 行，则 $|\boldsymbol{B}_1|=|\boldsymbol{A}_1|\pm k|\boldsymbol{A}_2|$，这里 $|\boldsymbol{A}_1|$，$|\boldsymbol{A}_2|$ 为 $\boldsymbol{A}$ 的 r_1+1 阶子式，这样 $|\boldsymbol{B}_1|=0$.

综上所述，$\boldsymbol{A}$ 经过一次初等行变换化为 $\boldsymbol{B}$ 后，$\boldsymbol{B}$ 的 r_1+1 阶子式全为 0，故 $r_2\leqslant r_1$. 由于初等变换可逆，故上述 $\boldsymbol{B}$ 又可经初等行变换化为 $\boldsymbol{A}$，即有 $r_1\leqslant r_2$. 所以 $r_1=r_2$. 证毕.

显然，上述结论对初等列变换亦成立. 因而对 $\boldsymbol{A}$ 施以有限次初等变换后所得的矩阵的秩仍等于 $\boldsymbol{A}$ 的秩.

具体求矩阵秩时，要有的放矢地施行初等变换. 一般是用初等变换化矩阵为行阶梯形或简化行阶梯形即可，而不必化为标准形 $\boldsymbol{D}$，因为化作行阶梯形后，非零行的个数即为矩阵的秩. 这里我们给出行阶梯形矩阵的定义.

> 实际上，结论的证明只需考虑初等行变换，你同意吗？关于三种初等行变换，只要证明 $r_1\leqslant r_2$ 即可，你认可吗？理由是什么？

定义 2-17 所谓**行阶梯形矩阵**指满足下列(1)、(2)两个条件的矩阵：

(1) 若有零行，则零行全部在矩阵的下方；

(2) 从第一行起，每行第一个非零元素前面零的个数逐行严格增加；

如

$$\begin{pmatrix}2&1&0&3\\0&1&3&1\\0&0&2&7\\0&0&0&0\end{pmatrix},\quad\begin{pmatrix}1&3&-1&2&1\\0&0&3&2&1\\0&0&0&0&3\\0&0&0&0&0\end{pmatrix}.$$

> 矩阵在初等变换下的行阶梯形矩阵和简化行阶梯形矩阵具有强大的功能，是解决诸多问题的一个很理想的“操作平台”.

关于定理 2-5 的证明的推理模式

若阶梯形矩阵满足：

(3) 非零行的第一个非零元素均为 1，且其所对应的列的其他元素都为零，称之为**简化行阶梯形矩阵**. 如

$$\begin{pmatrix}1&2&0&-1&0\\0&0&1&3&0\\0&0&0&0&1\\0&0&0&0&0\end{pmatrix}.$$

例 2-25 求下列矩阵的秩，其中

$$\boldsymbol{A}=\begin{pmatrix}1&-1&1&2\\2&3&3&2\\1&1&2&1\end{pmatrix},\ \boldsymbol{B}=\begin{pmatrix}-8&8&2&-3&1\\2&-2&2&12&6\\-1&1&1&3&2\end{pmatrix}.$$

用初等变换化矩阵为(简化)行阶梯形矩阵是本课程的基本计算之一，有许多作用，如：求秩，解线性方程组，求逆矩阵，找出极大线性无关组，讨论向量的线性表示等.

解 $\boldsymbol{A}\xrightarrow[r_3+(-1)r_1]{r_2+(-2)r_1}\begin{pmatrix}1&-1&1&2\\0&5&1&-2\\0&2&1&-1\end{pmatrix}$

$$\xrightarrow{r_2+(-2)r_3}\begin{pmatrix}1&-1&1&2\\0&1&-1&0\\0&2&1&-1\end{pmatrix}$$

$$\xrightarrow{r_3+(-2)r_2}\begin{pmatrix}1&-1&1&2\\0&1&-1&0\\0&0&3&-1\end{pmatrix}.$$

因为 3 阶子式 $\begin{vmatrix}1&-1&1\\0&1&-1\\0&0&3\end{vmatrix}=3\neq0$，而 $\boldsymbol{A}$ 无 4 阶子式，所以秩$(\boldsymbol{A})=3$.

$$\boldsymbol{B}\xrightarrow{r_1\leftrightarrow r_3}\begin{pmatrix}-1&1&1&3&2\\2&-2&2&12&6\\-8&8&2&-3&1\end{pmatrix}$$

$$\xrightarrow[r_3+r_1(-8)]{r_2+2r_1}\begin{pmatrix}-1&1&1&3&2\\0&0&4&18&10\\0&0&-6&-27&-15\end{pmatrix}$$

$$\xrightarrow{r_3+\left(\frac{3}{2}\right)r_2}\begin{pmatrix}-1&1&1&3&2\\0&0&4&18&10\\0&0&0&0&0\end{pmatrix}.$$

由于 2 阶子式 $\begin{vmatrix}-1&1\\0&4\end{vmatrix}=-4\neq0$，而 3 阶子式全为 0，所以秩$(\boldsymbol{B})=2$.

例 2-26

讨论 $n(n\geqslant 2)$ 阶矩阵 $\boldsymbol{A}=\begin{pmatrix} a & 1 & \cdots & 1 \\ 1 & a & \cdots & 1 \\ \vdots & \vdots & & \vdots \\ 1 & 1 & \cdots & a \end{pmatrix}$ 的秩.

解 由例 1-9 可知，矩阵 $\boldsymbol{A}$ 的行列式的值为 $|\boldsymbol{A}|=[a+(n-1)](a-1)^{n-1}$，故

(1) 当 $a\neq 1$，且 $a\neq 1-n$ 时，秩$(\boldsymbol{A})=n$；

(2) 当 $a=1$ 时，秩$(\boldsymbol{A})=1$；

(3) 当 $a=1-n$ 时，则有

$$\boldsymbol{A}\xrightarrow[(i=2,3,\cdots,n)]{r_i+(-1)r_1}\begin{pmatrix} a & 1 & \cdots & 1 \\ 1-a & a-1 & \cdots & 0 \\ \vdots & \vdots & & \vdots \\ 1-a & 0 & \cdots & a-1 \end{pmatrix}$$

$$\xrightarrow[(j=2,3,\cdots,n)]{c_1+(-1)c_j}\begin{pmatrix} a+(n-1) & 1 & \cdots & 1 \\ 0 & a-1 & \cdots & 0 \\ \vdots & \vdots & & \vdots \\ 0 & 0 & \cdots & a-1 \end{pmatrix}$$

由于 $a+(n-1)=0$，$a-1\neq 0$，秩$(\boldsymbol{A})=n-1$.

例 2-27 设 $\boldsymbol{A}$ 为 n 阶可逆矩阵，$\boldsymbol{B}$ 为 $m\times n$ 矩阵，证明：秩$(\boldsymbol{BA})=$秩$(\boldsymbol{B})$.

证明 因为 $\boldsymbol{A}$ 可逆，可令 $\boldsymbol{A}=\boldsymbol{P}_1\boldsymbol{P}_2\cdots\boldsymbol{P}_s$（$\boldsymbol{P}_i$ 为初等矩阵，$i=1,2,\cdots,s$），所以 $\boldsymbol{BA}=\boldsymbol{BP}_1\boldsymbol{P}_2\cdots\boldsymbol{P}_s$，即对 $\boldsymbol{B}$ 做 s 次初等列变换可得 $\boldsymbol{BA}$，而初等变换不改变矩阵的秩，故秩$(\boldsymbol{BA})=$秩$(\boldsymbol{B})$，证毕.

例 2-27 的另一个证明方法

矩阵的秩对图形变换的影响

2.6.4 几个常见的结论

设 $\boldsymbol{A}$ 是 $m\times n$ 矩阵，则矩阵 $\boldsymbol{A}$ 的秩满足不等式

$$\text{秩}(\boldsymbol{A})\leqslant\min\{m,n\}. \tag{2-28}$$

下面介绍几个常见的不等式

定理 2-6 两矩阵积的秩不大于各因子矩阵的秩，即

$$\text{秩}(\boldsymbol{AB})\leqslant\min\{\text{秩}(\boldsymbol{A}),\text{秩}(\boldsymbol{B})\}. \tag{2-29}$$

证明 设 $\boldsymbol{A}_{m\times s}$，$\boldsymbol{B}_{s\times n}$ 且秩$(\boldsymbol{A})=r$，由定理 2-2 存在可逆矩阵 $\boldsymbol{P}$，$\boldsymbol{Q}$ 使得

$$\boldsymbol{A}=\boldsymbol{P}\begin{pmatrix} \boldsymbol{E}_r & \boldsymbol{O} \\ \boldsymbol{O} & \boldsymbol{O} \end{pmatrix}\boldsymbol{Q}.$$

利用定理 2-6 的结论，你能给出例 2-27 的另一个证明方法吗？

其中 E_r 为 r 阶单位矩阵，于是

$$AB=P\begin{pmatrix}E_r & O\\ O & O\end{pmatrix}QB.$$

把 QB 分块为 $QB=\begin{pmatrix}C_1\\ C_2\end{pmatrix}$，$C_1$ 为 $r\times n$ 矩阵，则

$$AB=P\begin{pmatrix}E_r & O\\ O & O\end{pmatrix}\begin{pmatrix}C_1\\ C_2\end{pmatrix}=P\begin{pmatrix}C_1\\ O\end{pmatrix},$$

从而

$$\text{秩}(AB)=\text{秩}\left(P\begin{pmatrix}C_1\\ O\end{pmatrix}\right)=\text{秩}\begin{pmatrix}C_1\\ O\end{pmatrix}=\text{秩}(C_1)\leqslant r=\text{秩}(A).$$

同理，秩$(AB)\leqslant$秩(B). 证毕.

定理 2-7 可以利用等价标准形定理证明.

定理 2-7 设 A，B，C 均为矩阵，则

$$\text{秩}\left(\begin{pmatrix}A & O\\ O & B\end{pmatrix}\right)=\text{秩}(A)+\text{秩}(B), \tag{2-30}$$

$$\text{秩}\left(\begin{pmatrix}A & O\\ O & B\end{pmatrix}\right)\leqslant\text{秩}\begin{pmatrix}A & O\\ C & B\end{pmatrix}. \tag{2-31}$$

证明从略.

学会充分挖掘已知条件中隐含的解题信息，对于找到解决问题的切入点是十分重要的. 你能猜想出定理 2-8 的推广形式吗?

定理 2-8 （西尔维斯特不等式）设 A，B 分别为 $m\times n$ 和 $n\times s$ 矩阵，则有不等式

$$\text{秩}(AB)\geqslant\text{秩}(A)+\text{秩}(B)-n. \tag{2-32}$$

推论 设 A，B 分别为 $m\times n$，$n\times s$ 矩阵，若 $AB=O$，则有不等式秩(A)+秩$(B)\leqslant n$.

关于矩阵的秩的关系式(2-29)、式(2-32)和式(2-33)是值得我们记住的关系式，利用它们可以帮助我们证明一些关于矩阵秩的等式.

定理 2-9 设 A、B 为两个 $m\times n$ 矩阵，则有不等式

$$\text{秩}(A+B)\leqslant\text{秩}(A)+\text{秩}(B). \tag{2-33}$$

证明从略.

例 2-28 设 A 为 n 阶幂等矩阵($A^2=A$)，证明

$$\text{秩}(A)+\text{秩}(E-A)=n. \tag{2-34}$$

证明 由 $A^2=A$，得 $A(E-A)=O$，由定理 2-8 推论知

$$\text{秩}(A)+\text{秩}(E-A)\leqslant n,$$

定理 2-8 的推广形式

另一方面，秩$(\boldsymbol{A})$+秩$(\boldsymbol{E}-\boldsymbol{A})\geqslant$秩$(\boldsymbol{A}+\boldsymbol{E}-\boldsymbol{A})=$秩$(\boldsymbol{E})=n$，故

$$\text{秩}(\boldsymbol{A})+\text{秩}(\boldsymbol{E}-\boldsymbol{A})=n,$$

证毕.

历史寻根：凯莱

英国数学家凯莱(A. Cayley，1821—1895)一般被公认为是矩阵论的创立者，因为他首先把矩阵作为一个独立的数学概念提出来，发表了关于矩阵的一系列文章 .1858 年，他发表了关于这一课题的第一篇论文《矩阵论的研究报告》，系统地阐述了关于矩阵的理论. 文中他首先引入矩阵概念以化简记号，规定了矩阵的符号及名称，定义了矩阵的相等、矩阵的运算法则、矩阵的转置以及矩阵的逆等一系列基本概念，指出了矩阵加法的可交换性与可结合性. 另外，凯莱还给出了方阵的特征方程和特征根(特征值)以及其他有关矩阵的一些基本结果 . 他的矩阵理论和线性变换下的不变量思想产生很大影响，特别对现代物理的量子力学和相对论的创立起到推动作用.

图 2-3　凯莱(1821—1895)

习题 2.6

部分习题详解

1. 设 $\boldsymbol{A}=\begin{pmatrix}1&-1&2&0\\2&3&-5&2\\3&0&0&1\end{pmatrix}$，请给出矩阵 $\boldsymbol{A}$ 的全部 3 阶子式.

2. 利用初等变换求下列矩阵的秩：

(1) $\boldsymbol{A}=\begin{pmatrix}1&3&6\\1&2&3\\1&4&9\end{pmatrix}$；　　(2) $\boldsymbol{B}=\begin{pmatrix}1&1&2&2&1\\0&2&1&5&-1\\2&0&3&-1&3\\1&1&0&4&-1\end{pmatrix}$.

3. 讨论 n 阶矩阵 $\boldsymbol{A}=\begin{pmatrix}a&1&1&\cdots&1\\1&a&1&\cdots&1\\1&1&a&\cdots&1\\\vdots&\vdots&\vdots&&\vdots\\1&1&1&\cdots&a\end{pmatrix}$ 的秩.

4. 设 $\boldsymbol{A}=\begin{pmatrix}1&-1&1&2\\3&a&-1&2\\5&3&b&6\end{pmatrix}$，若 $R(\boldsymbol{A})=2$，求 a，b 的值.

5. 设 n 阶矩阵 $\boldsymbol{A}$ 满足 $\boldsymbol{A}^2=\boldsymbol{E}$，试证：$R(\boldsymbol{E}-\boldsymbol{A})+R(\boldsymbol{E}+\boldsymbol{A})=n$.

6. 设 n 阶矩阵 $\boldsymbol{A}$ 的秩等于 1，证明：存在 n 维非零列向量 $\boldsymbol{\alpha}$，$\boldsymbol{\beta}$，使得 $\boldsymbol{A}=\boldsymbol{\alpha}\boldsymbol{\beta}^{\mathrm{T}}$. 又该命题的逆命题是否成立？

总习题二

一、问答题

1. n 阶矩阵可以表示成一个对称矩阵和一个反对称矩阵的和，这种表示是否唯一？

部分习题详解

2. 请利用矩阵的乘法表示线性方程组
$$\begin{cases} a_{11}x_1+a_{12}x_2+\cdots+a_{1n}x_n=b_1, \\ a_{21}x_1+a_{22}x_2+\cdots+a_{2n}x_n=b_2, \\ \qquad\vdots \\ a_{n1}x_1+a_{n2}x_2+\cdots+a_{nn}x_n=b_n, \end{cases}$$
并借助于可逆矩阵和伴随矩阵，理解克拉默(Cramer)法则.

3. 设 $\boldsymbol{A}$，$\boldsymbol{B}$ 分别为 n 阶矩阵，举反例说明下列运算不正确.

(1) $(\boldsymbol{A}+\boldsymbol{B})^2=\boldsymbol{A}^2+2\boldsymbol{AB}+\boldsymbol{B}^2$；

(2) 若 $\boldsymbol{A}^2=\boldsymbol{O}$，则 $\boldsymbol{A}=\boldsymbol{O}$；

(3) 若 $\boldsymbol{A}^2=\boldsymbol{A}$，则 $\boldsymbol{A}=\boldsymbol{O}$ 或 $\boldsymbol{A}=\boldsymbol{E}$；

(4) 若 $\boldsymbol{AX}=\boldsymbol{AY}$，则 $\boldsymbol{A}=\boldsymbol{O}$ 或 $\boldsymbol{X}=\boldsymbol{Y}$；

(5) $|\boldsymbol{A}+\boldsymbol{B}|=|\boldsymbol{A}|+|\boldsymbol{B}|$.

4. 设矩阵 $\boldsymbol{A}$ 的秩为 r，则是否在 $\boldsymbol{A}$ 中只有一个 r 阶非零子式？存在 $r+2$ 阶非零子式吗？若 $\boldsymbol{A}=\begin{pmatrix} 3 & 1 & 0 & 2 \\ 1 & -1 & 2 & -1 \\ 1 & 3 & -4 & 4 \end{pmatrix}$，求 $\boldsymbol{A}$ 的一个最高阶非零子式.

5. 阅读矩阵密码法材料，回答下列问题. 现有一段明码(中文汉语拼音字母)，若利用矩阵 $\boldsymbol{P}=\begin{pmatrix} 1 & 2 & 1 \\ 2 & 5 & 3 \\ 2 & 3 & 2 \end{pmatrix}$ 加密，发出的“密文”编码：41，97，81，33，92，66，59，154，103. 请破译这段密文，完成李白脍炙人口的千古绝唱古诗句“故人西辞黄鹤楼，烟花三月下<u>＊＊</u>”. 品味古城名邑的无限风韵，细思加密矩阵的性质要求.

二、单项选择题

1. 若 $\boldsymbol{A}$，$\boldsymbol{B}$ 为同阶方阵，且满足 $\boldsymbol{AB}=\boldsymbol{O}$，则有(　　).

A. $\boldsymbol{A}=\boldsymbol{O}$ 或 $\boldsymbol{B}=\boldsymbol{O}$　　B. $|\boldsymbol{A}|=0$ 或 $|\boldsymbol{B}|=0$

C. $(\boldsymbol{A}+\boldsymbol{B})^2=\boldsymbol{A}^2+\boldsymbol{B}^2$　　D. $\boldsymbol{A}$ 与 $\boldsymbol{B}$ 均可逆

2. 若对任意方阵 $\boldsymbol{B}$，$\boldsymbol{C}$，由 $\boldsymbol{AB}=\boldsymbol{AC}$($\boldsymbol{A}$，$\boldsymbol{B}$，$\boldsymbol{C}$ 为同阶方阵)能推出 $\boldsymbol{B}=\boldsymbol{C}$，则 $\boldsymbol{A}$ 满足(　　).

A. $\boldsymbol{A}\neq\boldsymbol{O}$　　B. $\boldsymbol{A}=\boldsymbol{O}$　　C. $|\boldsymbol{A}|\neq 0$　　D. $|\boldsymbol{AB}|\neq 0$

3. 设 $\boldsymbol{A}$ 是 3 阶矩阵，$\boldsymbol{P}=\begin{pmatrix}0&1&0\\1&0&0\\0&0&1\end{pmatrix}$，$\boldsymbol{Q}=\begin{pmatrix}1&0&0\\0&0&1\\0&1&0\end{pmatrix}$，若 $\boldsymbol{P}^m\boldsymbol{A}\boldsymbol{Q}^n=\boldsymbol{A}$，则有(　　).

A. $m=2006$，$n=2008$　　B. $m=2007$，$n=2008$

C. $m=2006$，$n=2007$　　D. $m=2005$，$n=2007$

4. 设 $\boldsymbol{A}=\begin{pmatrix}b&a&a\\a&b&a\\a&a&b\end{pmatrix}$，若秩$(\boldsymbol{A}^*)=1$，则有(　　).

A. $a=b$ 或 $2a+b=0$　　B. $a=b$ 或 $2a+b\neq 0$

C. $a\neq b$ 且 $2a+b=0$　　D. $a\neq b$ 且 $2a+b\neq 0$

5. 设同阶方阵 $\boldsymbol{A}$，$\boldsymbol{B}$，$\boldsymbol{C}$，$\boldsymbol{E}$ 满足关系式 $\boldsymbol{ABC}=\boldsymbol{E}$，则必有(　　).

A. $\boldsymbol{ACB}=\boldsymbol{E}$　　B. $\boldsymbol{CBA}=\boldsymbol{E}$

C. $\boldsymbol{BAC}=\boldsymbol{E}$　　D. $\boldsymbol{BCA}=\boldsymbol{E}$

6. 若 $\boldsymbol{A}$，$\boldsymbol{B}$，$(\boldsymbol{A}+\boldsymbol{B})$为同阶可逆方阵，则$(\boldsymbol{B}^{-1}+\boldsymbol{A}^{-1})^{-1}=$(　　).

A. $\boldsymbol{B}^{-1}+\boldsymbol{A}^{-1}$　　B. $\boldsymbol{B}+\boldsymbol{A}$

C. $(\boldsymbol{B}+\boldsymbol{A})^{-1}$　　D. $\boldsymbol{B}(\boldsymbol{B}+\boldsymbol{A})^{-1}\boldsymbol{A}$

你想到用特殊值解单项选择题第 6 题吗?

思考题答案

7. 设 $\boldsymbol{A}$，$\boldsymbol{B}$ 均为 n 阶方阵，则必有(　　).

A. $|\boldsymbol{A}+\boldsymbol{B}|=|\boldsymbol{A}|+|\boldsymbol{B}|$　　B. $\boldsymbol{AB}=\boldsymbol{BA}$

C. $|\boldsymbol{AB}|=|\boldsymbol{BA}|$　　D. $(\boldsymbol{A}+\boldsymbol{B})^{-1}=\boldsymbol{A}^{-1}+\boldsymbol{B}^{-1}$

8. 已知 2 阶矩阵 $\boldsymbol{A}=\begin{pmatrix}a&b\\c&d\end{pmatrix}$ 的行列式 $|\boldsymbol{A}|=-1$，则 $(\boldsymbol{A}^*)^{-1}=$(　　).

A. $\begin{pmatrix}-a&-b\\-c&-d\end{pmatrix}$　　B. $\begin{pmatrix}d&-b\\-c&a\end{pmatrix}$

C. $\begin{pmatrix}-d&b\\c&-a\end{pmatrix}$　　D. $\begin{pmatrix}a&b\\c&d\end{pmatrix}$

9. 设 $\boldsymbol{A}$ 是 3 阶矩阵，若 $|3\boldsymbol{A}|=3$，则 $|2\boldsymbol{A}|=$(　　).

A. 1　　B. 2　　C. $\dfrac{2}{3}$　　D. $\dfrac{8}{9}$

10. 设 $\boldsymbol{A}=\begin{pmatrix}4&2&3\\3&-1&-2\\5&3&2\end{pmatrix}$，$\boldsymbol{B}=\begin{pmatrix}3&2&3\\3&-2&-2\\5&3&1\end{pmatrix}$，则 $\boldsymbol{A}^2+\boldsymbol{B}^2-\boldsymbol{AB}-\boldsymbol{BA}=$(　　).

A. $\boldsymbol{A}$　　B. $\boldsymbol{B}$　　C. $\boldsymbol{E}$　　D. $\boldsymbol{O}$

三、解答题

1. 设$A=\begin{pmatrix}1&2\\1&-1\end{pmatrix}$，$B=\begin{pmatrix}a&b\\3&2\end{pmatrix}$，若矩阵$A$与$B$可交换，求$a$，$b$的值.

2. 设A，B均为n阶对称矩阵，证明：$AB+BA$是n阶对称矩阵.

3. 设实矩阵$A=(a_{ij})_{3\times3}$，且$a_{11}\neq0$，$a_{ij}=A_{ij}$（A_{ij}为a_{ij}的代数余子式），求行列式$|A|$.

4. 设A为2阶方阵，B为3阶方阵，且$|A|=\dfrac{1}{|B|}=\dfrac{1}{2}$，求$\begin{vmatrix}O&-B\\(2A)^{-1}&O\end{vmatrix}$.

关于求解矩阵代数和的行列式值的问题，常用的思考途径是：将各被加项化为同名矩阵；将代数和转化为矩阵的乘积，再利用行列式的性质或乘法规则等方法计算.

5. 设A为4阶可逆方阵，且$|A^{-1}|=2$，求$|3(A^*)^{-1}-2A|$.

6. 设$A^{-1}=\begin{pmatrix}2&4\\6&8\end{pmatrix}$，求$A$，$|4A^{-1}|$，$(A^{\mathrm{T}})^{-1}$.

7. 已知$A=\begin{pmatrix}2&1&0\\1&2&1\\0&1&2\end{pmatrix}$，$B=\begin{pmatrix}1&2\\2&3\end{pmatrix}$，$C=\begin{pmatrix}1&2\\3&4\\2&1\end{pmatrix}$，求解下列矩阵方程：

(1)$AX=X+C$；(2)$AXB=C$.

8. 设$A=\begin{pmatrix}1&1&-1\\-1&1&1\\1&-1&1\end{pmatrix}$，3阶方阵$X$满足关系式$A^*X=A^{-1}+2X$，求$X$.

第8、9这类题，先利用矩阵的关系（$AA^*=A^*A=|A|E$，$AA^{-1}=A^{-1}A=E$）或性质化简矩阵方程或矩阵等式，然后代入已知矩阵进行计算.

9. 设矩阵$A=\begin{pmatrix}3&0&0\\0&-5&0\\0&0&3\end{pmatrix}$，且满足$ABA^*+BA^*+180E=O$，求矩阵$B$.

10. 设A为n阶方阵，A^*为A的伴随矩阵，证明：

(1)若$|A|=0$，则$|A^*|=0$；　(2)$|A^*|=|A|^{n-1}$.

11. 设A为n阶可逆矩阵，若A的每行元素之和为a，证明：$a\neq0$，A^{-1}的每行元素之和为$\dfrac{1}{a}$.

微课视频：矩阵加密应用

12. 现有一段明文（中文汉语拼音字母），经矩阵密码法（参见第2.3节“背景聚焦”）加密后发出密文编码如下：44，109，67，39，93，77，10，23，20，50，121，79，56，135，103，约定的

密钥矩阵为 $\boldsymbol{K}=\begin{pmatrix}1&2&1\\2&5&3\\2&3&2\end{pmatrix}$，请破译出明文.

13. 设 $\boldsymbol{A}=\begin{pmatrix}1&1&1&1\\a_1&a_2&a_3&a_4\\a_1^2&a_2^2&a_3^2&a_4^2\\(a_1+1)^2&(a_2+1)^2&(a_3+1)^2&(a_4+1)^2\end{pmatrix}$，若 a_1，a_2，a_3，a_4 互不相等，求矩阵的秩.

14. 设 $\boldsymbol{A}$ 为 $m\times n$ 矩阵，$\boldsymbol{B}$ 为 $n\times m$ 矩阵，且 $m>n$，试证：$|\boldsymbol{AB}|=0$.

> 请思考以下问题：(1)行列式记号 $|\boldsymbol{AB}|$ 有意义吗？(2)尽可能多地给出 $|\boldsymbol{AB}|=0$ 的等价条件；(3)通过该题思考你体会到知识点之间联系的重要性了吗？

15. n 阶矩阵 $\boldsymbol{A}$ 满足 $\boldsymbol{A}^2=\boldsymbol{A}$ 时，称 $\boldsymbol{A}$ 为幂等矩阵. 设 $\boldsymbol{A}$ 为幂等矩阵，证明：$\boldsymbol{A}+\boldsymbol{E}$ 和 $\boldsymbol{E}-2\boldsymbol{A}$ 是可逆矩阵，并求其逆.

16. 设 $\boldsymbol{A}$ 为 5 阶方阵，且 $\boldsymbol{A}^2=\boldsymbol{O}$，求 $R(\boldsymbol{A}^*)$.

17. 设 $\boldsymbol{A}=\begin{pmatrix}1&1&1\\1&1&1\\1&1&1\end{pmatrix}$，求一个矩阵 $\boldsymbol{B}$，使得 $\boldsymbol{B}$ 的伴随矩阵 $\boldsymbol{B}^*=\boldsymbol{A}$.

18. 证明：任何一个 n 级矩阵都可以表示成为一个可逆矩阵与一个幂等矩阵的乘积.

19. 设矩阵 $\boldsymbol{A}=\begin{pmatrix}a_1&b_1&c_1\\a_2&b_2&c_2\\a_3&b_3&c_3\end{pmatrix}$ 是满秩的，证明：直线 $\dfrac{x-a_3}{a_1-a_2}=\dfrac{y-b_3}{b_1-b_2}=\dfrac{z-c_3}{c_1-c_2}$ 与直线 $\dfrac{x-a_1}{a_2-a_3}=\dfrac{y-b_1}{b_2-b_3}=\dfrac{z-c_1}{c_2-c_3}$ 相交于一点.

> 请关注该题来源.

第 3 章 向量与线性方程组

本章研究一般线性方程组的理论和解法，这是完善和发展 n 元方程组理论与解法的必然，也是科学、工程和经济管理中解决实际问题的数学需要.

对于一般线性方程组

$$\begin{cases} a_{11}x_1+a_{12}x_2+\cdots+a_{1n}x_n=b_1, \\ a_{21}x_1+a_{22}x_2+\cdots+a_{2n}x_n=b_2, \\ \qquad\vdots \\ a_{m1}x_1+a_{m2}x_2+\cdots+a_{mn}x_n=b_m, \end{cases}$$

我们主要讨论下面三个问题：

1）线性方程组有解的充要条件是什么？

2）当线性方程组有解时，它有多少个解？如何求解？

3）当线性方程组解不唯一时，这些解之间有什么关系？

为了从理论上系统地回答上述三个问题，我们引入向量线性相关、线性无关、向量组的秩、向量空间的基等重要概念，以及相关的理论与方法. 这些概念、理论和方法，既是线性代数课程的重点，也是学习线性代数的难点.

> 研究一个事物总要研究它的最基本的构成，就像研究水的性质必须研究水的分子 H_2O，在线性代数课程中，线性方程组及其求解是其最基本的问题之一和发展源泉.

3.1 线性方程组解的存在性

3.1.1 高斯(Gauss)消元法

高斯消元法的基本思想是对线性方程组进行同解变形，简化未知量的系数，从而得到与原方程组同解且易直接求解的阶梯形方程组. 我们先用具体例子说明其解法.

例 3-1　解线性方程组

$$\begin{cases} x_1 + 7x_2 - 5x_3 = 2, & (1) \\ 2x_1 + 15x_2 - 11x_3 = 5, & (2) \\ -3x_1 - 21x_2 + 9x_3 = 12. & (3) \end{cases}$$

解　将方程(1)的(−2)倍加到方程(2)，方程(1)的 3 倍加到方程(3)得

$$\begin{cases} x_1 + 7x_2 - 5x_3 = 2, & (4) \\ x_2 - x_3 = 1, & (5) \\ -6x_3 = 18. & (6) \end{cases}$$

将方程(6)乘以$\left(-\frac{1}{6}\right)$得

$$\begin{cases} x_1 + 7x_2 - 5x_3 = 2, \\ x_2 - x_3 = 1, \\ x_3 = -3. \end{cases}$$

用回代的方式解得

$$\begin{cases} x_1 = 1, \\ x_2 = -2, \\ x_3 = -3. \end{cases}$$

例 3-1 的解法可以用于任意线性方程组. 从解的过程中可以看出，对线性方程组我们可施行下列三种运算对方程组进行化简：

1）互换两个方程的位置.

2）用一个非零数乘某一个方程.

3）用一数 k 乘某一方程然后加到另一个方程.

称上述三种运算为线性方程组的初等行变换，它和矩阵的初等行变换是一致的. 利用初等变换把原方程组化为阶梯形式的方程组，再用回代方法解出 x_1，x_2，…，x_n，这个过程叫作高斯消元法. 可以证明，通过初等变换所得到的新方程组与原方程组同解.

$$记\ \tilde{\boldsymbol{A}} = (\boldsymbol{A} \mid \boldsymbol{b}) = \left(\begin{array}{ccc|c} 1 & 7 & -5 & 2 \\ 2 & 15 & -11 & 5 \\ -3 & -21 & 9 & 12 \end{array}\right).$$

从上面例子的求解过程也可看出，求解方程组的过程实际上就转化为对矩阵 $\tilde{\boldsymbol{A}}$ 的行做上述三种初等行变换. 例 3-1 的各方程组对应于矩阵的初等行变换是

$$\tilde{\boldsymbol{A}} \xrightarrow[r_3 + r_1(3)]{r_2 + r_1(-2)} \left(\begin{array}{ccc|c} 1 & 7 & -5 & 2 \\ 0 & 1 & -1 & 1 \\ 0 & 0 & -6 & 18 \end{array}\right) \xrightarrow{r_3\left(-\frac{1}{6}\right)} \left(\begin{array}{ccc|c} 1 & 7 & -5 & 2 \\ 0 & 1 & -1 & 1 \\ 0 & 0 & 1 & -3 \end{array}\right)$$

线性方程组是线性代数的核心内容. 在工程和管理等领域中，问题总是被表述为一个或多个线性方程组. 弄清线性方程组的几何意义，理解其本质，对于分析解决实践中的线性问题是大有裨益的. 例 3-1 中的三个方程分别对应空间直角坐标系中的三个平面，而唯一解则是三平面交点的坐标.

消元法在《九章算术》中叫作“直除法”.

从刘徽到高斯

消元法的几何意义

微课视频：消元法的前世今生

$$\xrightarrow[r_2+r_3(1)]{r_1+r_3(5)}\left(\begin{array}{ccc:c}1&7&0&-13\\0&1&0&-2\\0&0&1&-3\end{array}\right)\xrightarrow{r_1+r_2(-7)}\left(\begin{array}{ccc:c}1&0&0&1\\0&1&0&-2\\0&0&1&-3\end{array}\right)$$

上述初等行变换中，前两步是消元，后两步是回代.

3.1.2 线性方程组解的存在性

设一般线性方程组为

$$\begin{cases}a_{11}x_1+a_{12}x_2+\cdots+a_{1n}x_n=b_1,\\a_{21}x_1+a_{22}x_2+\cdots+a_{2n}x_n=b_2,\\\quad\vdots\\a_{m1}x_1+a_{m2}x_2+\cdots+a_{mn}x_n=b_m.\end{cases}\tag{3-1}$$

称 $\boldsymbol{A}=(a_{ij})_{m\times n}$ 为式(3-1)的系数矩阵，称

$$\tilde{\boldsymbol{A}}=(\boldsymbol{A}\ \vdots\ \boldsymbol{b})=\left(\begin{array}{cccc:c}a_{11}&a_{12}&\cdots&a_{1n}&b_1\\a_{21}&a_{22}&\cdots&a_{2n}&b_2\\\vdots&\vdots&&\vdots&\vdots\\a_{m1}&a_{m2}&\cdots&a_{mn}&b_m\end{array}\right)$$

为该方程组的增广矩阵. 方程组(3-1)用矩阵形式表示即为

$$\boldsymbol{AX}=\boldsymbol{b}.$$

若 b_1, b_2, …, b_m 不全为零，称方程组(3-1)为非齐次线性方程组. 若 b_1, b_2, …, b_m 全为零，称方程组(3-1)为齐次线性方程组.

若存在一组数 $x_1=x_1^0$, $x_2=x_2^0$, …, $x_n=x_n^0$ 满足式(3-1)，则称 $(x_1^0,x_2^0,\cdots,x_n^0)^{\mathrm{T}}$ 为方程组的一个解.

从例3-1的求解过程看出，一个线性方程组对应于一个增广矩阵 $\tilde{\boldsymbol{A}}$. 用高斯消元法解方程组实质是对增广矩阵 $\tilde{\boldsymbol{A}}$ 做初等行变换，将矩阵化简为行阶梯形矩阵. 设 $R(\boldsymbol{A})=r$，为简单起见，不妨设 $a_{11}\neq0$，我们可以利用初等行变换把 $\tilde{\boldsymbol{A}}$ 的第一列中 a_{11} 下方的元素化为零. 这只要将第一行乘 $\left(-\dfrac{a_{i1}}{a_{11}}\right)$ 加到第 $i(i=2,3,\cdots,m)$ 行上，得

$$\tilde{\boldsymbol{A}}\to\left(\begin{array}{cccc:c}a_{11}&a_{12}&\cdots&a_{1n}&d_1'\\0&b_{22}&\cdots&b_{2n}&d_2'\\\vdots&\vdots&&\vdots&\vdots\\0&b_{m2}&\cdots&b_{mn}&d_m'\end{array}\right).$$

设 $b_{22}\neq0$，同样把上述矩阵中 b_{22} 下方元素化为零，继续这一步

骤，最后把 $\tilde{\boldsymbol{A}}$ 化为如下行阶梯形矩阵：

$$\tilde{\boldsymbol{A}} \to \left(\begin{array}{ccccccc|c} c_{11} & c_{12} & \cdots & c_{1r} & c_{1r+1} & \cdots & c_{1n} & d_1 \\ 0 & c_{22} & \cdots & c_{2r} & c_{2r+1} & \cdots & c_{2n} & d_2 \\ \vdots & \vdots & & \vdots & \vdots & & \cdots & \vdots \\ 0 & 0 & \cdots & c_{rr} & c_{rr+1} & \cdots & c_{rn} & d_r \\ 0 & \cdots & \cdots & 0 & 0 & \cdots & 0 & d_{r+1} \\ \vdots & \vdots & & \vdots & \vdots & & \vdots & \vdots \\ 0 & \cdots & \cdots & 0 & 0 & \cdots & 0 & 0 \end{array}\right).$$

增广矩阵经过初等行变换后出现“零行”，表明原方程组中存在“多余方程”，消元法解线性方程组就能把“多余的方程”找出来. 当年瑞士数学家莱昂哈德·欧拉(Leonhard Euler)是采用方程组

$$\begin{cases} 5x+7y-4z+3w-24=0, \\ 2x-3y+5z+15w-20=0, \\ x+13y-14z+3w+16=0, \\ 3x+10y-9z+9w-4=0, \end{cases}$$

研究该问题的.

图 3-1 欧拉(1707—1783)

不失一般性，假定 c_{11}，c_{22}，…，c_{rr} 都不为零，则可化为简化行阶梯形矩阵

$$\left(\begin{array}{ccccccc|c} 1 & 0 & \cdots & 0 & c'_{1r+1} & \cdots & c'_{1n} & e_1 \\ 0 & 1 & \cdots & 0 & c'_{2r+1} & \cdots & c'_{2n} & e_2 \\ \vdots & \vdots & & \vdots & \vdots & & \vdots & \vdots \\ 0 & 0 & \cdots & 1 & c'_{rr+1} & \cdots & c'_{rn} & e_r \\ 0 & 0 & \cdots & 0 & 0 & \cdots & 0 & e_{r+1} \\ \vdots & \vdots & & \vdots & \vdots & & \vdots & \vdots \\ 0 & 0 & \cdots & 0 & 0 & \cdots & 0 & 0 \end{array}\right). \tag{3-2}$$

上面矩阵对应于线性方程组

$$\begin{cases} x_1+c'_{1r+1}x_{r+1}+\cdots+c'_{1n}x_n=e_1, \\ x_2+c'_{2r+1}x_{r+1}+\cdots+c'_{2n}x_n=e_2, \\ \qquad\vdots \\ x_r+c'_{rr+1}x_{r+1}+\cdots+c'_{rn}x_n=e_r, \\ 0=e_{r+1}. \end{cases} \tag{3-3}$$

由此可见：

1) 当 $e_{r+1} \neq 0$，方程组(3-3)是矛盾方程组，原方程组(3-1)无解. 用矩阵的秩来表述，即当秩($\boldsymbol{A}$)≠秩($\tilde{\boldsymbol{A}}$)时，方程组(3-1)无解.

2) 当 $e_{r+1}=0$，即秩($\boldsymbol{A}$)=秩($\tilde{\boldsymbol{A}}$)，方程组(3-3)有解，原方程组(3-1)有解. 若未知数个数 n 大于秩($\boldsymbol{A}$)=r，方程组(3-3)中独立方程个数比未知量个数少，我们把 x_{r+1}，x_{r+2}，…，x_n 看作 $n-r$ 个自由取值的量，并把它们对应的项移到等式的右边，得同解方程组

$$\begin{cases} x_1=e_1-c'_{1r+1}x_{r+1}-\cdots-c'_{1n}x_n, \\ x_2=e_2-c'_{2r+1}x_{r+1}-\cdots-c'_{2n}x_n, \\ \qquad\vdots \\ x_r=e_r-c'_{rr+1}x_{r+1}-\cdots-c'_{rn}x_n. \end{cases} \tag{3-4}$$

这里展示定理 3-1 证明的目的是让读者经历代数命题的证明过程，指明高斯(Gauss)消元法解线性方程组的基本步骤，实际上解具体线性方程组时还可以用更灵活的消元步骤，不过用本定理的证明方法去指导“编程”，实现用计算机解未知数较多的方程组却是很有效的.

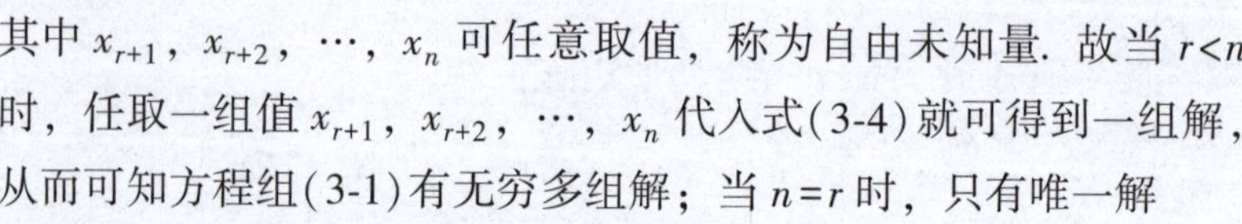

其中 x_{r+1}，x_{r+2}，…，x_n 可任意取值，称为自由未知量. 故当 $r<n$ 时，任取一组值 x_{r+1}，x_{r+2}，…，x_n 代入式(3-4)就可得到一组解，从而可知方程组(3-1)有无穷多组解；当 $n=r$ 时，只有唯一解

$$x_1=e_1,\ x_2=e_2,\ \cdots,\ x_n=e_n,$$

于是有如下重要结论.

定理 3-1 设非齐次线性方程组为 $\boldsymbol{AX}=\boldsymbol{b}$，其中 $\boldsymbol{A}$ 为 $m\times n$ 矩阵，$\tilde{\boldsymbol{A}}=(\boldsymbol{A}\ \vdots\ \boldsymbol{b})$ 为增广矩阵，则

(1) 当秩$(\boldsymbol{A})\neq$秩$(\tilde{\boldsymbol{A}})$，方程组无解；

(2) 当秩$(\boldsymbol{A})=$秩$(\tilde{\boldsymbol{A}})=n$，方程组有唯一解；

(3) 当秩$(\boldsymbol{A})=$秩$(\tilde{\boldsymbol{A}})<n$，方程组有无穷多个解.

例 3-2 解线性方程组

$$\begin{cases} x_1-2x_2+3x_3-4x_4=4, \\ x_1+3x_2 \qquad -3x_4=1, \\ \qquad x_2-x_3+x_4=-3, \\ \qquad 7x_2-3x_3-x_4=3. \end{cases}$$

请读者尝试总结非齐次线性方程组解的判定方法.

非齐次线性方程组与齐次线性方程组解的情况

解 对 $\tilde{\boldsymbol{A}}$ 做初等行变换，化为简化行阶梯形矩阵

$$\tilde{\boldsymbol{A}}=(\boldsymbol{A}\ \vdots\ \boldsymbol{b})=\left(\begin{array}{cccc:c} 1 & -2 & 3 & -4 & 4 \\ 1 & 3 & 0 & -3 & 1 \\ 0 & 1 & -1 & 1 & -3 \\ 0 & 7 & -3 & -1 & 3 \end{array}\right)$$

$$\xrightarrow{r_2-r_1}\left(\begin{array}{cccc:c} 1 & -2 & 3 & -4 & 4 \\ 0 & 5 & -3 & 1 & -3 \\ 0 & 1 & -1 & 1 & -3 \\ 0 & 7 & -3 & -1 & 3 \end{array}\right)$$

$$\xrightarrow[r_4-7r_3]{r_2-5r_3}\left(\begin{array}{cccc:c} 1 & -2 & 3 & -4 & 4 \\ 0 & 0 & 2 & -4 & 12 \\ 0 & 1 & -1 & 1 & -3 \\ 0 & 0 & 4 & -8 & 24 \end{array}\right)$$

$$\xrightarrow[\substack{r_2\left(\frac{1}{2}\right) \\ r_2\leftrightarrow r_3}]{r_4-2r_2}\left(\begin{array}{cccc:c} 1 & -2 & 3 & -4 & 4 \\ 0 & 1 & -1 & 1 & -3 \\ 0 & 0 & 1 & -2 & 6 \\ 0 & 0 & 0 & 0 & 0 \end{array}\right)$$

$$\xrightarrow[r_1+2r_2]{\substack{r_2+r_3\\ r_1-3r_3}}\left(\begin{array}{cccc:c}1&0&0&0&-8\\0&1&0&-1&3\\0&0&1&-2&6\\0&0&0&0&0\end{array}\right).$$

因为秩 $(\boldsymbol{A})=$ 秩$(\tilde{\boldsymbol{A}})=3<4$，所以原方程组有无穷多个解，且对应同解方程组为

$$\begin{cases}x_1=-8,\\x_2-x_4=3,\\x_3-2x_4=6,\end{cases}$$

取自由未知量 $x_4=k$，解得

$$\begin{cases}x_1=-8,\\x_2=3+k,\\x_3=6+2k,\\x_4=k,\end{cases}$$

其中 k 为任意常数.

例 3-3 解线性方程组

$$\begin{cases}x_1+x_2+2x_3+3x_4=1,\\x_2+x_3-4x_4=1,\\x_1+2x_2+3x_3-x_4=4,\\2x_1+3x_2-x_3-x_4=-6.\end{cases}$$

解 $\tilde{\boldsymbol{A}}=(\boldsymbol{A}\ \vdots\ \boldsymbol{b})=\left(\begin{array}{cccc:c}1&1&2&3&1\\0&1&1&-4&1\\1&2&3&-1&4\\2&3&-1&-1&-6\end{array}\right)$

$$\rightarrow\left(\begin{array}{cccc:c}1&1&2&3&1\\0&1&1&-4&1\\0&1&1&-4&3\\0&1&-5&-7&-8\end{array}\right)$$

$$\rightarrow\left(\begin{array}{cccc:c}1&1&2&3&1\\0&1&1&-4&1\\0&0&0&0&2\\0&0&-6&-3&-9\end{array}\right)$$

$$\rightarrow\left(\begin{array}{cccc:c}1&1&2&3&1\\0&1&1&-4&1\\0&0&2&1&3\\0&0&0&0&2\end{array}\right).$$

因为秩$(\boldsymbol{A})=3$，秩$(\tilde{\boldsymbol{A}})=4$，秩$(\boldsymbol{A})\neq$秩$(\tilde{\boldsymbol{A}})$，所以方程组无解.

设齐次线性方程组

$$\begin{cases}a_{11}x_1+a_{12}x_2+\cdots+a_{1n}x_n=0,\\a_{21}x_1+a_{22}x_2+\cdots+a_{2n}x_n=0,\\\quad\vdots\\a_{m1}x_1+a_{m2}x_2+\cdots+a_{mn}x_n=0,\end{cases}\tag{3-5}$$

或简记为

$$\boldsymbol{AX}=\boldsymbol{0}.$$

其中$\boldsymbol{A}$为式(3-5)的系数矩阵.

齐次线性方程组(3-5)总有解，$x_1=x_2=\cdots=x_n=0$就是一个解，称为零解. 与求解非齐次方程组相类似，求解齐次方程组有下述定理.

定理 3-2 设齐次线性方程组$\boldsymbol{AX}=\boldsymbol{0}$的系数矩阵$\boldsymbol{A}_{m\times n}$的秩为$r$，当$r=n$时，该齐次线性方程组有唯一零解；当$r<n$，则有无穷多个解(即存在非零解).

推论 1 若齐次线性方程组中的方程个数m少于未知量个数n，则该方程组必有非零解.

这是因为秩$(\boldsymbol{A})\leqslant m<n$，由定理3-2知，该齐次方程组有非零解.

例如$\boldsymbol{A}_{3\times4}\boldsymbol{X}_{4\times1}=\boldsymbol{0}$必有非零解.

推论 2 设$\boldsymbol{AX}=\boldsymbol{0}$是$n$元$n$个方程的齐次线性方程组，若系数行列式$|\boldsymbol{A}|=0$，则该方程组有非零解.

因为$|\boldsymbol{A}|=0$，即秩$(\boldsymbol{A})<n$，故该方程组有非零解. 结合定理3-2的推论，我们得到如下结论：n元n个方程的齐次线性方程组$\boldsymbol{AX}=\boldsymbol{0}$有非零解的充要条件是$|\boldsymbol{A}|=0$.

请读者细细体会例3-4的解题过程，它可以帮助你理解线性方程组有解判定定理和解的结构定理.

例 3-4 k取何值时，方程组

$$\begin{cases}kx_1+x_2-x_3=k,\\x_1+kx_2+x_3=1,\\x_1+x_2-kx_3=k\end{cases}$$

(1)有唯一解；(2)无解；(3)有无穷多个解？

解 线性方程组的系数矩阵

$$A=\begin{pmatrix}k & 1 & -1\\ 1 & k & 1\\ 1 & 1 & -k\end{pmatrix},$$

因为 $|A|=\begin{vmatrix}k & 1 & -1\\ 1 & k & 1\\ 1 & 1 & -k\end{vmatrix}=\begin{vmatrix}k+1 & k+1 & 0\\ 1 & k & 1\\ 1 & 1 & -k\end{vmatrix}$

$$=(k+1)\begin{vmatrix}1 & 1 & 0\\ 1 & k & 1\\ 1 & 1 & -k\end{vmatrix}$$

$$=(k+1)\begin{vmatrix}1 & 0 & 0\\ 1 & k-1 & 1\\ 1 & 0 & -k\end{vmatrix}=-k(k+1)(k-1).$$

(1) 当 $k\neq 0$，且 $k\neq \pm 1$ 时，由克拉默法则知，方程组有唯一解.

(2) 当 $k=0$ 时

$$\tilde{A}=\left(\begin{array}{ccc:c}0 & 1 & -1 & 0\\ 1 & 0 & 1 & 1\\ 1 & 1 & 0 & 0\end{array}\right)\rightarrow\left(\begin{array}{ccc:c}1 & 0 & 1 & 1\\ 0 & 1 & -1 & 0\\ 0 & 1 & -1 & -1\end{array}\right)$$

$$\rightarrow\left(\begin{array}{ccc:c}1 & 0 & 1 & 1\\ 0 & 1 & -1 & 0\\ 0 & 0 & 0 & -1\end{array}\right).$$

因为秩$(A)=2$，秩$(\tilde{A})=3$，方程组无解.

(3) 当 $k=-1$ 时，

$$\tilde{A}=\left(\begin{array}{ccc:c}-1 & 1 & -1 & -1\\ 1 & -1 & 1 & 1\\ 1 & 1 & 1 & -1\end{array}\right)\rightarrow\left(\begin{array}{ccc:c}1 & 1 & 1 & -1\\ 0 & 1 & 0 & -1\\ 0 & 0 & 0 & 0\end{array}\right)$$

当 $k=1$ 时，

$$\tilde{A}=\left(\begin{array}{ccc:c}1 & 1 & -1 & 1\\ 1 & 1 & 1 & 1\\ 1 & 1 & -1 & 1\end{array}\right)\rightarrow\left(\begin{array}{ccc:c}1 & 1 & -1 & 1\\ 0 & 0 & 1 & 0\\ 0 & 0 & 0 & 0\end{array}\right).$$

因为秩$(A)=$秩$(\tilde{A})=2<3$，方程组有无穷多组解.

一般方法是对方程组的增广矩阵做初等行变换，化为行阶梯形矩阵，根据系数矩阵和增广矩阵的秩的关系讨论确定参数，在有解的情况下进一步用初等行变换化为简化行阶梯形矩阵求解. 如果方程个数等于未知量个数的特殊线性方程组，可以先计算系数行列式确定待讨论的参数，有时效果会更好.

历史寻根：线性方程组

线性方程组及其解法，早在中国古代的数学著作《九章算术》方程章中已做了比较完整的论述.《九章算术》中，方程章的第一个问题是："今有上禾三秉，中禾二秉，下禾一秉，实三十九斗*；上禾二秉，中禾三秉，下禾一秉，实三十四斗；上禾一秉，

图 3-2　刘徽(约 225—约 295)

* 1 斗 = 10 升

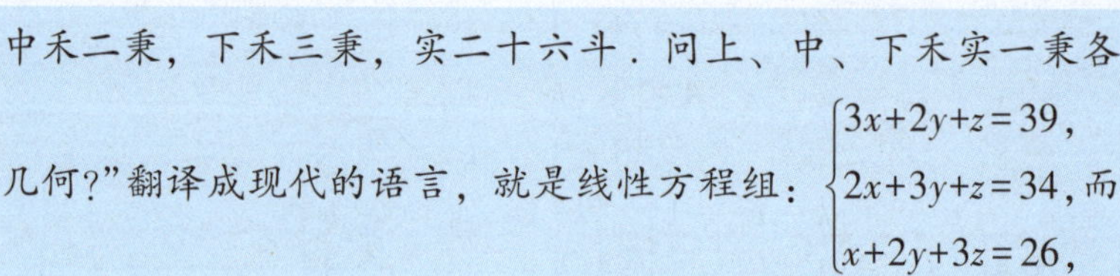

中禾二秉，下禾三秉，实二十六斗．问上、中、下禾实一秉各几何？”翻译成现代的语言，就是线性方程组：$\begin{cases}3x+2y+z=39,\\2x+3y+z=34,\\x+2y+3z=26,\end{cases}$而把古人排成的长方形的数表

		左行	中行	右行
头位	上禾	1	2	3
中位	中禾	2	3	2
下位	下禾	3	1	1
	实	26	34	39

横过来，就是我们现在使用的增广矩阵形式．在西方，线性方程组的研究是在17世纪后期由莱布尼茨开创的．他曾研究含两个未知量的三个线性方程组成的方程组．在18世纪上半叶，英国数学家麦克劳林(Maclaurin，1698—1746)研究了具有二、三、四个未知量的线性方程组，得到了现在称为克拉默法则的结果．克拉默不久也发表了这个结果．18世纪下半叶，法国数学家贝祖证明了n元齐次线性方程组有非零解的条件是系数行列式等于零．19世纪，英国数学家史密斯(H. Smith，1826—1883)和道奇森(L. Dodgson，1832—1898)继续研究线性方程组理论，前者引进了方程组的增广矩阵和非增广矩阵的概念，后者证明了n个未知数、m个方程的方程组相容的充要条件是系数矩阵和增广矩阵的秩相同．这正是现代线性方程组理论中的重要结果之一．

图3-3 道奇森(《爱丽丝梦游仙境》的作者)(1832—1898)

习题 3.1

部分习题详解

1. 用消元法解下列线性方程组：

(1) $\begin{cases}x_1+x_2+2x_3+3x_4=1,\\x_1+3x_2+6x_3+x_4=3,\\3x_1-x_2-2x_3+15x_4=3,\\x_1-5x_2-10x_3+12x_4=1;\end{cases}$ (2) $\begin{cases}3x_1-x_2+5x_3-3x_4=2,\\x_1-2x_2+3x_3-x_4=1,\\2x_1+x_2+2x_3-2x_4=3;\end{cases}$

(3) $\begin{cases}3x_1-x_2-x_3-2x_4=-4,\\2x_1+3x_2-x_3-x_4=-6,\\x_1+x_2+2x_3+3x_4=1,\\x_1+2x_2+3x_3-x_4=-4;\end{cases}$ (4) $\begin{cases}x_1+2x_2+x_3-x_4=0,\\3x_1+6x_2-x_3-3x_4=0,\\5x_1+10x_2+x_3-5x_4=0.\end{cases}$

2. 求a取何值时，线性方程组

$$\begin{cases} x_1-2x_2+x_3+x_4=1, \\ x_1-x_2-x_3+x_4=-1, \\ x_1-4x_2+5x_3+x_4=a \end{cases}$$

(1)无解；(2)有解，并求出其一般解.

3. 设齐次线性方程组 $\begin{cases} ax_1+x_2+x_3+x_4=0, \\ x_1+ax_2+x_3+x_4=0, \\ x_1+x_2+ax_3+x_4=0, \\ x_1+x_2+x_3+ax_4=0 \end{cases}$ 有非零解，求 a 的可能取值.

4. 设 a_1，a_2，a_3 是互不相等的实数，证明：线性方程组

$$\begin{cases} x_1+a_1x_2=a_1^2, \\ x_1+a_2x_2=a_2^2, \\ x_1+a_3x_2=a_3^2 \end{cases}$$ 无解.

5. 设 $\boldsymbol{A}_{m\times n}$是秩为 n 的矩阵，证明：若 $\boldsymbol{AX}=\boldsymbol{AY}$，则 $\boldsymbol{X}=\boldsymbol{Y}$.

3.2 向量组的线性相关性

第 3.1 节中给出线性方程组有解的判定，但要从理论上弄清楚线性方程组解的结构，还需要讨论向量的线性相关性. 在现实生活中许多对象，仅用一个数不能确切地描述它们，需要用一组有序数来描述. 例如，空间的一个球体，就可以用 4 个有序数 (x,y,z,R) 描述球心位置和半径 R；某产品被供应给 5 个部门，可以用 (x_1,x_2,x_3,x_4,x_5) 表示供量情况；空间飞行中的导弹需用定位量 x，y，z，不同方向的速度 v_x，v_y，v_z 及导弹该时刻的质量 m 这 7 个量来描述，该有序数组即为 (x,y,z,v_x,v_y,v_z,m). 客观事物在数量上的上述抽象就成为向量. 实际上这一点在解析几何中已经见过，如 $\boldsymbol{\alpha}=(1,2)$，$\boldsymbol{\beta}=(1,2,-1)$ 分别为平面 Oxy 及空间 $Oxyz$ 中的向量. 下面我们推广到 n 维的情况.

3.2.1 n 维向量的概念

定义 3-1 数域 F 上的 n 个数 a_1，a_2，…，a_n 构成的有序数组，记为

$$\boldsymbol{\alpha}=(a_1,a_2,\cdots,a_n),$$

称为 F 上的一个 n 维**向量**. 其中 a_i 称为 $\boldsymbol{\alpha}$ 的第 i 个分量(或坐标)，若 F 取实(复)数域，则称 $\boldsymbol{\alpha}$ 为**实(复)向量**.

定义3-1中 $\boldsymbol{\alpha}=(a_1,a_2,\cdots,a_n)$ 的记法称为行向量，而 $\boldsymbol{\beta}=(a_1,a_2,\cdots,a_n)^{\mathrm{T}}$ 称为 n 维列向量. $\mathbf{0}=(0,0,\cdots,0)$ 称为零向量，$(-a_1,-a_2,\cdots,-a_n)$ 称为向量 $\boldsymbol{\alpha}$ 的负向量，记作 $-\boldsymbol{\alpha}$. 两个向量相等定义为两个向量的对应分量均相等.

n 元 m 个方程的线性方程组 $\boldsymbol{AX}=\boldsymbol{b}$，其中矩阵 $\boldsymbol{A}=(a_{ij})_{m\times n}$ 的每一列 $\boldsymbol{\alpha}_j=(a_{1j},a_{2j},\cdots,a_{mj})^{\mathrm{T}}$ 是 m 维列向量，$\boldsymbol{b}=(b_1,b_2,\cdots,b_m)^{\mathrm{T}}$ 是 m 维列向量，方程组中的变量组成的 $\boldsymbol{X}=(x_1,x_2,\cdots,x_n)^{\mathrm{T}}$ 是 n 维列向量，称为未知向量.

因为 n 维列向量是 $n\times1$ 矩阵，n 维行向量是 $1\times n$ 矩阵，所以矩阵的加法和数乘运算及其运算规律，都适合于 n 维向量的运算.

向量的线性运算是依托数的加法和乘法运算定义的，但向量的线性运算完全不同于数系，带有几何的特性. 例如：2，3维向量的加法遵循三角形法则或平行四边形法则.

n 维向量及其线性运算是线性方程组和矩阵的行、列及其运算的抽象，应当熟练掌握.

设两个 n 维向量

$$\boldsymbol{\alpha}=(a_1,a_2,\cdots,a_n),\ \boldsymbol{\beta}=(b_1,b_2,\cdots,b_n),$$

则两个向量的加法为

$$\boldsymbol{\alpha}+\boldsymbol{\beta}=(a_1+b_1,a_2+b_2,\cdots,a_n+b_n),$$

数与向量相乘为

$$k\boldsymbol{\alpha}=(ka_1,ka_2,\cdots,ka_n)\ (k\text{ 为数}).$$

设 $\mathbf{R}$ 是实数域，令 $\mathbf{R}^n=\{\boldsymbol{\alpha}=(x_1,x_2,\cdots,x_n)\mid x_i\in\mathbf{R}(i=1,2,\cdots,n)\}$，连同定义在 $\mathbf{R}^n$ 上的加法和数乘两种运算，构成一个代数系统，称之为 n 维实向量空间. $n=2$ 时，$\mathbf{R}^2$ 就是2维平面，$n=3$ 时，$\mathbf{R}^3$ 就是3维空间.

在 $\mathbf{R}^n$ 中，$\boldsymbol{\varepsilon}_1=(1,0,\cdots,0)$，$\boldsymbol{\varepsilon}_2=(0,1,\cdots,0)$，$\boldsymbol{\varepsilon}_n=(0,0,\cdots,1)$ 称为基本单位向量组.

向量空间只有加法和数乘两种运算，利用任一向量均有唯一确定的负向量 $-\boldsymbol{\alpha}$，可从加法派生定义减法为

$$\boldsymbol{\alpha}-\boldsymbol{\beta}=\boldsymbol{\alpha}+(-\boldsymbol{\beta}),$$

并称 $\boldsymbol{\alpha}-\boldsymbol{\beta}$ 为 $\boldsymbol{\alpha}$ 与 $\boldsymbol{\beta}$ 的差.

例 3-5 设 $\boldsymbol{\alpha}=(-2,-1,-1)$，$-\boldsymbol{\alpha}=(2-a,3b+c,a-c)$，求 a，b，c.

解 因为

$$(2-a,3b+c,a-c)=(2,1,1),$$

所以

$$\begin{cases}2-a=2,\\3b+c=1,\\a-c=1,\end{cases}$$

从而 $a=0$，$b=\dfrac{2}{3}$，$c=-1$.

例 3-6　设向量 $\boldsymbol{\alpha}=(1,0,2,3)$，$\boldsymbol{\beta}=(-2,1,-2,0)$，求满足 $\boldsymbol{\alpha}+2\boldsymbol{\beta}-3\boldsymbol{\gamma}=\mathbf{0}$ 的向量 $\boldsymbol{\gamma}$.

解

$$\begin{aligned}\boldsymbol{\gamma}&=\frac{1}{3}(\boldsymbol{\alpha}+2\boldsymbol{\beta})\\&=\frac{1}{3}[(1,0,2,3)+2(-2,1,-2,0)]\\&=\frac{1}{3}[(1,0,2,3)+(-4,2,-4,0)]\\&=\left(-1,\frac{2}{3},-\frac{2}{3},1\right).\end{aligned}$$

3.2.2　线性表示与线性组合

微课视频：线性表示的概念

平面上两个非零向量 $\boldsymbol{\alpha}$，$\boldsymbol{\beta}$ 互相平行，则可表示为

$$\boldsymbol{\beta}=k\boldsymbol{\alpha}\ (k\ 为数),$$

若 $\boldsymbol{\alpha}$，$\boldsymbol{\beta}$ 不平行，那么平面上任一向量 $\boldsymbol{\gamma}$ 可由 $\boldsymbol{\alpha}$，$\boldsymbol{\beta}$ 表示为

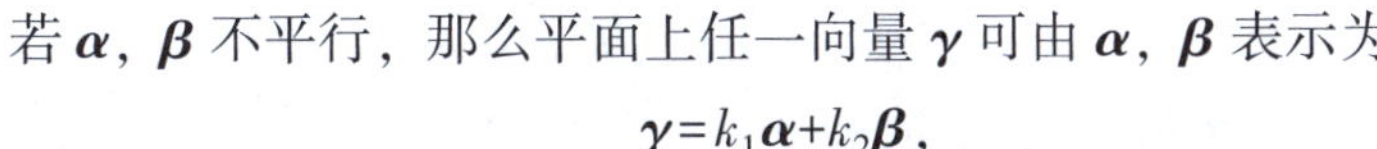

$$\boldsymbol{\gamma}=k_1\boldsymbol{\alpha}+k_2\boldsymbol{\beta},$$

称 $\boldsymbol{\gamma}$ 为 $\boldsymbol{\alpha}$，$\boldsymbol{\beta}$ 的线性组合，或称 $\boldsymbol{\gamma}$ 可以由 $\boldsymbol{\alpha}$，$\boldsymbol{\beta}$ 线性表示. 一般地，对于向量的关系有：

定义 3-2　设 n 维向量 $\boldsymbol{\beta}$，$\boldsymbol{\alpha}_1$，$\boldsymbol{\alpha}_2$，…，$\boldsymbol{\alpha}_m$，若有数 k_1，k_2，…，k_m 使得

$$\boldsymbol{\beta}=k_1\boldsymbol{\alpha}_1+k_2\boldsymbol{\alpha}_2+\cdots+k_m\boldsymbol{\alpha}_m,$$

称 $\boldsymbol{\beta}$ 可由 $\boldsymbol{\alpha}_1$，$\boldsymbol{\alpha}_2$，…，$\boldsymbol{\alpha}_m$ **线性表示**，或称 $\boldsymbol{\beta}$ 是 $\boldsymbol{\alpha}_1$，$\boldsymbol{\alpha}_2$，…，$\boldsymbol{\alpha}_m$ 的**线性组合**. 称系数 k_1，k_2，…，k_m 为 $\boldsymbol{\beta}$ 在该向量组下的**组合系数**.

要学好线性代数，除了掌握运算外，一定要理解相应的概念. 线性表示(线性组合)的代数意义是向量的加法和数乘的综合. 几何意义是向量组内的向量长度缩放后按照平行四边形(或三角形)法则合并相加.

显然，任一 n 维向量 $\boldsymbol{\alpha}=(a_1,a_2,\cdots,a_n)$ 均可以由基本单位向量组 $\boldsymbol{\varepsilon}_1$，$\boldsymbol{\varepsilon}_2$，…，$\boldsymbol{\varepsilon}_n$ 线性表示，即 $\boldsymbol{\alpha}=a_1\boldsymbol{\varepsilon}_1+a_2\boldsymbol{\varepsilon}_2+\cdots+a_n\boldsymbol{\varepsilon}_n$. 零向量可以由任一向量组线性表示.

由定义 3-2 可见，$\boldsymbol{\beta}$ 能否由向量组 $\boldsymbol{\alpha}_1$，$\boldsymbol{\alpha}_2$，…，$\boldsymbol{\alpha}_n$ 线性表示，本质上就是线性方程组

$$x_1\boldsymbol{\alpha}_1+x_2\boldsymbol{\alpha}_2+\cdots+x_n\boldsymbol{\alpha}_n=\boldsymbol{\beta}\tag{3-6}$$

是否有解，式(3-6)称为线性方程组的向量表示形式.

分析向量间的线性关系对剖析线性方程组解的情况(是否有解，解的结构，是否有多余方程等)具有关键的意义.

定理 3-3　设线性方程组 $\boldsymbol{AX}=\boldsymbol{b}$，其中 $\boldsymbol{A}=(a_{ij})_{m\times n}$

1) $\boldsymbol{AX}=\boldsymbol{b}$ 有解当且仅当 $\boldsymbol{b}$ 能由 $\boldsymbol{A}$ 的列向量组 $\boldsymbol{\alpha}_1$，$\boldsymbol{\alpha}_2$，…，$\boldsymbol{\alpha}_n$ 线性表示.

线性表示的生活解释

2) $\boldsymbol{AX}=\boldsymbol{b}$ 有唯一解当且仅当 $\boldsymbol{b}$ 能由 $\boldsymbol{A}$ 的列向量组 $\boldsymbol{\alpha}_1$, $\boldsymbol{\alpha}_2$, …, $\boldsymbol{\alpha}_n$ 唯一线性表示.

例 3-7 判定向量 $\boldsymbol{\beta}_1=(4,3,-1,11)$ 与 $\boldsymbol{\beta}_2=(4,3,0,11)$ 是否为向量组 $\boldsymbol{\alpha}_1=(1,2,-1,5)$, $\boldsymbol{\alpha}_2=(2,-1,1,1)$ 的线性组合. 若是, 写出线性表示式.

解 由定理 3-3 可知, 只要考虑方程组

$$x_1\boldsymbol{\alpha}_1^{\mathrm{T}}+x_2\boldsymbol{\alpha}_2^{\mathrm{T}}=\boldsymbol{\beta}_1^{\mathrm{T}} \tag{3-7}$$

和

$$x_1\boldsymbol{\alpha}_1^{\mathrm{T}}+x_2\boldsymbol{\alpha}_2^{\mathrm{T}}=\boldsymbol{\beta}_2^{\mathrm{T}} \tag{3-8}$$

是否有解.

对线性方程组(3-7)的增广矩阵作初等行变换

$$\tilde{\boldsymbol{A}}=(\boldsymbol{\alpha}_1^{\mathrm{T}},\ \boldsymbol{\alpha}_2^{\mathrm{T}}\ \vdots\ \boldsymbol{\beta}_1^{\mathrm{T}})=\begin{pmatrix}1&2&\vdots&4\\2&-1&\vdots&3\\-1&1&\vdots&-1\\5&1&\vdots&11\end{pmatrix}$$

$$\to\begin{pmatrix}1&2&\vdots&4\\0&-5&\vdots&-5\\0&3&\vdots&3\\0&-9&\vdots&-9\end{pmatrix}\to\begin{pmatrix}1&2&\vdots&4\\0&1&\vdots&1\\0&0&\vdots&0\\0&0&\vdots&0\end{pmatrix}\to\begin{pmatrix}1&0&\vdots&2\\0&1&\vdots&1\\0&0&\vdots&0\\0&0&\vdots&0\end{pmatrix}.$$

因为秩$(\boldsymbol{A})$ = 秩$(\tilde{\boldsymbol{A}})=2$, 所以 $\boldsymbol{\beta}_1$ 可以由 $\boldsymbol{\alpha}_1$, $\boldsymbol{\alpha}_2$ 线性表示, 且$\boldsymbol{\beta}_1=2\boldsymbol{\alpha}_1+\boldsymbol{\alpha}_2$.

对线性方程组(3-8)的增广矩阵作初等行变换

$$\tilde{\boldsymbol{A}}=(\boldsymbol{\alpha}_1^{\mathrm{T}},\boldsymbol{\alpha}_2^{\mathrm{T}}\ \vdots\ \boldsymbol{\beta}_2^{\mathrm{T}})=\begin{pmatrix}1&2&\vdots&4\\2&-1&\vdots&3\\-1&1&\vdots&0\\5&1&\vdots&11\end{pmatrix}\to\cdots\to\begin{pmatrix}1&2&\vdots&4\\0&1&\vdots&1\\0&0&\vdots&1\\0&0&\vdots&0\end{pmatrix}.$$

微课视频：向量的线性相关性

因为秩$(\boldsymbol{A})=2$, 秩$(\tilde{\boldsymbol{A}})=3$, 所以 $\boldsymbol{\beta}_2$ 不能由 $\boldsymbol{\alpha}_1$, $\boldsymbol{\alpha}_2$ 线性表示.

3.2.3 线性相关与线性无关

本课程的基本概念之一, 请关注向量组线性关系的几何意义. 几何直观是推动思维活动展开的基础.

定义 3-3 设有 n 维向量组 $\boldsymbol{\alpha}_1$, $\boldsymbol{\alpha}_2$, …, $\boldsymbol{\alpha}_m$, 若存在不全为零的数 k_1, k_2, …, k_m 使得

$$k_1\boldsymbol{\alpha}_1+k_2\boldsymbol{\alpha}_2+\cdots+k_m\boldsymbol{\alpha}_m=\mathbf{0},$$

称向量组 $\boldsymbol{\alpha}_1$，$\boldsymbol{\alpha}_2$，…，$\boldsymbol{\alpha}_m$ **线性相关**，否则称为**线性无关**. 换言之，若 $\boldsymbol{\alpha}_1$，$\boldsymbol{\alpha}_2$，…，$\boldsymbol{\alpha}_m$ 线性无关，则上式当且仅当 $k_1=k_2=\cdots=k_m=0$ 才成立.

根据定义，有如下简单性质：

1) 含零向量的向量组一定线性相关；基本单位向量组 $\boldsymbol{\varepsilon}_1$，$\boldsymbol{\varepsilon}_2$，…，$\boldsymbol{\varepsilon}_n$ 线性无关.

2) 两个向量 $\boldsymbol{\alpha}_1$，$\boldsymbol{\alpha}_2$ 构成的向量组，$\boldsymbol{\alpha}_1$，$\boldsymbol{\alpha}_2$ 线性相关当且仅当 $\boldsymbol{\alpha}_1$ 与 $\boldsymbol{\alpha}_2$ 成比例．从而平面上两向量线性相关即两向量平行.

3) 单个向量 $\boldsymbol{\alpha}$，当 $\boldsymbol{\alpha}=\boldsymbol{0}$ 时称线性相关，$\boldsymbol{\alpha}\neq\boldsymbol{0}$ 称为线性无关.

类似于定理 3-3 的讨论有：

定理 3-4　设向量组 $\boldsymbol{\alpha}_1$，$\boldsymbol{\alpha}_2$，…，$\boldsymbol{\alpha}_n$，则

1) 向量组 $\boldsymbol{\alpha}_1$，$\boldsymbol{\alpha}_2$，…，$\boldsymbol{\alpha}_n$ 线性相关当且仅当齐次线性方程组 $x_1\boldsymbol{\alpha}_1+x_2\boldsymbol{\alpha}_2+\cdots+x_n\boldsymbol{\alpha}_n=\boldsymbol{0}$ 有非零解.

2) 向量组 $\boldsymbol{\alpha}_1$，$\boldsymbol{\alpha}_2$，…，$\boldsymbol{\alpha}_n$ 线性无关当且仅当齐次线性方程组 $x_1\boldsymbol{\alpha}_1+x_2\boldsymbol{\alpha}_2+\cdots+x_n\boldsymbol{\alpha}_n=\boldsymbol{0}$ 只有零解.

定理给出了判断向量组线性相关性的基本方法，是线性方程组与向量组之间最重要的关系.

向量组线性关系的几何意义

特别地，有：

推论 1　n 个 n 维列向量 $\boldsymbol{\alpha}_1$，$\boldsymbol{\alpha}_2$，…，$\boldsymbol{\alpha}_n$ 线性相关，当且仅当行列式 $|\boldsymbol{\alpha}_1,\boldsymbol{\alpha}_2,\cdots,\boldsymbol{\alpha}_n|=0$.

推论 2　当 $m>n$ 时，m 个 n 维向量必线性相关. 特别地，$n+1$ 个 n 维向量 $\boldsymbol{\alpha}_1$，$\boldsymbol{\alpha}_2$，…，$\boldsymbol{\alpha}_{n+1}$ 线性相关.

推论 2 的几何解读：二维平面上的任意三个向量一定线性相关.

思考：空间的三个向量线性相关的所有可能情形.

推论 2 在线性方程组理论中相应的结论是：方程个数小于未知量个数的齐次线性方程组必有非零解.

例 3-8　讨论向量组 $\boldsymbol{\alpha}_1=(1,1,1)$，$\boldsymbol{\alpha}_2=(0,2,5)$，$\boldsymbol{\alpha}_3=(1,3,6)$ 的线性相关性.

解法 1　因为有全不为零的三个数 1，1，-1 使得 $\boldsymbol{\alpha}_1+\boldsymbol{\alpha}_2-\boldsymbol{\alpha}_3=\boldsymbol{0}$，由定义知 $\boldsymbol{\alpha}_1$，$\boldsymbol{\alpha}_2$，$\boldsymbol{\alpha}_3$ 线性相关.

解法 2　因为

$$|\boldsymbol{\alpha}_1^{\mathrm{T}},\boldsymbol{\alpha}_2^{\mathrm{T}},\boldsymbol{\alpha}_3^{\mathrm{T}}|=\begin{vmatrix}1&0&1\\1&2&3\\1&5&6\end{vmatrix}=\begin{vmatrix}1&0&1\\0&2&2\\0&5&5\end{vmatrix}=0.$$

由推论 1 知 $\boldsymbol{\alpha}_1$，$\boldsymbol{\alpha}_2$，$\boldsymbol{\alpha}_3$ 线性相关.

关于抽象向量组的线性相关性的判定主要是利用定义和关系. 请注意相应的关系掌握越多应用起来就越自如、越方便.

例 3-9 证明：如果向量组 $\boldsymbol{\alpha}$，$\boldsymbol{\beta}$，$\boldsymbol{\gamma}$ 线性无关，则向量组 $\boldsymbol{\alpha}+\boldsymbol{\beta}$，$\boldsymbol{\beta}+\boldsymbol{\gamma}$，$\boldsymbol{\gamma}+\boldsymbol{\alpha}$ 亦线性无关.

证明 设有一组数 k_1，k_2，k_3 使得

$$k_1(\boldsymbol{\alpha}+\boldsymbol{\beta})+k_2(\boldsymbol{\beta}+\boldsymbol{\gamma})+k_3(\boldsymbol{\gamma}+\boldsymbol{\alpha})=\mathbf{0}$$

成立，整理得

$$(k_1+k_3)\boldsymbol{\alpha}+(k_1+k_2)\boldsymbol{\beta}+(k_2+k_3)\boldsymbol{\gamma}=\mathbf{0}.$$

由 $\boldsymbol{\alpha}$，$\boldsymbol{\beta}$，$\boldsymbol{\gamma}$ 线性无关，故

$$\begin{cases} k_1+k_3=0, \\ k_1+k_2=0, \\ k_2+k_3=0, \end{cases}$$

解方程组得

$$k_1=k_2=k_3=0,$$

所以 $\boldsymbol{\alpha}+\boldsymbol{\beta}$，$\boldsymbol{\beta}+\boldsymbol{\gamma}$，$\boldsymbol{\gamma}+\boldsymbol{\alpha}$ 线性无关. 证毕.

3.2.4 线性相关性的几个定理

定理 3-5 向量组线性相关的充要条件是向量组中至少有一个向量是其余向量的线性组合.

证明 必要性 设 $\boldsymbol{\alpha}_1$，$\boldsymbol{\alpha}_2$，…，$\boldsymbol{\alpha}_m$ 线性相关，则存在不全为零的数 k_1，k_2，…，k_m，使得

$$k_1\boldsymbol{\alpha}_1+k_2\boldsymbol{\alpha}_2+\cdots+k_m\boldsymbol{\alpha}_m=\mathbf{0},$$

不妨设 $k_i\neq 0$，就有

$$\boldsymbol{\alpha}_i=\frac{-k_1}{k_i}\boldsymbol{\alpha}_1+\cdots+\frac{-k_{i-1}}{k_i}\boldsymbol{\alpha}_{i-1}+\frac{-k_{i+1}}{k_i}\boldsymbol{\alpha}_{i+1}+\cdots+\frac{-k_m}{k_i}\boldsymbol{\alpha}_m,$$

可见 $\boldsymbol{\alpha}_i$ 是 $\boldsymbol{\alpha}_1$，$\boldsymbol{\alpha}_2$，…，$\boldsymbol{\alpha}_{i-1}$，$\boldsymbol{\alpha}_{i+1}$，…，$\boldsymbol{\alpha}_m$ 线性组合.

充分性 设向量组中有一个向量可以由其余向量线性表示，譬如说 $\boldsymbol{\alpha}_i$，即

$$\boldsymbol{\alpha}_i=k_1\boldsymbol{\alpha}_1+\cdots+k_{i-1}\boldsymbol{\alpha}_{i-1}+k_{i+1}\boldsymbol{\alpha}_{i+1}+\cdots+k_m\boldsymbol{\alpha}_m.$$

体会线性组合与线性相关之间的关系. 类似的参见定理 3-8.

把它改写一下，就有

$$k_1\boldsymbol{\alpha}_1+\cdots+k_{i-1}\boldsymbol{\alpha}_{i-1}+(-1)\boldsymbol{\alpha}_i+k_{i+1}\boldsymbol{\alpha}_{i+1}+\cdots+k_m\boldsymbol{\alpha}_m=\mathbf{0}.$$

因为数 k_1，…，k_{i-1}，-1，k_{i+1}，…，k_m 不全为零，由定义可知 $\boldsymbol{\alpha}_1$，$\boldsymbol{\alpha}_2$，…，$\boldsymbol{\alpha}_m$ 线性相关. 证毕.

作为定理 3-5 的逆否命题可直接得到以下推论.

推论　向量组 $\boldsymbol{\alpha}_1$，$\boldsymbol{\alpha}_2$，…，$\boldsymbol{\alpha}_m(m\geqslant 2)$ 线性无关当且仅当 $\boldsymbol{\alpha}_1$，$\boldsymbol{\alpha}_2$，…，$\boldsymbol{\alpha}_m$ 中每一个向量都不能由其余 $m-1$ 个向量线性表示.

推论实际上给出了线性相关的一种等价叙述．请关注命题的逆否命题，这有助于对原命题的理解. 请关注命题中“任意的”和“存在”之间的否定关系.

定理 3-6　若向量组 $\boldsymbol{\alpha}_1$，$\boldsymbol{\alpha}_2$，…，$\boldsymbol{\alpha}_s$ 线性相关，则向量组 $\boldsymbol{\alpha}_1$，$\boldsymbol{\alpha}_2$，…，$\boldsymbol{\alpha}_s$，$\boldsymbol{\alpha}_{s+1}$，…，$\boldsymbol{\alpha}_n$ 也线性相关；若 $\boldsymbol{\alpha}_1$，$\boldsymbol{\alpha}_2$，…，$\boldsymbol{\alpha}_s$，$\boldsymbol{\alpha}_{s+1}$，…，$\boldsymbol{\alpha}_n$ 线性无关，则 $\boldsymbol{\alpha}_1$，$\boldsymbol{\alpha}_2$，…，$\boldsymbol{\alpha}_s$ 线性无关.

证明　因为 $\boldsymbol{\alpha}_1$，$\boldsymbol{\alpha}_2$，…，$\boldsymbol{\alpha}_s$ 线性相关，所以存在不全为零的一组数 k_1，k_2，…，k_s 使得 $k_1\boldsymbol{\alpha}_1+k_2\boldsymbol{\alpha}_2+\cdots+k_s\boldsymbol{\alpha}_s=\mathbf{0}$，故有不全为零的一组数 k_1，k_2，…，k_s，0，…，0 使得

$$k_1\boldsymbol{\alpha}_1+k_2\boldsymbol{\alpha}_2+\cdots+k_s\boldsymbol{\alpha}_s+0\boldsymbol{\alpha}_{s+1}+\cdots+0\boldsymbol{\alpha}_n=\mathbf{0},$$

所以向量组 $\boldsymbol{\alpha}_1$，$\boldsymbol{\alpha}_2$，…，$\boldsymbol{\alpha}_s$，$\boldsymbol{\alpha}_{s+1}$，…，$\boldsymbol{\alpha}_n$ 线性相关.

定理的另一部分用反证法易得. 证毕.

定理 3-6 可简单地用“部分相关，则整体相关；整体无关，则部分无关”记忆.

反证法是证明命题的常用方法，譬如在证明关于“唯一性”“至多”和“不存在”的相关命题时经常使用.

定理 3-7　设两个向量组

$$\boldsymbol{\alpha}_j=\begin{pmatrix}a_{1j}\\a_{2j}\\\vdots\\a_{sj}\end{pmatrix} \text{和} \boldsymbol{\beta}_j=\begin{pmatrix}a_{1j}\\\vdots\\a_{sj}\\a_{s+1j}\\\vdots\\a_{mj}\end{pmatrix}\quad(j=1,2,\cdots,n),$$

1）若 $\boldsymbol{\alpha}_1$，$\boldsymbol{\alpha}_2$，…，$\boldsymbol{\alpha}_n$ 线性无关，则 $\boldsymbol{\beta}_1$，$\boldsymbol{\beta}_2$，…，$\boldsymbol{\beta}_n$ 线性无关.

2）若 $\boldsymbol{\beta}_1$，$\boldsymbol{\beta}_2$，…，$\boldsymbol{\beta}_n$ 线性相关，则 $\boldsymbol{\alpha}_1$，$\boldsymbol{\alpha}_2$，…，$\boldsymbol{\alpha}_n$ 线性相关.

证明　1）考虑齐次线性方程组

$$x_1\boldsymbol{\alpha}_1+x_2\boldsymbol{\alpha}_2+\cdots+x_n\boldsymbol{\alpha}_n=\mathbf{0}\tag{3-9}$$

及

$$x_1\boldsymbol{\beta}_1+x_2\boldsymbol{\beta}_2+\cdots+x_n\boldsymbol{\beta}_n=\mathbf{0}.\tag{3-10}$$

因为 $\boldsymbol{\alpha}_1$，$\boldsymbol{\alpha}_2$，…，$\boldsymbol{\alpha}_n$ 线性无关，所以方程组（3-9）只有零解. 又方程组（3-10）的前 s 个方程即为式（3-9），故方程组（3-10）也只有零解，从而 $\boldsymbol{\beta}_1$，$\boldsymbol{\beta}_2$，…，$\boldsymbol{\beta}_n$ 线性无关.

2）由 1）用反证法. 证毕.

定理 3-7 可简单地用“短无关，则长无关；长相关，则短相关”记忆.

向量组的关系通常有如下几种：(1)向量组的扩大与缩小；(2)线性表示与等价；(3)向量组的向量个数与维数；(4)向量分量的增大与减小.

定理 3-8 设 $\boldsymbol{\alpha}_1$，$\boldsymbol{\alpha}_2$，…，$\boldsymbol{\alpha}_s$ 线性无关，$\boldsymbol{\alpha}_1$，$\boldsymbol{\alpha}_2$，…，$\boldsymbol{\alpha}_s$，$\boldsymbol{\beta}$ 线性相关，则向量 $\boldsymbol{\beta}$ 可以由 $\boldsymbol{\alpha}_1$，$\boldsymbol{\alpha}_2$，…，$\boldsymbol{\alpha}_s$ 唯一线性表示.

证明 先证 $\boldsymbol{\beta}$ 可以由 $\boldsymbol{\alpha}_1$，$\boldsymbol{\alpha}_2$，…，$\boldsymbol{\alpha}_s$ 线性表示.

因为 $\boldsymbol{\alpha}_1$，$\boldsymbol{\alpha}_2$，…，$\boldsymbol{\alpha}_s$，$\boldsymbol{\beta}$ 线性相关，所以存在一组不全为零的数 k_1，k_2，…，k_s，k 使得

$$k_1\boldsymbol{\alpha}_1+k_2\boldsymbol{\alpha}_2+\cdots+k_s\boldsymbol{\alpha}_s+k\boldsymbol{\beta}=\mathbf{0}$$

成立. 且必有 $k\neq0$，否则，上式成为

$$k_1\boldsymbol{\alpha}_1+k_2\boldsymbol{\alpha}_2+\cdots+k_s\boldsymbol{\alpha}_s=\mathbf{0},$$

且 k_1，k_2，…，k_s 不全为零. 这与 $\boldsymbol{\alpha}_1$，$\boldsymbol{\alpha}_2$，…，$\boldsymbol{\alpha}_s$ 线性无关矛盾，故

$$\boldsymbol{\beta}=\left(-\frac{k_1}{k}\right)\boldsymbol{\alpha}_1+\left(-\frac{k_2}{k}\right)\boldsymbol{\alpha}_2+\cdots+\left(-\frac{k_s}{k}\right)\boldsymbol{\alpha}_s.$$

再证表示法唯一.

请联系高中数学中的平面向量基本定理理解定理 3-8.

如果 $\boldsymbol{\beta}=k_1\boldsymbol{\alpha}_1+k_2\boldsymbol{\alpha}_2+\cdots+k_s\boldsymbol{\alpha}_s$，且 $\boldsymbol{\beta}=l_1\boldsymbol{\alpha}_1+l_2\boldsymbol{\alpha}_2+\cdots+l_s\boldsymbol{\alpha}_s$，两式相减得

$$(k_1-l_1)\boldsymbol{\alpha}_1+(k_2-l_2)\boldsymbol{\alpha}_2+\cdots+(k_s-l_s)\boldsymbol{\alpha}_s=\mathbf{0},$$

由于 $\boldsymbol{\alpha}_1$，$\boldsymbol{\alpha}_2$，…，$\boldsymbol{\alpha}_s$ 线性无关，所以 $k_i=l_i(i=1,2,\cdots,s)$，从而表示法唯一. 证毕.

唯一性的证明本质上重复了我们定义线性无关时所采用的思想.

历史寻根：向量

在数学上，向量的运算早在高斯(Gauss，1777—1855)关于复数的几何表示的论文中就已隐现. 有了坐标系后，人们就意识到需要建立几何运算空间. 1803 年，法国数学家卡诺(Carnot，1753—1823)提出了设想，在《位置几何学》中，有指向的量第一次被系统地应用于综合几何中. 1844 年，n 维几何的奠基人之一的格拉斯曼(Grassmann，1809—1877)发表了《线性广延论》一书，其中已有一般的 n 维几何的概念，给出了向量外乘法的递推定义，建立了格拉斯曼代数和格拉斯曼流形的结构，以及外微分形式的计算. 格拉斯曼不只是考虑实数有序四元数组，而且考虑实数有序 n 元数组，格拉斯曼使每一个这样的数组$(x_1,x_2,\cdots,x_n)$与一个形式为$x_1e_1+x_2e_2+\cdots+x_ne_n$ 的结合代数相联系，其中 e_1，e_2，…，e_n 是该代数的基本单位. 格拉斯曼实际上已经引入了向量的一般运算，包括向量的加减法、向量的

内积、向量的外积. 几何向量自然地过渡到 n 维向量. 格拉斯曼的工作(和爱尔兰数学家哈密顿(Hamilton, 1805—1865)的四元数)导致了代数的解放，并且打开了现代抽象代数的大门，开创了张量分析的研究.

图 3-4　哈密顿(1805—1865)

习题 3.2

1. 试将 $\boldsymbol{\beta}=(0,-2,2,2)^{\mathrm{T}}$ 表示成向量组 $\boldsymbol{\alpha}_1=(1,0,1,1)^{\mathrm{T}}$, $\boldsymbol{\alpha}_2=(2,1,3,1)^{\mathrm{T}}$, $\boldsymbol{\alpha}_3=(1,1,0,0)^{\mathrm{T}}$ 的线性组合.

将一个向量 $\boldsymbol{\beta}$ 用一个向量组 $\boldsymbol{\alpha}_1$, $\boldsymbol{\alpha}_2$, …, $\boldsymbol{\alpha}_s$ 线性表示，等同于求解一个非齐次线性方程组，方法是等秩法，即秩$(\boldsymbol{\alpha}_1,\boldsymbol{\alpha}_2,\cdots,\boldsymbol{\alpha}_s)=$ 秩$(\boldsymbol{\alpha}_1,\boldsymbol{\alpha}_2,\cdots,\boldsymbol{\alpha}_s\mid\boldsymbol{\beta})$.

2. 判别下列各向量组的线性相关性.

(1) $\boldsymbol{\alpha}_1=(1,2,-1)^{\mathrm{T}}$, $\boldsymbol{\alpha}_2=(4,-1,3)^{\mathrm{T}}$, $\boldsymbol{\alpha}_3=(6,3,1)^{\mathrm{T}}$;

(2) $\boldsymbol{\alpha}_1=(2,0,1)^{\mathrm{T}}$, $\boldsymbol{\alpha}_2=(1,3,5)^{\mathrm{T}}$, $\boldsymbol{\alpha}_3=(4,6,3)^{\mathrm{T}}$;

(3) $\boldsymbol{\alpha}_1=(1,1,3,1)^{\mathrm{T}}$, $\boldsymbol{\alpha}_2=(3,-1,2,4)^{\mathrm{T}}$, $\boldsymbol{\alpha}_3=(2,2,7,-1)^{\mathrm{T}}$;

(4) $\boldsymbol{\alpha}_1=(1,1,-1,2)^{\mathrm{T}}$, $\boldsymbol{\alpha}_2=(0,1,1,-1)^{\mathrm{T}}$, $\boldsymbol{\alpha}_3=(1,0,-2,3)^{\mathrm{T}}$.

3. 设 $\boldsymbol{\alpha}_1$, $\boldsymbol{\alpha}_2$ 线性无关，$\boldsymbol{\alpha}_1-\boldsymbol{\beta}$, $\boldsymbol{\alpha}_2-\boldsymbol{\beta}$ 线性相关，证明：存在 k_1, k_2 使得 $\boldsymbol{\beta}=k_1\boldsymbol{\alpha}_1+k_2\boldsymbol{\alpha}_2$，其中 $k_1+k_2=1$.

部分习题详解

4. 证明下列各题.

(1) 设 $\boldsymbol{\alpha}_1$, $\boldsymbol{\alpha}_2$, $\boldsymbol{\alpha}_3$, $\boldsymbol{\alpha}_4$ 为向量组，$\boldsymbol{\beta}_1=\boldsymbol{\alpha}_1-\boldsymbol{\alpha}_2$, $\boldsymbol{\beta}_2=\boldsymbol{\alpha}_2-\boldsymbol{\alpha}_3$, $\boldsymbol{\beta}_3=\boldsymbol{\alpha}_3-\boldsymbol{\alpha}_4$, $\boldsymbol{\beta}_4=\boldsymbol{\alpha}_4-\boldsymbol{\alpha}_1$，证明：$\boldsymbol{\beta}_1$, $\boldsymbol{\beta}_2$, $\boldsymbol{\beta}_3$, $\boldsymbol{\beta}_4$ 线性相关.

(2) 设 $\boldsymbol{\alpha}_1$, $\boldsymbol{\alpha}_2$, $\boldsymbol{\alpha}_3$ 线性无关，$\boldsymbol{\beta}_1=\boldsymbol{\alpha}_1+2\boldsymbol{\alpha}_2+3\boldsymbol{\alpha}_3$, $\boldsymbol{\beta}_2=\boldsymbol{\alpha}_2+\boldsymbol{\alpha}_3$, $\boldsymbol{\beta}_3=\boldsymbol{\alpha}_1-\boldsymbol{\alpha}_2+\boldsymbol{\alpha}_3$，证明：$\boldsymbol{\beta}_1$, $\boldsymbol{\beta}_2$, $\boldsymbol{\beta}_3$ 线性无关.

习题 5 的几何直观

(3) 设 $\boldsymbol{\beta}$ 可以由向量组 $\boldsymbol{\alpha}_1$, $\boldsymbol{\alpha}_2$, …, $\boldsymbol{\alpha}_s$ 线性表示，但不能由 $\boldsymbol{\alpha}_1$, $\boldsymbol{\alpha}_2$, …, $\boldsymbol{\alpha}_{s-1}$线性表示，证明：$\boldsymbol{\alpha}_s$ 可以由向量组 $\boldsymbol{\alpha}_1$, $\boldsymbol{\alpha}_2$, …, $\boldsymbol{\alpha}_{s-1}$, $\boldsymbol{\beta}$ 线性表示.

5. 设 $\boldsymbol{\alpha}_1$, $\boldsymbol{\alpha}_2$ 线性相关，$\boldsymbol{\beta}_1$, $\boldsymbol{\beta}_2$ 也线性相关，问 $\boldsymbol{\alpha}_1+\boldsymbol{\beta}_1$, $\boldsymbol{\alpha}_2+\boldsymbol{\beta}_2$ 是否一定线性相关？请证明之或举例说明.

6. 设 $\boldsymbol{\alpha}_1$, $\boldsymbol{\alpha}_2$, $\boldsymbol{\alpha}_3$ 线性相关，$\boldsymbol{\alpha}_2$, $\boldsymbol{\alpha}_3$, $\boldsymbol{\alpha}_4$ 线性无关，证明：(1) $\boldsymbol{\alpha}_1$ 能由 $\boldsymbol{\alpha}_2$, $\boldsymbol{\alpha}_3$ 线性表示；(2) $\boldsymbol{\alpha}_4$ 不能由 $\boldsymbol{\alpha}_1$, $\boldsymbol{\alpha}_2$, $\boldsymbol{\alpha}_3$ 线性表示.

3.3 向量组的秩

本节利用向量组的线性相关性研究向量组的极大线性无关组与向量组的秩的概念与性质，先介绍两个向量组等价的概念.

3.3.1 向量组的等价

设两个向量组为

$$(\text{Ⅰ})\boldsymbol{\alpha}_1,\ \boldsymbol{\alpha}_2,\ \cdots,\ \boldsymbol{\alpha}_r,\ (\text{Ⅱ})\boldsymbol{\beta}_1,\ \boldsymbol{\beta}_2,\ \cdots,\ \boldsymbol{\beta}_s.$$

注意向量组等价与矩阵等价的区别与联系.

定义 3-4 若向量组(Ⅰ)中的每一个向量可由向量组(Ⅱ)线性表示，则称向量组(Ⅰ)可由向量组(Ⅱ)线性表示. 又若向量组(Ⅱ)也可由向量组(Ⅰ)线性表示，则称两向量组等价.

如向量组(Ⅰ) $\boldsymbol{\alpha}_1=(1,0)$，$\boldsymbol{\alpha}_2=(0,1)$， 向量组(Ⅱ) $\boldsymbol{\beta}_1=(1,0)$，$\boldsymbol{\beta}_2=(1,2)$，则(Ⅰ)与(Ⅱ)等价.

设向量组(Ⅰ)可由向量组(Ⅱ)线性表示为

$$\begin{cases}\boldsymbol{\alpha}_1=k_{11}\boldsymbol{\beta}_1+k_{21}\boldsymbol{\beta}_2+\cdots+k_{s1}\boldsymbol{\beta}_s,\\ \boldsymbol{\alpha}_2=k_{12}\boldsymbol{\beta}_1+k_{22}\boldsymbol{\beta}_2+\cdots+k_{s2}\boldsymbol{\beta}_s,\\ \qquad\vdots\\ \boldsymbol{\alpha}_r=k_{1r}\boldsymbol{\beta}_1+k_{2r}\boldsymbol{\beta}_2+\cdots+k_{sr}\boldsymbol{\beta}_s.\end{cases}\tag{3-11}$$

用矩阵的形式乘法

$$\boldsymbol{\alpha}_i=(\boldsymbol{\beta}_1,\boldsymbol{\beta}_2,\cdots,\boldsymbol{\beta}_s)\begin{pmatrix}k_{1i}\\k_{2i}\\\vdots\\k_{si}\end{pmatrix},$$

关系式(3-12)的构造具有一定的技巧性，是分块矩阵运算的基本应用. 通过本段的学习应该得到一些启示，如利用矩阵恰当的分块来实施相关构造，思路可以更加开阔，表达可以更为简洁.

若 $\boldsymbol{\beta}_1,\ \boldsymbol{\beta}_2,\ \cdots,\ \boldsymbol{\beta}_s$ 为列向量，则可把式(3-11)记为

$$(\boldsymbol{\alpha}_1,\boldsymbol{\alpha}_2,\cdots,\boldsymbol{\alpha}_r)=(\boldsymbol{\beta}_1,\boldsymbol{\beta}_2,\cdots,\boldsymbol{\beta}_s)\begin{pmatrix}k_{11}&k_{12}&\cdots&k_{1r}\\k_{21}&k_{22}&\cdots&k_{2r}\\\vdots&\vdots&&\vdots\\k_{s1}&k_{s2}&\cdots&k_{sr}\end{pmatrix}.\tag{3-12}$$

行向量组的表示

设矩阵 $\boldsymbol{A}_{n\times r}=(\boldsymbol{\alpha}_1,\boldsymbol{\alpha}_2,\cdots,\boldsymbol{\alpha}_r)$，$\boldsymbol{B}_{n\times s}=(\boldsymbol{\beta}_1,\boldsymbol{\beta}_2,\cdots,\boldsymbol{\beta}_s)$，$\boldsymbol{K}=(k_{ij})_{s\times r}$，则可把式(3-12)写成矩阵方程

$$\boldsymbol{A}=\boldsymbol{BK}.\tag{3-13}$$

可见向量组(Ⅰ)由向量组(Ⅱ)线性表示可简记为式(3-12)所示的矩阵方程的关系. 反之，若有式(3-13)的矩阵形式，则可把矩阵 $\boldsymbol{A}$ 的列向量组用矩阵 $\boldsymbol{B}$ 的列向量的线性表示. 这种表示法在一些问题的处理和论证上是有益的.

向量组之间的线性表示具有传递性，即若向量组(Ⅰ)可由向量组(Ⅱ)线性表示，向量组(Ⅱ)可由向量组(Ⅲ)线性表示，则向量组(Ⅰ)可由向量组(Ⅲ)线性表示(证明留给读者作为练习).

等价向量组具有下列三个性质：

(1) 自反性 向量组自身等价.

(2) 对称性　向量组(Ⅰ)与向量组(Ⅱ)等价，则向量组(Ⅱ)也与向量组(Ⅰ)等价.

(3) 传递性　向量组(Ⅰ)与向量组(Ⅱ)等价，向量组(Ⅱ)与向量组(Ⅲ)等价，则向量组(Ⅰ)与向量组(Ⅲ)等价.

3.3.2 极大线性无关组与向量组的秩

定义 3-5　设向量组 $\boldsymbol{\alpha}_1, \boldsymbol{\alpha}_2, \cdots, \boldsymbol{\alpha}_m$ 的一个部分组为 $\boldsymbol{\alpha}_{i_1}, \boldsymbol{\alpha}_{i_2}, \cdots, \boldsymbol{\alpha}_{i_r}$ 满足：

(1) $\boldsymbol{\alpha}_{i_1}, \boldsymbol{\alpha}_{i_2}, \cdots, \boldsymbol{\alpha}_{i_r}$ 线性无关；

(2) 向量组 $\boldsymbol{\alpha}_1, \boldsymbol{\alpha}_2, \cdots, \boldsymbol{\alpha}_m$ 中每一个向量均可由此部分组线性表示，则称 $\boldsymbol{\alpha}_{i_1}, \boldsymbol{\alpha}_{i_2}, \cdots, \boldsymbol{\alpha}_{i_r}$ 是该向量组的一个**极大线性无关组**.

极大线性无关组的生活理解：

(1) 要掌握全班同学的意见，总可以通过对几位有代表性的同学的看法来掌握；

(2) 要构成各种色彩，只要有红、蓝和绿三种基本色彩即可.

如向量组 $\boldsymbol{\alpha}_1=(1,2)$，$\boldsymbol{\alpha}_2=(1,1)$，$\boldsymbol{\alpha}_3=(2,0)$，显然 $\boldsymbol{\alpha}_1$，$\boldsymbol{\alpha}_2$ 线性无关，而 $\boldsymbol{\alpha}_1$，$\boldsymbol{\alpha}_2$，$\boldsymbol{\alpha}_3$ 线性相关(3 个 2 维向量一定线性相关)，故 $\boldsymbol{\alpha}_1$，$\boldsymbol{\alpha}_2$ 是一个极大线性无关组. 当然，$\boldsymbol{\alpha}_1$，$\boldsymbol{\alpha}_3$ 和 $\boldsymbol{\alpha}_2$，$\boldsymbol{\alpha}_3$ 也是 $\boldsymbol{\alpha}_1$，$\boldsymbol{\alpha}_2$，$\boldsymbol{\alpha}_3$ 的极大线性无关组. 由此可见，一个向量组在有极大线性无关组的情况下，极大线性无关组不一定唯一.

例 3-10　记全体 n 维向量集合为 $\mathbf{R}^n$，求 $\mathbf{R}^n$ 的一个极大线性无关组.

解　因为基本单位向量组 $\boldsymbol{\varepsilon}_1=(1,0,\cdots,0)$，$\boldsymbol{\varepsilon}_2=(0,1,0,\cdots,0)$，$\cdots$，$\boldsymbol{\varepsilon}_n=(0,\cdots,0,1)$ 是线性无关的，任一 n 维向量 $\boldsymbol{\alpha}=(x_1,x_2,\cdots,x_n)$ 都可用 $\boldsymbol{\varepsilon}_1$，$\boldsymbol{\varepsilon}_2$，$\cdots$，$\boldsymbol{\varepsilon}_n$ 线性表示，即

$$\boldsymbol{\alpha}=(x_1,x_2,\cdots,x_n)=x_1\boldsymbol{\varepsilon}_1+x_2\boldsymbol{\varepsilon}_2+\cdots+x_n\boldsymbol{\varepsilon}_n.$$

故 $\boldsymbol{\varepsilon}_1$，$\boldsymbol{\varepsilon}_2$，$\cdots$，$\boldsymbol{\varepsilon}_n$ 是 $\mathbf{R}^n$ 的一个极大线性无关组.

你知道引进极大线性无关组概念的根本原因吗？

引进极大线性无关组概念的根本原因

实际上，任一含 n 个线性无关的向量的向量组都是 $\mathbf{R}^n$ 的一个极大线性无关组.

关于极大线性无关组定义，据定理 3-8，在条件(1)下，条件(2)和下述条件等价：

(2′) $\boldsymbol{\alpha}_{i_1}, \boldsymbol{\alpha}_{i_2}, \cdots, \boldsymbol{\alpha}_{i_r}$ 添加 $\boldsymbol{\alpha}_1, \boldsymbol{\alpha}_2, \cdots, \boldsymbol{\alpha}_m$ 中任一向量 $\boldsymbol{\alpha}_k$ (如果有)，则 $\boldsymbol{\alpha}_{i_1}, \boldsymbol{\alpha}_{i_2}, \cdots, \boldsymbol{\alpha}_{i_r}, \boldsymbol{\alpha}_k$ 线性相关.

定理 3-9　向量组与它的任一极大线性无关组等价.

证明 设$\boldsymbol{\alpha}_{i_1}$，$\boldsymbol{\alpha}_{i_2}$，…，$\boldsymbol{\alpha}_{i_r}$(Ⅰ)是$\boldsymbol{\alpha}_1$，$\boldsymbol{\alpha}_2$，…，$\boldsymbol{\alpha}_m$(Ⅱ)的一个极大线性无关组，由极大线性无关组的定义，显然可知(Ⅱ)中的每个向量可由(Ⅰ)线性表示；反之，对于(Ⅰ)中的每个向量，当然也是(Ⅱ)中的向量，从而(Ⅰ)中的每个向量也可由(Ⅱ)线性表示. 这样(Ⅰ)与(Ⅱ)等价. 证毕.

为了讨论极大线性无关组所含向量个数，给出如下定理.

请沿着下列路线思考定理 3-10 的证明：

$\alpha_1, \alpha_2, \cdots \alpha_r$ 线性相关定义
↓ $A=(\alpha_1, \alpha_2, \cdots \alpha_r)$
$AX=0$有非零解
↓ $A=(\beta_1, \beta_2, \cdots \beta_r)K=BK_{s\times r}$
$BKX=0$有非零解
↓
$K_{s\times r}X=0$有非零解
↓ $r>s$
结论成立

定理 3-10 设两个n维列向量组

$$(\text{Ⅰ})\boldsymbol{\alpha}_1,\ \boldsymbol{\alpha}_2,\ \cdots,\ \boldsymbol{\alpha}_r,\ (\text{Ⅱ})\boldsymbol{\beta}_1,\ \boldsymbol{\beta}_2,\ \cdots,\ \boldsymbol{\beta}_s.$$

若向量组(Ⅰ)可由向量组(Ⅱ)线性表示，且$r>s$，则向量组(Ⅰ)线性相关.

证明 设$x_1\boldsymbol{\alpha}_1+x_2\boldsymbol{\alpha}_2+\cdots+x_r\boldsymbol{\alpha}_r=\mathbf{0}$，即

$$(\boldsymbol{\alpha}_1,\boldsymbol{\alpha}_2,\cdots,\boldsymbol{\alpha}_r)\begin{pmatrix}x_1\\x_2\\\vdots\\x_r\end{pmatrix}=\mathbf{0}.$$

令$\boldsymbol{A}=(\boldsymbol{\alpha}_1,\boldsymbol{\alpha}_2,\cdots,\boldsymbol{\alpha}_r)$，$\boldsymbol{X}=(x_1,x_2,\cdots,x_r)^{\mathrm{T}}$，上式用矩阵表示即为

$$\boldsymbol{A}_{n\times r}\boldsymbol{X}_{r\times 1}=\mathbf{0}. \tag{1}$$

因向量组(Ⅰ)可由向量组(Ⅱ)线性表示，即有式(3-13)的表示式

$$\boldsymbol{A}=\boldsymbol{B}\boldsymbol{K}_{s\times r}, \tag{2}$$

其中$\boldsymbol{B}=(\boldsymbol{\beta}_1,\boldsymbol{\beta}_2,\cdots,\boldsymbol{\beta}_s)$，$\boldsymbol{K}=(k_{ij})_{s\times r}$，将式(2)代入式(1)得

$$\boldsymbol{B}(\boldsymbol{K}\boldsymbol{X})=\mathbf{0}. \tag{3}$$

考虑系数矩阵为$\boldsymbol{K}_{s\times r}$的齐次线性方程组

$$\boldsymbol{K}_{s\times r}\boldsymbol{X}_{r\times 1}=\mathbf{0}, \tag{4}$$

由条件$r>s$，即该齐次方程组(4)的未知量个数r大于方程个数s，故有非零解$\boldsymbol{X}=(x_1,x_2,\cdots,x_n)^{\mathrm{T}}$， 使式(3)成立，同时也使式(1)成立，这就证明$\boldsymbol{\alpha}_1$，$\boldsymbol{\alpha}_2$，…，$\boldsymbol{\alpha}_r$线性相关. 证毕.

定理 3-10 的证明关键是利用线性表示的系数矩阵构造齐次线性方程组，根据矩阵的乘法与向量组线性表示的关系，转化为在分块矩阵下的理解是解题过程中经常采用的. 该证明的叙述是既有分析又有综合的过程.

定理 3-10 的逆否命题是定义向量组的秩的关键.

推论 若向量组$\boldsymbol{\alpha}_1$，$\boldsymbol{\alpha}_2$，…，$\boldsymbol{\alpha}_r$可由向量组$\boldsymbol{\beta}_1$，$\boldsymbol{\beta}_2$，…，$\boldsymbol{\beta}_s$线性表示，且$\boldsymbol{\alpha}_1$，$\boldsymbol{\alpha}_2$，…，$\boldsymbol{\alpha}_r$线性无关，则$r\leqslant s$.

定理 3-11 两个等价的向量组中的极大线性无关组所含向量的个数相等.

证明　设两个等价向量组为

$$(\mathrm{I})\boldsymbol{\alpha}_1,\ \boldsymbol{\alpha}_2,\ \cdots,\ \boldsymbol{\alpha}_p,\ (\mathrm{II})\boldsymbol{\beta}_1,\ \boldsymbol{\beta}_2,\ \cdots,\ \boldsymbol{\beta}_q,$$

不妨设它们的极大线性无关组分别为

$$(\mathrm{I}_r):\boldsymbol{\alpha}_1,\ \boldsymbol{\alpha}_2,\ \cdots,\ \boldsymbol{\alpha}_r,\ (\mathrm{II}_s):\boldsymbol{\beta}_1,\ \boldsymbol{\beta}_2,\ \cdots,\ \boldsymbol{\beta}_s.$$

由定理 3-9 知，(I_r)与(I)等价，(II_s)与(II)等价，又(I)与(II)等价. 依线性表示的传递性知，(I_r)可用(II_s)线性表示. 由定理 3-10 之推论得知，$r\leqslant s$. 同理推得 $s\leqslant r$，即证得 $r=s$. 证毕.

特别地，向量组中任两个极大线性无关组是等价的. 且有：

推论 1　向量组的任两个极大线性无关组所含向量个数是相等的.

由推论 1，可定义向量组秩的概念.

定义 3-6　向量组 $\boldsymbol{\alpha}_1$，$\boldsymbol{\alpha}_2$，$\cdots$，$\boldsymbol{\alpha}_s$ 中极大线性无关组所含向量个数，称为向量组的秩，记作秩$(\boldsymbol{\alpha}_1,\boldsymbol{\alpha}_2,\cdots,\boldsymbol{\alpha}_s)$. 零向量构成向量组的秩规定为 0.

向量组的秩实际上是与之等价的向量组中“最短”即“个数最少”的向量组所含向量的个数.

将定理 3-11 用秩的概念来表述为：两个等价向量组的秩相等. 由定理 3-11 的证明过程又可得到如下结论.

推论 2　若向量组(I)可由向量组(II)线性表示，则向量组(I)的秩不大于向量组(II)的秩.

所谓的两个向量组有相同的线性关系是指：(1) 秩相等；(2) 极大线性无关组相对应；(3) 线性相关(无关)一致；(4) 相同的内在线性表示关系.

由例 3-10 可知所有 n 维向量的集合 $\mathbf{R}^n$ 的秩为 n，通常称为空间的维数，见第 3.4.2 节定义 3-8.

当给出一个含有限个向量的向量组 $\boldsymbol{\alpha}_1$，$\boldsymbol{\alpha}_2$，$\cdots$，$\boldsymbol{\alpha}_s$，要求一个极大线性无关组，可以采用逐个扩充法. 例如，取向量 $\boldsymbol{\alpha}_1\neq\mathbf{0}$，又取向量 $\boldsymbol{\alpha}_2$，使 $\boldsymbol{\alpha}_1$，$\boldsymbol{\alpha}_2$ 线性无关；再取向量 $\boldsymbol{\alpha}_3$，判别 $\boldsymbol{\alpha}_1$，$\boldsymbol{\alpha}_2$，$\boldsymbol{\alpha}_3$ 的线性相关性. 若它们线性相关，就把 $\boldsymbol{\alpha}_3$ 删去；若它们是线性无关，则保留 . 继续这个过程，遍历了整个向量组，最后总可以经过有限步骤求出一个极大线性无关组.

例 3-11　求向量组 $\boldsymbol{\alpha}_1=(1,2,0,1)^{\mathrm{T}}$，$\boldsymbol{\alpha}_2=(1,3,5,1)^{\mathrm{T}}$，$\boldsymbol{\alpha}_3=(0,-1,-5,0)^{\mathrm{T}}$，$\boldsymbol{\alpha}_4=(2,1,0,0)^{\mathrm{T}}$ 的一个极大线性无关组及该向量组的秩.

解　用扩充法，首先易见 $\boldsymbol{\alpha}_1$，$\boldsymbol{\alpha}_2$ 是线性无关的. 取 $\boldsymbol{\alpha}_3$，判别 $\boldsymbol{\alpha}_1$，$\boldsymbol{\alpha}_2$，$\boldsymbol{\alpha}_3$ 的线性关系. 因 $\boldsymbol{\alpha}_3=\boldsymbol{\alpha}_1-\boldsymbol{\alpha}_2$，故 $\boldsymbol{\alpha}_1$，$\boldsymbol{\alpha}_2$，$\boldsymbol{\alpha}_3$ 线性相

关，舍去$\boldsymbol{\alpha}_3$. 再取$\boldsymbol{\alpha}_4$，用定义可以判断$\boldsymbol{\alpha}_1$，$\boldsymbol{\alpha}_2$，$\boldsymbol{\alpha}_4$是线性无关的，故$\boldsymbol{\alpha}_1$，$\boldsymbol{\alpha}_2$，$\boldsymbol{\alpha}_4$就是该向量组的一个极大无关组，向量组的秩为3.

3.3.3 向量组的秩与矩阵的秩的关系

设$m\times n$矩阵

$$\boldsymbol{A}=\begin{pmatrix} a_{11} & a_{12} & \cdots & a_{1n} \\ a_{21} & a_{22} & \cdots & a_{2n} \\ \vdots & \vdots & & \vdots \\ a_{m1} & a_{m2} & \cdots & a_{mn} \end{pmatrix}.$$

若把$\boldsymbol{A}$改写成列分块形式

$$\boldsymbol{A}=(\boldsymbol{\alpha}_1,\boldsymbol{\alpha}_2,\cdots,\boldsymbol{\alpha}_n),$$

其中$\boldsymbol{\alpha}_j=(a_{1j},a_{2j},\cdots,a_{mj})^{\mathrm{T}}$，$(j=1,2,\cdots,n)$，则可把$\boldsymbol{A}$看作$n$个列向量$\boldsymbol{\alpha}_1$，$\boldsymbol{\alpha}_2$，…，$\boldsymbol{\alpha}_n$构成的矩阵. 若把$\boldsymbol{A}$作行分块

$$\boldsymbol{A}=\begin{pmatrix} \boldsymbol{\beta}_1 \\ \boldsymbol{\beta}_2 \\ \vdots \\ \boldsymbol{\beta}_m \end{pmatrix},$$

其中$\boldsymbol{\beta}_i=(a_{i1},a_{i2},\cdots,a_{in})$，$(i=1,2,\cdots,m)$，则可把$\boldsymbol{A}$看作$m$个行向量$\boldsymbol{\beta}_1$，$\boldsymbol{\beta}_2$，…，$\boldsymbol{\beta}_m$构成的矩阵. 称矩阵$\boldsymbol{A}$的$n$个列向量构成的向量组的秩为矩阵$\boldsymbol{A}$的列秩，称$\boldsymbol{A}$的$m$个行向量构成的向量组的秩为矩阵$\boldsymbol{A}$的行秩. 矩阵$\boldsymbol{A}$的秩与$\boldsymbol{A}$的列(行)秩有如下三秩相等定理.

> 定理的证明是以"最高阶非零子式"为平台，"极大线性无关组"为桥梁，通过向量组秩的定义来完成. 请扫描二维码.

> 三秩相等定理表明矩阵的秩既可以表示矩阵中非零子式的最高阶数，又可以表示矩阵的行(列)向量组中线性无关向量的个数最多有多少，这反映了秩的概念的深刻性，同时也是读者理解起来较为困难的内容.

体会证明过程

定理 3-12 矩阵$\boldsymbol{A}$的秩等于$\boldsymbol{A}$的列(行)秩.

证明 当$r(\boldsymbol{A})=0$，即$\boldsymbol{A}=\boldsymbol{O}$，定理显然成立.

设$r(\boldsymbol{A})=r>0$，要证明$\boldsymbol{A}$的列秩为r，等价于证明：$\boldsymbol{A}$的列向量组的极大线性无关组只有r个向量，亦即要证明：1)$\boldsymbol{A}$中有r个列向量线性无关；2)任一个列向量可由此r个列向量线性表示.

(1) 因$r(\boldsymbol{A})=r>0$，由矩阵秩的定义，存在一个r阶子式不等于零，不妨设$\boldsymbol{A}$的左上角的r阶子式

$$D=|\boldsymbol{A}_1|=\begin{vmatrix} a_{11} & a_{12} & \cdots & a_{1r} \\ a_{21} & a_{22} & \cdots & a_{2r} \\ \vdots & \vdots & & \vdots \\ a_{r1} & a_{r2} & \cdots & a_{rr} \end{vmatrix}\neq 0.$$

记 $\boldsymbol{A}$ 的前 r 列为 $\boldsymbol{\alpha}_1$，$\boldsymbol{\alpha}_2$，…，$\boldsymbol{\alpha}_r$，它们分别是 $\boldsymbol{A}_1$ 的列向量组加长所得，由定理 3-7“短无关，则长无关”知这 r 个列向量必线性无关.

(2) 下面证明 $\boldsymbol{A}$ 的任一列 $\boldsymbol{\alpha}_s$ 可由 $\boldsymbol{\alpha}_1$，$\boldsymbol{\alpha}_2$，…，$\boldsymbol{\alpha}_r$ 线性表示. 构造一个 $r+1$ 阶辅助矩阵

$$\boldsymbol{B}_k=\begin{pmatrix} a_{11} & a_{12} & \cdots & a_{1r} & a_{1s} \\ a_{21} & a_{22} & \cdots & a_{2r} & a_{2s} \\ \vdots & \vdots & & \vdots & \vdots \\ a_{r1} & a_{r2} & \cdots & a_{rr} & a_{rs} \\ a_{k1} & a_{k2} & \cdots & a_{kr} & a_{ks} \end{pmatrix} \quad (r<k\leqslant m;\ r<s\leqslant n).$$

这是在 $\boldsymbol{A}_1$ 中加入 $\boldsymbol{A}$ 的第 k 行，第 s 列相应位置元素构成的 $r+1$ 阶子式. 由于 $|\boldsymbol{A}_1|\neq 0$，故 $\boldsymbol{A}_1\boldsymbol{X}=(a_{1s},a_{2s}\cdots,a_{rs})^{\mathrm{T}}$ 有唯一解，即存在唯一的一组数 t_1，t_2，…，t_r 使得

$$\begin{pmatrix} a_{1s} \\ a_{2s} \\ \vdots \\ a_{rs} \end{pmatrix}=t_1\begin{pmatrix} a_{11} \\ a_{21} \\ \vdots \\ a_{r1} \end{pmatrix}+t_2\begin{pmatrix} a_{12} \\ a_{22} \\ \vdots \\ a_{r2} \end{pmatrix}+\cdots+t_r\begin{pmatrix} a_{1r} \\ a_{2r} \\ \vdots \\ a_{rr} \end{pmatrix},$$

故

$$|\boldsymbol{B}_k|=\begin{vmatrix} a_{11} & a_{12} & \cdots & a_{1r} & a_{1s} \\ a_{21} & a_{22} & \cdots & a_{2r} & a_{2s} \\ \vdots & \vdots & & \vdots & \vdots \\ a_{r1} & a_{r2} & \cdots & a_{rr} & a_{rs} \\ a_{k1} & a_{k2} & \cdots & a_{kr} & a_{ks} \end{vmatrix}$$

$$\xlongequal[(j=1,\ 2,\ \cdots,\ r)]{c_s+c_j(-t_j)}\begin{vmatrix} a_{11} & a_{12} & \cdots & a_{1r} & 0 \\ a_{21} & a_{22} & \cdots & a_{2r} & 0 \\ \vdots & \vdots & & \vdots & \vdots \\ a_{r1} & a_{r2} & \cdots & a_{rr} & 0 \\ a_{k1} & a_{k2} & \cdots & a_{kr} & a_{ks}-\sum\limits_{j=1}^{r} t_j a_{kj} \end{vmatrix}$$

$$=\left(a_{ks}-\sum_{j=1}^{r} t_j a_{kj}\right)\cdot D.$$

由于秩$(\boldsymbol{A})=r$，故 $|\boldsymbol{B}_k|=0$，从而有

矩阵的秩是刻画其行(列)向量组的线性关系和众多子式的特征的一个最重要的数量指标，是线性代数课程中最深刻的一个概念. 从向量组的线性相关性到向量组的秩，进而到矩阵的秩是本课程中理论性最强、最难学也是最精彩的部分.

$$a_{ks}=\sum_{j=1}^{r}t_j a_{kj}\quad(k=r+1,\cdots,m).$$

因此，对任意 $k=1,2,\cdots,m$ 有

$$a_{ks}=\sum_{j=1}^{r}t_j a_{kj},$$

即

$$\boldsymbol{\alpha}_s=t_1\boldsymbol{\alpha}_1+t_2\boldsymbol{\alpha}_2+\cdots+t_r\boldsymbol{\alpha}_r\quad(s=r+1,\cdots,n).$$

从而 $\boldsymbol{\alpha}_1$，$\boldsymbol{\alpha}_2$，…，$\boldsymbol{\alpha}_r$ 是一个极大线性无关组，即 $\boldsymbol{A}$ 的列秩＝秩($\boldsymbol{A}$).

同理可证，秩($\boldsymbol{A}$)＝行秩，故三秩相等. 证毕.

三秩相等定理在线性方程组理论中，实现了线性方程组的矩阵形式与向量形式的统一，在理论上具有重大意义. 由三秩相等定理同时得到一个求向量组的秩，判别向量组线性相关性的行之有效的方法. 这就是将向量组按列(行)排成一个矩阵，然后用初等变换化矩阵为阶梯形求矩阵的秩 r. 当秩 r 小于列(行)向量个数时，则向量组线性相关；当 r 等于列(行)向量个数时，则向量组线性无关.

由于对矩阵 $\boldsymbol{A}$ 进行初等行变换，不改变列向量组的线性相关性. 这样行阶梯形矩阵的含 r 个线性无关的列向量组对应着原向量组的一个极大线性无关组. 进一步将行阶梯形矩阵化为简化行阶梯形矩阵时，借助于解线性方程组，可以给出其余向量由某一给定的极大线性无关组线性表示的系数.

例 3-12 求向量组 $\boldsymbol{\alpha}_1=(1,-2,1,1)$，$\boldsymbol{\alpha}_2=(-1,2,-1,-1)$，$\boldsymbol{\alpha}_3=(1,0,-1,1)$，$\boldsymbol{\alpha}_4=(0,2,3,1)$，$\boldsymbol{\alpha}_5=(2,0,3,3)$的秩，及一个极大线性无关组，并用该极大线性无关组表示其余向量.

> 竖排行变换法求向量组的秩、极大线性无关组，并用该极大线性无关组表示其余向量真可谓“一石三鸟”. 特别提醒：求列向量组的极大线性无关组时不能做初等列变换.

解 构造矩阵，并进行初等行变换

$$\boldsymbol{A}=(\boldsymbol{\alpha}_1^{\mathrm{T}},\boldsymbol{\alpha}_2^{\mathrm{T}},\boldsymbol{\alpha}_3^{\mathrm{T}},\boldsymbol{\alpha}_4^{\mathrm{T}},\boldsymbol{\alpha}_5^{\mathrm{T}})=\begin{pmatrix}1&-1&1&0&2\\-2&2&0&2&0\\1&-1&-1&3&3\\1&-1&1&1&3\end{pmatrix}$$

$$\xrightarrow[\substack{r_3-r_1\\r_4-r_1}]{r_2+2r_1}\begin{pmatrix}1&-1&1&0&2\\0&0&2&2&4\\0&0&-2&3&1\\0&0&0&1&1\end{pmatrix}\xrightarrow{r_3+r_2}\begin{pmatrix}1&-1&1&0&2\\0&0&2&2&4\\0&0&0&5&5\\0&0&0&1&1\end{pmatrix}$$

$$\rightarrow\begin{pmatrix}1&-1&1&0&2\\0&0&1&1&2\\0&0&0&1&1\\0&0&0&0&0\end{pmatrix}=\boldsymbol{B}.$$

由此可知秩$(\boldsymbol{\alpha}_1,\boldsymbol{\alpha}_2,\boldsymbol{\alpha}_3,\boldsymbol{\alpha}_4,\boldsymbol{\alpha}_5)=$秩$(\boldsymbol{A})=$秩$(\boldsymbol{B})=3$，且$\boldsymbol{\alpha}_1,\boldsymbol{\alpha}_3,\boldsymbol{\alpha}_4$为一个极大线性无关组，将$\boldsymbol{B}$进一步化为简化行阶梯形

$$\boldsymbol{B}\rightarrow\begin{pmatrix}1&-1&0&0&1\\0&0&1&0&1\\0&0&0&1&1\\0&0&0&0&0\end{pmatrix}.$$

考虑线性方程组

$$x_1\boldsymbol{\alpha}_1^{\mathrm{T}}+x_3\boldsymbol{\alpha}_3^{\mathrm{T}}+x_4\boldsymbol{\alpha}_4^{\mathrm{T}}=\boldsymbol{\alpha}_5^{\mathrm{T}},$$

得

$$x_1=1,\ x_3=1,\ x_4=1,$$

故$\boldsymbol{\alpha}_5=\boldsymbol{\alpha}_1+\boldsymbol{\alpha}_3+\boldsymbol{\alpha}_4$.

考虑线性方程组

$$x_1\boldsymbol{\alpha}_1^{\mathrm{T}}+x_3\boldsymbol{\alpha}_3^{\mathrm{T}}+x_4\boldsymbol{\alpha}_4^{\mathrm{T}}=\boldsymbol{\alpha}_2^{\mathrm{T}},$$

得

$$x_1=-1,\ x_3=0,\ x_4=0,$$

故$\boldsymbol{\alpha}_2=-\boldsymbol{\alpha}_1+0\boldsymbol{\alpha}_3+0\boldsymbol{\alpha}_4=-\boldsymbol{\alpha}_1$.

习题 3.3

部分习题详解

1. 判定下列各对向量组是否等价.

(1) $\boldsymbol{\alpha}_1=(1,-2,0,3)^{\mathrm{T}}$，$\boldsymbol{\alpha}_2=(2,-5,-3,6)^{\mathrm{T}}$ 与 $\boldsymbol{\beta}_1=(0,1,3,0)^{\mathrm{T}}$，$\boldsymbol{\beta}_2=(2,-1,4,-7)^{\mathrm{T}}$；

(2) $\boldsymbol{\alpha}_1=(1,2,1,3)^{\mathrm{T}}$，$\boldsymbol{\alpha}_2=(4,-1,-5,-6)^{\mathrm{T}}$ 与 $\boldsymbol{\beta}_1=(-1,3,4,7)^{\mathrm{T}}$，$\boldsymbol{\beta}_2=(2,-1,-3,-4)^{\mathrm{T}}$.

2. 求下列向量组的秩和一个极大线性无关组，并将其余向量用此极大线性无关组线性表示.

(1) $\boldsymbol{\alpha}_1=\begin{pmatrix}1\\2\\1\\3\end{pmatrix}$，$\boldsymbol{\alpha}_2=\begin{pmatrix}4\\-2\\-3\\6\end{pmatrix}$，$\boldsymbol{\alpha}_3=\begin{pmatrix}1\\2\\2\\-1\end{pmatrix}$，$\boldsymbol{\alpha}_4=\begin{pmatrix}6\\2\\-1\\12\end{pmatrix}$；

(2) $\boldsymbol{\alpha}_1=(2,3,4,5)$，$\boldsymbol{\alpha}_2=(1,1,1,1)$，$\boldsymbol{\alpha}_3=(0,1,2,3)$，$\boldsymbol{\alpha}_4=(1,2,2,4)$，$\boldsymbol{\alpha}_5=(3,4,5,6)$.

3. 设向量组 $\boldsymbol{\alpha}_1=(1,1,2,-2)$，$\boldsymbol{\alpha}_2=(-1,1,6,0)$，$\boldsymbol{\alpha}_3=(3,1,k,2k)$

的秩为 2，求 k.

4. 设向量组 $\boldsymbol{\alpha}_1$，$\boldsymbol{\alpha}_2$，$\boldsymbol{\alpha}_3$ 线性无关，$\boldsymbol{\beta}_1=-\boldsymbol{\alpha}_1+k\boldsymbol{\alpha}_2$，$\boldsymbol{\beta}_2=-\boldsymbol{\alpha}_2+m\boldsymbol{\alpha}_3$，$\boldsymbol{\beta}_3=\boldsymbol{\alpha}_1-\boldsymbol{\alpha}_3$，讨论向量组 $\boldsymbol{\beta}_1$，$\boldsymbol{\beta}_2$，$\boldsymbol{\beta}_3$ 的线性相关性.

5. 设 n 维基本单位向量组 $\boldsymbol{\varepsilon}_1$，$\boldsymbol{\varepsilon}_2$，…，$\boldsymbol{\varepsilon}_n$ 可以由 n 维向量组 $\boldsymbol{\alpha}_1$，$\boldsymbol{\alpha}_2$，…，$\boldsymbol{\alpha}_n$ 线性表示，证明：$\boldsymbol{\alpha}_1$，$\boldsymbol{\alpha}_2$，…，$\boldsymbol{\alpha}_n$ 线性无关.

3.4 向量空间

设 $\boldsymbol{A}$ 为 $m\times n$ 矩阵，在 3.1 节中，证明了齐次线性方程组 $\boldsymbol{AX}=\boldsymbol{0}$，当秩$(\boldsymbol{A})<n$ 时，有无穷多组解. 为了研究其解的结构，进而研究非齐次线性方程组 $\boldsymbol{AX}=\boldsymbol{b}$ 在有无穷多组解时解的结构. 本节讨论向量空间及其性质.

3.4.1 向量空间的概念

在 3.2 节中，我们讨论了向量的加法和数乘运算. 如果考虑数域 F 上全体向量的集合，有：

向量空间是一个不同于"数系"的崭新的数学结构，在这个舞台上产生了许多具有深远影响的数学成就. 向量空间是线性代数课程中蕴含几何意味的概念.

定义 3-7 数域 F 上的 n 维向量的全体

$$F^n=\{(a_1,a_2,\cdots,a_n)^{\mathrm{T}}\mid a_1,a_2,\cdots,a_n\in F\},$$

并规定了加法和数量乘法，且对任意 $\boldsymbol{\alpha}$，$\boldsymbol{\beta}$，$\boldsymbol{\gamma}\in F^n$ 及任意的 k，$l\in F$ 满足下列 8 条运算律：

(1) 交换律 $\boldsymbol{\alpha}+\boldsymbol{\beta}=\boldsymbol{\beta}+\boldsymbol{\alpha}$；

(2) 结合律 $(\boldsymbol{\alpha}+\boldsymbol{\beta})+\boldsymbol{\gamma}=\boldsymbol{\alpha}+(\boldsymbol{\beta}+\boldsymbol{\gamma})$；

(3) F^n 中存在零向量 $\boldsymbol{0}$，适合 $\boldsymbol{0}+\boldsymbol{\alpha}=\boldsymbol{\alpha}$；

(4) F^n 中任意向量 $\boldsymbol{\alpha}$ 存在负向量$-\boldsymbol{\alpha}$，使得 $\boldsymbol{\alpha}+(-\boldsymbol{\alpha})=\boldsymbol{0}$；

(5) $k(\boldsymbol{\alpha}+\boldsymbol{\beta})=k\boldsymbol{\alpha}+k\boldsymbol{\beta}$；

(6) $(k+l)\boldsymbol{\alpha}=k\boldsymbol{\alpha}+l\boldsymbol{\alpha}$；

(7) $(kl)\boldsymbol{\alpha}=k(l\boldsymbol{\alpha})$；

(8) $1\boldsymbol{\alpha}=\boldsymbol{\alpha}$.

称 F^n 为数域 F 上的 n 维向量空间.

特别地，当 F 为实数域 $\mathbf{R}$ 时，即为 n 维向量空间 $\mathbf{R}^n$. 定义 3-7 中的 8 条运算规则直接验证是容易的. 其实，如果把 n 维向量视为 $n\times 1$ 矩阵，借助于矩阵运算的性质即可直接推出：

n 维向量空间的定义可概括为一个非空集合 F^n，具有两个运算：加法和数量乘法，适合 8 条运算规则.

关于向量空间运算，还具有下述运算性质.

向量空间 F^n 中，对任意的 $\boldsymbol{\alpha}\in F^n$ 与任意的 $k\in F$ 有：

(1) $0\boldsymbol{\alpha}=\mathbf{0}$；

(2) $k\mathbf{0}=\mathbf{0}$；

(3) $(-k)\boldsymbol{\alpha}=k(-\boldsymbol{\alpha})=-(k\boldsymbol{\alpha})$；

(4) 若 $k\boldsymbol{\alpha}=\mathbf{0}$，则 $k=0$ 或 $\boldsymbol{\alpha}=\mathbf{0}$.

这里仅给出(4)的证明，其余作为练习.

证明　设 $\boldsymbol{\alpha}=(a_1,a_2,\cdots,a_n)^{\mathrm{T}}$，因为 $k\boldsymbol{\alpha}=\mathbf{0}$，即

$$(ka_1,ka_2,\cdots,ka_n)^{\mathrm{T}}=(0,0,\cdots,0)^{\mathrm{T}}.$$

从而 $ka_i=0(i=1,2,\cdots,n)$，若 $k\neq 0$，则 $a_i=0(i=1,2,\cdots,n)$，即 $\boldsymbol{\alpha}=(0,0,\cdots,0)^{\mathrm{T}}=\mathbf{0}$，证毕.

向量空间中零向量的唯一性，向量 $\boldsymbol{\alpha}$ 的负向量的唯一性，以及上述命题的证明均可从定义中的 8 条规律直接推得. 有兴趣的读者可自行证明.

实数域 $\mathbf{R}$ 上的全体 n 维向量的集合，记为 $\mathbf{R}^n$. 特别地，当 $n=1$时，即实数看做向量，则全体实数 $\mathbf{R}$ 是一个向量空间；当 $n=2$ 时，即过原点的平面的全体向量 $\mathbf{R}^2$ 是一个向量空间；$n=3$ 时，即几何空间 $\mathbf{R}^3$ 是一个向量空间.

单独一个零向量构成一个向量空间，称为零空间.

3.4.2 基、维数与坐标

定义 3-8　设 V 是向量空间，若向量组 $\boldsymbol{\alpha}_1$，$\boldsymbol{\alpha}_2$，$\cdots$，$\boldsymbol{\alpha}_n\in V$ 满足：

(1) $\boldsymbol{\alpha}_1$，$\boldsymbol{\alpha}_2$，$\cdots$，$\boldsymbol{\alpha}_n$ 线性无关；

(2) V 中的任一向量都可由 $\boldsymbol{\alpha}_1$，$\boldsymbol{\alpha}_2$，$\cdots$，$\boldsymbol{\alpha}_n$ 线性表示.

则称 $\boldsymbol{\alpha}_1$，$\boldsymbol{\alpha}_2$，$\cdots$，$\boldsymbol{\alpha}_n$ 为空间 V 的一组**基**，n 称为 V 的**维数**，记为 $\dim V=n$，并称 V 是 n 维向量空间，零空间的维数规定为 0.

> 向量空间的基就是空间的所有元素的一个“极大线性无关组”，“基”的意义在于把握了基就把握了整个向量空间，利用它实现了用有限把握无穷.

例如，在 $\mathbf{R}^n$ 中，基本单位向量组

$$\boldsymbol{\varepsilon}_1=(1,0,\cdots,0)^{\mathrm{T}},\ \boldsymbol{\varepsilon}_2=(0,1,\cdots,0)^{\mathrm{T}},\ \cdots,\ \boldsymbol{\varepsilon}_n=(0,0,\cdots,1)^{\mathrm{T}}$$

是 $\mathbf{R}^n$ 的一组基，因为 $\forall\boldsymbol{\alpha}=(x_1,x_2,\cdots,x_n)^{\mathrm{T}}\in\mathbf{R}^n$，有

$$\boldsymbol{\alpha}=x_1\boldsymbol{\varepsilon}_1+x_2\boldsymbol{\varepsilon}_2+\cdots+x_n\boldsymbol{\varepsilon}_n.$$

将基的定义与极大线性无关组的定义比较，不难发现，若把向量空间 V 看做向量组，则 V 的基就是向量组 V 的一个极大线性无关组，V 的维数就是向量组 V 的秩.

定义 3-9 设 $\boldsymbol{\alpha}_1$，$\boldsymbol{\alpha}_2$，…，$\boldsymbol{\alpha}_n$ 是 n 维空间 V 的一组基，空间 V 中任一向量 $\boldsymbol{\alpha}$ 可唯一表示为

$$\boldsymbol{\alpha}=x_1\boldsymbol{\alpha}_1+x_2\boldsymbol{\alpha}_2+\cdots+x_n\boldsymbol{\alpha}_n.$$

$\boldsymbol{\alpha}$ 的系数构成的有序数组 x_1，x_2，…，x_n 称为向量 $\boldsymbol{\alpha}$ 关于基 $\boldsymbol{\alpha}_1$，$\boldsymbol{\alpha}_2$，…，$\boldsymbol{\alpha}_n$ 的**坐标**，记为

$$\boldsymbol{X}=(x_1,x_2,\cdots,x_n)^{\mathrm{T}}.$$

例 3-13 证明 $\boldsymbol{\alpha}_1=(1,1,1,1)^{\mathrm{T}}$，$\boldsymbol{\alpha}_2=(1,1,-1,-1)^{\mathrm{T}}$，$\boldsymbol{\alpha}_3=(1,-1,1,-1)^{\mathrm{T}}$，$\boldsymbol{\alpha}_4=(1,-1,-1,1)^{\mathrm{T}}$ 是 $\mathbf{R}^4$ 的一组基，并求 $\boldsymbol{\beta}=(10,-4,-2,0)^{\mathrm{T}}$ 在这组基下的坐标.

解 设 $\boldsymbol{\beta}$ 在基 $\boldsymbol{\alpha}_1$，$\boldsymbol{\alpha}_2$，$\boldsymbol{\alpha}_3$，$\boldsymbol{\alpha}_4$ 下的坐标是 x_1，x_2，x_3，x_4，则

$$x_1\boldsymbol{\alpha}_1+x_2\boldsymbol{\alpha}_2+x_3\boldsymbol{\alpha}_3+x_4\boldsymbol{\alpha}_4=\boldsymbol{\beta},$$

解此非齐次线性方程组

$$\widetilde{\boldsymbol{A}}=(\boldsymbol{A}\mid\boldsymbol{\beta})=\left(\begin{array}{cccc|c}1&1&1&1&10\\1&1&-1&-1&-4\\1&-1&1&-1&-2\\1&-1&-1&1&0\end{array}\right)$$

$$\xrightarrow[(i=2,3,4)]{r_i+(-1)r_1}\left(\begin{array}{cccc|c}1&1&1&1&10\\0&0&-2&-2&-14\\0&-2&0&-2&-12\\0&-2&-2&0&-10\end{array}\right)$$

$$\xrightarrow{r_2\leftrightarrow r_4}\left(\begin{array}{cccc|c}1&1&1&1&10\\0&-2&-2&0&-10\\0&-2&0&-2&-12\\0&0&-2&-2&-14\end{array}\right)$$

$$\xrightarrow{r_3+(-1)r_2}\left(\begin{array}{cccc|c}1&1&1&1&10\\0&-2&-2&0&-10\\0&0&2&-2&-2\\0&0&-2&-2&-14\end{array}\right)$$

$$\xrightarrow{r_4+r_3}\left(\begin{array}{cccc|c}1&1&1&1&10\\0&-2&-2&0&-10\\0&0&2&-2&-2\\0&0&0&-4&-16\end{array}\right)$$

$$\xrightarrow[\left(-\frac{1}{4}\right)r_4]{\left(-\frac{1}{2}\right)r_2 \atop \left(\frac{1}{2}\right)r_3}\left(\begin{array}{cccc|c}1&1&1&1&10\\0&1&1&0&5\\0&0&1&-1&-1\\0&0&0&1&4\end{array}\right)$$

$$\xrightarrow[r_3+r_4]{r_1+(-1)r_4}\left(\begin{array}{cccc|c}1&1&1&0&6\\0&1&1&0&5\\0&0&1&0&3\\0&0&0&1&4\end{array}\right)$$

$$\xrightarrow[r_2+r_3(-1)]{r_1+r_3(-1)}\left(\begin{array}{cccc|c}1&1&0&0&3\\0&1&0&0&2\\0&0&1&0&3\\0&0&0&1&4\end{array}\right)$$

$$\xrightarrow{r_1+r_2(-1)}\left(\begin{array}{cccc|c}1&0&0&0&1\\0&1&0&0&2\\0&0&1&0&3\\0&0&0&1&4\end{array}\right).$$

由此可知秩$(\boldsymbol{A})=4$，故$\boldsymbol{\alpha}_1$，$\boldsymbol{\alpha}_2$，$\boldsymbol{\alpha}_3$，$\boldsymbol{\alpha}_4$线性无关，是$\mathbf{R}^4$的一组基.

又秩$(\boldsymbol{A})=$秩$(\tilde{\boldsymbol{A}})=4$，方程组有唯一解$(1,2,3,4)^{\mathrm{T}}$，故$\boldsymbol{\beta}$在$\boldsymbol{\alpha}_1$，$\boldsymbol{\alpha}_2$，$\boldsymbol{\alpha}_3$，$\boldsymbol{\alpha}_4$下的坐标为$(1,2,3,4)^{\mathrm{T}}$.

在这里，计算过程和证明过程结合进行，减少了工作量. 当然也可以先计算$|\boldsymbol{A}|\neq 0$或秩$(\boldsymbol{A})=4$，证明$\boldsymbol{\alpha}_1$，$\boldsymbol{\alpha}_2$，$\boldsymbol{\alpha}_3$，$\boldsymbol{\alpha}_4$是$\mathbf{R}^4$的基，再求$\boldsymbol{\beta}$在该基下的坐标.

3.4.3 子空间及其维数

$\mathbf{R}^n$的子集合也可以构成一个向量空间. 如例 3-13 中$\mathbf{R}^3$的集合$V=\{\boldsymbol{\alpha}=(x,y,0)\mid x,y\in\mathbf{R}\}$是一个向量空间. 从几何角度讲，上述$V$是 3 维几何空间中过原点的一个平面上的全体向量构成一个向量空间. 一般地，我们有：

定义 3-10　设V是向量空间，W是V的非空子集，如果W关于V的加法和数乘运算也构成向量空间，称W是V的一个**子空间**.

显然，非空子集合W作成子空间的充分必要条件是关于加法和数乘封闭. $\{\mathbf{0}\}$，V是V的两个子空间，通常称之为平凡子空间，V的其他子空间称为非平凡子空间.

如果把向量空间理解成一栋楼宇中家庭的总和，那么子空间好比其中的各户家庭. 当然，这些家庭的成员(向量)要遵守在线性运算下封闭的要求.

例 3-14 判定下列集合能否构成向量空间 $\mathbf{R}^3$ 的子空间.

(1) $V=\{\boldsymbol{\alpha}=(x,y,z)\mid x,\ y\in\mathbf{R}$ 且 $z=0\}$;

(2) $W=\{\boldsymbol{\alpha}=(x,y,z)\mid x+2y+z=1\}$.

解 (1)因为 $\mathbf{0}\in V$, 所以 V 非空, 对于 V 中任意两个向量 $\boldsymbol{\alpha}_1=(x_1,y_1,0)$, $\boldsymbol{\alpha}_2=(x_2,y_2,0)$ 及任一实数 k 有

$$\boldsymbol{\alpha}_1+\boldsymbol{\alpha}_2=(x_1+x_2,y_1+y_2,0)\in V,$$

$$k\boldsymbol{\alpha}_1=(kx_1,ky_1,0)\in V,$$

因此, 集合 V 是一个子空间.

(2) 集合 $W=\{\boldsymbol{\alpha}=(x,y,z)\mid x+2y+z=1\}$ 不是 $\mathbf{R}^3$ 的子空间. 因为满足 $x+2y+z=1$ 的所有点(向量)表示不过原点的平面, 即 W 中无零元(数乘运算不封闭), 故 W 不是子空间.

> 由向量组生成的子空间里基、维数和坐标等概念完整地勾画出线性空间的主貌, 实际上, 如果再加上线性变换及其相关的子空间, 那么, 向量空间就是一个有着千丝万缕关系的社会.(参见第6.3节)

子空间作为向量空间, 也有基和维数的概念, 由于 W 是 V 的子集合, 所以 W 中线性无关向量个数不超过 V 中线性无关向量个数, 因而

$$\dim W\leqslant\dim V.$$

设 $\boldsymbol{\alpha}_1$, $\boldsymbol{\alpha}_2$, $\cdots$, $\boldsymbol{\alpha}_s\in\mathbf{R}^n$, 令 $W=\{k_1\boldsymbol{\alpha}_1+k_2\boldsymbol{\alpha}_2+\cdots+k_s\boldsymbol{\alpha}_s\mid k_i\in\mathbf{R}\ (i=1,2,\cdots,s)\}$, 则 W 是 $\mathbf{R}^n$ 的一个子空间.

事实上, 首先取 $k_1=k_2=\cdots=k_s=0$, 知 $\mathbf{0}\in W$, 即 W 非空, 又对 $\forall\boldsymbol{\beta}_1=\sum_{i=1}^{s}k_i\boldsymbol{\alpha}_i$, $\boldsymbol{\beta}_2=\sum_{i=1}^{s}l_i\boldsymbol{\alpha}_i$, $\boldsymbol{\beta}_1$, $\boldsymbol{\beta}_2\in W$, 有

$$\boldsymbol{\beta}_1+\boldsymbol{\beta}_2=\sum_{i=1}^{s}(k_i+l_i)\boldsymbol{\alpha}_i\in W,$$

$$k\boldsymbol{\beta}_1=\sum_{i=1}^{s}(kk_i)\boldsymbol{\alpha}_i\in W,$$

故 W 为 $\mathbf{R}^n$ 的子空间. 称该子空间为 $\mathbf{R}^n$ 的由 $\boldsymbol{\alpha}_1$, $\boldsymbol{\alpha}_2$, $\cdots$, $\boldsymbol{\alpha}_s$ 生成的子空间, 记作 $L(\boldsymbol{\alpha}_1,\boldsymbol{\alpha}_2,\cdots,\boldsymbol{\alpha}_s)$. 若秩$(\boldsymbol{\alpha}_1,\boldsymbol{\alpha}_2,\cdots,\boldsymbol{\alpha}_s)=r$, 其极大线性无关组为 $\boldsymbol{\alpha}_{i_1}$, $\boldsymbol{\alpha}_{i_2}$, $\cdots$, $\boldsymbol{\alpha}_{i_r}$, 则由 $\boldsymbol{\alpha}_1$, $\boldsymbol{\alpha}_2$, $\cdots$, $\boldsymbol{\alpha}_s$ 与 $\boldsymbol{\alpha}_{i_1}$, $\boldsymbol{\alpha}_{i_2}$, $\cdots$, $\boldsymbol{\alpha}_{i_r}$ 等价, 可知

$$L(\boldsymbol{\alpha}_1,\boldsymbol{\alpha}_2,\cdots,\boldsymbol{\alpha}_s)=L(\boldsymbol{\alpha}_{i_1},\boldsymbol{\alpha}_{i_2},\cdots,\boldsymbol{\alpha}_{i_r}),$$

这样 $\dim L(\boldsymbol{\alpha}_1,\boldsymbol{\alpha}_2,\cdots,\boldsymbol{\alpha}_s)=r$, 且 $\boldsymbol{\alpha}_{i_1}$, $\boldsymbol{\alpha}_{i_2}$, $\cdots$, $\boldsymbol{\alpha}_{i_r}$ 为 $L(\boldsymbol{\alpha}_1,\boldsymbol{\alpha}_2,\cdots,\boldsymbol{\alpha}_s)$ 的一个基.

> 由向量组(A) $\boldsymbol{\alpha}_1,\boldsymbol{\alpha}_2,\cdots,\boldsymbol{\alpha}_s$ 生成的子空间 $V=L(\boldsymbol{\alpha}_1,\boldsymbol{\alpha}_2,\cdots,\boldsymbol{\alpha}_s)$ 有:
>
> (1)向量组的任意一个极大线性无关组都是 V 的一个基;
>
> (2) V 的任意一个基都是向量组的一个极大线性无关组;
>
> (3) $\dim V$ 等于向量组(A)的秩.

注意这里子空间 $L(\boldsymbol{\alpha}_1,\boldsymbol{\alpha}_2,\cdots,\boldsymbol{\alpha}_s)$ 的维数与向量的维数是两个不同的概念.

例 3-15 设 $\boldsymbol{\alpha}_1=(1,0,2,1)$, $\boldsymbol{\alpha}_2=(1,2,0,1)$, $\boldsymbol{\alpha}_3=(2,1,3,0)$, $\boldsymbol{\alpha}_4=(2,5,-1,4)$, $\boldsymbol{\alpha}_5=(1,-1,3,-1)$, 求 $\dim L(\boldsymbol{\alpha}_1,\boldsymbol{\alpha}_2,\boldsymbol{\alpha}_3,\boldsymbol{\alpha}_4,\boldsymbol{\alpha}_5)$.

解 对 $\boldsymbol{A}=(\boldsymbol{\alpha}_1^{\mathrm{T}},\boldsymbol{\alpha}_2^{\mathrm{T}},\boldsymbol{\alpha}_3^{\mathrm{T}},\boldsymbol{\alpha}_4^{\mathrm{T}},\boldsymbol{\alpha}_s^{\mathrm{T}})$ 做初等行变换, 化为行阶梯形

矩阵，从而确定其秩，即生成子空间的维数.

$$A=\begin{pmatrix}1&1&2&2&1\\0&2&1&5&-1\\2&0&3&-1&3\\1&1&0&4&-1\end{pmatrix}\to\begin{pmatrix}1&1&2&2&1\\0&2&1&5&-1\\0&-2&-1&-5&1\\0&0&-2&2&-2\end{pmatrix}$$

$$\to\begin{pmatrix}1&1&2&2&1\\0&2&1&5&-1\\0&0&0&0&0\\0&0&-2&2&-2\end{pmatrix}\to\begin{pmatrix}1&1&2&2&1\\0&2&1&5&-1\\0&0&-2&2&-2\\0&0&0&0&0\end{pmatrix}.$$

由于秩$(A)=3$，故 $\dim L(\boldsymbol{\alpha}_1,\boldsymbol{\alpha}_2,\boldsymbol{\alpha}_3,\boldsymbol{\alpha}_4,\boldsymbol{\alpha}_5)=3$.

另一类重要的子空间是齐次线性方程组的解空间，在下一节中专门讨论.

习题 3.4

部分习题详解

1. 设 $\boldsymbol{\alpha}_1=(1,1,1)^{\mathrm T}$，$\boldsymbol{\alpha}_2=(0,1,1)^{\mathrm T}$，$\boldsymbol{\alpha}_3=(1,-1,1)^{\mathrm T}$，验证 $\boldsymbol{\alpha}_1$，$\boldsymbol{\alpha}_2$，$\boldsymbol{\alpha}_3$ 是向量空间 $\mathbf{R}^3$ 的一组基，并求 $\boldsymbol{\beta}=(-1,2,4)^{\mathrm T}$ 在这组基下的坐标.

2. 在向量空间 $\mathbf{R}^3$ 中，求向量 $\boldsymbol{\alpha}_1=(-2,2,-3)^{\mathrm T}$，$\boldsymbol{\alpha}_2=(0,1,-1)^{\mathrm T}$ 生成的子空间 V_1，$\boldsymbol{\alpha}_3=(3,-1,1)^{\mathrm T}$，$\boldsymbol{\alpha}_4=(2,1,-1)^{\mathrm T}$ 生成的子空间 V_2，$\boldsymbol{\alpha}_1$，$\boldsymbol{\alpha}_2$，$\boldsymbol{\alpha}_3$，$\boldsymbol{\alpha}_4$ 生成的子空间 V；请从几何的角度说明三个子空间的关系.

3. 设 $\boldsymbol{\alpha}_1$，$\boldsymbol{\alpha}_2$，$\boldsymbol{\alpha}_3$ 和 $\boldsymbol{\beta}_1$，$\boldsymbol{\beta}_2$，$\boldsymbol{\beta}_3$ 都是向量空间 $\mathbf{R}^3$ 的基，证明：$\boldsymbol{\alpha}_1$，$\boldsymbol{\alpha}_2$，$\boldsymbol{\alpha}_3$ 和 $\boldsymbol{\beta}_1$，$\boldsymbol{\beta}_2$，$\boldsymbol{\beta}_3$ 等价. 与 $\boldsymbol{\alpha}_1$，$\boldsymbol{\alpha}_2$，$\boldsymbol{\alpha}_3$ 等价的向量组一定是 $\mathbf{R}^3$ 的基吗？

4. 设向量组 $\boldsymbol{\alpha}_1$，$\boldsymbol{\alpha}_2$，…，$\boldsymbol{\alpha}_s$ 和 $\boldsymbol{\beta}_1$，$\boldsymbol{\beta}_2$，…，$\boldsymbol{\beta}_t$ 生成的子空间分别为 V_1，V_2，若 $\boldsymbol{\alpha}_1$，$\boldsymbol{\alpha}_2$，…，$\boldsymbol{\alpha}_s$ 可以由 $\boldsymbol{\beta}_1$，$\boldsymbol{\beta}_2$，…，$\boldsymbol{\beta}_t$ 线性表示，证明：$V_1\subseteq V_2$.

3.5 线性方程组解的结构

3.5.1 齐次线性方程组解的结构

设齐次线性方程组 $AX=\mathbf{0}$ 的系数矩阵 A 为 $m\times n$ 矩阵，$X=(x_1,x_2,\cdots,x_n)^{\mathrm T}$. 把 A 按列分块为

$$A=(\boldsymbol{\alpha}_1,\boldsymbol{\alpha}_2,\cdots,\boldsymbol{\alpha}_n),$$

则线性方程组可表示为

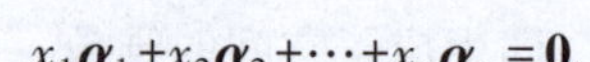

$$x_1\boldsymbol{\alpha}_1+x_2\boldsymbol{\alpha}_2+\cdots+x_n\boldsymbol{\alpha}_n=\mathbf{0}.$$

因此，齐次线性方程组有非零解的充要条件是$\boldsymbol{\alpha}_1$，$\boldsymbol{\alpha}_2$，…，$\boldsymbol{\alpha}_n$线性相关，从而秩$(\boldsymbol{A})=$秩$(\boldsymbol{\alpha}_1,\boldsymbol{\alpha}_2,\cdots,\boldsymbol{\alpha}_n)<n$，即齐次线性方程组$\boldsymbol{AX}=\mathbf{0}$有非零解的充要条件是秩$(\boldsymbol{A})<n$. 同样可知，$\boldsymbol{AX}=\mathbf{0}$仅有零解的充要条件是秩$(\boldsymbol{A})=n$.

为了研究齐次线性方程组解集合的结构，我们先讨论这些解的性质，并给出基础解系的概念.

> 请将齐次线性方程组解的两个性质与子空间的构成条件进行对照，具有线性性质的方程通常具有类似的性质，如线性微分方程、线性差分方程等.

本节学习目的

> 齐次线性方程组的解空间与其系数矩阵的行向量组生成的子空间是一对正交补空间.（参见4.1节）

性质1 设$\boldsymbol{X}_1$，$\boldsymbol{X}_2$是齐次线性方程组$\boldsymbol{AX}=\mathbf{0}$的任意两个解，则$\boldsymbol{X}_1+\boldsymbol{X}_2$是该方程组的解.

证明 因为$\boldsymbol{AX}_1=\mathbf{0}$，$\boldsymbol{AX}_2=\mathbf{0}$，所以

$$\boldsymbol{A}(\boldsymbol{X}_1+\boldsymbol{X}_2)=\boldsymbol{AX}_1+\boldsymbol{AX}_2=\mathbf{0}+\mathbf{0}=\mathbf{0},$$

故$\boldsymbol{X}_1+\boldsymbol{X}_2$是$\boldsymbol{AX}=\mathbf{0}$的解. 证毕.

性质2 设$\boldsymbol{X}_1$是齐次线性方程组$\boldsymbol{AX}=\mathbf{0}$的解，$k$为任意常数，则$k\boldsymbol{X}_1$是该方程组的解.

证明 因为$\boldsymbol{AX}_1=\mathbf{0}$，所以

$$\boldsymbol{A}(k\boldsymbol{X}_1)=k(\boldsymbol{AX}_1)=k\cdot\mathbf{0}=\mathbf{0},$$

故$k\boldsymbol{X}_1$是$\boldsymbol{AX}=\mathbf{0}$的解. 证毕.

实例

由齐次线性方程组解的性质知解的线性组合仍是该方程组的解，根据向量空间的定义得知，齐次线性方程组的解集构成一个向量空间，称为解空间，记作$N(\boldsymbol{A})$.

定义3-11 齐次线性方程组$\boldsymbol{AX}=\mathbf{0}$的解空间的基称为该方程组的**基础解系**. 即若$\boldsymbol{y}_1$，$\boldsymbol{y}_2$，…，$\boldsymbol{y}_s$为齐次方程组的一个基础解系，则满足下列两个条件：

(1) $\boldsymbol{y}_1$，$\boldsymbol{y}_2$，…，$\boldsymbol{y}_s$是线性无关的解向量；

(2) 该方程组任一解$\boldsymbol{X}$都可表为$\boldsymbol{y}_1$，$\boldsymbol{y}_2$，…，$\boldsymbol{y}_s$的线性组合，即

$$\boldsymbol{X}=k_1\boldsymbol{y}_1+k_2\boldsymbol{y}_2+\cdots+k_s\boldsymbol{y}_s.$$

下面我们来确定解空间的基和维数.

设$\boldsymbol{AX}=\mathbf{0}$的系数矩阵为$\boldsymbol{A}$，秩$(\boldsymbol{A})=r<n$，不妨设$\boldsymbol{A}$的左上角的$r$阶子式不等于零，对$\boldsymbol{A}$作初等行变换把它化为简化行阶梯形，得同解方程组

$$\begin{cases}x_1=t_{11}x_{r+1}+t_{12}x_{r+2}+\cdots+t_{1n-r}x_n,\\ x_2=t_{21}x_{r+1}+t_{22}x_{r+2}+\cdots+t_{2n-r}x_n,\\ \qquad\vdots\\ x_r=t_{r1}x_{r+1}+t_{r2}x_{r+2}+\cdots+t_{rn-r}x_n.\end{cases}$$

其中 x_{r+1}，x_{r+2}，…，x_n 为自由未知量，分别取$(x_{r+1},x_{r+2},\cdots,x_n)$为$(1,0,\cdots,0)$，$(0,1,\cdots,0)$，…，$(0,0,\cdots,1)$得一组解向量

$$\boldsymbol{\eta}_1=\begin{pmatrix}t_{11}\\ \vdots\\ t_{r1}\\ 1\\ 0\\ \vdots\\ 0\end{pmatrix},\ \boldsymbol{\eta}_2=\begin{pmatrix}t_{12}\\ \vdots\\ t_{r2}\\ 0\\ 1\\ \vdots\\ 0\end{pmatrix},\ \cdots,\ \boldsymbol{\eta}_{n-r}=\begin{pmatrix}t_{1n-r}\\ \vdots\\ t_{rn-r}\\ 0\\ 0\\ \vdots\\ 1\end{pmatrix}. \tag{3-14}$$

自由未知量的选择不一定唯一.

一方面，对线性方程组任一解 $\boldsymbol{\eta}=(d_1,d_2,\cdots,d_r,d_{r+1},\cdots,d_n)^{\mathrm{T}}$ 代入同解方程组得

$$\begin{cases}d_1=t_{11}d_{r+1}+t_{12}d_{r+2}+\cdots+t_{1n-r}d_n,\\ d_2=t_{21}d_{r+1}+t_{22}d_{r+2}+\cdots+t_{2n-r}d_n,\\ \qquad\vdots\\ d_r=t_{r1}d_{r+1}+t_{r2}d_{r+2}+\cdots+t_{rn-r}d_n.\end{cases}$$

从而 $\boldsymbol{\eta}=d_{r+1}\boldsymbol{\eta}_1+d_{r+2}\boldsymbol{\eta}_2+\cdots+d_n\boldsymbol{\eta}_{n-r}$，即任一解向量都可以由 $\boldsymbol{\eta}_1$，$\boldsymbol{\eta}_2$，…，$\boldsymbol{\eta}_{n-r}$线性表示. 另一方面把这 $n-r$ 个解排成一个 $n\times(n-r)$矩阵$(\boldsymbol{\eta}_1,\boldsymbol{\eta}_2,\cdots,\boldsymbol{\eta}_{n-r})$可以看出矩阵中从 $r+1$ 行到 n 行所构成的 $n-r$ 阶行列式为

$$\begin{vmatrix}1&0&\cdots&0\\0&1&\cdots&0\\ \vdots&\vdots&&\vdots\\0&0&\cdots&1\end{vmatrix}_{(n-r)}=1\neq 0,$$

与基础解系等价的线性无关的向量组也是该齐次线性方程组的基础解系.

所以解 $\boldsymbol{\eta}_1$，$\boldsymbol{\eta}_2$，…，$\boldsymbol{\eta}_{n-r}$线性无关，它们就是解空间的一组基，即基础解系，同时知道解空间的维数为 $n-r$. 给出如下定理：

定理 3-13　设 $m\times n$ 矩阵 $\boldsymbol{A}$ 的秩$(\boldsymbol{A})=r$，若 $r<n$，则齐次线性方程组 $\boldsymbol{AX}=\boldsymbol{0}$ 的解空间的维数为 $n-r$；若 $r=n$，则仅有零解.

掌握求解齐次线性方程组的基础解系是学习线性代数课程的基本功.

例 3-16 求线性方程组

$$\begin{cases} x_1-2x_2+3x_3-4x_4+2x_5=0, \\ x_1+3x_2 \qquad -3x_4+2x_5=0, \\ \qquad x_2-x_3+x_4 \qquad =0, \\ x_1-4x_2+3x_3-2x_4+2x_5=0 \end{cases}$$

的一个基础解系.

解 对 $\boldsymbol{A}$ 做初等行变换

$$\boldsymbol{A}=\begin{pmatrix} 1 & -2 & 3 & -4 & 2 \\ 1 & 3 & 0 & -3 & 2 \\ 0 & 1 & -1 & 1 & 0 \\ 1 & -4 & 3 & -2 & 2 \end{pmatrix} \to \begin{pmatrix} 1 & -2 & 3 & -4 & 2 \\ 0 & 5 & -3 & 1 & 0 \\ 0 & 1 & -1 & 1 & 0 \\ 0 & -2 & 0 & 2 & 0 \end{pmatrix}$$

$$\to \begin{pmatrix} 1 & -2 & 3 & -4 & 2 \\ 0 & 1 & -1 & 1 & 0 \\ 0 & 0 & 2 & -4 & 0 \\ 0 & 0 & -2 & 4 & 0 \end{pmatrix} \to \begin{pmatrix} 1 & -2 & 3 & -4 & 2 \\ 0 & 1 & -1 & 1 & 0 \\ 0 & 0 & 1 & -2 & 0 \\ 0 & 0 & 0 & 0 & 0 \end{pmatrix}$$

$$\to \begin{pmatrix} 1 & 0 & 0 & 0 & 2 \\ 0 & 1 & 0 & -1 & 0 \\ 0 & 0 & 1 & -2 & 0 \\ 0 & 0 & 0 & 0 & 0 \end{pmatrix},$$

对自由未知量的赋值在保障线性无关的前提下是不唯一的. 这里分别选取 $\begin{pmatrix} x_1 \\ x_2 \end{pmatrix}$ 为 $\begin{pmatrix} 1 \\ 0 \end{pmatrix}$，$\begin{pmatrix} 0 \\ 1 \end{pmatrix}$ 的取法被认为是标准取法，事实上，在这种取法之下计算也是最简单的.

可知 $r(\boldsymbol{A})=3$，对应的同解方程组

$$\begin{cases} x_1=-2x_5, \\ x_2=x_4, \\ x_3=2x_4. \end{cases}$$

取 x_4，x_5 为自由量，令 $\begin{pmatrix} x_4 \\ x_5 \end{pmatrix}$ 分别为 $\begin{pmatrix} 1 \\ 0 \end{pmatrix}$ 和 $\begin{pmatrix} 0 \\ 1 \end{pmatrix}$ 得一个基础解系

$$\boldsymbol{\eta}_1=\begin{pmatrix} 0 \\ 1 \\ 2 \\ 1 \\ 0 \end{pmatrix}, \quad \boldsymbol{\eta}_2=\begin{pmatrix} -2 \\ 0 \\ 0 \\ 0 \\ 1 \end{pmatrix}.$$

例 3-17、例 3-18 是线性方程组理论对矩阵秩问题的反作用. 它们是关于矩阵秩的两个重要结论，请读者记住它们.

求基础解系与结构式通解的步骤

例 3-17 设 $\boldsymbol{A}$ 为 $m\times n$ 矩阵，$\boldsymbol{B}$ 为 $n\times k$ 矩阵，若 $\boldsymbol{AB}=\boldsymbol{O}$，证明：

$$秩(\boldsymbol{A})+秩(\boldsymbol{B})\leqslant n.$$

证明 将 $\boldsymbol{B}$ 按列分块为 $\boldsymbol{B}=(\boldsymbol{B}_1,\boldsymbol{B}_2,\cdots,\boldsymbol{B}_k)$，由 $\boldsymbol{AB}=\boldsymbol{O}$，得

$$(\boldsymbol{AB}_1,\boldsymbol{AB}_2,\cdots,\boldsymbol{AB}_k)=(\boldsymbol{0},\boldsymbol{0},\cdots,\boldsymbol{0}),$$

即有

$$AB_i=\mathbf{0}\quad(i=1,2,\cdots,k).$$

上式表明矩阵 B 的每一列都是齐次线性方程组 $AX=\mathbf{0}$ 的解，即 B_1，B_2，…，$B_k\in N(A)$. 又 $AX=\mathbf{0}$ 的基础解系中含有 $n-$秩(A) 个解，从而

$$\text{秩}\{B_1,B_2,\cdots,B_k\}\leqslant n-\text{秩}(A),$$

即秩$(B)\leqslant n-$秩(A)，或秩$(A)+$秩$(B)\leqslant n$. 证毕.

例 3-18　设 A 是 $n(n\geqslant 2)$ 阶方阵，A^* 为 A 的伴随矩阵，证明：

$$\text{秩}(A^*)=\begin{cases}n,\ \text{当秩}(A)=n,\\1,\ \text{当秩}(A)=n-1,\\0,\ \text{当秩}(A)<n-1.\end{cases}$$

> 此结论是关于矩阵秩的重要结论之一，请记住它. 该结论证明的思想方法也很重要.

证明　(1) 若秩$(A)=n$，则 $|A|\neq 0$，A 可逆，且 $AA^*=|A|E$，秩$(A^*)=$秩$(AA^*)=$秩$(|A|E)=$秩$(E)=n$.

(2) 若秩$(A)=n-1$，则 $|A|=0$ 且 $AA^*=|A|E=O$，由例 3-17

$$\text{秩}(A)+\text{秩}(A^*)\leqslant n.$$

故秩$(A^*)\leqslant 1$，又因为秩$(A)=n-1$，故 A 至少有一个 $n-1$ 阶子式不等于零，从而 $A^*\neq O$，即秩$(A^*)\geqslant 1$，所以秩$(A^*)=1$.

(3) 若秩$(A)<n-1$，则 A 的所有 $n-1$ 阶子式全为零，故 $A^*=O$，所以秩$(A^*)=0$. 证毕.

3.5.2　非齐次线性方程组解的结构

设非齐次线性方程组

$$AX=b,$$

其中系数矩阵为 $A_{m\times n}$，$X=(x_1,x_2,\cdots,x_n)^{\mathrm{T}}$，$b=(b_1,b_2,\cdots,b_m)^{\mathrm{T}}$，增广矩阵为 $\tilde{A}=(A\,\vdots\,b)$.

若非齐次线性方程组有解，称该方程组是相容的，否则称为不相容的. 在第 3.1 节中已指出当秩$(A)=$秩$(\tilde{A})$时，方程组有解，又当秩$(A)<n$ 时，有无穷多组解. 为了讨论解的结构，先给出非齐次线性方程组解的性质.

性质 1　非齐次线性方程组的任意两解之差是对应的齐次线性方程组(或称导出方程组)的解.

证明　设 X_1，X_2 是 $AX=b$ 的任意两个解，即有 $AX_1=b$，$AX_2=b$，于是

$$A(X_1-X_2)=AX_1-AX_2=b-b=\mathbf{0},$$

故 $\boldsymbol{X}_1-\boldsymbol{X}_2$ 是 $\boldsymbol{AX}=\boldsymbol{0}$ 的解. 证毕.

> 非齐次线性方程组的所有解能否构成向量空间? 为什么?

性质 2 非齐次线性方程组 $\boldsymbol{AX}=\boldsymbol{b}$ 的解 $\boldsymbol{X}_1$ 与导出组 $\boldsymbol{AX}=\boldsymbol{0}$ 的解 $\boldsymbol{\eta}$ 的和 $\boldsymbol{X}_1+\boldsymbol{\eta}$ 是 $\boldsymbol{AX}=\boldsymbol{b}$ 的解.

> 非齐次线性方程组的解是对应的齐次线性方程组(导出方程组)的解空间的平移(即加上一个非零常向量),因为平移后不再"经过"原点,所以不再构成向量空间,通常称之为解结构或解系. 请思考这个解结构的秩与该线性方程组系数矩阵的秩之间的关系.

证明 因为 $\boldsymbol{AX}_1=\boldsymbol{b}$, $\boldsymbol{A\eta}=\boldsymbol{0}$ 所以

$$\boldsymbol{A}(\boldsymbol{X}_1+\boldsymbol{\eta})=\boldsymbol{AX}_1+\boldsymbol{A\eta}=\boldsymbol{b}+\boldsymbol{0}=\boldsymbol{b},$$

故 $\boldsymbol{X}_1+\boldsymbol{\eta}$ 是 $\boldsymbol{AX}=\boldsymbol{b}$ 的解. 证毕.

应该注意的是非齐次线性方程组 $\boldsymbol{AX}=\boldsymbol{b}$ 的两个解 $\boldsymbol{X}_1$ 与 $\boldsymbol{X}_2$ 之和既不是该方程组的解,也不是其导出方程组的解. 但$\frac{1}{2}(\boldsymbol{X}_1+\boldsymbol{X}_2)$ 是 $\boldsymbol{AX}=\boldsymbol{b}$ 的解,这一点解题中经常被使用. 一般地,s 个解 $\boldsymbol{X}_1$, $\boldsymbol{X}_2$, …, $\boldsymbol{X}_s$ 的线性组合 $c_1\boldsymbol{X}_1+c_2\boldsymbol{X}_2+\cdots+c_s\boldsymbol{X}_s$ 是解当且仅当 $c_1+c_2+\cdots+c_s=1$.

定理 3-14 (结构定理)设非齐次线性方程组 $\boldsymbol{AX}=\boldsymbol{b}$ 有解,则其一般解(通解)为

$$\boldsymbol{X}=\boldsymbol{\gamma}_0+\boldsymbol{\eta},$$

其中 $\boldsymbol{\gamma}_0$ 是 $\boldsymbol{AX}=\boldsymbol{b}$ 的某一个特解,$\boldsymbol{\eta}$ 是对应的齐次线性方程组 $\boldsymbol{AX}=\boldsymbol{0}$ 的一般解.

证明 因为 $\boldsymbol{A\eta}=\boldsymbol{0}$, $\boldsymbol{A\gamma}_0=\boldsymbol{b}$, 所以

$$\boldsymbol{A}(\boldsymbol{\gamma}_0+\boldsymbol{\eta})=\boldsymbol{A\gamma}_0+\boldsymbol{A\eta}=\boldsymbol{b}+\boldsymbol{0}=\boldsymbol{b},$$

因此 $\boldsymbol{\gamma}_0+\boldsymbol{\eta}$ 是 $\boldsymbol{AX}=\boldsymbol{b}$ 的解.

另一方面,对 $\boldsymbol{AX}=\boldsymbol{b}$ 的任一解 $\boldsymbol{X}$, 有 $\boldsymbol{X}=\boldsymbol{\gamma}_0+(\boldsymbol{X}-\boldsymbol{\gamma}_0)$, 其中 $\boldsymbol{X}-\boldsymbol{\gamma}_0$是导出组 $\boldsymbol{AX}=\boldsymbol{0}$ 的解. 证毕.

设 $m\times n$ 矩阵 $\boldsymbol{A}$ 的秩为 r, 齐次线性方程组 $\boldsymbol{AX}=\boldsymbol{0}$ 的一个基础解系为 $\boldsymbol{\eta}_1$, $\boldsymbol{\eta}_2$, …, $\boldsymbol{\eta}_{n-r}$, $\boldsymbol{\gamma}$ 是 $\boldsymbol{AX}=\boldsymbol{b}$ 的一个特解,则非齐次线性方程组$\boldsymbol{AX}=\boldsymbol{b}$ 的一般解(通解)为

$$\boldsymbol{X}=\boldsymbol{\gamma}+k_1\boldsymbol{\eta}_1+k_2\boldsymbol{\eta}_2+\cdots+k_{n-r}\boldsymbol{\eta}_{n-r},$$

其中 k_1, k_2, …, k_{n-r}是任意常数.

例 3-19 求线性方程组

$$\begin{cases} x_1+\ x_2-3x_3-\ x_4=1, \\ 3x_1-\ x_2-3x_3+4x_4=4, \\ x_1+5x_2-9x_3-8x_4=0 \end{cases}$$

的通解.

> 用初等行变换把线性方程组的增广矩阵化为简化行阶梯形矩阵是求解线性方程组最简单且不易出错的方法.

解　$\tilde{A}=(A \vdots b)=\left(\begin{array}{cccc:c}1 & 1 & -3 & -1 & 1\\ 3 & -1 & -3 & 4 & 4\\ 1 & 5 & -9 & -8 & 0\end{array}\right)$

$$\xrightarrow[r_3+(-1)r_1]{r_2+(-3)r_1}\left(\begin{array}{cccc:c}1 & 1 & -3 & -1 & 1\\ 0 & -4 & 6 & 7 & 1\\ 0 & 4 & -6 & -7 & -1\end{array}\right)$$

$$\xrightarrow[r_2\left(-\frac{1}{4}\right)]{r_3+r_2}\left(\begin{array}{cccc:c}1 & 1 & -3 & -1 & 1\\ 0 & 1 & -\frac{3}{2} & -\frac{7}{4} & -\frac{1}{4}\\ 0 & 0 & 0 & 0 & 0\end{array}\right)$$

$$\xrightarrow{r_1+(-1)r_2}\left(\begin{array}{cccc:c}1 & 0 & -\frac{3}{2} & \frac{3}{4} & \frac{5}{4}\\ 0 & 1 & -\frac{3}{2} & -\frac{7}{4} & -\frac{1}{4}\\ 0 & 0 & 0 & 0 & 0\end{array}\right).$$

由此得同解方程组

$$\begin{cases}x_1=\dfrac{5}{4}+\dfrac{3}{2}x_3-\dfrac{3}{4}x_4,\\ x_2=-\dfrac{1}{4}+\dfrac{3}{2}x_3+\dfrac{7}{4}x_4.\end{cases}$$

取自由未知量$(x_3,x_4)^{\mathrm{T}}=(0,0)^{\mathrm{T}}$得特解

$$\boldsymbol{\gamma}_0=\left(\frac{5}{4},-\frac{1}{4},0,0\right)^{\mathrm{T}},$$

导出组的同解方程组

$$\begin{cases}x_1=\dfrac{3}{2}x_3-\dfrac{3}{4}x_4,\\ x_2=\dfrac{3}{2}x_3+\dfrac{7}{4}x_4.\end{cases}$$

基础解系为

$$\boldsymbol{\eta}_1=\begin{pmatrix}\frac{3}{2}\\ \frac{3}{2}\\ 1\\ 0\end{pmatrix},\ \boldsymbol{\eta}_2=\begin{pmatrix}-\frac{3}{4}\\ \frac{7}{4}\\ 0\\ 1\end{pmatrix},$$

所以通解为

请注意求解线性方程组结构式通解过程中容易犯的错误.

求解线性方程组的过程常见错误

$$k_1\begin{pmatrix}\frac{3}{2}\\ \frac{3}{2}\\ 1\\ 0\end{pmatrix}+k_2\begin{pmatrix}-\frac{3}{4}\\ \frac{7}{4}\\ 0\\ 1\end{pmatrix}+\begin{pmatrix}\frac{5}{4}\\ -\frac{1}{4}\\ 0\\ 0\end{pmatrix}\quad(k_1,\ k_2\text{ 为任意常数}).$$

例 3-20 已知 $\boldsymbol{\alpha}_1=\begin{pmatrix}1\\1\\\lambda\end{pmatrix}$，$\boldsymbol{\alpha}_2=\begin{pmatrix}1\\\lambda\\1\end{pmatrix}$，$\boldsymbol{\alpha}_3=\begin{pmatrix}\lambda\\1\\1\end{pmatrix}$ 线性无关，将 $\boldsymbol{\beta}=\begin{pmatrix}-2\\-2\\\lambda-3\end{pmatrix}$ 用 $\boldsymbol{\alpha}_1$，$\boldsymbol{\alpha}_2$，$\boldsymbol{\alpha}_3$ 线性表示. 若 $\boldsymbol{\alpha}_1$，$\boldsymbol{\alpha}_2$，$\boldsymbol{\alpha}_3$ 线性相关，$\boldsymbol{\beta}$ 能否用 $\boldsymbol{\alpha}_1$，$\boldsymbol{\alpha}_2$，$\boldsymbol{\alpha}_3$ 线性表示？

解 设 $x_1\boldsymbol{\alpha}_1+x_2\boldsymbol{\alpha}_2+x_3\boldsymbol{\alpha}_3=\boldsymbol{\beta}$，对增广矩阵施行初等行变换

$$\widetilde{\boldsymbol{A}}=(\boldsymbol{A}\mid\boldsymbol{\beta})=\left(\begin{array}{ccc|c}1&1&\lambda&-2\\1&\lambda&1&-2\\\lambda&1&1&\lambda-3\end{array}\right)$$

$$\to\left(\begin{array}{ccc|c}1&1&\lambda&-2\\0&\lambda-1&1-\lambda&0\\0&0&-(\lambda+2)(\lambda-1)&3(\lambda-1)\end{array}\right).$$

如果 $\boldsymbol{\alpha}_1$，$\boldsymbol{\alpha}_2$，$\boldsymbol{\alpha}_3$ 线性无关，即秩$(\boldsymbol{A})=3$，故 $\lambda\neq1$，$\lambda\neq-2$，解得

$$x_1=\frac{\lambda-1}{\lambda+2},\quad x_2=-\frac{3}{\lambda+2},\quad x_3=-\frac{3}{\lambda+2},$$

所以 $\boldsymbol{\beta}=\frac{\lambda-1}{\lambda+2}\boldsymbol{\alpha}_1-\frac{3}{\lambda+2}\boldsymbol{\alpha}_2-\frac{3}{\lambda+2}\boldsymbol{\alpha}_3$.

如果 $\boldsymbol{\alpha}_1$，$\boldsymbol{\alpha}_2$，$\boldsymbol{\alpha}_3$ 线性相关，则 $\lambda=1$ 或 $\lambda=-2$.

当 $\lambda=1$ 时，秩$(\boldsymbol{A})=$秩$(\widetilde{\boldsymbol{A}})=1$，方程组有无穷多组解. $\boldsymbol{\beta}$ 可以由 $\boldsymbol{\alpha}_1$，$\boldsymbol{\alpha}_2$，$\boldsymbol{\alpha}_3$ 线性表示，且表示法不唯一.

当 $\lambda=-2$ 时，秩$(\boldsymbol{A})=2$，秩$(\widetilde{\boldsymbol{A}})=3$，方程组无解，$\boldsymbol{\beta}$ 不能由 $\boldsymbol{\alpha}_1$，$\boldsymbol{\alpha}_2$，$\boldsymbol{\alpha}_3$ 线性表示.

例 3-21 设 $\boldsymbol{A}$ 是 5×4 矩阵，秩$(\boldsymbol{A})=3$，若 $\boldsymbol{\alpha}_1$，$\boldsymbol{\alpha}_2$，$\boldsymbol{\alpha}_3$ 是非齐次线性方程组 $\boldsymbol{AX}=\boldsymbol{b}$ 的三个不同的解，且

$$\boldsymbol{\alpha}_1+\boldsymbol{\alpha}_2=(2,1,0,0)^{\mathrm{T}},\quad\boldsymbol{\alpha}_2+\boldsymbol{\alpha}_3=(1,0,-2,0)^{\mathrm{T}},$$

求 $\boldsymbol{AX}=\boldsymbol{b}$ 的通解.

> 本题的通解是通过解的性质求出的.

解 由于秩$(\boldsymbol{A})=3$，所以导出方程组 $\boldsymbol{AX}=\boldsymbol{0}$ 的解空间的维数

是$4-\text{秩}(\boldsymbol{A})=4-3=1$，且

$$\boldsymbol{\alpha}_1-\boldsymbol{\alpha}_3=(\boldsymbol{\alpha}_1+\boldsymbol{\alpha}_2)-(\boldsymbol{\alpha}_2+\boldsymbol{\alpha}_3)=(1,1,2,0)^{\mathrm{T}},$$

即 $\boldsymbol{\alpha}_1-\boldsymbol{\alpha}_3$ 是 $\boldsymbol{AX}=\boldsymbol{0}$ 的一个非零解，可取其为一个基础解系，又由

$$\boldsymbol{A}(\boldsymbol{\alpha}_1+\boldsymbol{\alpha}_2)=\boldsymbol{A}\boldsymbol{\alpha}_1+\boldsymbol{A}\boldsymbol{\alpha}_2=2\boldsymbol{b}$$

知

$$\frac{1}{2}(\boldsymbol{\alpha}_1+\boldsymbol{\alpha}_2)=\left(1,\frac{1}{2},0,0\right)^{\mathrm{T}},$$

为 $\boldsymbol{AX}=\boldsymbol{b}$ 的一个解.

根据线性方程组解的结构知其通解可表示为

$$\left(1,\frac{1}{2},0,0\right)^{\mathrm{T}}+k(1,1,2,0)^{\mathrm{T}},$$

其中 k 为任意常数.

例 3-22　已知下列线性方程组

$$(\text{I})\begin{cases}x_1+x_2-2x_4=-6,\\4x_1-x_2-x_3-x_4=1,\\3x_1-x_2-x_3=3;\end{cases}$$

$$(\text{II})\begin{cases}x_1+mx_2-x_3-x_4=-5,\\nx_2-x_3-2x_4=-11,\\x_3-2x_4=t.\end{cases}$$

(1) 求解线性方程组(Ⅰ)；

(2) 当线性方程组(Ⅱ)中参数 m，n，t 为何值时，(Ⅰ)与(Ⅱ)同解？

解　(1) 对(Ⅰ)的增广矩阵实施行初等行变换

$$\tilde{\boldsymbol{A}}=\left(\begin{array}{cccc:c}1&1&0&-2&-6\\4&-1&-1&-1&1\\3&-1&-1&0&3\end{array}\right)\longrightarrow\left(\begin{array}{cccc:c}1&0&0&-1&-2\\0&1&0&-1&-4\\0&0&1&-2&-5\end{array}\right).$$

由于$\text{秩}(\boldsymbol{A})=\text{秩}(\tilde{\boldsymbol{A}})=3<4$. 故方程组(Ⅰ)有通解

$$(-2,-4,-5,0)^{\mathrm{T}}+k(1,1,2,1)^{\mathrm{T}},$$

其中 k 为任意常数.

(2) 将(Ⅰ)的通解分别代入(Ⅱ)的三个方程，解得 $m=2$，$n=4$，$t=-5$.

即当 $m=2$，$n=4$，$t=-5$ 时，方程组(Ⅰ)的解全部为(Ⅱ)的解. 这时(Ⅱ)即为

$$(\text{III})\qquad\begin{cases}x_1+2x_2-x_3-x_4=-5,\\4x_2-x_3-2x_4=-11,\\x_3-2x_4=-5.\end{cases}$$

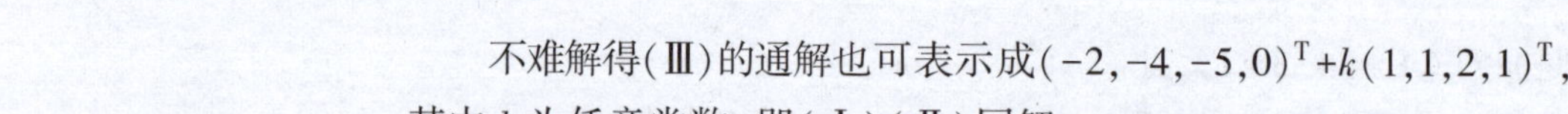

不难解得(Ⅲ)的通解也可表示成$(-2,-4,-5,0)^{\mathrm{T}}+k(1,1,2,1)^{\mathrm{T}}$，其中$k$为任意常数. 即(Ⅰ)(Ⅱ)同解.

注意：在求m，n，t后，要特别注意验证方程组(Ⅱ)的通解与(Ⅰ)的通解完全相同.

一般地，两个线性方程组$\boldsymbol{AX}=\boldsymbol{a}$和$\boldsymbol{BX}=\boldsymbol{b}$同解的充要条件是增广矩阵$\widetilde{\boldsymbol{A}}=(\boldsymbol{A},\boldsymbol{a})$和$\widetilde{\boldsymbol{B}}=(\boldsymbol{B},\boldsymbol{b})$的行向量组等价.

习题 3.5

部分习题详解

1. 求下列齐次线性方程组的一个基础解系：

$$(1)\begin{cases}x_1+x_2+x_3+4x_4=0,\\2x_1+x_2+3x_3+5x_4=0,\\3x_1+x_2+5x_3+6x_4=0;\end{cases}\quad(2)\begin{cases}x_1-8x_2+10x_3+2x_4=0,\\3x_1+8x_2+6x_3-2x_4=0,\\2x_1+4x_2+5x_3-x_4=0.\end{cases}$$

2. 用基础解系的线性组合的形式表示下列线性方程组的通解：

$$(1)\begin{cases}x_1+2x_2+2x_4=5,\\-2x_1-5x_2+x_3-x_4=-8,\\-3x_2+3x_3+4x_4=1,\\3x_1+6x_2-7x_4=2;\end{cases}\quad(2)\begin{cases}x_1+x_2-x_3+2x_4=3,\\2x_1+x_2-3x_4=1,\\-2x_1-2x_3+10x_4=4.\end{cases}$$

3. 设$\boldsymbol{\alpha}_1$，$\boldsymbol{\alpha}_2$，$\boldsymbol{\alpha}_3$是齐次线性方程组$\boldsymbol{AX}=\boldsymbol{0}$的一个基础解系，证明：$\boldsymbol{\alpha}_2-\boldsymbol{\alpha}_3$，$3\boldsymbol{\alpha}_1+2\boldsymbol{\alpha}_2+\boldsymbol{\alpha}_3$，$\boldsymbol{\alpha}_1-2\boldsymbol{\alpha}_2-\boldsymbol{\alpha}_3$也是一个基础解系.

4. 设$\boldsymbol{\eta}_1$，$\boldsymbol{\eta}_2$，$\boldsymbol{\eta}_3$是4元非齐次线性方程组$\boldsymbol{AX}=\boldsymbol{b}$的三个解向量，且$R(\boldsymbol{A})=3$，其中$\boldsymbol{\eta}_1=\begin{pmatrix}1\\9\\4\\9\end{pmatrix}$，$\boldsymbol{\eta}_2+\boldsymbol{\eta}_3=\begin{pmatrix}2\\0\\0\\8\end{pmatrix}$，求$\boldsymbol{AX}=\boldsymbol{b}$的通解.

5. 设$\boldsymbol{A}=\begin{pmatrix}1&2&2&1\\2&1&-2&-2\\1&-1&-4&-3\end{pmatrix}$，求一个秩为2的矩阵$\boldsymbol{B}$，使得$\boldsymbol{AB}=\boldsymbol{O}$.

6. 求一个齐次线性方程组$\boldsymbol{AX}=\boldsymbol{0}$，使得向量组$\boldsymbol{\eta}_1=(1,2,3,4)^{\mathrm{T}}$，$\boldsymbol{\eta}_2=(4,3,2,1)^{\mathrm{T}}$是它的一个基础解系.

第7题的结论是一般结论，可以直接使用.

7. 设$\boldsymbol{A}$是实数矩阵，证明：$\boldsymbol{AX}=\boldsymbol{0}$与$\boldsymbol{A}^{\mathrm{T}}\boldsymbol{AX}=\boldsymbol{0}$同解，从而矩阵$\boldsymbol{A}$与$\boldsymbol{A}^{\mathrm{T}}\boldsymbol{A}$的秩相等.

请思考相关结论.

8. 设非齐次线性方程组$\boldsymbol{AX}=\boldsymbol{b}$所对应的齐次线性方程组$\boldsymbol{AX}=\boldsymbol{0}$的基础解系为$\boldsymbol{\eta}_1$，$\boldsymbol{\eta}_2$，…，$\boldsymbol{\eta}_{n-r}$，且$\boldsymbol{\xi}^*$为$\boldsymbol{AX}=\boldsymbol{b}$的一个特解，

试证：$\boldsymbol{\eta}_1$，$\boldsymbol{\eta}_2$，…，$\boldsymbol{\eta}_{n-r}$，$\boldsymbol{\xi}^*$ 线性无关.

第 8 题的进一步思考

部分习题详解

总习题三

一、问答题

1. 设非齐次线性方程组 $\boldsymbol{AX}=\boldsymbol{b}$ 和齐次线性方程组 $\boldsymbol{AX}=\boldsymbol{0}$.

(1)若 $\boldsymbol{AX}=\boldsymbol{0}$ 只有零解，能否由此推出 $\boldsymbol{AX}=\boldsymbol{b}$ 有唯一解？若 $\boldsymbol{AX}=\boldsymbol{b}$ 有唯一解，能否由此断言 $\boldsymbol{AX}=\boldsymbol{0}$ 只有零解？为什么？

(2)若 $\boldsymbol{AX}=\boldsymbol{0}$ 有非零解，能否由此推出 $\boldsymbol{AX}=\boldsymbol{b}$ 有无穷多个解？若 $\boldsymbol{AX}=\boldsymbol{b}$ 有无穷多个解，能否由此断言 $\boldsymbol{AX}=\boldsymbol{0}$ 只有非零解？为什么？

2. 在 $\mathbf{R}^3$ 中，任一平面是它的子空间吗？为什么？

3. 在 $\mathbf{R}^3$ 中，请利用三向量 $\boldsymbol{\alpha}_1$，$\boldsymbol{\alpha}_2$，$\boldsymbol{\alpha}_3$ 的位置关系，理解它们的线性相关性.

4. 请思考在 $\mathbf{R}^n$ 中，向量的维数与向量空间的维数的区别．请问三维空间 V 中可以有四维向量吗？

5. 试从空间三平面的位置关系理解线性方程组有解判定定理和解的结构定理.

几何直观是开展数学活动的一种技能. 请扫描二维码了解第 5 题的分析.

第 5 题的分析

二、单项选择题

1. 设 $\boldsymbol{\beta}$，$\boldsymbol{\alpha}_1$，$\boldsymbol{\alpha}_2$ 线性相关，$\boldsymbol{\beta}$，$\boldsymbol{\alpha}_2$，$\boldsymbol{\alpha}_3$ 线性无关，则正确的结论是(　　).

A. $\boldsymbol{\alpha}_1$，$\boldsymbol{\alpha}_2$，$\boldsymbol{\alpha}_3$ 线性相关　　B. $\boldsymbol{\alpha}_1$，$\boldsymbol{\alpha}_2$，$\boldsymbol{\alpha}_3$ 线性无关

C. $\boldsymbol{\alpha}_1$ 可由 $\boldsymbol{\beta}$，$\boldsymbol{\alpha}_2$，$\boldsymbol{\alpha}_3$ 线性表示　D. $\boldsymbol{\beta}$ 可由 $\boldsymbol{\alpha}_1$，$\boldsymbol{\alpha}_2$ 线性表示

2. 齐次线性方程组 $\begin{cases}\lambda x_1+x_2+\lambda^2x_3=0,\\ x_1+\lambda x_2+x_3=0,\\ x_1+x_2+\lambda x_3=0\end{cases}$ 的系数矩阵记为 $\boldsymbol{A}$，若存在 3 阶矩阵 $\boldsymbol{B}\neq 0$，使得 $\boldsymbol{AB}=0$，则(　　).

A. $\lambda=-2$ 且 $|\boldsymbol{B}|=0$　　B. $\lambda=-2$ 且 $|\boldsymbol{B}|\neq 0$

C. $\lambda=1$ 且 $|\boldsymbol{B}|=0$　　D. $\lambda=1$ 且 $|\boldsymbol{B}|\neq 0$

3. 设 n 元线性方程组 $\boldsymbol{AX}=\boldsymbol{0}$ 的系数矩阵 $\boldsymbol{A}$ 的秩为 $n-3$，且 $\boldsymbol{\alpha}_1$，$\boldsymbol{\alpha}_2$，$\boldsymbol{\alpha}_3$ 为线性方程组 $\boldsymbol{AX}=\boldsymbol{0}$ 的三个线性无关的解向量，则方程组 $\boldsymbol{AX}=\boldsymbol{0}$ 的基础解系可以为(　　).

第 3 题，作为选择题可以用排除法，向量组线性相关性的判定可以用观察法、分块矩阵法等.

A. $\boldsymbol{\alpha}_1+\boldsymbol{\alpha}_2$，$\boldsymbol{\alpha}_2+\boldsymbol{\alpha}_3$，$\boldsymbol{\alpha}_3+\boldsymbol{\alpha}_1$　　B. $\boldsymbol{\alpha}_2-\boldsymbol{\alpha}_1$，$\boldsymbol{\alpha}_3-\boldsymbol{\alpha}_2$，$\boldsymbol{\alpha}_1-\boldsymbol{\alpha}_3$

C. $2\boldsymbol{\alpha}_2-\boldsymbol{\alpha}_1$，$\dfrac{1}{2}\boldsymbol{\alpha}_3-\boldsymbol{\alpha}_2$，$\boldsymbol{\alpha}_1-\boldsymbol{\alpha}_3$　D. $\boldsymbol{\alpha}_1+\boldsymbol{\alpha}_2+\boldsymbol{\alpha}_3$，$\boldsymbol{\alpha}_3-\boldsymbol{\alpha}_2$，$-\boldsymbol{\alpha}_1-2\boldsymbol{\alpha}_3$

4. 设 $\boldsymbol{A}$ 为 $n(n>2)$ 阶矩阵，$\boldsymbol{A}^*$ 是 $\boldsymbol{A}$ 的伴随矩阵，齐次线性方程组 $\boldsymbol{AX}=\boldsymbol{0}$ 有两个线性无关的解，则(　　).

A. $\boldsymbol{AX}=\boldsymbol{0}$ 的解均为 $\boldsymbol{A}^*\boldsymbol{X}=\boldsymbol{0}$ 的解

B. $\boldsymbol{A}^*\boldsymbol{X}=\boldsymbol{0}$ 的解均为 $\boldsymbol{AX}=\boldsymbol{0}$ 的解

C. $\boldsymbol{AX}=\boldsymbol{0}$ 与 $\boldsymbol{A}^*\boldsymbol{X}=\boldsymbol{0}$ 有唯一公共非零解

D. $\boldsymbol{AX}=\boldsymbol{0}$ 与 $\boldsymbol{A}^*\boldsymbol{X}=\boldsymbol{0}$ 无公共非零解

5. 设向量组 $\boldsymbol{\alpha}_1$，$\boldsymbol{\alpha}_2$ 是方程组 $\boldsymbol{AX}=\boldsymbol{0}$ 的基础解系，$\boldsymbol{\beta}_1$，$\boldsymbol{\beta}_2$ 是方程组 $\boldsymbol{AX}=\boldsymbol{b}$ 的两个解向量，k_1，k_2 是任意常数，则方程组 $\boldsymbol{AX}=\boldsymbol{b}$ 的通解为(　　).

A. $\boldsymbol{x}=k_1\boldsymbol{\alpha}_1+k_2\boldsymbol{\alpha}_2+\dfrac{\boldsymbol{\beta}_1-\boldsymbol{\beta}_2}{2}$

B. $\boldsymbol{x}=k_1\boldsymbol{\alpha}_1+k_2(\boldsymbol{\alpha}_1-\boldsymbol{\alpha}_2)+\dfrac{\boldsymbol{\beta}_1+\boldsymbol{\beta}_2}{2}$

C. $\boldsymbol{x}=k_1\boldsymbol{\alpha}_1+k_2(\boldsymbol{\beta}_1-\boldsymbol{\beta}_2)+\dfrac{\boldsymbol{\beta}_1+\boldsymbol{\beta}_2}{2}$

D. $\boldsymbol{x}=k_1\boldsymbol{\alpha}_1+k_2(\boldsymbol{\alpha}_1+\boldsymbol{\alpha}_2)+\dfrac{\boldsymbol{\beta}_1-\boldsymbol{\beta}_2}{2}$

6. 设 $\boldsymbol{A}=\boldsymbol{PQ}$，其中 $\boldsymbol{P}$，$\boldsymbol{Q}$ 是初等矩阵，则非齐次线性方程组 $\boldsymbol{AX}=\boldsymbol{\beta}$ (　　).

A. 无解　B. 可能有解　C. 有无穷多组解　D. 有唯一解

> 第7题是一道硕士研究生入学考试题，选项A、B、C为三直线交于一点的必要条件，不是充分条件．易错选C，但注意$R(\boldsymbol{\alpha}_1,\boldsymbol{\alpha}_2,\boldsymbol{\alpha}_3)=R(\boldsymbol{\alpha}_1,\boldsymbol{\alpha}_2)=1$时，三直线重合.

7. 设 $\boldsymbol{\alpha}_1=\begin{pmatrix}a_1\\a_2\\a_3\end{pmatrix}$，$\boldsymbol{\alpha}_2=\begin{pmatrix}b_1\\b_2\\b_3\end{pmatrix}$，$\boldsymbol{\alpha}_3=\begin{pmatrix}c_1\\c_2\\c_3\end{pmatrix}$，则三条直线 $a_1x+b_1y+c_1=0$，$a_2x+b_2y+c_2=0$，$a_3x+b_3y+c_3=0$(其中 $a_i^2+b_i^2\neq0$，$i=1$，2，3)交于一点的充要条件是(　　).

A. $\boldsymbol{\alpha}_1$，$\boldsymbol{\alpha}_2$，$\boldsymbol{\alpha}_3$ 线性相关

B. $\boldsymbol{\alpha}_1$，$\boldsymbol{\alpha}_2$ 线性无关；

C. 秩 $r(\boldsymbol{\alpha}_1,\boldsymbol{\alpha}_2,\boldsymbol{\alpha}_3)=$ 秩 $r(\boldsymbol{\alpha}_1,\boldsymbol{\alpha}_2)$

D. $\boldsymbol{\alpha}_1$，$\boldsymbol{\alpha}_2$，$\boldsymbol{\alpha}_3$ 线性相关，$\boldsymbol{\alpha}_1$，$\boldsymbol{\alpha}_2$ 线性无关

8. 设向量组Ⅰ：$\boldsymbol{\alpha}_1$，$\boldsymbol{\alpha}_2$，…，$\boldsymbol{\alpha}_r$ 可由向量组Ⅱ：$\boldsymbol{\beta}_1$，$\boldsymbol{\beta}_2$，…，$\boldsymbol{\beta}_s$ 线性表示，则(　　).

A. 当 $r<s$ 时，向量组Ⅱ必线性相关

B. 当 $r>s$ 时，向量组Ⅱ必线性相关

C. 当 $r<s$ 时，向量组Ⅰ必线性相关

D. 当 $r>s$ 时，向量组Ⅰ必线性相关

9. 设 $\boldsymbol{A}$，$\boldsymbol{B}$ 为满足 $\boldsymbol{AB}=\boldsymbol{O}$ 的任意两个非零矩阵，则必有(　　).

A. $\boldsymbol{A}$ 的列向量组线性相关，$\boldsymbol{B}$ 的行向量组线性相关

B. $\boldsymbol{A}$ 的列向量组线性相关，$\boldsymbol{B}$ 的列向量组线性无关

C. $\boldsymbol{A}$ 的行向量组线性无关，$\boldsymbol{B}$ 的行向量组线性相关

D. $\boldsymbol{A}$ 的行向量组线性无关，$\boldsymbol{B}$ 的列向量组线性无关

10. 设 $\boldsymbol{A}=(\boldsymbol{\alpha}_1,\boldsymbol{\alpha}_2,\boldsymbol{\alpha}_3,\boldsymbol{\alpha}_4)$ 是 4 阶矩阵，$\boldsymbol{A}^*$ 是 $\boldsymbol{A}$ 的伴随矩阵，若 $\boldsymbol{\eta}=(1,0,1,0)^{\mathrm{T}}$ 是 $\boldsymbol{A}\boldsymbol{x}=\boldsymbol{0}$ 的一个基础解系，则 $\boldsymbol{A}^*\boldsymbol{x}=\boldsymbol{0}$ 的基础解系可以为(　　).

A. $\boldsymbol{\alpha}_1$，$\boldsymbol{\alpha}_2$　B. $\boldsymbol{\alpha}_1$，$\boldsymbol{\alpha}_3$　C. $\boldsymbol{\alpha}_1$，$\boldsymbol{\alpha}_2$，$\boldsymbol{\alpha}_3$　D. $\boldsymbol{\alpha}_2$，$\boldsymbol{\alpha}_3$，$\boldsymbol{\alpha}_4$

三、解答题

1. 设向量组 $\boldsymbol{\alpha}_1=\begin{pmatrix}1\\-2\\-2\end{pmatrix}$，$\boldsymbol{\alpha}_2=\begin{pmatrix}-1\\3\\0\end{pmatrix}$，$\boldsymbol{\alpha}_3=\begin{pmatrix}1\\0\\-6\end{pmatrix}$，$\boldsymbol{\alpha}_4=\begin{pmatrix}-3\\8\\2\end{pmatrix}$，$\boldsymbol{\beta}_1=\begin{pmatrix}0\\1\\-2\end{pmatrix}$，$\boldsymbol{\beta}_2=\begin{pmatrix}-2\\5\\-6\end{pmatrix}$.

(1)求 $\boldsymbol{\alpha}_1$，$\boldsymbol{\alpha}_2$，$\boldsymbol{\alpha}_3$，$\boldsymbol{\alpha}_4$ 的一个极大线性无关组；

(2)问 $\boldsymbol{\beta}_1$，$\boldsymbol{\beta}_2$ 能否由 $\boldsymbol{\alpha}_1$，$\boldsymbol{\alpha}_2$，$\boldsymbol{\alpha}_3$，$\boldsymbol{\alpha}_4$ 的一个极大线性无关组线性表示？为什么？

2. 设向量组 $\boldsymbol{\alpha}_1=\begin{pmatrix}1\\0\\2\\3\end{pmatrix}$，$\boldsymbol{\alpha}_2=\begin{pmatrix}1\\1\\3\\5\end{pmatrix}$，$\boldsymbol{\alpha}_3=\begin{pmatrix}1\\-1\\a+2\\1\end{pmatrix}$，$\boldsymbol{\alpha}_4=\begin{pmatrix}1\\2\\4\\a+8\end{pmatrix}$，$\boldsymbol{\beta}=\begin{pmatrix}1\\1\\b+3\\5\end{pmatrix}$，试问：

(1)当 a，b 为何值时，$\boldsymbol{\beta}$ 能由 $\boldsymbol{\alpha}_1$，$\boldsymbol{\alpha}_2$，$\boldsymbol{\alpha}_3$，$\boldsymbol{\alpha}_4$ 唯一的线性表示？

(2)当 a，b 为何值时，$\boldsymbol{\beta}$ 不能由 $\boldsymbol{\alpha}_1$，$\boldsymbol{\alpha}_2$，$\boldsymbol{\alpha}_3$，$\boldsymbol{\alpha}_4$ 线性表示？

(3)当 a，b 为何值时，$\boldsymbol{\beta}$ 能由 $\boldsymbol{\alpha}_1$，$\boldsymbol{\alpha}_2$，$\boldsymbol{\alpha}_3$，$\boldsymbol{\alpha}_4$ 线性表示，但表示法不唯一，并写出表示式.

3. 已知 4 阶方阵 $\boldsymbol{A}=(\boldsymbol{\alpha}_1,\boldsymbol{\alpha}_2,\boldsymbol{\alpha}_3,\boldsymbol{\alpha}_4)$，其中 $\boldsymbol{\alpha}_1$，$\boldsymbol{\alpha}_2$，$\boldsymbol{\alpha}_3$，$\boldsymbol{\alpha}_4$ 均为 4 维的列向量，且 $\boldsymbol{\alpha}_2$，$\boldsymbol{\alpha}_3$，$\boldsymbol{\alpha}_4$ 线性无关，$\boldsymbol{\alpha}_1=3\boldsymbol{\alpha}_2-\boldsymbol{\alpha}_3$，若 $\boldsymbol{\beta}=\boldsymbol{\alpha}_1-\boldsymbol{\alpha}_2+\boldsymbol{\alpha}_3-\boldsymbol{\alpha}_4$，求线性方程组 $\boldsymbol{A}\boldsymbol{X}=\boldsymbol{\beta}$ 的通解.

4. 已知向量组 $\boldsymbol{\beta}_1=\begin{pmatrix}0\\1\\-1\end{pmatrix}$，$\boldsymbol{\beta}_2=\begin{pmatrix}a\\2\\1\end{pmatrix}$，$\boldsymbol{\beta}_3=\begin{pmatrix}b\\1\\0\end{pmatrix}$ 与 $\boldsymbol{\alpha}_1=\begin{pmatrix}1\\2\\-3\end{pmatrix}$，$\boldsymbol{\alpha}_2=\begin{pmatrix}3\\0\\1\end{pmatrix}$，$\boldsymbol{\alpha}_3=\begin{pmatrix}9\\6\\-7\end{pmatrix}$ 具有相同的秩，且 $\boldsymbol{\beta}_3$ 能由 $\boldsymbol{\alpha}_1$，$\boldsymbol{\alpha}_2$，$\boldsymbol{\alpha}_3$ 线性表示，求 a，b 的值.

5. 设向量组Ⅰ：$\boldsymbol{\alpha}_1$，$\boldsymbol{\alpha}_2$，$\boldsymbol{\alpha}_3$；向量组Ⅱ：$\boldsymbol{\alpha}_1$，$\boldsymbol{\alpha}_2$，$\boldsymbol{\alpha}_3$，$\boldsymbol{\alpha}_4$；向量组Ⅲ：$\boldsymbol{\alpha}_1$，$\boldsymbol{\alpha}_2$，$\boldsymbol{\alpha}_3$，$\boldsymbol{\alpha}_5$；向量组Ⅳ：$\boldsymbol{\alpha}_1$，$\boldsymbol{\alpha}_2$，$\boldsymbol{\alpha}_3$，$\boldsymbol{\alpha}_4+\boldsymbol{\alpha}_5$，且$R(\text{Ⅰ})=R(\text{Ⅱ})=3$，$R(\text{Ⅲ})=4$，证明：则$R(\text{Ⅳ})=4$.

6. 设向量组 $\boldsymbol{\alpha}_1=(1,4,1,0)^{\mathrm{T}}$，$\boldsymbol{\alpha}_2=(2,1,-1,-3)^{\mathrm{T}}$，$\boldsymbol{\alpha}_3=(1,0,-3,-1)^{\mathrm{T}}$，$\boldsymbol{\alpha}_4=(0,2,-6,3)^{\mathrm{T}}$，试求：(1)向量组的秩和一个极大线性无关组；(2)用这个极大线性无关组表示其余向量.

7. 已知线性方程组$\begin{cases}x_1+x_2+2x_3=3,\\x_1+ax_2+x_3=2,\\x_1+x_2+ax_3=2,\end{cases}$

(1)讨论 a 为何值时，方程组无解、唯一解、无穷多个解？

(2)当方程组有无穷多个解时，求方程组的通解.

8. 设向量组$\boldsymbol{\alpha}_1=\begin{pmatrix}1\\1\\0\end{pmatrix}$，$\boldsymbol{\alpha}_2=\begin{pmatrix}5\\3\\2\end{pmatrix}$，$\boldsymbol{\alpha}_3=\begin{pmatrix}1\\3\\-1\end{pmatrix}$，$\boldsymbol{\alpha}_4=\begin{pmatrix}2\\-2\\3\end{pmatrix}$，

(1)证明：$\boldsymbol{\alpha}_1$，$\boldsymbol{\alpha}_2$，$\boldsymbol{\alpha}_3$ 线性无关；

(2)若3阶矩阵$\boldsymbol{A}$满足$\boldsymbol{A\alpha}_1=\boldsymbol{\alpha}_2$，$\boldsymbol{A\alpha}_2=\boldsymbol{\alpha}_3$，$\boldsymbol{A\alpha}_3=\boldsymbol{\alpha}_4$，求$\boldsymbol{A\alpha}_4$.

9. 设线性方程组$\begin{cases}x_1+x_2+x_3=0,\\x_1+2x_2+ax_3=0,\\x_1+4x_2+a^2x_3=0\end{cases}$与方程 $x_1+2x_2+x_3=a-1$ 有公共解，求 a 的值及所有的公共解.

10. 设$\boldsymbol{A}=\begin{pmatrix}1&-1&-1\\-1&1&1\\0&-4&-2\end{pmatrix}$，$\boldsymbol{\alpha}=\begin{pmatrix}-1\\1\\-2\end{pmatrix}$，

(1)求满足$\boldsymbol{A\beta}=\boldsymbol{\alpha}$，$\boldsymbol{A}^2\boldsymbol{\gamma}=\boldsymbol{\alpha}$的所有向量$\boldsymbol{\beta}$，$\boldsymbol{\gamma}$；

(2)对(1)的任意向量$\boldsymbol{\beta}$，$\boldsymbol{\gamma}$，证明：$\boldsymbol{\alpha}$，$\boldsymbol{\beta}$，$\boldsymbol{\gamma}$线性无关.

11. 设$\boldsymbol{A}$，$\boldsymbol{B}$都是 $m\times n$ 矩阵，证明：$R(\boldsymbol{A}+\boldsymbol{B})\leqslant R(\boldsymbol{A},\boldsymbol{B})$；$R(\boldsymbol{A}+\boldsymbol{B})\leqslant R(\boldsymbol{A})+R(\boldsymbol{B})$.

12. 设$\boldsymbol{A}$为 n 阶矩阵，$\boldsymbol{A}^*$为$\boldsymbol{A}$的伴随矩阵，如果存在 n 维非零列向量$\boldsymbol{\alpha}$使得$\boldsymbol{A\alpha}=\boldsymbol{0}$. 证明：非齐次方程组$\boldsymbol{A}^*\boldsymbol{X}=\boldsymbol{\alpha}$有解的充分必要条件是矩阵$\boldsymbol{A}$的秩为$n-1$.

趣闻轶事

第 4 章 矩阵相似对角化

本章首先把几何空间 $\mathbf{R}^3$ 中的数量积推广到向量空间 $\mathbf{R}^n$，定义欧氏空间，然后讨论矩阵的相似化简问题.

4.1 欧氏空间 $\mathbf{R}^n$

在 n 维向量空间 $\mathbf{R}^n$ 的定义中，只有向量的线性运算，没有讨论向量的长度和夹角. 那么怎样才能在向量空间里建立度量呢？首先引进内积的概念.

4.1.1 内积的概念

将三维向量空间 $\mathbf{R}^3$ 与解析几何课程中几何空间对比，我们会发现前者缺少向量的一些几何度量性质，诸如向量的长度、夹角等，但它们在许多问题的讨论中有着特殊的地位和作用.

引入内积的原因

定义 4-1 在 n 维向量空间 $\mathbf{R}^n$ 中，对任意两个向量 $\boldsymbol{\alpha}=(a_1,a_2,\cdots,a_n)^{\mathrm{T}}$，$\boldsymbol{\beta}=(b_1,b_2,\cdots,b_n)^{\mathrm{T}}$，定义 $\mathbf{R}^n$ 中内积 $\langle\boldsymbol{\alpha},\boldsymbol{\beta}\rangle$ 为

$$\langle\boldsymbol{\alpha},\boldsymbol{\beta}\rangle=a_1b_1+a_2b_2+\cdots+a_nb_n. \tag{4-1}$$

根据定义不难证明内积 $\langle\boldsymbol{\alpha},\boldsymbol{\beta}\rangle$ 有如下性质：

(1) 对称性 $\langle\boldsymbol{\alpha},\boldsymbol{\beta}\rangle=\langle\boldsymbol{\beta},\boldsymbol{\alpha}\rangle$；

(2) 线性性 $\langle\boldsymbol{\alpha}_1+\boldsymbol{\alpha}_2,\boldsymbol{\beta}\rangle=\langle\boldsymbol{\alpha}_1,\boldsymbol{\beta}\rangle+\langle\boldsymbol{\alpha}_2,\boldsymbol{\beta}\rangle$

$\langle k\boldsymbol{\alpha},\boldsymbol{\beta}\rangle=k\langle\boldsymbol{\alpha},\boldsymbol{\beta}\rangle$；

(3) 正定性 $\langle\boldsymbol{\alpha},\boldsymbol{\alpha}\rangle\geqslant 0$，等号成立当且仅当 $\boldsymbol{\alpha}=\mathbf{0}$.

定义了内积 $\langle\boldsymbol{\alpha},\boldsymbol{\beta}\rangle$ 的向量空间 $\mathbf{R}^n$ 称为欧氏(Euclidean)空间.

例 4-1 在欧氏空间 $\mathbf{R}^3$ 中，设 $\boldsymbol{\alpha}_1=(1,-3,4)^{\mathrm{T}}$，$\boldsymbol{\alpha}_2=(1,0,5)^{\mathrm{T}}$，求 $\langle\boldsymbol{\alpha},\boldsymbol{\beta}\rangle$ 和 $\langle\boldsymbol{\alpha}+\boldsymbol{\beta},\boldsymbol{\alpha}-\boldsymbol{\beta}\rangle$.

解 $\langle\boldsymbol{\alpha},\boldsymbol{\beta}\rangle=\boldsymbol{\alpha}^{\mathrm{T}}\boldsymbol{\beta}=1\times1+(-3)\times0+4\times5=21$；$\langle\boldsymbol{\alpha}+\boldsymbol{\beta},\boldsymbol{\alpha}-\boldsymbol{\beta}\rangle=(\boldsymbol{\alpha}+\boldsymbol{\beta})^{\mathrm{T}}(\boldsymbol{\alpha}-\boldsymbol{\beta})=2\times0+(-3)\times(-3)+9\times(-1)=0$.

柯西-施瓦茨不等式是代数化身几何魂.

定理 4-1 向量的内积满足柯西-施瓦茨(Cauchy-Schwarz)不等式

$$\langle \boldsymbol{\alpha},\boldsymbol{\beta}\rangle^2 \leqslant \langle \boldsymbol{\alpha},\boldsymbol{\alpha}\rangle\langle \boldsymbol{\beta},\boldsymbol{\beta}\rangle, \tag{4-2}$$

其中等号成立的充分必要条件是向量 $\boldsymbol{\alpha}$, $\boldsymbol{\beta}$ 线性相关.

证明 若 $\boldsymbol{\alpha}=\mathbf{0}$ 或 $\boldsymbol{\beta}=\mathbf{0}$ 显然成立，下设 $\boldsymbol{\alpha}\neq\mathbf{0}$，且 $\boldsymbol{\beta}\neq\mathbf{0}$. 由内积的正定性，有

$$0\leqslant\langle \lambda\boldsymbol{\alpha}+\boldsymbol{\beta},\lambda\boldsymbol{\alpha}+\boldsymbol{\beta}\rangle=\langle \boldsymbol{\alpha},\boldsymbol{\alpha}\rangle\lambda^2+2\langle \boldsymbol{\alpha},\boldsymbol{\beta}\rangle\lambda+\langle \boldsymbol{\beta},\boldsymbol{\beta}\rangle.$$

而上式右端是实变量 λ 的二次三项式，其值恒非负，且 λ^2 系数 $\langle \boldsymbol{\alpha},\boldsymbol{\alpha}\rangle>0$，故它没有互异实根，因此判别式

$$[2\langle \boldsymbol{\alpha},\boldsymbol{\beta}\rangle]^2-4\langle \boldsymbol{\alpha},\boldsymbol{\alpha}\rangle\langle \boldsymbol{\beta},\boldsymbol{\beta}\rangle\leqslant 0,$$

即

$$\langle \boldsymbol{\alpha},\boldsymbol{\beta}\rangle^2\leqslant\langle \boldsymbol{\alpha},\boldsymbol{\alpha}\rangle\langle \boldsymbol{\beta},\boldsymbol{\beta}\rangle$$

等号成立，即判别式为零的充分必要条件是二次三项式有二重根 $\lambda=k$，于是

$$\langle k\boldsymbol{\alpha}+\boldsymbol{\beta},k\boldsymbol{\alpha}+\boldsymbol{\beta}\rangle=0.$$

由内积的性质(3)可知 $k\boldsymbol{\alpha}+\boldsymbol{\beta}=\mathbf{0}$，即 $\boldsymbol{\alpha}$, $\boldsymbol{\beta}$ 线性相关.

因为

$$\begin{aligned}|\boldsymbol{\alpha}+\boldsymbol{\beta}|^2&=\langle \boldsymbol{\alpha}+\boldsymbol{\beta},\boldsymbol{\alpha}+\boldsymbol{\beta}\rangle\\&=\langle \boldsymbol{\alpha},\boldsymbol{\alpha}\rangle+2\langle \boldsymbol{\alpha},\boldsymbol{\beta}\rangle+\langle \boldsymbol{\beta},\boldsymbol{\beta}\rangle\\&\leqslant|\boldsymbol{\alpha}|^2+2|\boldsymbol{\alpha}||\boldsymbol{\beta}|+|\boldsymbol{\beta}|^2\\&=(|\boldsymbol{\alpha}|+|\boldsymbol{\beta}|)^2,\end{aligned}$$

所以

$$|\boldsymbol{\alpha}+\boldsymbol{\beta}|\leqslant|\boldsymbol{\alpha}|+|\boldsymbol{\beta}|. \tag{4-3}$$

式(4-3)称为三角形不等式.

空间夹角

定义 4-2 非负实数 $\sqrt{\langle \boldsymbol{\alpha},\boldsymbol{\alpha}\rangle}$ 称为向量 $\boldsymbol{\alpha}$ 的长度，记作 $|\boldsymbol{\alpha}|$.

$\mathbf{R}^n$ 中非零向量 $\boldsymbol{\alpha},\boldsymbol{\beta}$ 的夹角 $(\widehat{\boldsymbol{\alpha},\boldsymbol{\beta}})$ 的余弦定义为

$$\cos(\widehat{\boldsymbol{\alpha},\boldsymbol{\beta}})=\frac{\langle \boldsymbol{\alpha},\boldsymbol{\beta}\rangle}{|\boldsymbol{\alpha}|\ |\boldsymbol{\beta}|}.$$

正交(orthogonality)一词来源于希腊语(orthogonios)，意思是直角.

如果 $\boldsymbol{\alpha},\boldsymbol{\beta}\in\mathbf{R}^n$，且 $\langle \boldsymbol{\alpha},\boldsymbol{\beta}\rangle=0$，称 $\boldsymbol{\alpha}$ 与 $\boldsymbol{\beta}$ 正交. 对于 $\mathbf{R}^3$ 中非零向量 $\boldsymbol{\alpha},\boldsymbol{\beta}$，$\boldsymbol{\alpha}$ 与 $\boldsymbol{\beta}$ 正交当且仅当 $\boldsymbol{\alpha}$ 与 $\boldsymbol{\beta}$ 夹角为 $\frac{\pi}{2}$. 零向量与任何向量均正交.

称长度为 1 的向量为单位向量，如果非零向量 $\boldsymbol{\alpha}$ 的长度不为 1，取 $\boldsymbol{e}_\alpha=\frac{1}{|\boldsymbol{\alpha}|}\boldsymbol{\alpha}$，则

$$|\boldsymbol{e}_\alpha|^2=\langle \boldsymbol{e}_\alpha,\boldsymbol{e}_\alpha\rangle=\left\langle\frac{\boldsymbol{\alpha}}{|\boldsymbol{\alpha}|},\frac{\boldsymbol{\alpha}}{|\boldsymbol{\alpha}|}\right\rangle$$

$$=\frac{1}{|\boldsymbol{\alpha}|^2}\cdot\langle\boldsymbol{\alpha},\boldsymbol{\alpha}\rangle=\frac{1}{|\boldsymbol{\alpha}|^2}\cdot|\boldsymbol{\alpha}|^2=1.$$

故 $\boldsymbol{e}_\alpha$ 为单位向量，称 $\boldsymbol{e}_\alpha$ 为 $\boldsymbol{\alpha}$ 的单位向量.

例 4-2　设 $\boldsymbol{\alpha}_1=\begin{pmatrix}1\\-1\\2\end{pmatrix}$，$\boldsymbol{\alpha}_2=\begin{pmatrix}3\\1\\-1\end{pmatrix}$，$\boldsymbol{\alpha}_3=\begin{pmatrix}2\\3\\1\end{pmatrix}$ 是欧氏空间 $\mathbf{R}^3$ 中的三个向量.

(1)求 $\boldsymbol{\alpha}_1$ 的长度 $|\boldsymbol{\alpha}_1|$ 与 $\boldsymbol{\alpha}_1$ 同方向的单位向量 $\boldsymbol{e}_{\alpha_1}$；

(2) 求 $\boldsymbol{\alpha}_1$ 与 $\boldsymbol{\alpha}_2$ 夹角 θ 的余弦值 $\cos\theta$；

(3) 求矩阵 $\boldsymbol{A}=(a_{ij})_{3\times3}$，其中 $a_{ij}=(\boldsymbol{\alpha}_i,\boldsymbol{\alpha}_j)(i,j=1,2,3)$.

解　(1) $|\boldsymbol{\alpha}_1|=\sqrt{(\boldsymbol{\alpha}_1,\boldsymbol{\alpha}_1)}=\sqrt{6}$，$\boldsymbol{e}_{\alpha_1}=\dfrac{1}{|\boldsymbol{\alpha}_1|}\boldsymbol{\alpha}_1=\left(\dfrac{1}{\sqrt{6}},\dfrac{-1}{\sqrt{6}},\dfrac{2}{\sqrt{6}}\right)^{\mathrm{T}}$；

(2)因为 $(\boldsymbol{\alpha}_1,\boldsymbol{\alpha}_2)=3-1-2=0$，故 $\cos\theta=0$；

(3)因为 $(\boldsymbol{\alpha}_1,\boldsymbol{\alpha}_1)=6,(\boldsymbol{\alpha}_2,\boldsymbol{\alpha}_2)=11,(\boldsymbol{\alpha}_3,\boldsymbol{\alpha}_3)=14$,

$(\boldsymbol{\alpha}_1,\boldsymbol{\alpha}_2)=(\boldsymbol{\alpha}_2,\boldsymbol{\alpha}_1)=0,(\boldsymbol{\alpha}_1,\boldsymbol{\alpha}_3)=(\boldsymbol{\alpha}_3,\boldsymbol{\alpha}_1)=1,(\boldsymbol{\alpha}_2,\boldsymbol{\alpha}_3)=(\boldsymbol{\alpha}_3,\boldsymbol{\alpha}_2)=8$,

所以

$$\boldsymbol{A}=\begin{pmatrix}6&0&1\\0&11&8\\1&8&14\end{pmatrix}.$$

$\boldsymbol{\alpha}_1$，$\boldsymbol{\alpha}_2$，$\boldsymbol{\alpha}_3$ 线性无关，可以作为欧氏空间 $\mathbf{R}^3$ 的一组基. 矩阵 $\boldsymbol{A}$ 被称为基 $\boldsymbol{\alpha}_1$，$\boldsymbol{\alpha}_2$，$\boldsymbol{\alpha}_3$ 的度量矩阵.

欧氏空间中基的度量矩阵是正定矩阵.

从物理学看，功是力在空间上的积累，即能量，而能量守恒是基本的物理定理. 如何理解这里的“守恒”呢？

内积定义

4.1.2 标准正交基

在 $\mathbf{R}^3$ 中，直角坐标系在有关度量的计算中具有特殊的地位，而直角坐标系中的一组基 $\boldsymbol{i}=(1,0,0)$，$\boldsymbol{j}=(0,1,0)$，$\boldsymbol{k}=(0,0,1)$ 是最常使用的一组基，下面将其推广到 n 维欧氏空间 $\mathbf{R}^n$，并讨论这一类基的性质.

定义 4-3　欧氏空间中两两正交的且不含零向量的向量组称为**正交向量组**；由单位向量组成的正交向量组称为**标准正交向量组**；如果一组基中的向量是两两正交的，则称为**正交基**；如果正交基中每个向量都是单位向量，则称为**标准正交基**.

利用克罗内克(Kronecker)符号表示 $\delta_{ij}=\begin{cases}1, & i=j,\\0, & i\neq j,\end{cases}$ $\boldsymbol{\alpha}_1$，$\boldsymbol{\alpha}_2$，$\cdots$，$\boldsymbol{\alpha}_s$ 是标准正交向量组等价于它们满足

$$\langle \boldsymbol{\alpha}_i, \boldsymbol{\alpha}_j \rangle = \delta_{ij} \quad (i,j=1,2,\cdots,s). \tag{4-4}$$

$\boldsymbol{\varepsilon}_1$，$\boldsymbol{\varepsilon}_2$，$\boldsymbol{\varepsilon}_3$ 是 $\mathbf{R}^3$ 的一个标准正交基，而$(1,0)$，$(0,1)$与$(\cos\theta, -\sin\theta)$，$(\sin\theta,\cos\theta)$都是 $\mathbf{R}^2$ 的标准正交基.

以平面上的2维向量为例，两个向量垂直即为正交，而两个向量不共线即为线性无关，“垂直一定不共线”是显然的事实.

定理 4-2 设 $\boldsymbol{\alpha}_1$，$\boldsymbol{\alpha}_2$，…，$\boldsymbol{\alpha}_r$ 是不含零向量的正交向量组，则 $\boldsymbol{\alpha}_1$，$\boldsymbol{\alpha}_2$，…，$\boldsymbol{\alpha}_r$ 线性无关.

证明 对于常数 k_1，k_2，…，k_r，若

$$k_1\boldsymbol{\alpha}_1+k_2\boldsymbol{\alpha}_2+\cdots+k_r\boldsymbol{\alpha}_r=\mathbf{0},$$

两边用 $\boldsymbol{\alpha}_i$ 作内积，因为$\langle \boldsymbol{\alpha}_i,\boldsymbol{\alpha}_j\rangle=0(i\neq j)$，所以

$$\begin{aligned}0=\langle \boldsymbol{\alpha}_i,\mathbf{0}\rangle&=\langle \boldsymbol{\alpha}_i,k_1\boldsymbol{\alpha}_1+k_2\boldsymbol{\alpha}_2+\cdots+k_r\boldsymbol{\alpha}_r\rangle\\&=k_1\langle \boldsymbol{\alpha}_i,\boldsymbol{\alpha}_1\rangle+k_2\langle \boldsymbol{\alpha}_i,\boldsymbol{\alpha}_2\rangle+\cdots+k_r\langle \boldsymbol{\alpha}_i,\boldsymbol{\alpha}_r\rangle\\&=k_i\langle \boldsymbol{\alpha}_i,\boldsymbol{\alpha}_i\rangle.\end{aligned}$$

又 $\boldsymbol{\alpha}_i\neq\mathbf{0}$，所以$\langle \boldsymbol{\alpha}_i,\boldsymbol{\alpha}_i\rangle>0$，故 $k_i=0(i=1,2,\cdots,r)$，即 $\boldsymbol{\alpha}_1$，$\boldsymbol{\alpha}_2$，…，$\boldsymbol{\alpha}_r$ 线性无关. 证毕.

定理4-2中设 $\boldsymbol{\alpha}_1$，$\boldsymbol{\alpha}_2$，…，$\boldsymbol{\alpha}_r$ 为 n 维向量组，如果 $r=n$，则向量组即为 $\mathbf{R}^n$ 的一组正交基. 这说明，n 维欧氏空间中，两两正交的向量组不能超过 n 个. 这个事实的几何意义是明显的，即在平面上找不到三条两两垂直的直线；在空间找不到四个两两垂直的平面.

在欧氏空间 $\mathbf{R}^n$ 中，标准正交基是应用最广泛的基，下面重点讨论标准正交基的求法.

丹麦数学家格拉姆(J. Gram)和德国数学家施密特(E. Schmidt)把这一算法推广开来，用以构造标准正交基.

微课视频：施密特正交化方法

定理 4-3 (施密特正交化方法)设 $\boldsymbol{\alpha}_1$，$\boldsymbol{\alpha}_2$，…，$\boldsymbol{\alpha}_m(m\leqslant n)$是欧氏空间 $\mathbf{R}^n$ 中线性无关的向量组，则由如下方法：

$$\boldsymbol{\beta}_1=\boldsymbol{\alpha}_1,$$

$$\boldsymbol{\beta}_k=\boldsymbol{\alpha}_k-\sum_{i=1}^{k-1}\frac{\langle \boldsymbol{\alpha}_k,\boldsymbol{\beta}_i\rangle}{\langle \boldsymbol{\beta}_i,\boldsymbol{\beta}_i\rangle}\boldsymbol{\beta}_i \quad (k=2,3,\cdots,m). \tag{4-5}$$

所得向量组 $\boldsymbol{\beta}_1,\boldsymbol{\beta}_2$，…，$\boldsymbol{\beta}_m$ 是与 $\boldsymbol{\alpha}_1$，$\boldsymbol{\alpha}_2$，…，$\boldsymbol{\alpha}_m$ 等价的正交向量组.

证明 对向量个数施以归纳证明

$r=2$ 时，由式(4-5)

$$\boldsymbol{\beta}_1=\boldsymbol{\alpha}_1,$$

$$\boldsymbol{\beta}_2=\boldsymbol{\alpha}_2-\frac{\langle \boldsymbol{\alpha}_2,\boldsymbol{\beta}_1\rangle}{\langle \boldsymbol{\beta}_1,\boldsymbol{\beta}_1\rangle}\boldsymbol{\beta}_1,$$

所以

$$\langle \boldsymbol{\beta}_1,\boldsymbol{\beta}_2\rangle=\langle \boldsymbol{\alpha}_1,\boldsymbol{\alpha}_2\rangle-\frac{\langle \boldsymbol{\alpha}_2,\boldsymbol{\beta}_1\rangle}{\langle \boldsymbol{\beta}_1,\boldsymbol{\beta}_1\rangle}\langle \boldsymbol{\beta}_1,\boldsymbol{\alpha}_1\rangle$$

$$=\langle \boldsymbol{\alpha}_1,\boldsymbol{\alpha}_2\rangle-\frac{\langle \boldsymbol{\alpha}_2,\boldsymbol{\alpha}_1\rangle}{\langle \boldsymbol{\alpha}_1,\boldsymbol{\alpha}_1\rangle}\langle \boldsymbol{\alpha}_1,\boldsymbol{\alpha}_1\rangle$$

$$=\langle \boldsymbol{\alpha}_1,\boldsymbol{\alpha}_2\rangle-\langle \boldsymbol{\alpha}_1,\boldsymbol{\alpha}_2\rangle=0,$$

即 $\boldsymbol{\beta}_1$ 与 $\boldsymbol{\beta}_2$ 正交.

定理的几何直观猜想

> 如果用一个通用的向量表达式来表示二维空间内的标准正交基就是
>
> $$\left\{\begin{pmatrix}\cos\theta\\ \sin\theta\end{pmatrix},\begin{pmatrix}-\sin\theta\\ \cos\theta\end{pmatrix}\right\},$$
>
> 其中 θ 是基向量逆时针方向旋转的角度. 而这正是单位圆的参数表示式. 你能给出 3 维空间标准正交基的一个通用表示式吗?

设由式(4-5)得到的向量组 $\boldsymbol{\beta}_1,\boldsymbol{\beta}_2,\cdots,\boldsymbol{\beta}_{m-1}$ 已正交，下面证明：$\boldsymbol{\beta}_m=\boldsymbol{\alpha}_m-\sum\limits_{i=1}^{m-1}\frac{\langle \boldsymbol{\alpha}_m,\boldsymbol{\beta}_i\rangle}{\langle \boldsymbol{\beta}_i,\boldsymbol{\beta}_i\rangle}\boldsymbol{\beta}_i$ 与 $\boldsymbol{\beta}_1,\boldsymbol{\beta}_2,\cdots,\boldsymbol{\beta}_{m-1}$ 正交.

任取小于 m 的 j，有

$$\langle \boldsymbol{\beta}_m,\boldsymbol{\beta}_j\rangle=\langle \boldsymbol{\alpha}_m,\boldsymbol{\beta}_j\rangle-\sum_{i=1}^{m-1}\frac{\langle \boldsymbol{\alpha}_m,\boldsymbol{\beta}_i\rangle}{\langle \boldsymbol{\beta}_i,\boldsymbol{\beta}_i\rangle}\langle \boldsymbol{\beta}_i,\boldsymbol{\beta}_j\rangle.$$

由归纳假设,

$$\langle \boldsymbol{\beta}_i,\boldsymbol{\beta}_j\rangle=0\,(i\neq j \text{ 且 } i,j<m),$$

从而

$$\langle \boldsymbol{\beta}_m,\boldsymbol{\beta}_j\rangle=\langle \boldsymbol{\alpha}_m,\boldsymbol{\beta}_j\rangle-\frac{\langle \boldsymbol{\alpha}_m,\boldsymbol{\beta}_j\rangle}{\langle \boldsymbol{\beta}_j,\boldsymbol{\beta}_j\rangle}\langle \boldsymbol{\beta}_j,\boldsymbol{\beta}_j\rangle=0,$$

也就是说 $\boldsymbol{\beta}_m$ 与 $\boldsymbol{\beta}_1,\boldsymbol{\beta}_2,\cdots,\boldsymbol{\beta}_{m-1}$ 正交. 这样由式(4-5)得到的向量组 $\boldsymbol{\beta}_1,\boldsymbol{\beta}_2,\cdots,\boldsymbol{\beta}_m$ 是正交向量组. 证毕.

当 $m=n$ 时，施密特正交化方法就可以把 $\mathbf{R}^n$ 中的一组基 $\boldsymbol{\alpha}_1,\boldsymbol{\alpha}_2,\cdots,\boldsymbol{\alpha}_n$ 化为正交向量组 $\boldsymbol{\beta}_1,\boldsymbol{\beta}_2,\cdots,\boldsymbol{\beta}_n$，然后单位化

$$\boldsymbol{\eta}_i=\frac{\boldsymbol{\beta}_i}{|\boldsymbol{\beta}_i|}\ (i=1,2,\cdots,n),$$

则 $\boldsymbol{\eta}_1,\boldsymbol{\eta}_2,\cdots,\boldsymbol{\eta}_n$ 是 $\mathbf{R}^n$ 的一个标准正交基.

对于定理 4-3 中 $\boldsymbol{\beta}_k$ 的确定，借助于几何直观，先取 $\boldsymbol{\beta}_1=\boldsymbol{\alpha}_1$，为了求出 $\boldsymbol{\beta}_2$，考虑线性组合 $\boldsymbol{\alpha}_2+k\boldsymbol{\beta}_1$ 从这里决定实数 k，使 $\boldsymbol{\alpha}_2+k\boldsymbol{\beta}_1$ 与 $\boldsymbol{\beta}_1$ 正交. 由

$$0=\langle \boldsymbol{\alpha}_2+k\boldsymbol{\beta}_1,\boldsymbol{\beta}_1\rangle=\langle \boldsymbol{\alpha}_2,\boldsymbol{\beta}_1\rangle+k\langle \boldsymbol{\beta}_1,\boldsymbol{\beta}_1\rangle,$$

及 $\boldsymbol{\beta}_1\neq 0$ 得,

$$k=-\frac{\langle \boldsymbol{\alpha}_2,\boldsymbol{\beta}_1\rangle}{\langle \boldsymbol{\beta}_1,\boldsymbol{\beta}_1\rangle},$$

故取

$$\boldsymbol{\beta}_2=\boldsymbol{\alpha}_2-\frac{\langle \boldsymbol{\alpha}_2,\boldsymbol{\beta}_1\rangle}{\langle \boldsymbol{\beta}_1,\boldsymbol{\beta}_1\rangle}\boldsymbol{\beta}_1.$$

施密特正交化法求出一个与已知线性无关向量组等价的正交向量组的运算是本课程的基本计算之一.

例 4-3 设 $\boldsymbol{\alpha}_1=(1,0,1)^{\mathrm{T}}$，$\boldsymbol{\alpha}_2=(1,1,0)^{\mathrm{T}}$，$\boldsymbol{\alpha}_3=(0,1,1)^{\mathrm{T}}$ 为 $\mathbf{R}^3$ 的一组基，求与它等价的一组标准正交基.

解 (1)利用施密特正交化方法先将基正交化.

$$\boldsymbol{\beta}_1=\boldsymbol{\alpha}_1=(1,0,1)^{\mathrm{T}},$$

$$\boldsymbol{\beta}_2=\boldsymbol{\alpha}_2-\frac{\langle\boldsymbol{\alpha}_2,\boldsymbol{\beta}_1\rangle}{\langle\boldsymbol{\beta}_1,\boldsymbol{\beta}_1\rangle}\boldsymbol{\beta}_1=(1,1,0)^{\mathrm{T}}-\frac{1}{2}(1,0,1)^{\mathrm{T}}=\left(\frac{1}{2},1,-\frac{1}{2}\right)^{\mathrm{T}},$$

$$\boldsymbol{\beta}_3=\boldsymbol{\alpha}_3-\frac{\langle\boldsymbol{\alpha}_3,\boldsymbol{\beta}_1\rangle}{\langle\boldsymbol{\beta}_1,\boldsymbol{\beta}_1\rangle}\boldsymbol{\beta}_1-\frac{\langle\boldsymbol{\alpha}_3,\boldsymbol{\beta}_2\rangle}{\langle\boldsymbol{\beta}_2,\boldsymbol{\beta}_2\rangle}\boldsymbol{\beta}_2$$

$$=(0,1,1)^{\mathrm{T}}-\frac{1}{2}(1,0,1)^{\mathrm{T}}-\frac{\frac{1}{2}}{\frac{3}{2}}\left(\frac{1}{2},1,-\frac{1}{2}\right)^{\mathrm{T}}=\left(-\frac{2}{3},\frac{2}{3},\frac{2}{3}\right)^{\mathrm{T}},$$

$\boldsymbol{\beta}_1,\boldsymbol{\beta}_2,\boldsymbol{\beta}_3$ 即为与 $\boldsymbol{\alpha}_1$，$\boldsymbol{\alpha}_2$，$\boldsymbol{\alpha}_3$ 等价的正交向量组.

(2)将 $\boldsymbol{\beta}_1,\boldsymbol{\beta}_2,\boldsymbol{\beta}_3$ 单位化，

$$\boldsymbol{\eta}_1=\frac{\boldsymbol{\beta}_1}{|\boldsymbol{\beta}_1|}=\frac{1}{\sqrt{2}}(1,0,1)^{\mathrm{T}}=\left(\frac{1}{\sqrt{2}},0,\frac{1}{\sqrt{2}}\right)^{\mathrm{T}},$$

$$\boldsymbol{\eta}_2=\frac{\boldsymbol{\beta}_2}{|\boldsymbol{\beta}_2|}=\frac{1}{\sqrt{\frac{3}{2}}}\left(\frac{1}{2},1,-\frac{1}{2}\right)^{\mathrm{T}}=\left(\frac{1}{\sqrt{6}},\frac{2}{\sqrt{6}},-\frac{1}{\sqrt{6}}\right)^{\mathrm{T}},$$

$$\boldsymbol{\eta}_3=\frac{\boldsymbol{\beta}_3}{|\boldsymbol{\beta}_3|}=\frac{1}{\sqrt{\frac{4}{3}}}\left(-\frac{2}{3},\frac{2}{3},\frac{2}{3}\right)^{\mathrm{T}}=\left(-\frac{1}{\sqrt{3}},\frac{1}{\sqrt{3}},\frac{1}{\sqrt{3}}\right)^{\mathrm{T}},$$

则 $\boldsymbol{\eta}_1$，$\boldsymbol{\eta}_2$，$\boldsymbol{\eta}_3$ 为 $\mathbf{R}^3$ 的标准正交基.

实际上，如果 V 是 $\mathbf{R}^n$ 的子空间，则 V 的任一组基都可以适当添加向量扩充为 $\mathbf{R}^n$ 的一个基，再利用施密特方法正交化，得 $\mathbf{R}^n$ 的一个正交基 $\mathbf{R}^n$ 中任一正交向量组(理解为某个子空间的一个正交基)都可以扩充为 $\mathbf{R}^n$ 的一个正交基，再单位化，即可得 $\mathbf{R}^n$ 的标准正交基.

例 4-4 设 $\boldsymbol{\alpha}_1=(1,1,-1)^{\mathrm{T}}$，$\boldsymbol{\alpha}_2=(1,2,0)^{\mathrm{T}}$，求与 $\boldsymbol{\alpha}_1$，$\boldsymbol{\alpha}_2$ 等价的正交向量组，再扩充为 $\mathbf{R}^3$ 的一个正交基，并把它们单位化得到标准正交基.

解 先利用施密特正交化方法将 $\boldsymbol{\alpha}_1$，$\boldsymbol{\alpha}_2$ 正交化.

$$\boldsymbol{\beta}_1=\boldsymbol{\alpha}_1=(1,1,-1)^{\mathrm{T}},$$

$$\boldsymbol{\beta}_2=\boldsymbol{\alpha}_2-\frac{\langle\boldsymbol{\alpha}_2,\boldsymbol{\beta}_1\rangle}{\langle\boldsymbol{\beta}_1,\boldsymbol{\beta}_1\rangle}\boldsymbol{\beta}_1=(1,2,0)^{\mathrm{T}}-\frac{3}{3}(1,1,-1)^{\mathrm{T}}$$
$$=(0,1,1)^{\mathrm{T}},$$

$\boldsymbol{\beta}_1,\boldsymbol{\beta}_2$ 就是与 $\boldsymbol{\alpha}_1$，$\boldsymbol{\alpha}_2$ 等价的正交向量组.

设 $\boldsymbol{\beta}_3=(x_1,x_2,x_3)$ 与 $\boldsymbol{\beta}_1,\boldsymbol{\beta}_2$ 都正交，即

$$\begin{cases}x_1+x_2-x_3=0,\\ x_2+x_3=0.\end{cases}$$

由此可得 $\boldsymbol{\beta}_3=(2,-1,1)^{\mathrm{T}}$(可以相差常数倍)，$\boldsymbol{\beta}_1$，$\boldsymbol{\beta}_2$，$\boldsymbol{\beta}_3$ 即为 $\mathbf{R}^3$ 的一组正交基，单位化得标准正交基

$$\boldsymbol{\eta}_1=\left(\frac{1}{\sqrt{3}},\frac{1}{\sqrt{3}},-\frac{1}{\sqrt{3}}\right)^{\mathrm{T}},\ \boldsymbol{\eta}_2=\left(0,\frac{1}{\sqrt{2}},\frac{1}{\sqrt{2}}\right)^{\mathrm{T}},\ \boldsymbol{\eta}_3=\left(\frac{2}{\sqrt{6}},-\frac{1}{\sqrt{6}},\frac{1}{\sqrt{6}}\right)^{\mathrm{T}}.$$

为什么人们喜欢使用标准正交基呢？

原因之一是任意向量用标准正交基来表示，特别方便求出表示系数. 这组系数实际上就是该向量到子空间的投影(坐标)，设 $\boldsymbol{e}_1$，$\boldsymbol{e}_2$，…，$\boldsymbol{e}_n$ 是空间的一组基，任意向量可以表示为 $\boldsymbol{\alpha}=\sum_{i=1}^{n}k_i\boldsymbol{e}_i$，其中 $k_i=(\boldsymbol{e}_i,\boldsymbol{\alpha})(i=1,2,\cdots,n)$. 解析几何中笛卡儿坐标系就采用了标准正交基 $\boldsymbol{i}=\begin{pmatrix}1\\0\\0\end{pmatrix}$，$\boldsymbol{j}=\begin{pmatrix}0\\1\\0\end{pmatrix}$，$\boldsymbol{k}=\begin{pmatrix}0\\0\\1\end{pmatrix}$.

例 4-5　求齐次线性方程组

$$\begin{cases}x_1-x_2-x_3+x_4=0,\\ x_1-x_2+x_3-3x_4=0,\\ x_1-x_2-2x_3+3x_4=0\end{cases}$$

解空间的一组标准正交基.

解　对系数矩阵 $\boldsymbol{A}$ 作初等行变换

$$\boldsymbol{A}=\begin{pmatrix}1&-1&-1&1\\1&-1&1&-3\\1&-1&-2&3\end{pmatrix}\to\cdots\to\begin{pmatrix}1&-1&0&-1\\0&0&1&-2\\0&0&0&0\end{pmatrix}$$

得方程组的基础解系或解空间的一组基

$$\boldsymbol{\alpha}_1=(1,1,0,0)^{\mathrm{T}},\ \boldsymbol{\alpha}_2=(1,0,2,1)^{\mathrm{T}}.$$

用施密特正交化方法得

$$\boldsymbol{\beta}_1=\boldsymbol{\alpha}_1=(1,1,0,0)^{\mathrm{T}},$$
$$\boldsymbol{\beta}_2=\boldsymbol{\alpha}_2-\frac{\langle\boldsymbol{\alpha}_2,\boldsymbol{\beta}_1\rangle}{\langle\boldsymbol{\beta}_1,\boldsymbol{\beta}_1\rangle}\boldsymbol{\beta}_1=\boldsymbol{\alpha}_2-\frac{1}{2}(1,1,0,0)^{\mathrm{T}}=\frac{1}{2}(1,-1,4,2)^{\mathrm{T}},$$
$$\boldsymbol{y}_1=\frac{1}{\sqrt{2}}(1,1,0,0)^{\mathrm{T}},$$
$$\boldsymbol{y}_2=\frac{1}{\sqrt{22}}(1,-1,4,2)^{\mathrm{T}}.$$

由于 $\boldsymbol{y}_1$，$\boldsymbol{y}_2$ 是 $\boldsymbol{\alpha}_1$，$\boldsymbol{\alpha}_2$ 的线性组合，故是方程组的解，从而为解空间的一个标准正交基.

4.1.3　正交矩阵及其性质

正交矩阵是一种重要的实方阵，它的行、列向量组均为标准正交向量组，下面先给出正交矩阵的定义，然后讨论它的性质.

正交矩阵是一类具有重要性质的矩阵，在解析几何中它与旋转和反射两类重要变换联系紧密，而正交矩阵的构造是建立在对应空间的内积运算的基础上.

定义 4-4 设 $\boldsymbol{A}$ 为 n 阶实方阵，如果 $\boldsymbol{A}^{\mathrm{T}}\boldsymbol{A}=\boldsymbol{A}\boldsymbol{A}^{\mathrm{T}}=\boldsymbol{E}$，称 $\boldsymbol{A}$ 为正交矩阵.

例如 $\begin{pmatrix}1&0\\0&1\end{pmatrix}$, $\begin{pmatrix}0&1\\1&0\end{pmatrix}$, $\begin{pmatrix}\cos\theta&-\sin\theta\\\sin\theta&\cos\theta\end{pmatrix}$, $\begin{pmatrix}\frac{1}{\sqrt{2}}&\frac{1}{\sqrt{6}}&-\frac{1}{\sqrt{3}}\\-\frac{1}{\sqrt{2}}&\frac{1}{\sqrt{6}}&-\frac{1}{\sqrt{3}}\\0&\frac{2}{\sqrt{6}}&\frac{1}{\sqrt{3}}\end{pmatrix}$

都是正交矩阵.

定理 4-4 n 阶方阵 $\boldsymbol{A}$ 为正交矩阵的充分必要条件是 $\boldsymbol{A}$ 的列向量组为 $\mathbf{R}^n$ 的一组标准正交基.

证明 设 $\boldsymbol{A}=(a_{ij})$ 为 n 阶方阵，将 $\boldsymbol{A}$ 按列分块为 $(\boldsymbol{\alpha}_1,\boldsymbol{\alpha}_2,\cdots,\boldsymbol{\alpha}_n)$，于是

$$\boldsymbol{A}^{\mathrm{T}}\boldsymbol{A}=\begin{pmatrix}\boldsymbol{\alpha}_1^{\mathrm{T}}\\\boldsymbol{\alpha}_2^{\mathrm{T}}\\\vdots\\\boldsymbol{\alpha}_n^{\mathrm{T}}\end{pmatrix}(\boldsymbol{\alpha}_1,\boldsymbol{\alpha}_2,\cdots,\boldsymbol{\alpha}_n)$$

$$=\begin{pmatrix}\boldsymbol{\alpha}_1^{\mathrm{T}}\boldsymbol{\alpha}_1&\boldsymbol{\alpha}_1^{\mathrm{T}}\boldsymbol{\alpha}_2&\cdots&\boldsymbol{\alpha}_1^{\mathrm{T}}\boldsymbol{\alpha}_n\\\boldsymbol{\alpha}_2^{\mathrm{T}}\boldsymbol{\alpha}_1&\boldsymbol{\alpha}_2^{\mathrm{T}}\boldsymbol{\alpha}_2&\cdots&\boldsymbol{\alpha}_2^{\mathrm{T}}\boldsymbol{\alpha}_n\\\vdots&\vdots&&\vdots\\\boldsymbol{\alpha}_n^{\mathrm{T}}\boldsymbol{\alpha}_1&\boldsymbol{\alpha}_n^{\mathrm{T}}\boldsymbol{\alpha}_2&\cdots&\boldsymbol{\alpha}_n^{\mathrm{T}}\boldsymbol{\alpha}_n\end{pmatrix}.$$

正交矩阵(变换) $\boldsymbol{A}$ 的几何意义是保持向量的长度不变，即对任意的向量 $\boldsymbol{\alpha}\in\mathbf{R}^n$ 有 $|\boldsymbol{A\alpha}|^2=(\boldsymbol{A\alpha},\boldsymbol{A\alpha})=(\boldsymbol{\alpha},\boldsymbol{\alpha})=|\boldsymbol{\alpha}|^2$. 对于正交变换矩阵 $\boldsymbol{A}$，若 $|\boldsymbol{A}|=1$ 对应变换是旋转；若 $|\boldsymbol{A}|=-1$ 对应变换是反射.

因此 $\boldsymbol{A}^{\mathrm{T}}\boldsymbol{A}=\boldsymbol{E}$ 的充分必要条件是

$$\boldsymbol{\alpha}_i^{\mathrm{T}}\boldsymbol{\alpha}_j=\langle\boldsymbol{\alpha}_i,\boldsymbol{\alpha}_j\rangle=\delta_{ij}(i,j=1,2,\cdots,n),$$

即 $\boldsymbol{\alpha}_1$，$\boldsymbol{\alpha}_2$，$\cdots$，$\boldsymbol{\alpha}_n$ 为 $\mathbf{R}^n$ 的一个标准正交基. 证毕.

定理 4-5 正交矩阵具有如下性质：

(1)若 $\boldsymbol{A}$ 是正交矩阵，则 $|\boldsymbol{A}|=1$ 或 $|\boldsymbol{A}|=-1$；

(2)若 $\boldsymbol{A}$ 是正交矩阵，则 $\boldsymbol{A}^{\mathrm{T}}$ 和 $\boldsymbol{A}^{-1}$ 均为正交矩阵；

(3)若 $\boldsymbol{A}$，$\boldsymbol{B}$ 都是 n 阶正交矩阵，则 $\boldsymbol{AB}$ 也是正交矩阵.

证明 (1)设 $\boldsymbol{A}$ 为正交矩阵，则

$$\boldsymbol{A}^{\mathrm{T}}\boldsymbol{A}=\boldsymbol{E},$$

故 $|A^{\mathrm{T}}A|=|E|$. 即 $|A^{\mathrm{T}}|\,|A|=1$, 故 $|A|=1$ 或 $|A|=-1$.

(2) 设 A 为正交矩阵, 则

$$A^{\mathrm{T}}=A^{-1},$$

故 $(A^{\mathrm{T}})^{\mathrm{T}}=(A^{-1})^{\mathrm{T}}=(A^{\mathrm{T}})^{-1}$. 即 A^{T} 为正交矩阵, 又 $A^{\mathrm{T}}=A^{-1}$, 从而 A^{-1} 也是正交矩阵.

(3) 设 A, B 都是 n 阶正交矩阵, 则

$$A^{\mathrm{T}}=A^{-1},\ B^{\mathrm{T}}=B^{-1},$$

故 $(AB)^{\mathrm{T}}=B^{\mathrm{T}}A^{\mathrm{T}}=B^{-1}A^{-1}=(AB)^{-1}$. 即 AB 是正交矩阵. 证毕.

习题 4.1

部分习题详解

1. 求实数 a, 使向量 $\boldsymbol{\alpha}=(1,a,2,-1)^{\mathrm{T}}$ 与向量 $\boldsymbol{\beta}=(1,-1,2,0)^{\mathrm{T}}$ 正交.

2. 试用施密特(Schmidt)正交化方法, 将下列向量组正交化.

(1) $\boldsymbol{\alpha}_1=(1,2,-1)^{\mathrm{T}}$, $\boldsymbol{\alpha}_2=(-1,3,1)^{\mathrm{T}}$, $\boldsymbol{\alpha}_3=(4,-1,0)^{\mathrm{T}}$;

(2) $\boldsymbol{\alpha}_1=(1,0,1,0)^{\mathrm{T}}$, $\boldsymbol{\alpha}_2=(0,1,2,1)^{\mathrm{T}}$, $\boldsymbol{\alpha}_3=(0,-1,0,1)^{\mathrm{T}}$.

3. 在欧氏空间 $\mathbf{R}^4$ 中, 已知 $\boldsymbol{\beta}_1=(1,1,0,0)^{\mathrm{T}}$, $\boldsymbol{\beta}_2=(1,1,-1,-1)^{\mathrm{T}}$, $\boldsymbol{\beta}_3=(1,-1,1,-1)^{\mathrm{T}}$, 求向量 $\boldsymbol{\beta}_1$, $\boldsymbol{\beta}_2$, $\boldsymbol{\beta}_3$ 的长度及它们两两之间的夹角(内积为实数组向量的通常内积).

4. 在欧氏空间 $\mathbf{R}^3$ 中, 求过点 $P(1,0,1)$ 与向量 $\boldsymbol{\alpha}=(1,2,3)^{\mathrm{T}}$ 正交的向量的全体, 并说明几何意义.

5. 验证下列矩阵是正交矩阵.

$$(1)\ A=\begin{pmatrix}\frac{3}{5} & -\frac{4}{5}\\ \frac{4}{5} & \frac{3}{5}\end{pmatrix};\qquad (2)\ A=\frac{1}{9}\begin{pmatrix}1 & -8 & -4\\ -8 & 1 & -4\\ -4 & -4 & 7\end{pmatrix};$$

(3) $A=E-2\boldsymbol{\eta}\boldsymbol{\eta}^{\mathrm{T}}$, 其中 E 是单位矩阵, $\boldsymbol{\eta}$ 是单位列向量.

6. 设 Q 是 n 阶正交矩阵, 证明: 在欧氏空间 $\mathbf{R}^n$ 中, 对于任意向量 $\boldsymbol{\alpha}$ 有 $|Q\boldsymbol{\alpha}|=|\boldsymbol{\alpha}|$.

4.2 方阵的特征值和特征向量

在第 2 章和第 3 章中, 关于矩阵简化的主要方法是初等变换, 简化的目标是阶梯形矩阵, 或等价标准形, 本章要讨论的主要问题虽然仍是简化矩阵, 但简化过程中初等变换仅起辅助作用, 本节首先讨论矩阵的特征值和特征向量.

4.2.1 特征值和特征向量的基本概念

定义 4-5 设 $\boldsymbol{A}$ 为 n 阶方阵，如果存在数 λ 和非零向量 $\boldsymbol{X}$，使得

$$\boldsymbol{AX}=\lambda\boldsymbol{X}. \tag{4-6}$$

称 λ 是矩阵 $\boldsymbol{A}$ 的一个**特征值**，$\boldsymbol{X}$ 是 $\boldsymbol{A}$ 的属于(对应于)λ 的一个**特征向量**.

矩阵的特征值是继行列式、秩之后又一个重要的数字特征，有着广泛的运用. 特征值是“数值代数”课程讨论的主题. 请读者思考：特征向量有什么几何意义？定义中为什么规定特征向量为非零向量？

阅读材料

微课视频：方阵的特征值与特征向量

根据定义 4-5，特征向量一定为非零向量，特征值和特征向量仅对方阵而言.

例如：设 $\boldsymbol{A}=\begin{pmatrix}2&0&0\\0&2&0\\0&0&2\end{pmatrix}$，由于 $\boldsymbol{A}=2\boldsymbol{E}$，故任取 $\boldsymbol{0}\neq\boldsymbol{X}\in\mathbf{R}^3$，有

$$\boldsymbol{AX}=2\boldsymbol{EX}=2\boldsymbol{X}.$$

由定义 4-5，数 2 是 $\boldsymbol{A}$ 的一个特征值，而任一个 3 维非零向量都是 $\boldsymbol{A}$ 的属于 2 的特征向量.

根据定义，n 阶矩阵 $\boldsymbol{A}$ 的特征值，就是使齐次线性方程组

$$(\lambda\boldsymbol{E}-\boldsymbol{A})\boldsymbol{X}=\boldsymbol{0} \tag{4-7}$$

有非零解的 λ 值，即满足方程

$$|\lambda\boldsymbol{E}-\boldsymbol{A}|=0 \tag{4-8}$$

的 λ 都是矩阵 $\boldsymbol{A}$ 的特征值. 因此，特征值是多项式 $|\lambda\boldsymbol{E}-\boldsymbol{A}|$ 的根.

记 $f(\lambda)=|\lambda\boldsymbol{E}-\boldsymbol{A}|$

$$=\begin{vmatrix}\lambda-a_{11}&-a_{12}&\cdots&-a_{1n}\\-a_{21}&\lambda-a_{22}&\cdots&-a_{2n}\\\vdots&\vdots&&\vdots\\-a_{n1}&-a_{n2}&\cdots&\lambda-a_{nn}\end{vmatrix}$$

$$=\lambda^n+b_1\lambda^{n-1}+\cdots+b_{n-1}\lambda+b_n. \tag{4-9}$$

n 阶复方阵一定有 n 个特征值(含重数)，但实方阵未必有实的特征值.

称 $f(\lambda)=|\lambda\boldsymbol{E}-\boldsymbol{A}|$ 为矩阵 $\boldsymbol{A}$ 的特征多项式. 因为 $f(\lambda)$ 是一个 n 次多项式，在复数域内必有 n 个根，它们就是矩阵 $\boldsymbol{A}$ 的全部特征值，即 n 阶方阵 $\boldsymbol{A}$ 在复数域内的 n 个特征值. 解方程 $f(\lambda)=0$ 时，如果 λ_0 是 k 重根，称 λ_0 的代数重数为 k. 一般地，$f(\lambda)$ 是难以求根的，所以求矩阵的特征值一般要用近似计算的方法，它是计算方法课程中的一个专题，我们在附录 A 中做简要介绍.

实方阵未必有实的特征值

方法索引：求实系数多项式的实根

关于多项式的根，虽然我们知道 n 次多项式一定有个复数根，但具体如何得出这些根却不知道. 低于 5 次的多项式有求根

公式. 比如：一元二次方程的求根公式. 对于不完全三次方程 $x^3+px+q=0$，意大利数学家卡尔达诺（G. Cardano，1501—1576）给出的求根公式是 $x=\sqrt[3]{-\frac{q}{2}+\sqrt{\frac{q^2}{4}+\frac{p^3}{27}}}+\sqrt[3]{-\frac{q}{2}-\sqrt{\frac{q^2}{4}+\frac{p^3}{27}}}$. 求实系数多项式的实根有施图姆方法，该方法的思路是将实根隔离在区间内，再用近似计算的方法求出近似解. 另外，瑞士-法国数学家施图姆（C. Sturm，1803—1855）由源于热传导和弦振动的数学物理问题的研究，开辟了特征值问题初值问题的研究领域. 1836 年，施图姆从新的定性角度研究了二阶线性微分方程.

例 4-6　求矩阵

$$A=\begin{pmatrix}-1&1&0\\-4&3&0\\1&0&2\end{pmatrix}$$

的特征值和特征向量.

解　$$|\lambda E-A|=\begin{vmatrix}\lambda+1&-1&0\\4&\lambda-3&0\\-1&0&\lambda-2\end{vmatrix}=0,$$

化简得 $(\lambda-2)(\lambda-1)^2=0$，故 A 的特征值为 $\lambda_1=2$，$\lambda_2=1$（二重特征值）.

当 $\lambda_1=2$ 时，由 $(\lambda_1 E-A)X=\mathbf{0}$，即

$$\begin{pmatrix}3&-1&0\\4&-1&0\\-1&0&0\end{pmatrix}\begin{pmatrix}x_1\\x_2\\x_3\end{pmatrix}=\begin{pmatrix}0\\0\\0\end{pmatrix}$$

得基础解系为 $X_1=(0,0,1)^{\mathrm{T}}$，因此 k_1X_1（$k_1\neq0$ 为常数）是 A 的属于 $\lambda_1=2$ 的全体特征向量.

当 $\lambda_2=1$ 时，由 $(\lambda_2 E-A)X=\mathbf{0}$，即

$$\begin{pmatrix}2&-1&0\\4&-2&0\\-1&0&-1\end{pmatrix}\begin{pmatrix}x_1\\x_2\\x_3\end{pmatrix}=\begin{pmatrix}0\\0\\0\end{pmatrix},$$

得基础解系为 $X_2=(1,2,-1)^{\mathrm{T}}$，因此 k_2X_2（$k_2\neq0$ 为常数）是 A 的属于 $\lambda_2=1$ 的全体特征向量.

当方阵 A 是非具体的数值矩阵时，可用定义来估计或求矩阵的特征值和特征向量.

实方阵可能有实特征值或复特征值. 若矩阵 A 有实特征值 λ，对应的特征向量是 $\boldsymbol{\alpha}$，则矩阵 A 可使得其特征向量 $\boldsymbol{\alpha}$ 在一条直线上进行伸缩变换，伸缩的幅度由 λ 确定；若矩阵 A 有复特征值 $a+bi$，则矩阵 A 可将对应的特征向量在复平面上进行旋转变换.

请总结求矩阵的特征值和特征向量的一般步骤. 有些矩阵求特征值很难用例 4-6 的方法处理，如 $B=\begin{pmatrix}2&3&2\\1&8&2\\-2&-14&-3\end{pmatrix}$，具体方法请扫二维码.

求矩阵的特征值和特征向量的一般步骤

例 4-7 设 $\boldsymbol{A}$ 为 n 阶幂等方阵($\boldsymbol{A}^2=\boldsymbol{A}$)，证明：$\boldsymbol{A}$ 的特征值为 1 或 0.

证明 设 λ 为 $\boldsymbol{A}$ 的特征值，$\boldsymbol{X}$ 为对应的特征向量，则有

$$\boldsymbol{AX}=\lambda\boldsymbol{X},$$

而 $\boldsymbol{A}^2\boldsymbol{X}=\boldsymbol{A}(\boldsymbol{AX})=\boldsymbol{A}(\lambda\boldsymbol{X})=\lambda(\boldsymbol{AX})=\lambda^2\boldsymbol{X}$.

由于 $\boldsymbol{A}^2=\boldsymbol{A}$，所以

$$\lambda^2\boldsymbol{X}=\lambda\boldsymbol{X},$$

即

$$(\lambda^2-\lambda)\boldsymbol{X}=\boldsymbol{0}.$$

因为 $\boldsymbol{X}\neq\boldsymbol{0}$，所以 $\lambda^2-\lambda=0$，即 $\lambda=1$ 或 $\lambda=0$. 证毕.

如 $\boldsymbol{E}$ 和零矩阵均为幂等矩阵，而 $\boldsymbol{E}$ 特征值只有 1，零矩阵的特征值只有 0，但 $\boldsymbol{A}=\begin{pmatrix}1&0\\0&0\end{pmatrix}$ 也是幂等矩阵. 1 和 0 均为 $\boldsymbol{A}$ 的特征值.

4.2.2 特征值的性质

这是两个特别有用的关系式. 其中，矩阵的迹是方阵的一个重要数字特征，可以用来有效检测特征值问题，如特征值计算是否正确，矩阵是否相似等.

定理 4-6 设 $\boldsymbol{A}=(a_{ij})$ 为 n 阶方阵，λ_1，λ_2，…，λ_n 为 $\boldsymbol{A}$ 的 n 个特征值，则

(1) $\sum\limits_{i=1}^{n}\lambda_i=\sum\limits_{i=1}^{n}a_{ii}$；

(2) $\lambda_1\lambda_2\cdots\lambda_n=|\boldsymbol{A}|$.

其中 $\sum\limits_{i=1}^{n}a_{ii}$ 称为矩阵 $\boldsymbol{A}$ 的迹，记作 $\operatorname{tr}(\boldsymbol{A})$.

证明 因为

$$|\lambda\boldsymbol{E}-\boldsymbol{A}|=\begin{vmatrix}\lambda-a_{11}&-a_{12}&\cdots&-a_{1n}\\-a_{21}&\lambda-a_{22}&\cdots&-a_{2n}\\\vdots&\vdots&&\vdots\\-a_{n1}&-a_{n2}&\cdots&\lambda-a_{nn}\end{vmatrix}$$

的行列式展开式中，主对角线上元素的乘积

$$(\lambda-a_{11})(\lambda-a_{22})\cdots(\lambda-a_{nn})$$

是行列式中的一项，由行列式定义，展开式中的其余各项至多包含 $n-2$ 个主对角线上的元素，因此特征多项式中 λ^n 和 λ^{n-1} 的项只能在主对角线元素乘积项中出现. 又 $f(\lambda)=|\lambda\boldsymbol{E}-\boldsymbol{A}|$ 的常数项为 $f(0)=|0\boldsymbol{E}-\boldsymbol{A}|=|-\boldsymbol{A}|=(-1)^n|\boldsymbol{A}|$，从而有

2 阶矩阵 $\boldsymbol{A}=(a_{ij})_{2\times2}$ 的特征多项式 $f_A(\lambda)=\lambda^2-\operatorname{tr}(\boldsymbol{A})\lambda+|\boldsymbol{A}|$；

3 阶矩阵 $\boldsymbol{A}=(a_{ij})_{3\times3}$ 的特征多项式 $f_A(\lambda)=\lambda^3-\operatorname{tr}(\boldsymbol{A})\lambda^2+\operatorname{tr}(\boldsymbol{A}^*)\lambda-|\boldsymbol{A}|$.

$$f(\lambda)=|\lambda\boldsymbol{E}-\boldsymbol{A}|$$
$$=\lambda^{n}-(a_{11}+a_{22}+\cdots+a_{nn})\lambda^{n-1}+\cdots+(-1)^{n}|\boldsymbol{A}|. \tag{4-10}$$

另一方面，λ_1，λ_2，…，λ_n 为 $\boldsymbol{A}$ 的 n 个特征值，特征多项式 $f(\lambda)$ 又可表示为

$$|\lambda\boldsymbol{E}-\boldsymbol{A}|=(\lambda-\lambda_1)(\lambda-\lambda_2)\cdots(\lambda-\lambda_n)$$
$$=\lambda^{n}-(\lambda_1+\lambda_2+\cdots+\lambda_n)\lambda^{n-1}+\cdots+$$
$$(-1)^{n}\lambda_1\lambda_2\cdots\lambda_n. \tag{4-11}$$

比较式(4-10)和式(4-11)可知

$$\lambda_1+\lambda_2+\cdots+\lambda_n=a_{11}+a_{22}+\cdots+a_{nn},$$
$$\lambda_1\lambda_2\cdots\lambda_n=|\boldsymbol{A}|.$$

证毕.

推论　n 阶方阵 $\boldsymbol{A}$ 可逆的充分必要条件是 $\boldsymbol{A}$ 的 n 个特征值均非零.

定理 4-7　设 λ 是方阵 $\boldsymbol{A}$ 的特征值，$\boldsymbol{X}$ 为 $\boldsymbol{A}$ 的属于 λ 的特征向量，则

(1) $a+\lambda$ 是 $a\boldsymbol{E}+\boldsymbol{A}$ 的特征值(a 为常数)；

(2) $k\lambda$ 是 $k\boldsymbol{A}$ 的特征值(k 为任意常数)；

(3) λ^m 是 $\boldsymbol{A}^m$ 的特征值(m 为正整数)；

(4) 当 $\boldsymbol{A}$ 可逆时，$\dfrac{1}{\lambda}$是 $\boldsymbol{A}^{-1}$的特征值；

(5) 当 $\boldsymbol{A}$ 可逆时，$\dfrac{|\boldsymbol{A}|}{\lambda}$是 $\boldsymbol{A}^*$ 的特征值.

且 $\boldsymbol{X}$ 仍为矩阵 $a\boldsymbol{E}+\boldsymbol{A}$，$k\boldsymbol{A}$，$\boldsymbol{A}^m$，$\boldsymbol{A}^{-1}$及 $\boldsymbol{A}^*$ 的分别对应于特征值 $a+\lambda$，$k\lambda$，λ^m，$\dfrac{1}{\lambda}$，$\dfrac{|\boldsymbol{A}|}{\lambda}$的特征向量.

定理 4-7 是由矩阵 $\boldsymbol{A}$ 推知相关矩阵一个特征值的有效方法，注意定理中特征向量“公用”的性质.

证明　(1) 由已知条件 $\boldsymbol{AX}=\lambda\boldsymbol{X}$，可得

$$(a\boldsymbol{E}+\boldsymbol{A})\boldsymbol{X}=a\boldsymbol{EX}+\boldsymbol{AX}=a\boldsymbol{X}+\lambda\boldsymbol{X}=(a+\lambda)\boldsymbol{X},$$

故 $a+\lambda$ 是 $a\boldsymbol{E}+\boldsymbol{A}$ 的一个特征值，$\boldsymbol{X}$ 为 $a\boldsymbol{E}+\boldsymbol{A}$ 的属于 $a+\lambda$ 的特征向量.

(3) 由已知条件 $\boldsymbol{AX}=\lambda\boldsymbol{X}$，可得

$$\boldsymbol{A}(\boldsymbol{AX})=\boldsymbol{A}(\lambda\boldsymbol{X})=\lambda(\boldsymbol{AX})=\lambda(\lambda\boldsymbol{X}),$$

即

$$\boldsymbol{A}^2\boldsymbol{X}=\lambda^2\boldsymbol{X},$$

再继续施行上述步骤 $m-2$ 次，就得

$$A^m X=\lambda^m X.$$

故 λ^m 是矩阵 A^m 的特征值，且 X 为 A^m 的对应于 λ^m 的特征向量.

(4)当 A 可逆时，可知 $\lambda\neq 0$，由 $AX=\lambda X$ 可得

$$A^{-1}(AX)=A^{-1}(\lambda X)=\lambda A^{-1}X,$$

由此

$$A^{-1}X=\frac{1}{\lambda}X,$$

故 $\frac{1}{\lambda}$ 是 A^{-1} 的特征值，且 X 为 A^{-1} 的对应于 $\frac{1}{\lambda}$ 的特征向量.

(2)(5)留给读者作为练习. 证毕.

设 $f(x)=a_m x^m+a_{m-1}x^{m-1}+\cdots+a_1 x+a_0$ 为 m 次多项式，λ 为 A 的特征值. X 为 A 的属于 λ 的特征向量，由于

$$\begin{aligned}
f(A)X &= (a_m A^m+a_{m-1}A^{m-1}+\cdots+a_1 A+a_0 E)X \\
&= a_m A^m X+a_{m-1}A^{m-1}X+\cdots+a_1 AX+a_0 EX \\
&= a_m \lambda^m X+a_{m-1}\lambda^{m-1}X+\cdots+a_1\lambda X+a_0 X \\
&= (a_m\lambda^m+a_{m-1}\lambda^{m-1}+\cdots+a_1\lambda+a_0)X \\
&= f(\lambda)X.
\end{aligned}$$

由此，关于幂零矩阵、幂幺矩阵和幂等矩阵的特征值，有什么结论？

思考题答案

所以，$f(\lambda)$ 为矩阵多项式 $f(A)=a_m A^m+a_{m-1}A^{m-1}+\cdots+a_1 A+a_0 E$ 的特征值，且 X 为对应的特征向量.

定理 4-8 A 与 A^{T} 有相同的特征值.

证明 因为

$$\lambda E-A^{\mathrm{T}}=(\lambda E)^{\mathrm{T}}-A^{\mathrm{T}}=(\lambda E-A)^{\mathrm{T}},$$

所以

$$|\lambda E-A|=|\lambda E-A^{\mathrm{T}}|.$$

因此 A 和 A^{T} 有相同的特征值. 证毕.

例 4-8 已知 3 阶方阵 A 有特征值 1，2，3，

(1)求 $|E+2A|$；

(2)求 $|A^*|$ 和 $\mathrm{tr}(A^*)$.

解 (1)因为 A 有特征值 1，2，3，故 $E+2A$ 的三个特征值分别为 3，5，7，因此

$$|E+2A|=3\times5\times7=105;$$

(2)因 A 有特征值 1，2，3，所以 $|A|=6$，从而 A^* 有特征

值 6，3，2，故

$$|A^*| = 6\times3\times2 = 36,$$

$$\mathrm{tr}(A^*) = A_{11}+A_{22}+A_{33} = \lambda_1+\lambda_2+\lambda_3 = 6+3+2 = 11.$$

背景聚焦：特征值与 Buckey 球的稳定性

长期以来，化学家们就认为，碳原子与其他碳原子以固定的结构相连，只有两种方式：金刚石或石墨．但 1985 年，人们发现，60 个碳原子可能占据正 20 面体顶角的位置，正如图 4-1 所示的 Buckey 球一样．理论化学家开始在纸上画碳分子的其他结构图，而并不知道哪一种是确实存在的．在试验构造这种理论上的可能结构之前，化学家需要对它们的性质形成一种概念．这些性质中，最重要的是它们的稳定性，即不管原子本来的振动和旋转，化学键是否强得足以把这些原子固定住．一位对数学感兴趣的化学家 Erich Huckel 建立了基于矩阵运算的理论，指出在构造这种分子之前，稳定度是可以预测的．首先画出分子图，用顶点代表原子，用边代表化学键（对于 Buckey 球如图 4-1 所示）．然后，作出图 4-1 的邻接矩阵（对于 Buckey 球，矩阵为 60×60 矩阵）．随后计算这个矩阵的特征值，把这些特征值代入一个简单的算术公式，答数的大小表明所研究的分子的稳定度．这是一项被认为具有革命性的发现，由此诞生了一个新的化学领域．（参见文献[12]）

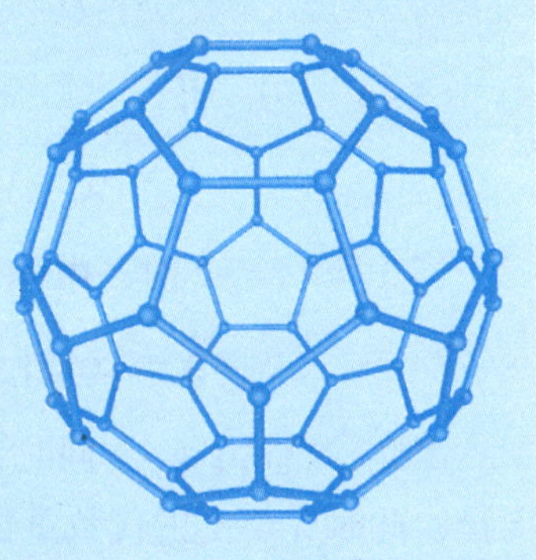

图　4-1

4.2.3 特征向量的性质

定理 4-9　若 X_1 和 X_2 都是 A 的属于特征值 λ_0 的特征向量，则非零线性组合 $k_1X_1+k_2X_2$ 也是 A 的属于 λ_0 的特征向量.

证明　由于 X_1，X_2 是齐次线性方程组

$$(\lambda_0E-A)X=\mathbf{0}$$

的解，因此 $k_1X_1+k_2X_2$ 也是上式的解. 故当 $k_1X_1+k_2X_2\neq\mathbf{0}$ 时，它是 A 的对应于 λ_0 的特征向量. 证毕.

在 $(\lambda_0E-A)X=\mathbf{0}$ 的解空间中，除零向量以外的全体解向量就是 A 的属于 λ_0 的全体特征向量. 因此，$(\lambda_0E-A)X=\mathbf{0}$ 的解空间

也称为矩阵$\boldsymbol{A}$关于特征值λ_0的特征子空间，记作V_{λ_0}. n阶矩阵$\boldsymbol{A}$的特征子空间是$\mathbf{R}^n$的子空间，它的维数为

$$\dim V_{\lambda_0}=n-\text{秩}(\lambda_0\boldsymbol{E}-\boldsymbol{A}),$$

称为λ_0的几何维数.

矩阵的一个特征值所对应的线性无关特征向量可以生成一个特征子空间. 如：例4-9中特征值4的特征向量生成1维子空间(直线)

$$V_1=\left\{(x,y,z)^{\mathrm{T}}\ \middle|\ \frac{x}{1}=\frac{y}{1}=\frac{z}{2}\right\}.$$

特征值-2的特征向量生成2维子空间(平面)

$$V_2=\{(x,y,z)^{\mathrm{T}}\mid k_1(1,1,0)^{\mathrm{T}}+k_2(-1,0,1)^{\mathrm{T}}\}=\{(x,y,z)^{\mathrm{T}}\mid x-y+z=0\}.$$

例 4-9 求$\boldsymbol{A}=\begin{pmatrix}1&-3&3\\3&-5&3\\6&-6&4\end{pmatrix}$的特征值和特征向量.

解 $$|\lambda\boldsymbol{E}-\boldsymbol{A}|=\begin{vmatrix}\lambda-1&3&-3\\-3&\lambda+5&-3\\-6&6&\lambda-4\end{vmatrix}=(\lambda+2)^2(\lambda-4)$$

由$|\lambda\boldsymbol{E}-\boldsymbol{A}|=0$，得

$$\lambda_1=\lambda_2=-2,\ \lambda_3=4.$$

当$\lambda_1=\lambda_2=-2$时，由$(-2\boldsymbol{E}-\boldsymbol{A})\boldsymbol{X}=\boldsymbol{0}$，得通解

$$\boldsymbol{X}=k_1(1,1,0)^{\mathrm{T}}+k_2(-1,0,1)^{\mathrm{T}}.$$

因此，当k_1，k_2不同时为0时，给出$\boldsymbol{A}$对应于-2的全体特征向量，此时$\lambda=-2$的代数重数为2，它的几何维数也为2.

当$\lambda_3=4$时，由$(4\boldsymbol{E}-\boldsymbol{A})\boldsymbol{X}=\boldsymbol{0}$，得通解

$$\boldsymbol{X}=k(1,1,2)^{\mathrm{T}}.$$

当$k\neq0$时，给出$\boldsymbol{A}$的对应于4的全体特征向量，此时$\lambda=4$的代数重数为1，几何维数也是1.

两个不等的特征值不能有同一个特征向量.

关于方阵的特征值和特征向量，一个特征值可以有不同的特征向量，但一个特征向量不能属于不同的特征值. 事实上，如果$\boldsymbol{X}$同时是$\boldsymbol{A}$的属于特征值λ_1，$\lambda_2(\lambda_1\neq\lambda_2)$的特征向量，即有

$$\boldsymbol{AX}=\lambda_1\boldsymbol{X},\ \boldsymbol{AX}=\lambda_2\boldsymbol{X},$$

从而有

$$(\lambda_1-\lambda_2)\boldsymbol{X}=\boldsymbol{0}.$$

由于$\lambda_1\neq\lambda_2$，则$\boldsymbol{X}=\boldsymbol{0}$，这与$\boldsymbol{X}$为特征向量矛盾.

关于特征向量间的线性相关性有下面的结论

几何视角，从运动的变化趋势理解特征子空间的维度.

定理 4-10 设$\boldsymbol{\alpha}_1$，$\boldsymbol{\alpha}_2$，…，$\boldsymbol{\alpha}_s$分别是$\boldsymbol{A}$的属于不同特征值λ_1，λ_2，…，λ_s的特征向量，则$\boldsymbol{\alpha}_1$，$\boldsymbol{\alpha}_2$，…，$\boldsymbol{\alpha}_s$线性无关.

几何视角

证明 对s做数学归纳法.

当$s=1$时，结论显然成立(因为特征向量$\boldsymbol{\alpha}_1\neq\boldsymbol{0}$).

设m个不同的特征值λ_1，λ_2，…，λ_m对应的特征向量$\boldsymbol{\alpha}_1$，

$\boldsymbol{\alpha}_2$，…，$\boldsymbol{\alpha}_m$ 线性无关，下面考虑 $m+1$ 个不同特征值对应的特征向量的情况.

设

$$k_1\boldsymbol{\alpha}_1+\cdots+k_m\boldsymbol{\alpha}_m+k_{m+1}\boldsymbol{\alpha}_{m+1}=\mathbf{0}, \tag{4-12}$$

用 $\boldsymbol{A}$ 左乘式(4-12)得

$$k_1\lambda_1\boldsymbol{\alpha}_1+\cdots+k_m\lambda_m\boldsymbol{\alpha}_m+k_{m+1}\lambda_{m+1}\boldsymbol{\alpha}_{m+1}=\mathbf{0}, \tag{4-13}$$

将式(4-12)乘以 λ_{m+1}，再减去式(4-13)得

$$k_1(\lambda_{m+1}-\lambda_1)\boldsymbol{\alpha}_1+\cdots+k_m(\lambda_{m+1}-\lambda_m)\boldsymbol{\alpha}_m=\mathbf{0}.$$

根据归纳假设，$\boldsymbol{\alpha}_1$，$\boldsymbol{\alpha}_2$，…，$\boldsymbol{\alpha}_m$ 线性无关，所以

$$k_i(\lambda_{m+1}-\lambda_i)=0(i=1,2,\cdots,m),$$

由于 $\lambda_{m+1}\neq\lambda_i$，$(i=1,2,\cdots,m)$，所以 $k_i=0(i=1,2,\cdots,m)$，代入式(4-12)得 $k_{m+1}\boldsymbol{\alpha}_{m+1}=\mathbf{0}$. 由于特征向量 $\boldsymbol{\alpha}_{m+1}\neq\mathbf{0}$，故 $k_{m+1}=0$，从而 $\boldsymbol{\alpha}_1$，$\boldsymbol{\alpha}_2$，…，$\boldsymbol{\alpha}_{m+1}$线性无关. 证毕.

由定理 4-10 可以证明

定理 4-11　设 $\boldsymbol{A}$ 为 n 阶方阵，λ_1，λ_2，…，λ_s 为 $\boldsymbol{A}$ 的 $s(s\leqslant n)$ 个互不相同的特征值，$\boldsymbol{\alpha}_{i1}$，$\boldsymbol{\alpha}_{i2}$，…，$\boldsymbol{\alpha}_{im_i}$是特征值 λ_i 对应的一组线性无关的特征向量，则向量组

$\boldsymbol{\alpha}_{11}$，$\boldsymbol{\alpha}_{12}$，…，$\boldsymbol{\alpha}_{1m_1}$，$\boldsymbol{\alpha}_{21}$，$\boldsymbol{\alpha}_{22}$，…，$\boldsymbol{\alpha}_{2m_2}$，…，$\boldsymbol{\alpha}_{s1}$，$\boldsymbol{\alpha}_{s2}$，…，$\boldsymbol{\alpha}_{sm_s}$

线性无关.

关于一个特征值 λ_0 的特征向量组我们有

定理 4-12　设 λ_0 为 n 阶方阵 $\boldsymbol{A}$ 的一个 t 重特征值，则 λ_0 对应的特征向量中线性无关的最大个数不大于 t，即特征值的几何维数不超过代数重数.（有兴趣的读者可以尝试自己证明）

任意特征值的几何维数不超过代数重数.

上述两个定理表明：

(1)若 n 阶方阵 $\boldsymbol{A}$ 有 n 个互异特征值 λ_1，λ_2，…，λ_n，则每个 λ_i 仅对应一个线性无关的特征向量，从而 $\boldsymbol{A}$ 有 n 个线性无关的特征向量.

(2)若 n 阶方阵 $\boldsymbol{A}$ 的特征值为 λ_1，λ_2，…，$\lambda_s(s<n)$即

$$f(\lambda)=|\lambda\boldsymbol{E}-\boldsymbol{A}|=(\lambda-\lambda_1)^{r_1}(\lambda-\lambda_2)^{r_2}\cdots(\lambda-\lambda_s)^{r_s},$$

其中 $r_i\geqslant 1$，$\sum\limits_{i=1}^{s}r_i=n$，若 $\boldsymbol{A}$ 的 r_i 重特征值对应 m_i 个线性无关的特征向量必有 $m_i\leqslant r_i$，所以 $\boldsymbol{A}$ 共有 $m_1+m_2+\cdots+m_s\leqslant n$ 个线性无关的特征向量，故 n 阶方阵 $\boldsymbol{A}$ 至多有 n 个线性无关的特征向量.

图 4-2 柯西(1789—1857)

历史寻根：特征值和特征向量

特征值来源于对行列式的研究，在欧拉(Euler，1707—1778)研究二次型时就已隐现．1826 年，法国数学家柯西(Cauchy，1789—1857)认识到相关问题的共性，提出了特征值问题. 英国数学家凯莱(A. Cayley，1821—1895)和爱尔兰数学家哈密顿(Hamilton，1805—1865)分别从不同的角度讨论矩阵性质，得到凯莱-哈密顿定理，因而成为矩阵理论的先驱.

习题 4.2

部分习题详解

1. 求下列矩阵的特征值和特征向量：

(1) $\begin{pmatrix}1 & 2\\8 & 1\end{pmatrix}$；　(2) $\begin{pmatrix}-2 & 1 & 1\\0 & 2 & 0\\-4 & 1 & 3\end{pmatrix}$；

(3) $\begin{pmatrix}-3 & 1 & -1\\-7 & 5 & -1\\-6 & 6 & -2\end{pmatrix}$；　(4) $\begin{pmatrix}5 & 7 & -5\\0 & 4 & -1\\2 & 8 & -3\end{pmatrix}$.

2. 已知 3 阶矩阵 $\boldsymbol{A}$ 的特征值为 1，2，-3，求 $|\boldsymbol{A}^{-1}|$，$|\boldsymbol{A}^*|$，$\mathrm{tr}(\boldsymbol{A}^*)$.

3. 设 $\boldsymbol{A}$ 是 n 阶方阵，$|\boldsymbol{A}|=5$，求方阵 $\boldsymbol{B}=\boldsymbol{A}\boldsymbol{A}^*$ 的特征值和特征向量.

4. 设矩阵 $\boldsymbol{A}$ 满足方程 $\boldsymbol{A}^2-3\boldsymbol{A}-10\boldsymbol{E}=\boldsymbol{O}$，证明：矩阵 $\boldsymbol{A}$ 的特征值只能取 5 或-2.

5. 设 $\boldsymbol{A}$ 是正交矩阵，证明：$\boldsymbol{A}$ 的实特征值只能取 1 或-1.

第 6 题的结论是一个重要结论.

6. 设 $\boldsymbol{\alpha}_1$，$\boldsymbol{\alpha}_2$ 分别为矩阵 $\boldsymbol{A}$ 的属于特征值 λ_1，λ_2 特征向量，若 $\lambda_1\neq\lambda_2$，证明：$\boldsymbol{\alpha}_1+\boldsymbol{\alpha}_2$ 不可能为 $\boldsymbol{A}$ 的特征向量.

4.3 矩阵相似对角化条件

若从线性变换角度理解，矩阵相似 $\boldsymbol{P}^{-1}\boldsymbol{A}\boldsymbol{P}=\boldsymbol{B}$ 可理解为同一个线性变换 τ 在两组基下的两个矩阵的关系，其中 $\boldsymbol{P}$ 是两组基之间的过渡矩阵. 这就好比两位观众在不同的位置同时观看舞台上演员的表演，演员动作唯一，两位观众看到的画面是不同的.

所谓矩阵相似对角化是指矩阵与某对角形矩阵相似.

4.3.1 相似矩阵

定义 4-6 对于 n 阶方阵 $\boldsymbol{A}$ 和 $\boldsymbol{B}$，若存在可逆矩阵 $\boldsymbol{P}$，使得

$$\boldsymbol{P}^{-1}\boldsymbol{A}\boldsymbol{P}=\boldsymbol{B},$$

称 $\boldsymbol{A}$ 相似于 $\boldsymbol{B}$，记作 $\boldsymbol{A}\sim\boldsymbol{B}$.

矩阵的相似关系是一种等价关系，即满足

(1)反身性　$A\sim A$；
(2)对称性　若 $A\sim B$，则 $B\sim A$；
(3)传递性　若 $A\sim B$，$B\sim C$，则 $A\sim C$.
(证明留给读者作为练习.)

比较两矩阵的相似与等价.

背景

相似矩阵有以下性质：

性质 1　若 $A\sim B$，则 $A^m\sim B^m$(m 为正整数).

证明　因为 $A\sim B$，所以存在可逆矩阵 P，使得

$$P^{-1}AP=B,$$

于是

$$\begin{aligned} B^m &=(P^{-1}AP)(P^{-1}AP)\cdots(P^{-1}AP) \\ &=P^{-1}A^mP, \end{aligned}$$

故 $A^m\sim B^m$. 证毕.

性质 2　设 $f(x)=a_nx^n+a_{n-1}x^{n-1}+\cdots+a_1x+a_0$，如果 $A\sim B$，则 $f(A)\sim f(B)$.

证明　由性质 1 易证 . 证毕.

另外还有一些重要的结论，写为定理.

定理 4-13　设 n 阶方阵 A，B 相似，则有
(1)秩(A)= 秩(B)；
(2)$|A|=|B|$；
(3)A 与 B 有相同的特征值；
(4)$\mathrm{tr}(A)=\mathrm{tr}(B)$.

矩阵的秩、行列式、特征值、迹和特征多项式被称为矩阵的相似不变量. 作为矩阵相似的必要条件，利用它们可以指出两矩阵不具有相似关系.

证明　(1)(2)显然成立.

(3)因为 $A\sim B$，故存在可逆矩阵 P，使 $P^{-1}AP=B$，于是

$$\begin{aligned} |\lambda E-B| &= |\lambda E-P^{-1}AP| = |P^{-1}(\lambda E-A)P| \\ &= |P^{-1}|\,|\lambda E-A|\,|P| = |\lambda E-A|. \end{aligned}$$

思考题

(4)因为 $\mathrm{tr}(A)$ 为 A 的特征值之和，由(3)可知(4)显然成立.
证毕.

注意(3)中的逆命题不成立，例如

$$E=\begin{pmatrix}1&0\\0&1\end{pmatrix},\quad A=\begin{pmatrix}1&1\\0&1\end{pmatrix}$$

都以 1 为二重特征值，但对任何可逆矩阵 P，都有 $P^{-1}EP=E\neq A$，故 A 与 E 不相似 .

推论 若 n 阶方阵 $\boldsymbol{A}$ 与对角矩阵

$$\boldsymbol{\Lambda}=\begin{pmatrix}\lambda_1 & & & \\ & \lambda_2 & & \\ & & \ddots & \\ & & & \lambda_n\end{pmatrix}$$

相似，则 λ_1，λ_2，…，λ_n 就是 $\boldsymbol{A}$ 的 n 个特征值.

例 4-10 已知矩阵 $\boldsymbol{A}=\begin{pmatrix}2 & -1 & 4\\ 0 & a & 7\\ 0 & 0 & 3\end{pmatrix}$ 与 $\boldsymbol{B}=\begin{pmatrix}1 & 0 & 0\\ 0 & 2 & 0\\ 0 & 0 & b\end{pmatrix}$ 相似，求a，b.

解 因为 $\boldsymbol{A}$ 与 $\boldsymbol{B}$ 相似，所以行列式相等，迹相等，即

$$\begin{cases}2\cdot a\cdot 3=1\cdot 2\cdot b,\\ 2+a+3=1+2+b,\end{cases}$$

解之得 $a=1$，$b=3$.

4.3.2 矩阵可对角化条件

下面讨论矩阵可对角化的条件.

> 定理的证明分必要性和充分性两个方面。关注分块矩阵运算在定理证明中的作用. 定理中不仅要关注矩阵 $\boldsymbol{P}$ 是否可逆，还要注意 $\boldsymbol{\alpha}_i$ 与 λ_i 的对应. 在从矩阵相似对角化的讨论过程中，你体会到引入特征值和特征向量概念的必要性了吗?

定理 4-14 n 阶矩阵 $\boldsymbol{A}$ 与对角阵相似的充要条件是 $\boldsymbol{A}$ 有 n 个线性无关的特征向量.

证明 充分性 设 $\boldsymbol{\alpha}_1$，$\boldsymbol{\alpha}_2$，…，$\boldsymbol{\alpha}_n$ 是 $\boldsymbol{A}$ 的 n 个线性无关的特征向量，λ_1，λ_2，…，λ_n 是相应的特征值，即 $\boldsymbol{A}\boldsymbol{\alpha}_i=\lambda_i\boldsymbol{\alpha}_i(i=1,2,\cdots,n)$，则

$$\begin{aligned}\boldsymbol{A}(\boldsymbol{\alpha}_1,\boldsymbol{\alpha}_2,\cdots,\boldsymbol{\alpha}_n)&=(\boldsymbol{A}\boldsymbol{\alpha}_1,\boldsymbol{A}\boldsymbol{\alpha}_2,\cdots,\boldsymbol{A}\boldsymbol{\alpha}_n)\\ &=(\lambda_1\boldsymbol{\alpha}_1,\lambda_2\boldsymbol{\alpha}_2,\cdots,\lambda_n\boldsymbol{\alpha}_n)\\ &=(\boldsymbol{\alpha}_1,\boldsymbol{\alpha}_2,\cdots,\boldsymbol{\alpha}_n)\begin{pmatrix}\lambda_1 & & & \\ & \lambda_2 & & \\ & & \ddots & \\ & & & \lambda_n\end{pmatrix}.\end{aligned}\tag{4-14}$$

令 $\boldsymbol{P}=(\boldsymbol{\alpha}_1,\boldsymbol{\alpha}_2,\cdots,\boldsymbol{\alpha}_n)$，因为 $\boldsymbol{\alpha}_1$，$\boldsymbol{\alpha}_2$，…，$\boldsymbol{\alpha}_n$ 线性无关，所以 $|\boldsymbol{P}|\neq 0$，从而矩阵 $\boldsymbol{P}$ 是可逆矩阵. 由式(4-14)得

$$\boldsymbol{AP}=\boldsymbol{P\Lambda},$$

从而 $\boldsymbol{P}^{-1}\boldsymbol{AP}=\boldsymbol{\Lambda}$，故 $\boldsymbol{A}$ 与对角矩阵 $\boldsymbol{\Lambda}$ 相似.

必要性　设 $\boldsymbol{A}$ 与 $\boldsymbol{\Lambda}$ 相似，即有可逆阵 $\boldsymbol{P}$ 使得 $\boldsymbol{P}^{-1}\boldsymbol{A}\boldsymbol{P}=\boldsymbol{\Lambda}$ 或 $\boldsymbol{A}\boldsymbol{P}=\boldsymbol{P}\boldsymbol{\Lambda}$.

将 $\boldsymbol{P}$ 用其列向量表示为 $\boldsymbol{P}=(\boldsymbol{\alpha}_1,\boldsymbol{\alpha}_2,\cdots,\boldsymbol{\alpha}_n)$，则

$$\begin{aligned}\boldsymbol{A}(\boldsymbol{\alpha}_1,\boldsymbol{\alpha}_2,\cdots,\boldsymbol{\alpha}_n)&=(\boldsymbol{\alpha}_1,\boldsymbol{\alpha}_2,\cdots,\boldsymbol{\alpha}_n)\begin{pmatrix}\lambda_1 & & & \\ & \lambda_2 & & \\ & & \ddots & \\ & & & \lambda_n\end{pmatrix}\\&=(\lambda_1\boldsymbol{\alpha}_1,\lambda_2\boldsymbol{\alpha}_2,\cdots,\lambda_n\boldsymbol{\alpha}_n),\end{aligned}$$

即 $\boldsymbol{A}\boldsymbol{\alpha}_i=\lambda_i\boldsymbol{\alpha}_i(i=1,2,\cdots,n)$.

这表明 λ_i 是 $\boldsymbol{A}$ 的特征值$(i=1,2,\cdots,n)$，$\boldsymbol{P}$ 的列向量 $\boldsymbol{\alpha}_i$ 是 $\boldsymbol{A}$ 的属于 λ_i 的特征向量. 又因为 $\boldsymbol{P}$ 可逆，所以 $\boldsymbol{\alpha}_1$，$\boldsymbol{\alpha}_2$，$\cdots$，$\boldsymbol{\alpha}_n$ 线性无关. 证毕.

例 4-6 中 3 阶方阵 $\boldsymbol{A}$ 只有两个线性无关的特征向量，故不可对角化，而例 4-9 中，3 阶方阵 $\boldsymbol{A}$ 有三个线性无关的特征向量，故 $\boldsymbol{A}$ 可对角化，且取

$$\boldsymbol{P}=\begin{pmatrix}1 & -1 & 1\\ 1 & 0 & 1\\ 0 & 1 & 2\end{pmatrix},$$

则有

$$\boldsymbol{P}^{-1}\boldsymbol{A}\boldsymbol{P}=\begin{pmatrix}-2 & 0 & 0\\ 0 & -2 & 0\\ 0 & 0 & 4\end{pmatrix}.$$

由定理 4-10 得方阵 $\boldsymbol{A}$ 相似对角化的一个充分条件.

推论　若 n 阶方阵 $\boldsymbol{A}$ 有 n 个互不相等的特征值，则 $\boldsymbol{A}$ 一定相似于一个对角形矩阵.

注　推论的逆不成立，如例 4-9.

对于有重特征值的矩阵相似于三角形矩阵，根据定理 4-14 及定理 4-12 可知 $\boldsymbol{A}$ 的 t_i 重特征值 λ_i 对应线性无关的特征向量的个数必须为 t_i 个. 反之，当 t_i 重特征值对应的特征向量个数均为 t_i 时，由定理 4-12，$\boldsymbol{A}$ 有 n 个线性无关的特征向量，因而有

定理 4-15　n 阶方阵 $\boldsymbol{A}$ 相似于对角矩阵的充分必要条件是 $\boldsymbol{A}$ 的每一个 t_i 重特征值 λ_i 对应 t_i 个线性无关的特征向量. 即每个特征值的代数重数等于它的几何维数.

n 阶方阵 $\boldsymbol{A}$ 相似对角化过程

例 4-11 判断下列矩阵能否相似于对角阵，若可以求出 $\boldsymbol{P}$ 及 $\boldsymbol{\Lambda}$.

(1) $\boldsymbol{A}=\begin{pmatrix}1&2&2\\2&1&-2\\-2&-2&1\end{pmatrix}$；　(2) $\boldsymbol{B}=\begin{pmatrix}2&0&0\\1&1&0\\1&1&1\end{pmatrix}$.

解 (1)因为

$$|\lambda\boldsymbol{E}-\boldsymbol{A}|=\begin{vmatrix}\lambda-1&-2&-2\\-2&\lambda-1&2\\2&2&\lambda-1\end{vmatrix}=(\lambda+1)(\lambda-1)(\lambda-3),$$

所以 $\boldsymbol{A}$ 有三个互不相等的特征值 $\lambda_1=-1$，$\lambda_2=1$，$\lambda_3=3$，从而 $\boldsymbol{A}$ 相似于对角形矩阵. 因为

$\boldsymbol{A}$ 的属于 $\lambda_1=-1$ 的特征向量为 $k(1,-1,0)^{\mathrm{T}}(k\neq0)$；

$\boldsymbol{A}$ 的属于 $\lambda_2=1$ 的特征向量为 $l(1,-1,1)^{\mathrm{T}}(l\neq0)$；

$\boldsymbol{A}$ 的属于 $\lambda_3=3$ 的特征向量为 $p(0,1,-1)^{\mathrm{T}}(p\neq0)$，

故可得

$$\boldsymbol{P}=\begin{pmatrix}1&1&0\\-1&-1&1\\0&1&-1\end{pmatrix},\ \boldsymbol{\Lambda}=\begin{pmatrix}-1&0&0\\0&1&0\\0&0&3\end{pmatrix}.$$

(2)由 $|\lambda\boldsymbol{E}-\boldsymbol{B}|=\begin{vmatrix}\lambda-2&0&0\\-1&\lambda-1&0\\-1&-1&\lambda-1\end{vmatrix}=(\lambda-2)(\lambda-1)^2$，

得 $\lambda_1=\lambda_2=1$，$\lambda_3=2$，其中 $\lambda_1=\lambda_2=1$ 为二重特征值，又

$$\boldsymbol{E}-\boldsymbol{B}=\begin{pmatrix}-1&0&0\\-1&0&0\\-1&-1&0\end{pmatrix},$$

秩$(\boldsymbol{E}-\boldsymbol{B})=2$，故只对应一个线性无关的特征向量，故 $\boldsymbol{A}$ 不能相似于对角形矩阵，即 $\boldsymbol{B}$ 不可对角化.

4.3.3 矩阵相似对角化的应用

利用矩阵相似于对角形矩阵，我们可以计算方阵的高次幂.

设 $\boldsymbol{A}\sim\boldsymbol{\Lambda}$，即存在可逆矩阵 $\boldsymbol{P}$，使得 $\boldsymbol{P}^{-1}\boldsymbol{A}\boldsymbol{P}=\boldsymbol{\Lambda}$，则 $\boldsymbol{A}=\boldsymbol{P}\boldsymbol{\Lambda}\boldsymbol{P}^{-1}$，从而

$$\boldsymbol{A}^2=(\boldsymbol{P}\boldsymbol{\Lambda}\boldsymbol{P}^{-1})(\boldsymbol{P}\boldsymbol{\Lambda}\boldsymbol{P}^{-1})=\boldsymbol{P}\boldsymbol{\Lambda}^2\boldsymbol{P}^{-1},$$

递推，得

$$\boldsymbol{A}^n=\boldsymbol{P}\boldsymbol{\Lambda}^n\boldsymbol{P}^{-1}.$$

例 4-12 已知 $A=\begin{pmatrix}-1&1&0\\-2&2&0\\4&-2&1\end{pmatrix}$，求 A^n.

解 $|\lambda E-A|=\begin{vmatrix}\lambda+1&-1&0\\2&\lambda-2&0\\-4&2&\lambda-1\end{vmatrix}=\lambda(\lambda-1)^2.$

对应于 $\lambda_1=\lambda_2=1$ 的线性无关的特征向量可取

$$\boldsymbol{\alpha}_1=(1,2,0)^{\mathrm{T}},\ \boldsymbol{\alpha}_2=(0,0,1)^{\mathrm{T}}.$$

对应于 $\lambda_3=0$ 的特征向量可取

$$\boldsymbol{\alpha}_3=(1,1,-2)^{\mathrm{T}}.$$

令 $P=(\boldsymbol{\alpha}_1,\boldsymbol{\alpha}_2,\boldsymbol{\alpha}_3)=\begin{pmatrix}1&0&1\\2&0&1\\0&1&-2\end{pmatrix}$，有 $P^{-1}=\begin{pmatrix}-1&1&0\\4&-2&1\\2&-1&0\end{pmatrix}$，

于是

$$P^{-1}AP=\Lambda=\begin{pmatrix}1&0&0\\0&1&0\\0&0&0\end{pmatrix},$$

得 $A=P\Lambda P^{-1}$，故

$$A^n=P\Lambda^nP^{-1}=\begin{pmatrix}1&0&1\\2&0&1\\0&1&-2\end{pmatrix}\begin{pmatrix}1&0&0\\0&1&0\\0&0&0\end{pmatrix}\begin{pmatrix}-1&1&0\\4&-2&1\\2&-1&0\end{pmatrix}$$

$$=\begin{pmatrix}-1&1&0\\-2&2&0\\4&-2&1\end{pmatrix}.$$

例 4-13 某试验性生产线每年一月进行熟练工与非熟练工的人数统计，然后将$\frac{1}{6}$熟练工支援其他生产部门，其缺额由招收的新的非熟练工补齐，新、老非熟练工经过培训及实践至年终考核有$\frac{2}{5}$成为熟练工，设第 n 年一月统计的熟练工和非熟练工所占百分比分别为 x_n 和 y_n，记成向量$\begin{pmatrix}x_n\\y_n\end{pmatrix}$.

(1) 求$\begin{pmatrix}x_{n+1}\\y_{n+1}\end{pmatrix}$与$\begin{pmatrix}x_n\\y_n\end{pmatrix}$的关系式并写成矩阵形式；

(2) 当 $\begin{pmatrix} x_1 \\ y_1 \end{pmatrix} = \begin{pmatrix} \frac{1}{2} \\ \frac{1}{2} \end{pmatrix}$ 时，求 $\begin{pmatrix} x_{n+1} \\ y_{n+1} \end{pmatrix}$.

解 (1) 由题设 $\begin{cases} x_{n+1} = \frac{5}{6}x_n + \frac{2}{5}\left(\frac{1}{6}x_n + y_n\right), \\ y_{n+1} = \frac{3}{5}\left(\frac{1}{6}x_n + y_n\right), \end{cases}$ 化简得

$$\begin{cases} x_{n+1} = \frac{9}{10}x_n + \frac{2}{5}y_n, \\ y_{n+1} = \frac{1}{10}x_n + \frac{3}{5}y_n, \end{cases}$$

即

$$\begin{pmatrix} x_{n+1} \\ y_{n+1} \end{pmatrix} = \begin{pmatrix} \frac{9}{10} & \frac{2}{5} \\ \frac{1}{10} & \frac{3}{5} \end{pmatrix} \begin{pmatrix} x_n \\ y_n \end{pmatrix}.$$

(2) 令 $\boldsymbol{A} = \begin{pmatrix} \frac{9}{10} & \frac{2}{5} \\ \frac{1}{10} & \frac{3}{5} \end{pmatrix}$，则

$$\begin{pmatrix} x_{n+1} \\ y_{n+1} \end{pmatrix} = \boldsymbol{A}\begin{pmatrix} x_n \\ y_n \end{pmatrix} = \boldsymbol{A}^2\begin{pmatrix} x_{n-1} \\ y_{n-1} \end{pmatrix} = \cdots = \boldsymbol{A}^n\begin{pmatrix} x_1 \\ y_1 \end{pmatrix},$$

斐波那契数列通项公式的矩阵推导

由 $|\lambda \boldsymbol{E} - \boldsymbol{A}| = \begin{vmatrix} \lambda - \frac{9}{10} & -\frac{2}{5} \\ -\frac{1}{10} & \lambda - \frac{3}{5} \end{vmatrix}$

$$= \lambda^2 - \frac{3}{2}\lambda + \frac{1}{2} = \frac{1}{2}(2\lambda - 1)(\lambda - 1),$$

得 $\lambda_1 = 1$，$\lambda_2 = \frac{1}{2}$.

对应特征向量分别为 $\boldsymbol{\alpha}_1 = (4,1)^{\mathrm{T}}$，$\boldsymbol{\alpha}_2 = (-1,1)^{\mathrm{T}}$，所以

$$\boldsymbol{P} = \begin{pmatrix} 4 & -1 \\ 1 & 1 \end{pmatrix}, \quad \boldsymbol{P}^{-1} = \frac{1}{5}\begin{pmatrix} 1 & 1 \\ -1 & 4 \end{pmatrix},$$

故 $$\boldsymbol{A}^n = \frac{1}{5}\begin{pmatrix} 4 & -1 \\ 1 & 1 \end{pmatrix}\begin{pmatrix} 1 & 0 \\ 0 & \left(\frac{1}{2}\right)^n \end{pmatrix}\begin{pmatrix} 1 & 1 \\ -1 & 4 \end{pmatrix}$$

$$=\frac{1}{5}\begin{pmatrix}4+\left(\frac{1}{2}\right)^n & 4-4\left(\frac{1}{2}\right)^n\\ 1-\left(\frac{1}{2}\right)^n & 1+4\left(\frac{1}{2}\right)^n\end{pmatrix},$$

因此 $\begin{pmatrix}x_{n+1}\\ y_{n+1}\end{pmatrix}=\boldsymbol{A}^n\begin{pmatrix}\frac{1}{2}\\ \frac{1}{2}\end{pmatrix}=\frac{1}{10}\begin{pmatrix}8-3\left(\frac{1}{2}\right)^n\\ 2+3\left(\frac{1}{2}\right)^n\end{pmatrix}.$

背景聚焦：工业增长模型

考虑一个有关污染和工业发展的工业增长模型. 设 p 是现在污染的程度, d 是现在工业发展的水平(二者都可以由各种适当指标组成的单位来度量, 如对于污染来说, 空气中一氧化碳的含量、河流中的污染物等). p_1, d_1 分别表示 5 年后污染程度和工业发展水平. 根据类似的经验, 得到一个简单的线性模型, 5 年后污染程度和工业发展水平的预测公式: $\begin{cases}p_{n+1}=p_n+2d_n,\\ d_{n+1}=2p_n+d_n.\end{cases}$ 如果现在状况是 $p_0=4$, $d_0=2$, 推测未来 50 年污染程度和工业发展水平. 记 $\boldsymbol{X}_n=\begin{pmatrix}p_n\\ d_n\end{pmatrix}$, $\boldsymbol{A}=\begin{pmatrix}1&2\\2&1\end{pmatrix}$, $\boldsymbol{X}_0=\begin{pmatrix}4\\2\end{pmatrix}$, 则

$$\boldsymbol{X}_n=\boldsymbol{A}\boldsymbol{X}_{n-1}=\begin{pmatrix}1&2\\2&1\end{pmatrix}\boldsymbol{X}_{n-1}.$$

矩阵 $\boldsymbol{A}$ 的特征值为 3, −1, 对应的特征向量可取为 $\boldsymbol{\alpha}=\begin{pmatrix}1\\1\end{pmatrix}$, $\boldsymbol{\beta}=\begin{pmatrix}-1\\1\end{pmatrix}$. 又 $\boldsymbol{X}_0=3\boldsymbol{\alpha}-\boldsymbol{\beta}$, 故

$$\begin{aligned}\boldsymbol{X}_n&=\boldsymbol{A}\boldsymbol{X}_{n-1}=\boldsymbol{A}^nX_0\\&=\boldsymbol{A}^n(3\boldsymbol{\alpha}-\boldsymbol{\beta})\\&=3\boldsymbol{A}^n\boldsymbol{\alpha}-\boldsymbol{A}^n\boldsymbol{\beta}\\&=3\cdot3^n\boldsymbol{\alpha}-(-1)^n\boldsymbol{\beta}.\end{aligned}$$

由此有如下预测结果:

参数	目前	5 年	10 年	15 年	20 年	25 年	30 年	…	50 年
P	4	8	28	80	244	728	2188	…	177148
D	2	10	26	82	242	730	2186	…	177146

(参见文献[12])

习题 4.3

部分习题详解

1. 设$\boldsymbol{A}=\begin{pmatrix}2&0&0\\0&a&2\\0&2&3\end{pmatrix}$与$\boldsymbol{B}=\begin{pmatrix}1&0&0\\0&2&0\\0&0&b\end{pmatrix}$相似，(1)求$a$，$b$；(2)求一个可逆矩阵$\boldsymbol{P}$，使$\boldsymbol{P}^{-1}\boldsymbol{AP}=\boldsymbol{B}$.

2. 判断下列矩阵是否相似于对角形矩阵，如果可以，求可逆矩阵$\boldsymbol{P}$及对角形矩阵$\boldsymbol{\Lambda}$，使得$\boldsymbol{P}^{-1}\boldsymbol{AP}=\boldsymbol{\Lambda}$.

(1)$\begin{pmatrix}1&2\\8&1\end{pmatrix}$；(2)$\begin{pmatrix}-2&1&1\\0&2&0\\-4&1&3\end{pmatrix}$；(3)$\begin{pmatrix}-3&1&-1\\-7&5&-1\\-6&6&-2\end{pmatrix}$；(4)$\begin{pmatrix}5&7&-5\\0&4&-1\\2&8&-3\end{pmatrix}$.

3. 设$\boldsymbol{A}=\begin{pmatrix}4&0&1\\2&3&2\\1&0&4\end{pmatrix}$，(1)求可逆矩阵$\boldsymbol{P}$及对角形矩阵$\boldsymbol{\Lambda}$，使得$\boldsymbol{P}^{-1}\boldsymbol{AP}=\boldsymbol{\Lambda}$；(2)求$(\boldsymbol{A}-4\boldsymbol{E})^{100}$.

4. 设$\boldsymbol{A}=\begin{pmatrix}4&6&6\\-3&-5&-6\\0&0&1\end{pmatrix}$，求$\boldsymbol{A}^{10}+2\boldsymbol{A}^{9}$.

5. 设$\boldsymbol{A}$，$\boldsymbol{B}$是n阶矩阵，若$\boldsymbol{A}$特征值都不为零，证明：$\boldsymbol{AB}$与$\boldsymbol{BA}$相似.

6. 设$\boldsymbol{A}$是2阶矩阵，若$|\boldsymbol{A}|<0$，证明：$\boldsymbol{A}$相似于对角矩阵.

4.4 实对称矩阵的相似对角化

4.4.1 实对称矩阵的特征值和特征向量

设$\boldsymbol{A}$为n阶方阵，如果$\boldsymbol{A}$是实对称矩阵，则$\boldsymbol{A}$满足

$$\boldsymbol{A}^{\mathrm{T}}=\boldsymbol{A}\text{ 且 }\overline{\boldsymbol{A}}=\boldsymbol{A}.$$

先讨论实对称矩阵特征值和特征向量的一些性质，在今后学习中是非常有用的. 把它们归纳成下面的几个定理.

定理 4-16 设$\boldsymbol{A}$为实对称矩阵，则$\boldsymbol{A}$的特征值全为实数.

证明 设λ_0为$\boldsymbol{A}$的任一特征值，$\boldsymbol{\alpha}=(a_1,a_2,\cdots,a_n)^{\mathrm{T}}$为$\boldsymbol{A}$的对应于$\lambda_0$的特征向量. 由$\boldsymbol{A}\boldsymbol{\alpha}=\lambda_0\boldsymbol{\alpha}$，两边取转置及共轭得

$$\overline{\boldsymbol{\alpha}}^{\mathrm{T}}\boldsymbol{A}=\overline{\lambda_0}\,\overline{\boldsymbol{\alpha}}^{\mathrm{T}}.$$

上式两边右乘 $\boldsymbol{\alpha}$ 得

$$\overline{\boldsymbol{\alpha}}^{\mathrm{T}}\boldsymbol{A}\,\boldsymbol{\alpha}=\overline{\lambda_0}\,\overline{\boldsymbol{\alpha}}^{\mathrm{T}}\boldsymbol{\alpha},$$

$$\lambda_0\,\overline{\boldsymbol{\alpha}}^{\mathrm{T}}\boldsymbol{\alpha}=\overline{\lambda_0}\,\overline{\boldsymbol{\alpha}}^{\mathrm{T}}\boldsymbol{\alpha}.$$

从而 $(\lambda_0-\overline{\lambda_0})\overline{\boldsymbol{\alpha}}^{\mathrm{T}}\boldsymbol{\alpha}=0$，因为 $\boldsymbol{\alpha}\neq\boldsymbol{0}$，所以

$$\overline{\boldsymbol{\alpha}}^{\mathrm{T}}\boldsymbol{\alpha}=\overline{a_1}a_1+\overline{a_2}a_2+\cdots+\overline{a_n}a_n>0,$$

故 $\lambda_0=\overline{\lambda_0}$，即 λ_0 为实数. 证毕.

定理 4-17　设 $\boldsymbol{A}$ 为实对称矩阵，则 $\boldsymbol{A}$ 的属于不同特征值的特征向量正交.

证明　设 λ_1，λ_2 为 $\boldsymbol{A}$ 的两个互不相等的特征值，$\boldsymbol{\alpha}_1$，$\boldsymbol{\alpha}_2$ 分别为 $\boldsymbol{A}$ 的对应于 λ_1，λ_2 的特征向量，即 $\boldsymbol{A}\,\boldsymbol{\alpha}_i=\lambda_i\boldsymbol{\alpha}_i(i=1,2)$，由定理 4-16 可知 λ_1，λ_2 为实数，$\boldsymbol{\alpha}_1$，$\boldsymbol{\alpha}_2$ 为实向量. 将 $\lambda_1\boldsymbol{\alpha}_1=\boldsymbol{A}\,\boldsymbol{\alpha}_1$ 转置后再用 $\boldsymbol{\alpha}_2$ 右乘得

$$\lambda_1\,\boldsymbol{\alpha}_1{}^{\mathrm{T}}\boldsymbol{\alpha}_2=(\boldsymbol{A}\,\boldsymbol{\alpha}_1)^{\mathrm{T}}\boldsymbol{\alpha}_2=\boldsymbol{\alpha}_1^{\mathrm{T}}\boldsymbol{A}^{\mathrm{T}}\,\boldsymbol{\alpha}_2=\boldsymbol{\alpha}_1^{\mathrm{T}}\boldsymbol{A}\,\boldsymbol{\alpha}_2=\lambda_2\,\boldsymbol{\alpha}_1^{\mathrm{T}}\boldsymbol{\alpha}_2,$$

即 $(\lambda_1-\lambda_2)\boldsymbol{\alpha}_1^{\mathrm{T}}\boldsymbol{\alpha}_2=0$. 由于 $\lambda_1\neq\lambda_2$，故 $\boldsymbol{\alpha}_1^{\mathrm{T}}\boldsymbol{\alpha}_2=0$，即 $(\boldsymbol{\alpha}_1,\boldsymbol{\alpha}_2)=0$，这表明 $\boldsymbol{\alpha}_1$ 与 $\boldsymbol{\alpha}_2$ 正交. 证毕.

4.4.2 实对称矩阵相似对角化

任一实方阵未必能相似于对角形矩阵，但实对称矩阵一定可以对角化.

定理 4-18　任一实对称矩阵 $\boldsymbol{A}$ 均可正交相似于对角形矩阵，即存在正交矩阵 $\boldsymbol{Q}$ 和实对角矩阵 $\boldsymbol{\Lambda}$ 使得

$$\boldsymbol{Q}^{-1}\boldsymbol{A}\boldsymbol{Q}=\boldsymbol{\Lambda}，其中\ \boldsymbol{Q}^{-1}=\boldsymbol{Q}^{\mathrm{T}}.$$

证明　对实对称矩阵 $\boldsymbol{A}$ 的阶数 n 用数学归纳法.

当 $n=1$ 时，$\boldsymbol{A}=(a_{11})$ 为 1 阶方阵，已经是对角阵，只要取 $\boldsymbol{Q}=\boldsymbol{E}$，则有 $\boldsymbol{Q}^{-1}\boldsymbol{A}\boldsymbol{Q}=(a_{11})$.

假设对 $n-1$ 阶实对称矩阵成立，考虑 n 阶实对称矩阵 $\boldsymbol{A}$，若 λ_1 为 $\boldsymbol{A}$ 的一个特征值，$\boldsymbol{\alpha}_1\in\mathbf{R}^n$ 为 $\boldsymbol{A}$ 的属于 λ_1 的特征向量，且 $\boldsymbol{\alpha}_1$ 为单位向量，将 $\boldsymbol{\alpha}_1$ 扩充为 $\mathbf{R}^n$ 的标准正交向量组 $\boldsymbol{\alpha}_1$，$\boldsymbol{\alpha}_2$，…，$\boldsymbol{\alpha}_n$（$\boldsymbol{\alpha}_2$，$\boldsymbol{\alpha}_3$，…，$\boldsymbol{\alpha}_n$ 未必是特征向量），取 $\boldsymbol{P}=(\boldsymbol{\alpha}_1,\boldsymbol{\alpha}_2,\cdots,\boldsymbol{\alpha}_n)$，则 $\boldsymbol{P}$ 为正交矩阵，并且 $\boldsymbol{A}\boldsymbol{\alpha}_1=\lambda_1\boldsymbol{\alpha}_1$，$\boldsymbol{A}\boldsymbol{\alpha}_2$，…，$\boldsymbol{A}\boldsymbol{\alpha}_n\in\mathbf{R}^n$ 都能由 $\boldsymbol{\alpha}_1$，$\boldsymbol{\alpha}_2$，…，$\boldsymbol{\alpha}_n$ 线性表示，于是存在实数 b_{ij} 使得

定理证明采用的是数学归纳法，关键是从 n 阶实对称矩阵向 $n-1$ 阶实对称矩阵的转化. 请扫描二维码，带着问题阅读证明过程.

实对称矩阵的每个特征值的代数重数等于它的几何维数.

n 阶实对称矩阵一定有 n 个线性无关的特征向量.

思考题

$$\begin{aligned} \boldsymbol{AP} &= (\boldsymbol{A\alpha}_1, \boldsymbol{A\alpha}_2, \cdots, \boldsymbol{A\alpha}_n) \\ &= (\lambda_1 \boldsymbol{\alpha}_1, \sum_{k=1}^{n} b_{k2}\boldsymbol{\alpha}_k, \cdots, \sum_{k=1}^{n} b_{kn}\boldsymbol{\alpha}_k) \\ &= (\boldsymbol{\alpha}_1, \boldsymbol{\alpha}_2, \cdots, \boldsymbol{\alpha}_n)\begin{pmatrix} \lambda_1 & b_{12} & \cdots & b_{1n} \\ 0 & b_{22} & \cdots & b_{2n} \\ \vdots & \vdots & & \vdots \\ 0 & b_{n2} & \cdots & b_{nn} \end{pmatrix}, \end{aligned}$$

因此

$$\boldsymbol{P}^{-1}\boldsymbol{AP} = \begin{pmatrix} \lambda_1 & b_{12} & \cdots & b_{1n} \\ 0 & b_{22} & \cdots & b_{2n} \\ \vdots & \vdots & & \vdots \\ 0 & b_{n2} & \cdots & b_{nn} \end{pmatrix}.$$

因为

$$(\boldsymbol{P}^{-1}\boldsymbol{AP})^{\mathrm{T}} = (\boldsymbol{P}^{\mathrm{T}}\boldsymbol{AP})^{\mathrm{T}} = \boldsymbol{P}^{\mathrm{T}}\boldsymbol{AP} = \boldsymbol{P}^{-1}\boldsymbol{AP},$$

故

$$b_{12} = b_{13} = \cdots = b_{1n} = 0,$$

且

$$\boldsymbol{B} = \begin{pmatrix} b_{22} & \cdots & b_{2n} \\ \vdots & & \vdots \\ b_{n2} & \cdots & b_{nn} \end{pmatrix}$$

为 $n-1$ 阶实对称矩阵，由归纳假设，存在 $n-1$ 阶正交矩阵 $\boldsymbol{P}_1$ 使得

$$\boldsymbol{P}_1^{-1}\boldsymbol{BP}_1 = \begin{pmatrix} \lambda_2 & & & \\ & \lambda_3 & & \\ & & \ddots & \\ & & & \lambda_n \end{pmatrix}.$$

其中 λ_2，λ_3，…，λ_n 为 $\boldsymbol{B}$ 的特征值，由于 $\boldsymbol{A}$ 与 $\begin{pmatrix} \lambda_1 & \boldsymbol{O} \\ \boldsymbol{O} & \boldsymbol{B} \end{pmatrix}$ 相似，故 λ_2，λ_3，…，λ_n 也是 $\boldsymbol{A}$ 的特征值，取

$$\boldsymbol{Q} = \boldsymbol{P}\begin{pmatrix} 1 & \boldsymbol{O} \\ \boldsymbol{O} & \boldsymbol{P}_1 \end{pmatrix},$$

则

$$
\begin{aligned}
\boldsymbol{Q}^T\boldsymbol{Q} &= \begin{pmatrix} 1 & \boldsymbol{O} \\ \boldsymbol{O} & \boldsymbol{P}_1^{\mathrm{T}} \end{pmatrix} \boldsymbol{P}^{\mathrm{T}}\boldsymbol{P} \begin{pmatrix} 1 & \boldsymbol{O} \\ \boldsymbol{O} & \boldsymbol{P}_1 \end{pmatrix} \\
&= \begin{pmatrix} 1 & \boldsymbol{O} \\ \boldsymbol{O} & \boldsymbol{P}_1^{\mathrm{T}} \end{pmatrix} \boldsymbol{E} \begin{pmatrix} 1 & \boldsymbol{O} \\ \boldsymbol{O} & \boldsymbol{P}_1 \end{pmatrix} \\
&= \begin{pmatrix} 1 & \boldsymbol{O} \\ \boldsymbol{O} & \boldsymbol{P}_1^{\mathrm{T}}\boldsymbol{P}_1 \end{pmatrix} = \boldsymbol{E}.
\end{aligned}
$$

即 $\boldsymbol{Q}$ 为正交阵，且

$$
\begin{aligned}
\boldsymbol{Q}^{-1}\boldsymbol{A}\boldsymbol{Q} &= \begin{pmatrix} 1 & \boldsymbol{O} \\ \boldsymbol{O} & \boldsymbol{P}_1 \end{pmatrix}^{-1} \boldsymbol{P}^{-1}\boldsymbol{A}\boldsymbol{P} \begin{pmatrix} 1 & \boldsymbol{O} \\ \boldsymbol{O} & \boldsymbol{P}_1 \end{pmatrix} \\
&= \begin{pmatrix} 1 & \boldsymbol{O} \\ \boldsymbol{O} & \boldsymbol{P}_1^{-1} \end{pmatrix} \begin{pmatrix} \lambda_1 & \boldsymbol{O} \\ \boldsymbol{O} & \boldsymbol{B} \end{pmatrix} \begin{pmatrix} 1 & \boldsymbol{O} \\ \boldsymbol{O} & \boldsymbol{P}_1 \end{pmatrix} \\
&= \begin{pmatrix} \lambda_1 & \boldsymbol{O} \\ \boldsymbol{O} & \boldsymbol{P}_1^{-1}\boldsymbol{B}\boldsymbol{P}_1 \end{pmatrix} \\
&= \begin{pmatrix} \lambda_1 & & & \\ & \lambda_2 & & \\ & & \ddots & \\ & & & \lambda_n \end{pmatrix}.
\end{aligned}
$$

回顾习题 2.2 的第 4 题，你现在能给出一个新的证明方法吗？

证毕.

例 4-14　设 $\boldsymbol{A} = \begin{pmatrix} 1 & 2 & 2 \\ 2 & 1 & 2 \\ 2 & 2 & 1 \end{pmatrix}$，求一个正交矩阵 $\boldsymbol{P}$，使得 $\boldsymbol{P}^{-1}\boldsymbol{A}\boldsymbol{P} = \boldsymbol{\Lambda}$ 为对角矩阵.

用正交矩阵将实对称矩阵相似对角化，是本课程中具有综合性的基本计算.

习题 2.2 第 4 题的一个新证明

解　因为

$$
|\lambda\boldsymbol{E}-\boldsymbol{A}| = \begin{vmatrix} \lambda-1 & -2 & -2 \\ -2 & \lambda-1 & -2 \\ -2 & -2 & \lambda-1 \end{vmatrix} = (\lambda+1)^2(\lambda-5),
$$

所以 $\boldsymbol{A}$ 的特征值为 $\lambda_1 = \lambda_2 = -1$，$\lambda_3 = 5$.

$\lambda = -1$ 时，解方程组 $(-\boldsymbol{E}-\boldsymbol{A})\boldsymbol{X} = \boldsymbol{0}$，得线性无关的特征向量 $\boldsymbol{\alpha}_1 = (1,-1,0)^{\mathrm{T}}$，$\boldsymbol{\alpha}_2 = (1,0,-1)^{\mathrm{T}}$.

$\lambda = 5$ 时，解方程组 $(5\boldsymbol{E}-\boldsymbol{A})\boldsymbol{X} = \boldsymbol{0}$，得特征向量 $\boldsymbol{\alpha}_3 = (1,1,1)^{\mathrm{T}}$.

将 $\boldsymbol{\alpha}_1$，$\boldsymbol{\alpha}_2$ 正交化得

$$\boldsymbol{\beta}_1=(1,-1,0)^{\mathrm{T}},$$

$$\boldsymbol{\beta}_2=\boldsymbol{\alpha}_2-\frac{\langle\boldsymbol{\alpha}_2,\boldsymbol{\beta}_1\rangle}{\langle\boldsymbol{\beta}_1,\boldsymbol{\beta}_1\rangle}\boldsymbol{\beta}_1=(1,0,-1)^{\mathrm{T}}-\frac{1}{2}(1,-1,0)^{\mathrm{T}}$$

$$=\left(\frac{1}{2},\frac{1}{2},-1\right)^{\mathrm{T}},$$

$\boldsymbol{\alpha}_3$ 与 $\boldsymbol{\alpha}_1$，$\boldsymbol{\alpha}_2$ 已经正交，取 $\boldsymbol{\beta}_3=\boldsymbol{\alpha}_3=(1,1,1)^{\mathrm{T}}$. 将 $\boldsymbol{\beta}_1,\boldsymbol{\beta}_2,\boldsymbol{\beta}_3$ 单位化得

$$\boldsymbol{\eta}_1=\left(\frac{1}{\sqrt{2}},\frac{-1}{\sqrt{2}},0\right)^{\mathrm{T}},\ \boldsymbol{\eta}_2=\left(\frac{1}{\sqrt{6}},\frac{1}{\sqrt{6}},\frac{-2}{\sqrt{6}}\right)^{\mathrm{T}},\ \boldsymbol{\eta}_3=\left(\frac{1}{\sqrt{3}},\frac{1}{\sqrt{3}},\frac{1}{\sqrt{3}}\right)^{\mathrm{T}}.$$

令 $\boldsymbol{P}=(\boldsymbol{\eta}_1,\boldsymbol{\eta}_2,\boldsymbol{\eta}_3)$，读者可以验证

$$\boldsymbol{P}^{-1}\boldsymbol{A}\boldsymbol{P}=\begin{pmatrix}-1&&\\&-1&\\&&5\end{pmatrix}.$$

实对称矩阵的相似对角化过程.

由例 4-14 可以看出，对于实对称矩阵 $\boldsymbol{A}$，求正交矩阵 $\boldsymbol{P}$，使得$\boldsymbol{P}^{-1}\boldsymbol{A}\boldsymbol{P}=\boldsymbol{\Lambda}$ 为对角矩阵的步骤：

(1)求 $\boldsymbol{A}$ 的特征值；

(2)求各特征值对应的线性无关的特征向量 $\boldsymbol{\alpha}_1$，$\boldsymbol{\alpha}_2$，…，$\boldsymbol{\alpha}_n$；

(3)将所求 n 个线性无关的特征向量正交化后，再单位化得 $\boldsymbol{\eta}_1$，$\boldsymbol{\eta}_2$，…，$\boldsymbol{\eta}_n$；

(4)以 $\boldsymbol{\eta}_1$，$\boldsymbol{\eta}_2$，…，$\boldsymbol{\eta}_n$ 为列向量作正交矩阵 $\boldsymbol{P}$.

例 4-15 设 $\boldsymbol{A}$ 是 3 阶实对称矩阵，$\boldsymbol{A}$ 的特征值是 1，0，-1. 其中$\lambda_1=1$ 和 $\lambda_2=0$ 对应的特征向量分别为$(1,a,1)^{\mathrm{T}}$ 和$(a,a+1,1)^{\mathrm{T}}$，求矩阵 $\boldsymbol{A}$.

解 因为 $\boldsymbol{A}$ 是实对称矩阵，属于不同特征值的特征向量正交，所以

$$1\times a+a(a+1)+1\times 1=0,$$

解得 $a=-1$.

这里看起来是计算，实际上需要对实对称矩阵概念的理解和相关性质的掌握.

设 $\boldsymbol{A}$ 的属于 $\lambda_3=-1$ 的特征向量为$(x_1,x_2,x_3)^{\mathrm{T}}$，因为它与 $\lambda_1=1$，$\lambda_2=0$ 对应的特征向量均正交，于是

$$\begin{cases}x_1-x_2+x_3=0,\\-x_1\qquad+x_3=0,\end{cases}$$

解得$(1,2,1)^{\mathrm{T}}$ 是 $\lambda_3=-1$ 对应的特征向量. 那么

$$\boldsymbol{P}^{-1}\boldsymbol{A}\boldsymbol{P}=\boldsymbol{\Lambda}=\begin{pmatrix}1&&\\&-1&\\&&0\end{pmatrix},$$

其中

$$P=\begin{pmatrix}1&1&-1\\-1&2&0\\1&1&1\end{pmatrix},$$

实对称矩阵相似对角化过程

故

$$A=P\Lambda P^{-1}=\frac{1}{6}\begin{pmatrix}1&-4&1\\-4&-2&-4\\1&-4&1\end{pmatrix}.$$

背景聚焦：面貌空间

计算机面貌识别是现今已有的一种“未来技术”. 多种面貌识别系统已经开发利用. 一种由美国麻省理工学院开发，取名为 Photobook 的系统，其中使用了线性代数. 为了区分不同的面貌，Photobook 从面部的数据库规定 40 种最佳的面貌特征. 这些不同的面貌特征，称为特征面貌，作为面貌空间的基本向量. 任何一个面貌都可以表示为特征面貌的线性组合，正如一个向量可以用一些基本向量来表示一样．两个面貌可以通过它们之间的差(即它们关于特征面貌基本向量的坐标相减)来进行比较，并且计算出这个差向量的长度(大小). 按照面孔在特征面貌上的投影的坐标，存贮一个面孔，只需要使用 80 个字节.

正如我们为一组基寻找正交向量一样，为了更加准确地识别，Photobook 选择正交特征面貌，使用主元素法，求特征面貌之间的协方差矩阵的特征值和特征向量. 根据 128×128 灰度像素组成的对面部的粗糙扫描确定一个 16384 阶矩阵，Photobook 求出这个矩阵的 40 个最大的特征值，及相应的特征向量. 这些特征向量就是要确定的特征面貌. 令人难以理解的是，Photobook 不会被外表一些微小的变化(如发型的变化，添减帽子、眼镜、胡须等)所愚弄，头部的光线、角度等也不影响识别．这种软件在验证时的识别率达到 99.9%，识别一张面孔是否在数据库中的识别率也可达到 95%. (参见文献[12])

习题 4.4

1. 求正交变换矩阵 Q 使得下列矩阵相似于对角矩阵：

(1) $\begin{pmatrix}4&0&0\\0&3&1\\0&1&3\end{pmatrix}$；　(2) $\begin{pmatrix}2&1&2\\1&2&2\\2&2&1\end{pmatrix}$.

部分习题详解

2. 设矩阵 $A=\begin{pmatrix}1&1&a\\1&a&1\\a&1&1\end{pmatrix}$，$\boldsymbol{\beta}=\begin{pmatrix}1\\1\\-2\end{pmatrix}$，若线性方程组 $AX=\boldsymbol{\beta}$ 有解但不唯一：

(1)求 a;(2)求正交矩阵 Q 使得 Q^TAQ 为对角矩阵.

3. 设 3 阶实对称矩阵 A 有三个特征值 -1, 1, 1, $\boldsymbol{\alpha}=(0,1,1)^T$ 是 A 的属于特征值-1 的特征向量，求矩阵 A.

4. 设 A 为 $n(n>2)$ 阶实对称矩阵，$A^2=A$，$R(A)=r<n$，求 $|2E-A|$.

5. 设 A 是反对称矩阵，证明：$E-A^2$ 是对称矩阵.

*4.5 Jordan 标准形介绍

从本章学习中我们看到，不是每个方阵都能相似于对角矩阵的，当矩阵不能相似于对角矩阵时，希望能找到形式尽可能简单一些的矩阵，使任何方阵都能相似于这种矩阵. 对于复数域上的方阵是可以做到的，这里将只介绍所讨论问题的结论和化矩阵为 Jordan 标准形的具体方法.

4.5.1 Jordan 矩阵

定义 4-7 形如

$$\begin{pmatrix}\lambda&1&&&\\&\lambda&1&&\\&&\ddots&\ddots&\\&&&\ddots&1\\&&&&\lambda\end{pmatrix}_{r\times r}\tag{4-15}$$

的 r 阶方阵称为一个关于 λ 的 r 阶 Jordan 块，记作 $J_r(\lambda)$. 称主对角线子块为 Jordan 块 $J_{n_i}(\lambda_i)$ 的准对角矩阵.

$$J=\begin{pmatrix}J_{n_1}(\lambda_1)&&&\\&J_{n_2}(\lambda_2)&&\\&&\ddots&\\&&&J_{n_m}(\lambda_m)\end{pmatrix}\tag{4-16}$$

为 **Jordan 矩阵**.

Jordan 块的特点是主对角线上的元素是同一个数，而主对角上方紧邻元素 $a_{i,i+1}=1$，其余元素为 0. 如

$$(3)\begin{pmatrix}3&1\\0&3\end{pmatrix},\quad\begin{pmatrix}2&1&0\\0&2&1\\0&0&2\end{pmatrix},\quad\begin{pmatrix}0&1&0\\0&0&1\\0&0&0\end{pmatrix}$$

均为 Jordan 块.

r 阶 Jordan 块的主对角线上元素 λ 为 Jordan 块矩阵唯一的特征值，它的代数重数为 r，而几何维数为 1，即只有一个线性无关的特征向量，因此 $r>1$ 的 Jordan 块矩阵，它不能相似于对角形矩阵. Jordan 矩阵主对角线上的 Jordan 子块不必互异. Jordan 矩阵不仅是准对角阵，也是上三角矩阵，主对角线上元素是它的全部特征值. 如

$$\boldsymbol{J}=\left(\begin{array}{c|cc|cc}3&0&0&0&0\\\hline 0&2&1&0&0\\0&0&2&0&0\\\hline 0&0&0&2&1\\0&0&0&0&2\end{array}\right)=\begin{pmatrix}\boldsymbol{J}_1(3)&&\\&\boldsymbol{J}_2(2)&\\&&\boldsymbol{J}_2(2)\end{pmatrix}$$

就是一个 5 阶 Jordan 矩阵，其中三个 Jordan 块为

$$\boldsymbol{J}_1(3)=(3),\ \boldsymbol{J}_2(2)=\begin{pmatrix}2&1\\0&2\end{pmatrix},\ \boldsymbol{J}_2(2)=\begin{pmatrix}2&1\\0&2\end{pmatrix}.$$

对角矩阵也是一种特殊的 Jordan 矩阵，它的每一个 Jordan 块都是一阶的 Jordan 块.

我们再举几个 Jordan 矩阵的例子.

$$\begin{pmatrix}i&1&&\\&i&&\\&&0&1\\&&&0\end{pmatrix},\quad\begin{pmatrix}-1&&&\\&2&&\\&&3&1\\&&&3\end{pmatrix},\quad\begin{pmatrix}1&&&\\&2&1&\\&&2&\\&&&-3\end{pmatrix}.$$

4.5.2 Jordan 标准形定理

定理 4-19　设 $\boldsymbol{A}$ 是复数域 $\boldsymbol{C}$ 上的 n 阶方阵，其特征多项式为

$$f(\lambda)=(\lambda-\lambda_1)^{n_1}(\lambda-\lambda_2)^{n_2}\cdots(\lambda-\lambda_s)^{n_s}.$$

其中 $n_1+n_2+\cdots+n_s=n$，则

(1) 存在非奇异矩阵 $\boldsymbol{P}$，使得

$$\boldsymbol{P}^{-1}\boldsymbol{A}\boldsymbol{P}=\boldsymbol{J}_A=\begin{pmatrix}\boldsymbol{J}_{n_1}(\lambda_1)&&&\\&\boldsymbol{J}_{n_2}(\lambda_2)&&\\&&\ddots&\\&&&\boldsymbol{J}_{n_s}(\lambda_s)\end{pmatrix},$$

其中

$$J_{n_i}(\lambda_i)=\begin{pmatrix}\lambda_i & 1 & & \\ & \lambda_i & 1 & \\ & & \ddots & 1 \\ & & & \lambda_i\end{pmatrix}\quad (i=1,2,\cdots,s),$$

且 $n_1+n_2+\cdots+n_s=n$，$\boldsymbol{J}_{n_i}(\lambda_i)$，是特征值为 λ_i 的 Jordan 块.

(2)在不考虑因 $\boldsymbol{P}$ 的不同选择而引起 $\boldsymbol{J}_{n_1}(\lambda_1)$，$\boldsymbol{J}_{n_2}(\lambda_2)$，…，$\boldsymbol{J}_{n_s}(\lambda_s)$ 顺序改变的意义下，$\boldsymbol{J_A}$ 是唯一的.

关于 Jordan 标准形的求法有多种方法. 在不再介绍更多概念的前提下，介绍华中科技大学数学系林升旭、杨明编著的《线性代数》中的一个具体求法.

4.5.3 Jordan 标准形的求法

求一个矩阵的 Jordan 标准形及变换矩阵有多种方法，我们在此介绍以定理 4-19 为前提的分析确定法. 即定理 4-19 已肯定了 $\boldsymbol{A}$ 能相似于一个 Jordan 矩阵 $\boldsymbol{J_A}$，也指出存在可逆矩阵 $\boldsymbol{P}$，使得 $\boldsymbol{P}^{-1}\boldsymbol{AP}=\boldsymbol{J_A}$，由此分析 $\boldsymbol{J_A}$ 的构造和 $\boldsymbol{P}$ 的求法.

设 $\boldsymbol{A}$ 为 n 阶方阵，由 $\boldsymbol{A}$ 相似于 $\boldsymbol{J_A}$，得 $\boldsymbol{J_A}$ 主对角线上元素是 $\boldsymbol{A}$ 的全部特征值. 设 $\boldsymbol{A}$ 的特征多项式为：

$$|\lambda\boldsymbol{E}-\boldsymbol{A}|=(\lambda-\lambda_1)^{k_1}(\lambda-\lambda_2)^{k_2}\cdots(\lambda-\lambda_s)^{k_s},$$

其中 λ_i 是 $\boldsymbol{A}$ 的 k_i 重特征值，λ_1，λ_2，…，λ_s 互异，显然 $\sum\limits_{i=1}^{s}k_i=n$.

在式(4-16)所示的标准形中，把同一特征值对应的若干个 Jordan 块排在一起，就有

$$\boldsymbol{J_A}=\begin{pmatrix}\boldsymbol{A}_1(\lambda_1) & & & \\ & \boldsymbol{A}_2(\lambda_2) & & \\ & & \ddots & \\ & & & \boldsymbol{A}_s(\lambda_s)\end{pmatrix},$$

其中 $\boldsymbol{A}_i(\lambda_i)$ 是主对角线上元素为 λ_i 的 k_i 阶 Jordan 矩阵. 根据上式所示 $\boldsymbol{J_A}$ 的结构，把变换矩阵 $\boldsymbol{P}$ 相应取 k_1 列，k_2 列，…，k_s 列分块

$$\boldsymbol{P}=(\boldsymbol{p}_1,\boldsymbol{p}_2,\cdots,\boldsymbol{p}_s),$$

其中 $\boldsymbol{p}_i$ 为 $n\times k_i$ 阶子块矩阵. 由 $\boldsymbol{AP}=\boldsymbol{PJ_A}$，即

$$\boldsymbol{A}(\boldsymbol{p}_1,\boldsymbol{p}_2,\cdots,\boldsymbol{p}_s)$$

$$=(\boldsymbol{p}_1,\boldsymbol{p}_2,\cdots,\boldsymbol{p}_s)\begin{pmatrix}\boldsymbol{A}_1(\lambda_1) & & & \\ & \boldsymbol{A}_2(\lambda_2) & & \\ & & \ddots & \\ & & & \boldsymbol{A}_s(\lambda_s)\end{pmatrix},$$

亦即

$$(\boldsymbol{A}\boldsymbol{p}_1,\boldsymbol{A}\boldsymbol{p}_2,\cdots,\boldsymbol{A}\boldsymbol{p}_s)=(\boldsymbol{p}_1\boldsymbol{A}_1(\lambda_1),\boldsymbol{p}_2\boldsymbol{A}_2(\lambda_2),\cdots,\boldsymbol{p}_s\boldsymbol{A}_s(\lambda_s))$$

得

$$\boldsymbol{A}\boldsymbol{p}_i=\boldsymbol{p}_i\boldsymbol{A}_i(\lambda_i)\,(i=1,2,\cdots,s). \tag{4-17}$$

为表述简单起见，不失一般性，我们从式(4-17)中取 $i=1$，从等式$\boldsymbol{A}\boldsymbol{p}_1=\boldsymbol{p}_1\boldsymbol{A}_1(\lambda_1)$分析 $\boldsymbol{p}_1$ 和 $\boldsymbol{A}_1(\lambda_1)$的情况.

设 k_1 阶 Jordan 矩阵 $\boldsymbol{A}_1(\lambda_1)$有 t 个 Jordan 块，即

$$\boldsymbol{A}_1(\lambda_1)=\begin{pmatrix}\boldsymbol{J}_1(\lambda_1) & & & \\ & \boldsymbol{J}_2(\lambda_1) & & \\ & & \ddots & \\ & & & \boldsymbol{J}_t(\lambda_1)\end{pmatrix}, \tag{4-18}$$

其中 $\boldsymbol{J}_i(\lambda_1)$的阶数为 n_i. 有 $\sum\limits_{i=1}^{t} n_i=k_1$，而且

$$\boldsymbol{J}_i(\lambda_1)=\begin{pmatrix}\lambda_1 & 1 & & & \\ & \lambda_1 & 1 & & \\ & & \ddots & & \\ & & \ddots & 1 & \\ & & & & \lambda_1\end{pmatrix}_{n_i\times n_i}. \tag{4-19}$$

再把 $\boldsymbol{p}_1$ 按 n_1 列，n_2 列，…，n_t 列作相应分块为：

$$\boldsymbol{p}_1=(\boldsymbol{p}_1^{(1)},\boldsymbol{p}_2^{(1)},\cdots,\boldsymbol{p}_t^{(1)}),$$

其中 $\boldsymbol{p}_j^{(1)}$ 为 $n\times n_j$ 阶子矩阵，其中 $j=1$，2，…，t.

设 $\boldsymbol{p}_j^{(1)}=(\boldsymbol{\alpha}_1,\boldsymbol{\beta}_2,\cdots,\boldsymbol{\beta}_{n_j})$，结合式(4-17)、式(4-18)以及式(4-19)有

$$\boldsymbol{A}(\boldsymbol{\alpha}_1,\boldsymbol{\beta}_2,\cdots,\boldsymbol{\beta}_{n_j})$$

$$=(\boldsymbol{\alpha}_1,\boldsymbol{\beta}_2,\cdots,\boldsymbol{\beta}_{n_j})\begin{pmatrix}\lambda_1 & 1 & & \\ & \lambda_1 & \ddots & \\ & & \ddots & 1 \\ & & & \lambda_1\end{pmatrix}_{n_j\times n_j},$$

得由 n_j 个方程组成的方程组

$$\begin{cases} A\boldsymbol{\alpha}_1=\lambda_1\boldsymbol{\alpha}_1, \\ A\boldsymbol{\beta}_2=\boldsymbol{\alpha}_1+\lambda_1\boldsymbol{\beta}_2, \\ A\boldsymbol{\beta}_3=\boldsymbol{\beta}_2+\lambda_1\boldsymbol{\beta}_3, \\ \quad\vdots \\ A\boldsymbol{\beta}_{n_j}=\boldsymbol{\beta}_{n_{j-1}}+\lambda_1\boldsymbol{\beta}_{n_j}, \end{cases}$$

它等价于

$$\begin{cases} (A-\lambda_1 E)\boldsymbol{\alpha}_1=\mathbf{0}, \\ (A-\lambda_1 E)\boldsymbol{\beta}_2=\boldsymbol{\alpha}_1, \\ (A-\lambda_1 E)\boldsymbol{\beta}_3=\boldsymbol{\beta}_2, \\ \quad\vdots \\ (A-\lambda_1 E)\boldsymbol{\beta}_{n_j}=\boldsymbol{\beta}_{n_{j-1}}. \end{cases} \tag{4-20}$$

由式(4-20)求得的一组向量$\{\boldsymbol{\alpha}_1,\boldsymbol{\beta}_2,\cdots,\boldsymbol{\beta}_{n_j}\}$称为 Jordan 链. 其中 $\boldsymbol{\alpha}_1$ 是 A 关于 λ_1 的一个特征向量，称$\boldsymbol{\beta}_2$，…，$\boldsymbol{\beta}_{n_j}$为广义特征向量. 它的长度 n_j 就是 $J_j(\lambda_1)$的阶，从而确定 Jordan 块 $J_j(\lambda_1)$阶数 n_j 的方法一般是取 A 关于 λ_1 的一个特征向量 $\boldsymbol{\alpha}_1$，由式(4-20)中第二式所表示的非齐次线性方程组求得一个 $\boldsymbol{\beta}_2$，再由 $\boldsymbol{\beta}_2$ 代入第三式求 $\boldsymbol{\beta}_3$，…，该过程进行到$(A-\lambda_i E)\boldsymbol{\beta}_{n_j+1}=\boldsymbol{\beta}_{n_j}$无解时终止，链条长度 n_j 也就得到了.

由式(4-18)，A 关于 λ_1 有多少个 Jordan 块 $J_j(\lambda_1)$，就有多少条 Jordan 链，每条 Jordan 链中的第一个向量是 A 的特征向量. 因此，对特征值 λ_i，若从齐次线性方程组$(\lambda_i E-A)X=\mathbf{0}$ 中求出 t_i 个线性无关的特征向量，则 λ_i 就对应 t_i 个 Jordan 块.

由此归纳出求 n 阶方阵 A 的 Jordan 矩阵 J_A，和可逆变换矩阵 P 的方法步骤如下：

(1) 求 A 的特征多项式

$$|\lambda E-A|=(\lambda-\lambda_1)^{k_1}(\lambda-\lambda_2)^{k_2}\cdots(\lambda-\lambda_s)^{k_s}$$

λ_1，…，λ_s 互异，从而 λ_i 是 A 的 k_i 重特征值，由此确定 $A_i(\lambda_i)$ 阶数为 k_i.

(2) 由$(A-\lambda_i E)X=\mathbf{0}$ 求 A 的 t_i 个线性无关的特征向量 $\boldsymbol{\alpha}_1$，$\boldsymbol{\alpha}_2$，…，$\boldsymbol{\alpha}_{t_i}$，由此确定 $A_i(\lambda_i)$中有 t_i 个 Jordan 块 $J_{ij}(\lambda_i)$.

(3) 若 $t_i<k_i$，则在 λ_i 对应的特征向量集合 $L\{\boldsymbol{\alpha}_1,\boldsymbol{\alpha}_2,\cdots,\boldsymbol{\alpha}_{t_i}\}$ 中适当选取特征向量 $\boldsymbol{\alpha}_{i1}$(不一定有 $\boldsymbol{\alpha}_{i1}=\boldsymbol{\alpha}_i$，$i=1$，2，…，$t_i$)，按式(4-20)求 Jordan 链 $\boldsymbol{\alpha}_{i1},\boldsymbol{\beta}_{i2}$，…，$\boldsymbol{\beta}_{in_j}$，确定 Jordan 块$J_{ij}(\lambda_i)$，$i=$ 1，2，…，t_i. 特别地，长度为 1 的 Jordan 链即为一个特征向量，它对应一阶 Jordan 块(λ_i).

(4) 以 λ_i 对应的 t_i 条 Jordan 链为列构成矩阵 $\boldsymbol{p}_i$，则 $\boldsymbol{p}_i$ 为含 k_i

个列的矩阵，而且

$$\boldsymbol{A}\boldsymbol{p}_i=\boldsymbol{p}_i\begin{pmatrix}\boldsymbol{J}_{i1}(\lambda_i) & & & \\ & \boldsymbol{J}_{i2}(\lambda_i) & & \\ & & \ddots & \\ & & & \boldsymbol{J}_{it_i}(\lambda_i)\end{pmatrix}$$

$$=\boldsymbol{p}_i\boldsymbol{A}_i(\lambda_i),\ i=1,\ 2,\ \cdots,\ s,$$

则 $\boldsymbol{P}=(\boldsymbol{p}_1,\boldsymbol{p}_2,\cdots,\boldsymbol{p}_s)$ 满足

$$\boldsymbol{A}\boldsymbol{P}=\boldsymbol{P}\begin{pmatrix}\boldsymbol{A}_1(\lambda_1) & & \\ & \ddots & \\ & & \boldsymbol{A}_s(\lambda_s)\end{pmatrix}=\boldsymbol{P}\boldsymbol{J}_A,$$

即 $\boldsymbol{P}^{-1}\boldsymbol{A}\boldsymbol{P}=\boldsymbol{J}_A$.

例 4-16　设

$$\boldsymbol{A}=\begin{pmatrix}-3 & 3 & -2\\ -7 & 6 & -3\\ 1 & -1 & 2\end{pmatrix},$$

求可逆线性变换矩阵 $\boldsymbol{P}$ 和 Jordan 矩阵 $\boldsymbol{J}_A$，使 $\boldsymbol{P}^{-1}\boldsymbol{A}\boldsymbol{P}=\boldsymbol{J}_A$.

解　由 $|\lambda\boldsymbol{E}-\boldsymbol{A}|=(\lambda-1)(\lambda-2)^2=0$，得 $\lambda_1=1$，$\lambda_2=\lambda_3=2$，由此有

$$\boldsymbol{J}_A=\begin{pmatrix}\boldsymbol{A}_1(1) & \\ & \boldsymbol{A}_2(2)\end{pmatrix},$$

$\boldsymbol{A}_i(\lambda_i)$ 是主对角线元素为 λ_i 的 Jordan 阵.

由 $\lambda_1=1$ 是单根，得 $\boldsymbol{A}_1(1)=(1)$. 从 $(\boldsymbol{A}-\boldsymbol{E})\boldsymbol{X}=\boldsymbol{0}$，求得一个特征向量

$$\boldsymbol{\alpha}_1=(1,2,1)^{\mathrm{T}}.$$

当 $\lambda_2=\lambda_3=2$ 时，由 $(\boldsymbol{A}-2\boldsymbol{E})\boldsymbol{X}=\boldsymbol{0}$，即

$$\begin{pmatrix}-5 & 3 & -2\\ -7 & 4 & -3\\ 1 & -1 & 0\end{pmatrix}\boldsymbol{X}=\boldsymbol{0},$$

解得只有一个线性无关的特征向量 $\boldsymbol{\alpha}_2=(-1,-1,1)^{\mathrm{T}}$，从而 $\boldsymbol{A}_2(2)$ 只含一个 Jordan 块，即 $\boldsymbol{A}_2(2)=\begin{pmatrix}2 & 1\\ 0 & 2\end{pmatrix}$，由式(4-20)，求解

$$(\boldsymbol{A}-2\boldsymbol{E})\boldsymbol{\beta}=\begin{pmatrix}-1\\ -1\\ 1\end{pmatrix}.$$

取 $\boldsymbol{\beta}=(-1,-2,0)^{\mathrm{T}}$，得到所需的一个广义特征向量 $\boldsymbol{\beta}$，故

$$P=(\alpha_1,\alpha_2,\beta)=\begin{pmatrix}1&-1&-1\\2&-1&-2\\1&1&0\end{pmatrix},\ J_A=\left(\begin{array}{c:cc}1&&\\ \hdashline &2&1\\&&2\end{array}\right).$$

例 4-17 设

$$A=\begin{pmatrix}2&1&0&-1\\0&2&0&0\\0&0&2&1\\0&0&0&2\end{pmatrix},$$

求可逆线性变换矩阵 P 和 Jordan 矩阵 J_A，使 $P^{-1}AP=J_A$.

解 $|A-\lambda E|=(\lambda-2)^4$，$\lambda=2$ 为 A 的四重特征值. 从$(A-2E)X=\mathbf{0}$，即

$$\begin{pmatrix}0&1&0&-1\\0&0&0&0\\0&0&0&1\\0&0&0&0\end{pmatrix}X=\mathbf{0},$$

求得两个线性无关的特征向量

$$\alpha_1=(1,0,0,0)^{\mathrm T},\ \alpha_2=(0,0,1,0)^{\mathrm T},$$

所以 $J_A=A(2)$由两个 Jordan 块组成，这只有两种可能

$$J_A=\left(\begin{array}{c:ccc}2&&&\\ \hdashline &2&1&\\&&2&1\\&&&2\end{array}\right)\ 或\ J_A=\left(\begin{array}{cc:cc}2&1&&\\&2&&\\ \hdashline &&2&1\\&&&2\end{array}\right).$$

取 α_1，因

$$秩(A-2E\ \vdots\ \alpha_1)=秩(A-2E),$$

故方程组$(A-2E)\beta_2=\alpha_1$ 相容(即有解). 由此解$(A-2E)\beta_2=\alpha_1$，即

$$\begin{pmatrix}0&1&0&-1\\0&0&0&0\\0&0&0&1\\0&0&0&0\end{pmatrix}\beta_2=\begin{pmatrix}1\\0\\0\\0\end{pmatrix},$$

得一广义特征向量

$$\beta_2=(0,1,0,0)^{\mathrm T}.$$

但$(A-2E)\beta_3=\beta_2$ 不相容(即无解)，故$\{\alpha_1,\beta_2\}$为一长为 2 的 Jordan 链，它对应一个二阶 Jordan 块. 又取$(A-2E)\gamma_2=\alpha_2$，即

$$\begin{pmatrix}0&1&0&-1\\0&0&0&0\\0&0&0&1\\0&0&0&0\end{pmatrix}\boldsymbol{\gamma}_2=\begin{pmatrix}0\\0\\1\\0\end{pmatrix},$$

得另一广义特征向量

$$\boldsymbol{\gamma}_2=(0,1,0,1)^{\mathrm{T}}.$$

因 $\boldsymbol{\alpha}_1,\boldsymbol{\beta}_1$，$\boldsymbol{\alpha}_2$，$\boldsymbol{\gamma}_2$ 已够组成 $\boldsymbol{P}$ 的 4 个列，故不再求，事实上 $(\boldsymbol{A}-2\boldsymbol{E})\boldsymbol{\gamma}_3=\boldsymbol{\gamma}_2$ 也是不相容的. 所以

$$\boldsymbol{P}=\begin{pmatrix}1&0&0&0\\0&1&0&1\\0&0&1&0\\0&0&0&1\end{pmatrix},\ \boldsymbol{J}_A=\begin{pmatrix}2&1&&\\&2&&\\&&2&1\\&&&2\end{pmatrix}.$$

例 4-18　设

$$\boldsymbol{A}=\begin{pmatrix}2&-1&-1\\2&-1&-2\\-1&1&2\end{pmatrix},$$

求 $\boldsymbol{A}$ 的 Jordan 矩阵 $\boldsymbol{J}_A$ 及可逆线性变换矩阵 $\boldsymbol{P}$.

解　$|\lambda\boldsymbol{E}-\boldsymbol{A}|=(\lambda-1)^3$，即 $\lambda=1$ 为三重特征值.

对 $\lambda=1$，解 $(\boldsymbol{E}-\boldsymbol{A})\boldsymbol{\alpha}=\boldsymbol{0}$，即

$$\begin{pmatrix}-1&1&1\\-2&2&2\\1&-1&-1\end{pmatrix}\boldsymbol{\alpha}=\boldsymbol{0},$$

得 $\boldsymbol{\alpha}=k_1(1,1,0)^{\mathrm{T}}+k_2(1,0,1)^{\mathrm{T}}$，它有两个线性无关的特征向量

$$\boldsymbol{\alpha}_1=(1,1,0)^{\mathrm{T}},\ \boldsymbol{\alpha}_2=(1,0,1)^{\mathrm{T}},$$

故必有

$$\boldsymbol{J}_A=\begin{pmatrix}1&&\\&1&1\\&&1\end{pmatrix}.$$

为求一个广义特征向量，取

$$\boldsymbol{\alpha}_1=(1,1,0)^{\mathrm{T}},$$

但 $(\boldsymbol{A}-\boldsymbol{E})\boldsymbol{\beta}=\boldsymbol{\alpha}_1$ 不相容，再选择 $\boldsymbol{\alpha}_2=(1,0,1)^{\mathrm{T}}$，$(\boldsymbol{A}-\boldsymbol{E})\boldsymbol{\beta}=\boldsymbol{\alpha}_2$ 也不相容. 这不意味广义特征向量不存在，只说明在求 Jordan 链时，第一个特征向量选择不当，为此取特征向量一般表达式

$$\boldsymbol{\alpha}=k_1(1,1,0)^{\mathrm{T}}+k_2(1,0,1)^{\mathrm{T}}=(k_1+k_2,k_1,k_2)^{\mathrm{T}},$$

$$(\boldsymbol{A}-\boldsymbol{I}\ \vdots\ \boldsymbol{\alpha})=\left(\begin{array}{ccc:c}1&-1&-1&k_1+k_2\\2&-2&-2&k_1\\-1&1&1&k_2\end{array}\right)$$

$$\rightarrow\left(\begin{array}{ccc:c}1 & -1 & 0 & k_1+k_2 \\ 0 & 0 & 0 & k_1+2k_2 \\ 0 & 0 & 0 & 0\end{array}\right).$$

由相容性，取 $k_1=2$，$k_2=-1$，得

$$\boldsymbol{\alpha}_3=(1,2,-1)^{\mathrm{T}},\quad(\boldsymbol{A}-\boldsymbol{E})\boldsymbol{\beta}=(1,2,-1)^{\mathrm{T}}$$

相容．因而从中求得

$$\boldsymbol{\beta}=(1,0,0)^{\mathrm{T}}.$$

因为 $\boldsymbol{\alpha}_2$ 与 $\boldsymbol{\alpha}_3$ 线性无关，故可以取

$$\boldsymbol{P}=(\boldsymbol{\alpha}_2,\boldsymbol{\alpha}_3,\boldsymbol{\beta})=\begin{pmatrix}1 & 1 & 1\\ 0 & 2 & 0\\ 1 & -1 & 0\end{pmatrix},\boldsymbol{J}_A=\begin{pmatrix}1 & & \\ & 1 & 1\\ & & 1\end{pmatrix}.$$

又 $\boldsymbol{\alpha}_1$ 与 $\boldsymbol{\alpha}_3$ 也线性无关，也可取 $\boldsymbol{P}=(\boldsymbol{\alpha}_1,\boldsymbol{\alpha}_3,\boldsymbol{\beta})$.

矩阵论

图 4-3 若尔当(1838—1922)

现代矩阵论发展过程中，1855 年，厄米(C. Hermite，1822—1901)证明了数学家们发现的一些矩阵类的特征根的特殊性质，如现在称为厄米矩阵的特征根性质等．后来，克莱伯施(A. Clebsch，1831—1872)、布克海姆(A. Buchheim)等证明了对称矩阵的特征根性质．泰伯(H. Taber)引入矩阵的迹的概念并给出了一些有关的结论．在矩阵论的发展史上，弗罗贝尼乌斯(G. Frobenius，1849—1917)的贡献是不可磨灭的．他讨论了最小多项式问题，引进了矩阵的秩、不变因子和初等因子、正交矩阵、矩阵的相似变换、合同矩阵等概念，以合乎逻辑的形式整理了不变因子和初等因子的理论，并讨论了正交矩阵与合同矩阵的一些重要性质．1854 年，法国数学家若尔当(Jordan，1838—1922)研究了矩阵化为标准形的问题，得到了若当标准形定理．他的著名学生有 F. 克莱因和 M. S. Li(李群的创始人)．1892 年，加拿大数学家梅茨勒(H. Metzler，1863—1943)引进了矩阵的超越函数概念并将其写成矩阵的幂级数的形式．

总习题四

部分习题详解

一、问答题

1. 在欧氏空间 $\mathbf{R}^3$ 中，存在 4 个两两正交的非零向量吗？为什么？

2. 设 $\boldsymbol{\alpha}_1$，$\boldsymbol{\alpha}_2$，$\boldsymbol{\alpha}_3$ 是矩阵 $\boldsymbol{A}$ 的属于特征值 λ_0 的特征向量，将 $\boldsymbol{\alpha}_1$，$\boldsymbol{\alpha}_2$，$\boldsymbol{\alpha}_3$ 正交化得 $\boldsymbol{\beta}_1,\boldsymbol{\beta}_2,\boldsymbol{\beta}_3$，则 $\boldsymbol{\beta}_1,\boldsymbol{\beta}_2,\boldsymbol{\beta}_3$ 还是 $\boldsymbol{A}$ 的属于 λ_0 特征向量吗？再单位化得 $\boldsymbol{\eta}_1$，$\boldsymbol{\eta}_2$，$\boldsymbol{\eta}_3$ 呢？

3. 如何直接求 $x_1+x_2+x_3=0$ 的两个正交解向量?

4. 如图 4-4 所示的洛书中小圆点表示数字,空心点○表示奇数,实心点●表示偶数. 将图中的点换成数字,它就是由 1~9 这九个数字排成的矩阵 $\boldsymbol{A}=\begin{pmatrix}4&9&2\\3&5&7\\8&1&6\end{pmatrix}$,这个矩阵的每行、每列以及两条对角线元素之和都等于 15. 人们称这种图为"纵横图"或"幻方". 求矩阵 $\boldsymbol{A}$ 有一个特征值和对应的一个特征向量. 请思考关于该矩阵还有哪些有趣的结论?

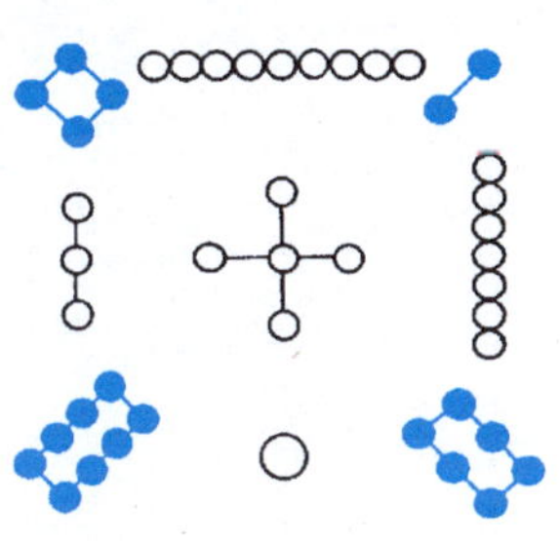

图　4-4

5. 对于 3 阶方阵 $\boldsymbol{A}$ 的特征多项式有 $f_{\boldsymbol{A}}(\lambda)=\lambda^3-\mathrm{tr}(\boldsymbol{A})\lambda^2+\mathrm{tr}(\boldsymbol{A}^*)\lambda-|\boldsymbol{A}|$. 你能给出证明吗?

6. 用施密特正交化方法求一个与向量组 $\boldsymbol{\alpha}_1$, $\boldsymbol{\alpha}_2$, …, $\boldsymbol{\alpha}_n$ 等价的正交向量组,结果唯一吗?

二、单项选择题

1. 已知 $\boldsymbol{\alpha}_1$, $\boldsymbol{\alpha}_2$ 为方程 $(\lambda\boldsymbol{E}-\boldsymbol{A})\boldsymbol{X}=0$ 的两个不同的解向量,则下列向量中必为 $\boldsymbol{A}$ 的对应于特征值 λ 的特征向量是(　　).

A. $\boldsymbol{\alpha}_1$　　B. $\boldsymbol{\alpha}_2$　　C. $\boldsymbol{\alpha}_1-\boldsymbol{\alpha}_2$　　D. $\boldsymbol{\alpha}_1+\boldsymbol{\alpha}_2$

2. 设 3 阶矩阵 $\boldsymbol{A}=\begin{pmatrix}1&1&0\\1&0&1\\0&1&1\end{pmatrix}$,则 $\boldsymbol{A}$ 的特征值为(　　).

A. 1, 0, 1　　B. 1, 1, 2　　C. −1, 1, 2　　D. −1, 1, 1

3. 与矩阵 $\boldsymbol{A}=\begin{pmatrix}1&0&0\\0&1&0\\0&0&2\end{pmatrix}$ 相似的矩阵是(　　).

A. $\begin{pmatrix}1&1&0\\0&1&0\\0&0&2\end{pmatrix}$　B. $\begin{pmatrix}1&0&0\\0&2&1\\0&0&1\end{pmatrix}$　C. $\begin{pmatrix}1&0&1\\0&2&0\\0&0&1\end{pmatrix}$　D. $\begin{pmatrix}1&1&0\\0&1&1\\0&0&2\end{pmatrix}$

4. 设 $\boldsymbol{A}$ 是 n 阶矩阵,若对任意 n 维列向量 $\boldsymbol{\alpha}$ 有 $\boldsymbol{\alpha}^{\mathrm{T}}\boldsymbol{A}\boldsymbol{\alpha}=0$, $\mathrm{tr}(\boldsymbol{A})=\sum_{i=1}^{n}a_{ii}$, 则(　　).

A. $\mathrm{tr}(\boldsymbol{A})=0$　　B. $\det\boldsymbol{A}=0$

C. $\boldsymbol{A}$ 有特征值为零　　D. $\boldsymbol{A}$ 可对角化

5. n 阶方阵 $\boldsymbol{A}$ 与某对角矩阵相似,则(　　).

A. $R(\boldsymbol{A})=n$

B. $\boldsymbol{A}$ 有 n 个不同的特征值

C. $\boldsymbol{A}$ 是实对称阵

D. $\boldsymbol{A}$ 有 n 个线性无关的特征向量

6. 设矩阵 $B=\begin{pmatrix}0&0&1\\0&1&0\\1&0&0\end{pmatrix}$ 相似于 A，则 $R(A-2E)+R(A-E)=$ (　　).

A. 2　　B. 3　　C. 4　　D. 5

7. 设 A，P 是可逆矩阵，β 是 A 的属于特征值 λ 的特征向量，则矩阵 $P^{-1}AP$ 的一个特征值和对应的特征向量是(　　).

A. λ^{-1}，$P\beta$　　B. λ^{-1}，$P^{-1}\beta$　　C. λ，$P\beta$　　D. λ，$P^{-1}\beta$

8. n 阶矩阵 A 具有 n 个不同的特征值是 A 与对角矩阵相似的(　　).

A. 充分必要条件　　B. 充分而非必要条件

C. 必要而非充分条件　　D. 既非充分也非必要条件

9. 设3阶实对称矩阵 A 的秩为2，且 $A^2-A=O$，则 A 相似于(　　).

A. $\begin{pmatrix}1&&\\&-1&\\&&0\end{pmatrix}$　B. $\begin{pmatrix}1&&\\&1&\\&&0\end{pmatrix}$　C. $\begin{pmatrix}-1&&\\&-1&\\&&0\end{pmatrix}$　D. $\begin{pmatrix}1&1&\\&1&\\&&0\end{pmatrix}$

10. 矩阵 A 与 $B=\begin{pmatrix}1&&\\&1&\\&&-1\end{pmatrix}$ 相似，则 $A^{2010}=$ (　　).

A. A　　B. $-A$　　C. E　　D. $-E$

三、解答题

1. 设三阶方阵 A 的特征值为 1，-2，3，矩阵 $B=A^2-2A$，(1)求 B 的特征值；(2)B 是否可对角化，若可以，试写出其相似对角形矩阵；(3)求 $|B|$，$|A-2E|$.

2. 设 n 阶方阵 A 有 n 个特征值 0，1，2，…，$n-1$，且方阵 B 与 A 相似，求 $|E+B|$.

3. 设 $\alpha=(a_1,a_2,\cdots,a_n)$，$(a_1\neq 0,n>1)$，$A=\alpha^{\mathrm{T}}\alpha$，求 A 的特征值和特征向量.

4. 设 A 与 B 相似，其中

$$A=\begin{pmatrix}-2&0&0\\2&x&2\\3&1&1\end{pmatrix},\ B=\begin{pmatrix}-1&0&0\\0&2&0\\0&0&y\end{pmatrix},$$

(1)求 x，y；(2)求可逆矩阵 P，使 $P^{-1}AP=B$.

5. 证明：在欧氏空间中，如果向量 α 与向量 β_1，β_2，…，β_s 都正交，则 α 与向量组 β_1，β_2，…，β_s 的任一线性组合也正交.

6. 设 A 是3阶矩阵，α_1，α_2，α_3 分别是 A 的属于1，2，3的

特征向量，$\boldsymbol{\beta}=\boldsymbol{\alpha}_1+\boldsymbol{\alpha}_2+\boldsymbol{\alpha}_3$. 证明：(1) $\boldsymbol{\beta}$，$\boldsymbol{A\beta}$，$\boldsymbol{A}^2\boldsymbol{\beta}$ 线性无关；(2)行列式 $|\boldsymbol{A}+2\boldsymbol{E}|=60$.

7. 设 $\boldsymbol{A}$，$\boldsymbol{B}$ 均为 n 阶方阵，证明：$\boldsymbol{AB}$ 与 $\boldsymbol{BA}$ 有相同的特征值.

8. 设 4 阶实方阵 $\boldsymbol{A}$ 有两个不同的特征值，且满足条件 $\boldsymbol{AA}^{\mathrm{T}}=2\boldsymbol{E}$，$|\boldsymbol{A}|<0$，求 $\boldsymbol{A}^*$ 的两个特征值.

9. 设 3 维列向量组 $\boldsymbol{\alpha}_1=(1,2,2)^{\mathrm{T}}$，$\boldsymbol{\alpha}_2=(2,-2,1)^{\mathrm{T}}$，$\boldsymbol{\alpha}_3=(-2,-1,2)^{\mathrm{T}}$，若 3 阶矩阵 $\boldsymbol{A}$ 满足 $\boldsymbol{A\alpha}_i=i\boldsymbol{\alpha}_i(i=1,2,3)$，试求 $\boldsymbol{A}$.

10. 设矩阵 $\boldsymbol{A}=\begin{pmatrix}2&1&1\\1&2&1\\1&1&a\end{pmatrix}$，$\boldsymbol{\alpha}=\begin{pmatrix}1\\b\\1\end{pmatrix}$是 $\boldsymbol{A}^*$ 的属于非零特征值 λ 的特征向量，求 a，b，λ.

11. 设 3 阶方阵 $\boldsymbol{A}$ 满足 $\boldsymbol{A}^3-5\boldsymbol{A}^2+6\boldsymbol{A}=\boldsymbol{O}$，且 $\mathrm{tr}(\boldsymbol{A})=5$，$|\boldsymbol{A}|=0$，证明：$\boldsymbol{A}$ 能相似于对角矩阵.

12. 设 3 阶方阵 $\boldsymbol{A}=\begin{pmatrix}-1&1&0\\-2&2&0\\4&a&1\end{pmatrix}$能相似于对角形矩阵，求 a，$\boldsymbol{A}^n$.

13. 设 $\boldsymbol{A}$ 为 n 阶实方阵，$\boldsymbol{\alpha}$ 为 $\boldsymbol{A}$ 的对应于特征值 λ_1 的特征向量，$\boldsymbol{\beta}$ 为 $\boldsymbol{A}^{\mathrm{T}}$ 的对应于特征值 λ_2 的特征向量，且 $\lambda_1\neq\lambda_2$，证明：$\boldsymbol{\alpha}$ 与 $\boldsymbol{\beta}$ 正交.

14. 设 $\boldsymbol{A}$ 为实对称幂等矩阵($\boldsymbol{A}^{\mathrm{T}}=\boldsymbol{A}$，$\boldsymbol{A}^2=\boldsymbol{A}$)，试证：$R(\boldsymbol{A})=\mathrm{tr}(\boldsymbol{A})$.

15. 设数列$\{F_n\}$：$F_n=F_{n-1}+F_{n-2}$，$n=2,3,4,\cdots$. $F_0=0$，$F_1=1$. (此数列称为斐波那契数列). 利用特征值和特征向量方法，求此数列的通项公式.

第5章 二次型

二次型是本课程又一类具有深刻几何背景和广泛应用的概念.

研究二次型的原因

二次型就是二次齐次多项式，在解析几何中讨论的二次曲线，当中心与坐标原点重合时，其一般方程是

$$ax^2 + 2bxy + cy^2 = f.$$

方程左端是 x，y 的一个二次齐次多项式，为了研究二次曲线的几何性质，通过基变换(坐标变换)消去交叉项，化为标准方程

$$AX^2 + BY^2 = D.$$

二次齐次多项式不仅在几何问题中出现，而且在数学的其他分支以及物理学、工程技术、经济管理和网络计算中也经常碰到.

本章仍以矩阵为工具，讨论如何将一般二次齐次多项式化为只含平方项的代数和(即标准形)和有重要应用的有定二次型(主要是正定二次型)的性质和判定.

5.1 二次型及其矩阵表示

5.1.1 基本概念

定义 5-1 n 个变量 x_1，x_2，…，x_n 的二次齐次多项式

$$f(x_1,x_2,\cdots,x_n) = \sum_{i=1}^{n}\sum_{j=1}^{n} a_{ij}x_ix_j, \tag{5-1}$$

其中 $a_{ij}=a_{ji}(\forall i,j=1,2,\cdots,n)$是数域 F 上的数，称为数域 F 上的一个 n 元二次型，简称为**二次型**. 将 f 具体写出来，就是

$$\begin{aligned}f(x_1,x_2,\cdots,x_n) = {} & a_{11}x_1^2+a_{12}x_1x_2+\cdots+a_{1n}x_1x_n+\\ & a_{21}x_2x_1+a_{22}x_2^2+\cdots+a_{2n}x_2x_n+\cdots+\\ & a_{n1}x_nx_1+a_{n2}x_nx_2+\cdots+a_{nn}x_n^2\end{aligned}$$

$$=(x_1,x_2,\cdots,x_n)\begin{pmatrix}a_{11}&a_{12}&\cdots&a_{1n}\\a_{21}&a_{22}&\cdots&a_{2n}\\\vdots&\vdots&&\vdots\\a_{n1}&a_{n2}&\cdots&a_{nn}\end{pmatrix}\begin{pmatrix}x_1\\x_2\\\vdots\\x_n\end{pmatrix}.$$

其中 $a_{ij}=a_{ji}$，令 $\boldsymbol{A}=(a_{ij})_{n\times n}$，$\boldsymbol{X}=(x_1,x_2,\cdots,x_n)^{\mathrm{T}}$，并记$f(\boldsymbol{X})=f(x_1,x_2,\cdots,x_n)$，则式(5-1)可简洁地写成

$$f(\boldsymbol{X})=\boldsymbol{X}^{\mathrm{T}}\boldsymbol{AX}. \tag{5-2}$$

容易看出，$\boldsymbol{A}$ 的对角元 a_{ii}是$f(\boldsymbol{X})$中 x_i^2 项的系数，而非对角元 $a_{ij}=a_{ji}(i\neq j)$是交叉项 x_ix_j 系数的一半．因此在约定用 $\boldsymbol{X}=(x_1,x_2,\cdots,x_n)^{\mathrm{T}}$ 表示变量的前提下，二次型与对称矩阵之间有着一一对应关系，称该矩阵为二次型的矩阵.

如实二次型

$f(x_1,x_2,x_3)=x_1^2+2x_2^2+5x_3^2+4x_1x_2+2x_1x_3+6x_2x_3$，

$g(x_1,x_2,x_3)=x_1^2-2x_2^2+x_3^2$

的矩阵分别为

$$\begin{pmatrix}1&2&1\\2&2&3\\1&3&5\end{pmatrix}\text{和}\begin{pmatrix}1&&\\&-2&\\&&1\end{pmatrix}.$$

二次型是多项式，故两个 n 元二次型相等当且仅当它们的所有同类项的系数对应相等.

二次型的内容就是研究空间图形如何在不同基下的矩阵表示.

二次型 $f(x_1,\cdots,x_n)=\sum\limits_{i=1}^{n}\sum\limits_{j=1}^{n}a_{ij}x_ix_j$ 与对称矩阵 $\boldsymbol{A}$ 之间是相互唯一确定的.

例 5-1 (1)求二次型

$$f(x_1,x_2,x_3)=(x_1,x_2,x_3)\begin{pmatrix}1&4&3\\2&2&-5\\-1&1&3\end{pmatrix}\begin{pmatrix}x_1\\x_2\\x_3\end{pmatrix}$$

的矩阵.

(2)设 $\boldsymbol{A}=\begin{pmatrix}1&3&0\\3&2&1\\0&1&-1\end{pmatrix}$，求对称矩阵 $\boldsymbol{A}$ 对应的二次型.

解 (1)因为二次型的矩阵 $\boldsymbol{A}$ 为对称矩阵，而这里给出二次型的矩阵 $\boldsymbol{B}=\begin{pmatrix}1&4&3\\2&2&-5\\-1&1&3\end{pmatrix}$不是对称矩阵，由于

$$f(x_1,x_2,x_3)=(x_1,x_2,x_3)\begin{pmatrix}1&4&3\\2&2&-5\\-1&1&3\end{pmatrix}\begin{pmatrix}x_1\\x_2\\x_3\end{pmatrix}$$

$$=(x_1+2x_2-x_3,4x_1+2x_2+x_3,3x_1-5x_2+3x_3)\begin{pmatrix}x_1\\x_2\\x_3\end{pmatrix}$$

$$=x_1(x_1+2x_2-x_3)+x_2(4x_1+2x_2+x_3)+x_3(3x_1-5x_2+3x_3)$$

$$=x_1^2+2x_2^2+3x_3^2+6x_1x_2+2x_1x_3-4x_2x_3.$$

二次型$f(x_1,x_2,x_3)$的矩阵为

$$\boldsymbol{A}=\begin{pmatrix}1&3&1\\3&2&-2\\1&-2&3\end{pmatrix}.$$

$$(2)f(x_1,x_2,x_3)=(x_1,x_2,x_3)\begin{pmatrix}1&3&0\\3&2&1\\0&1&-1\end{pmatrix}\begin{pmatrix}x_1\\x_2\\x_3\end{pmatrix}$$

$$=x_1^2+2x_2^2-x_3^2+6x_1x_2+2x_2x_3.$$

对于对称矩阵$\boldsymbol{A}$，矩阵的秩、行秩、列秩和对应二次型的秩，这四个秩是同一个数.

定义 5-2 设二次型$f(\boldsymbol{X})=\boldsymbol{X}^{\mathrm{T}}\boldsymbol{A}\boldsymbol{X}$ ($\boldsymbol{A}^{\mathrm{T}}=\boldsymbol{A}$)，对称矩阵$\boldsymbol{A}$的秩称为二次型的秩. 如：

$$f(x_1,x_2,x_3)=(x_1,x_2,x_3)\begin{pmatrix}1&0&0\\0&-1&0\\0&0&0\end{pmatrix}\begin{pmatrix}x_1\\x_2\\x_3\end{pmatrix}\text{的秩为 2.}$$

$g(x_1,x_2,x_3)=x_1^2+x_2^2-3x_3^2$ 的秩为 3.

5.1.2 线性替换

在平面解析几何中，对有心二次曲线我们可适当选择坐标旋转

$$\begin{cases}x=x'\cos\theta-y'\sin\theta,\\y=x'\sin\theta+y'\cos\theta,\end{cases}$$

把二次曲线化为标准形，从代数的观点看，化标准形过程实际上就是通过变量的线性替换化简一个二次齐次式，使它只含平方项.

一般地，我们有

定义 5-3 设两组变量 x_1，x_2，…，x_n 和 y_1，y_2，…，y_n，具有如下一组关系式

$$\begin{cases} x_1 = c_{11}y_1 + c_{12}y_2 + \cdots + c_{1n}y_n, \\ x_2 = c_{21}y_1 + c_{22}y_2 + \cdots + c_{2n}y_n, \\ \qquad \vdots \\ x_n = c_{n1}y_1 + c_{n2}y_2 + \cdots + c_{nn}y_n \end{cases} \tag{5-3}$$

称为由 x_1，x_2，…，x_n 到 y_1，y_2，…，y_n 的一个线性替换.

若令 $\boldsymbol{C}=(c_{ij})_{n\times n}$，则式(5-3)可写为

$$\boldsymbol{X}=\boldsymbol{CY},$$

其中 $\boldsymbol{C}$ 称为线性替换的矩阵.

若 $\boldsymbol{C}$ 是可逆矩阵，称 $\boldsymbol{X}=\boldsymbol{CY}$ 为可逆(非退化)线性替换.

若 $\boldsymbol{C}$ 是正交矩阵，称 $\boldsymbol{X}=\boldsymbol{CY}$ 为正交替换.

当然正交替换一定是非退化线性替换，如坐标旋转变换可写成为

$$\begin{pmatrix} x \\ y \end{pmatrix} = \begin{pmatrix} \cos\theta & -\sin\theta \\ \sin\theta & \cos\theta \end{pmatrix} \begin{pmatrix} x' \\ y' \end{pmatrix}.$$

由于

$$\boldsymbol{C}^{\mathrm{T}}\boldsymbol{C} = \begin{pmatrix} \cos\theta & \sin\theta \\ -\sin\theta & \cos\theta \end{pmatrix} \begin{pmatrix} \cos\theta & -\sin\theta \\ \sin\theta & \cos\theta \end{pmatrix} = \boldsymbol{E},$$

故坐标旋转变换为正交替换.

5.1.3 矩阵的合同

定义 5-4　设 $\boldsymbol{A}$，$\boldsymbol{B}$ 是数域 F 上的 n 阶矩阵，如果存在数域 F 上的一个可逆矩阵 $\boldsymbol{C}$ 使得

$$\boldsymbol{C}^{\mathrm{T}}\boldsymbol{AC}=\boldsymbol{B}, \tag{5-4}$$

称在数域 F 上 $\boldsymbol{A}$ 与 $\boldsymbol{B}$ 合同，记作 $\boldsymbol{A}\simeq\boldsymbol{B}$.

矩阵的合同关系与相似关系、等价关系类似，也具有

(1)反身性　$\boldsymbol{A}\simeq\boldsymbol{A}$(取 $\boldsymbol{C}=\boldsymbol{E}$)；

(2)对称性　若 $\boldsymbol{A}\simeq\boldsymbol{B}$，则 $\boldsymbol{B}\simeq\boldsymbol{A}$；

(3)传递性　若 $\boldsymbol{A}\simeq\boldsymbol{B}$，$\boldsymbol{B}\simeq\boldsymbol{C}$，则 $\boldsymbol{A}\simeq\boldsymbol{C}$.

(请读者自己验证.)

> 矩阵的相似、等价和合同都保持矩阵的秩不变，这进一步揭示了矩阵的秩具有重要而根本的意义.

等价、相似和合同的不变量

设 $\boldsymbol{A}$，$\boldsymbol{B}$ 两矩阵合同，则它的秩相等，且当 $\boldsymbol{A}$ 对称时，$\boldsymbol{B}$ 也是对称矩阵，应用于二次型，有下面定理.

定理 5-1　二次型经非退化线性替换后化为新的二次型，且新二次型矩阵与原二次型矩阵合同.

证明 设 $f(\boldsymbol{X})=\boldsymbol{X}^{\mathrm{T}}\boldsymbol{A}\boldsymbol{X}$，经非退化线性替换 $\boldsymbol{X}=\boldsymbol{C}\boldsymbol{Y}$，得

$$\begin{aligned} f(\boldsymbol{X})&=\boldsymbol{X}^{\mathrm{T}}\boldsymbol{A}\boldsymbol{X}=(\boldsymbol{C}\boldsymbol{Y})^{\mathrm{T}}\boldsymbol{A}(\boldsymbol{C}\boldsymbol{Y})\\ &=\boldsymbol{Y}^{\mathrm{T}}(\boldsymbol{C}^{\mathrm{T}}\boldsymbol{A}\boldsymbol{C})\boldsymbol{Y}=\boldsymbol{Y}^{\mathrm{T}}\boldsymbol{B}\boldsymbol{Y}, \end{aligned}$$

其中 $\boldsymbol{B}=\boldsymbol{C}^{\mathrm{T}}\boldsymbol{A}\boldsymbol{C}$，且

$$\boldsymbol{B}^{\mathrm{T}}=(\boldsymbol{C}^{\mathrm{T}}\boldsymbol{A}\boldsymbol{C})^{\mathrm{T}}=\boldsymbol{C}^{\mathrm{T}}\boldsymbol{A}^{\mathrm{T}}\boldsymbol{C}=\boldsymbol{C}^{\mathrm{T}}\boldsymbol{A}\boldsymbol{C}=\boldsymbol{B},$$

所以 $\boldsymbol{B}$ 是对称矩阵，为新二次型的矩阵，因 $\boldsymbol{B}=\boldsymbol{C}^{\mathrm{T}}\boldsymbol{A}\boldsymbol{C}$，所以 $\boldsymbol{B}\simeq\boldsymbol{A}$. 证毕.

注 若线性替换 $\boldsymbol{X}=\boldsymbol{C}\boldsymbol{Y}$ 中矩阵 $\boldsymbol{C}$ 是正交矩阵，则 $\boldsymbol{A}$ 与 $\boldsymbol{B}$ 既合同，又相似.

图 5-1 高斯(1777—1855)

历史寻根：二次型

二次型也称为“二次形式”. 二次型的系统研究是从 18 世纪开始的，它起源于对二次曲线和二次曲面的分类问题的讨论. 将二次曲线和二次曲面的方程变形，选主轴方向的轴作为坐标轴以简化方程的形状，关于这个问题，柯西在其著作中给出结论：当方程是标准型时，二次曲面用二次项的符号来进行分类. 然而，那时并不太清楚，在化简成标准型时，为何总是得到同样数目的正项和负项. 英国数学家西尔维斯特(Sylvester，1814—1897)回答了这个问题，他给出了 n 个变数的二次型的惯性定律，但没有证明. 这个定律后被德国数学家雅可比(Jacobi，1804—1851)重新发现、证明. 1801 年，德国数学家高斯(Gauss，1777—1855)在《算术研究》中引进了二次型的正定、负定、半正定和半负定等术语.

习题 5.1

部分习题详解

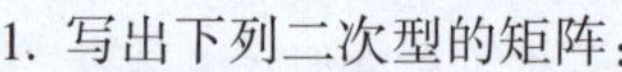

1. 写出下列二次型的矩阵：

(1) $f(x_1,x_2,x_3)=x_1^2+x_2^2-2x_3^2+2x_1x_2-5x_2x_3$；

(2) $f(x_1,x_2,x_3)=2x_1^2+3x_2^2-x_3^2+4x_1x_2-2x_1x_3+x_2x_3$；

(3) $f(x_1,x_2,x_3)=(x_1,x_2,x_3)\begin{pmatrix}1&2&3\\1&2&4\\1&6&5\end{pmatrix}\begin{pmatrix}x_1\\x_2\\x_3\end{pmatrix}$.

2. 写出以下列对称矩阵为矩阵的二次型：

(1) $\begin{pmatrix}1&3\\3&4\end{pmatrix}$； (2) $\begin{pmatrix}1&1&5\\1&0&3\\5&3&4\end{pmatrix}$；

(3) $\begin{pmatrix} 2 & 3 & 0 \\ 3 & 1 & 4 \\ 0 & 4 & 0 \end{pmatrix}$；　　(4) $\begin{pmatrix} a_1 \\ a_2 \\ \vdots \\ a_n \end{pmatrix}(a_1,a_2,\cdots,a_n)$.

3. 求下列二次型的秩：

(1) $f(x_1,x_2,x_3)=x_1^2+x_2^2+x_3^2+2x_1x_2+2x_1x_3+2x_2x_3$；

(2) $f(x_1,x_2,x_3)=(x_1+x_2)^2+(x_2-x_3)^2+(x_3+x_1)^2$.

4. 设 $\boldsymbol{A}$ 为实对称矩阵，且 $|\boldsymbol{A}|\neq 0$，求把二次型 $f=\boldsymbol{X}^{\mathrm{T}}\boldsymbol{A}\boldsymbol{X}$ 化为 $f=\boldsymbol{Y}^{\mathrm{T}}\boldsymbol{A}^{-1}\boldsymbol{Y}$ 的线性替换.

5. 已知二次型 $f(x_1,x_2,x_3)=5x_1^2+5x_2^2+cx_3^2-2x_1x_2+6x_1x_3-6x_2x_3$ 的秩为 2，求 c.

6. 设对称矩阵 $\boldsymbol{A}=\begin{pmatrix} 2 & 1 & 1 \\ 1 & 0 & 1 \\ 1 & 1 & 0 \end{pmatrix}$，$\boldsymbol{B}=\begin{pmatrix} 0 & 1 & 1 \\ 1 & 0 & 1 \\ 1 & 1 & 2 \end{pmatrix}$，求非奇异矩阵 $\boldsymbol{C}$，使得 $\boldsymbol{C}^{\mathrm{T}}\boldsymbol{A}\boldsymbol{C}=\boldsymbol{B}$.

5.2 化二次型为标准形

本节讨论，如果通过非退化线性替换 $\boldsymbol{X}=\boldsymbol{C}\boldsymbol{Y}$，把实二次型 $f(x_1,x_2,\cdots,x_n)=\boldsymbol{X}^{\mathrm{T}}\boldsymbol{A}\boldsymbol{X}$ 化为只含 y_1，y_2，$\cdots$，y_n 的平方和，即化为 $d_1y_1^2+d_2y_2^2+\cdots+d_ny_n^2$，称这种只含平方项的二次型为**标准二次型**.

微课视频：二次型的标准形

从矩阵的角度看，化实二次型为标准形，实质上就是对实对称矩阵 $\boldsymbol{A}$，寻找可逆矩阵 $\boldsymbol{C}$ 使得 $\boldsymbol{C}^{\mathrm{T}}\boldsymbol{A}\boldsymbol{C}$ 为对角形. 下面介绍化实二次型为标准形的方法.

5.2.1 正交替换法

在第 4 章的第 4.4 节，我们讲过对于任一 n 阶实对称矩阵 $\boldsymbol{A}$，一定存在正交矩阵 $\boldsymbol{Q}$，使得 $\boldsymbol{Q}^{\mathrm{T}}\boldsymbol{A}\boldsymbol{Q}=\boldsymbol{\Lambda}$，由于 $\boldsymbol{Q}^{-1}=\boldsymbol{Q}^{\mathrm{T}}$，即有

提示

$$\boldsymbol{Q}^{\mathrm{T}}\boldsymbol{A}\boldsymbol{Q}=\boldsymbol{\Lambda}=\begin{pmatrix} \lambda_1 & & & \\ & \lambda_2 & & \\ & & \ddots & \\ & & & \lambda_n \end{pmatrix},$$

因此对任一实二次型 $f(x_1,x_2,\cdots,x_n)=\boldsymbol{X}^{\mathrm{T}}\boldsymbol{A}\boldsymbol{X}$，有

定理 5-2　对于任一个 n 元实二次型

$$f(x_1,x_2,\cdots,x_n)=\boldsymbol{X}^{\mathrm{T}}\boldsymbol{A}\boldsymbol{X}$$

正交替换法只适用于实二次型.

正交替换既是相似变换，又是合同变换，它保持二次型对应的图形不变. 以3维空间为例，正交替换的效果是将坐标轴变换到与二次曲面 $X^{\mathrm{T}}AX=1$ 的主轴重合的位置，而变换 $X=QY$ 中 Q 的列向量恰好给出了二次曲面的主轴方向. 定理5-2通常被称为"主轴定理".

存在正交替换 $X=QY(Q^{\mathrm{T}}=Q^{-1})$，使得

$$X^{\mathrm{T}}AX=Y^{\mathrm{T}}(Q^{\mathrm{T}}AQ)Y=\lambda_1y_1^2+\lambda_2y_2^2+\cdots+\lambda_ny_n^2, \qquad (5\text{-}5)$$

其中 λ_1，λ_2，…，λ_n 为 A 的 n 个特征值. Q 的列向量 α_1，α_2，…，α_n 分别为对应于 λ_1，λ_2，…，λ_n 的标准正交特征向量.

例 5-2 用正交替换 $X=QY$ 化二次型

$$f(x_1,x_2,x_3)=x_1^2+x_2^2+x_3^2+4x_1x_2+4x_1x_3+4x_2x_3$$

为标准形.

解 二次型的矩阵为 $A=\begin{pmatrix}1&2&2\\2&1&2\\2&2&1\end{pmatrix}$.

由例4-14知，做正交替换 $X=QY$，其中

$$Q=\begin{pmatrix}\frac{1}{\sqrt2}&\frac{1}{\sqrt6}&\frac{1}{\sqrt3}\\ \frac{-1}{\sqrt2}&\frac{1}{\sqrt6}&\frac{1}{\sqrt3}\\ 0&\frac{-2}{\sqrt6}&\frac{1}{\sqrt3}\end{pmatrix},$$

得到标准形

$$f=Y^{\mathrm{T}}\begin{pmatrix}-1&&\\&-1&\\&&5\end{pmatrix}Y=-y_1^2-y_2^2+5y_3^2.$$

用正交变换化三元二次型的标准形，具有保持曲面几何形状不变的优点.

例 5-3 已知二次型 $f(x_1,x_2,x_3)=5x_1^2+5x_2^2+cx_3^2-2x_1x_2+6x_1x_3-6x_2x_3$ 的秩为2.

(1)求参数 c 及此二次型对应矩阵的特征值;

(2)指出方程 $f(x_1,x_2,x_3)=1$ 表示何种二次曲面.

请思考实二次型与二次曲面分类的关系.

思考题答案

解 二次型的矩阵为

$$A=\begin{pmatrix}5&-1&3\\-1&5&-3\\3&-3&c\end{pmatrix}.$$

(1)利用初等行变换化 A 为阶梯形

$$A=\begin{pmatrix}5&-1&3\\-1&5&-3\\3&-3&c\end{pmatrix}\xrightarrow[\substack{r_2+5r_1\\ r_3+3r_1}]{r_1\leftrightarrow r_2}\begin{pmatrix}-1&5&-3\\0&24&-12\\0&12&c-9\end{pmatrix}$$

$$\xrightarrow[r_3+(-6)r_2]{r_2\cdot\left(\frac{1}{12}\right)}\begin{pmatrix}-1 & 5 & -3\\0 & 2 & -1\\0 & 0 & c-3\end{pmatrix},$$

因为秩$(\boldsymbol{A})=2$，故 $c=3$.

由 $\boldsymbol{A}$ 的特征方程

$$|\lambda\boldsymbol{E}-\boldsymbol{A}|=\begin{vmatrix}\lambda-5 & 1 & -3\\1 & \lambda-5 & 3\\-3 & 3 & \lambda-3\end{vmatrix}$$

$$\xlongequal{r_2+r_1}(\lambda-4)\begin{vmatrix}\lambda-5 & 1 & -3\\1 & 1 & 0\\-3 & 3 & \lambda-3\end{vmatrix}$$

$$\xlongequal{c_1+(-1)c_2}(\lambda-4)\begin{vmatrix}\lambda-6 & 1 & -3\\0 & 1 & 0\\-6 & 3 & \lambda-3\end{vmatrix}$$

$$=(\lambda-4)\begin{vmatrix}\lambda-6 & -3\\-6 & \lambda-3\end{vmatrix}$$

$$=\lambda(\lambda-4)(\lambda-9),$$

得 $\boldsymbol{A}$ 的特征值为 $\lambda_1=0$，$\lambda_2=4$，$\lambda_3=9$.

（2）由于二次型 $f=\boldsymbol{X}^{\mathrm{T}}\boldsymbol{A}\boldsymbol{X}$ 经过正交变换 $\boldsymbol{X}=\boldsymbol{Q}\boldsymbol{Y}$ 可化为标准形

$$f=\lambda_1y_1^2+\lambda_2y_2^2+\lambda_3y_3^2=4y_2^2+9y_3^2,$$

故 $f(x_1,x_2,x_3)=1$ 通过正交变换 $\boldsymbol{X}=\boldsymbol{Q}\boldsymbol{Y}$ 化为

$$4y_1^2+9y_3^2=1.$$

它代表椭圆柱面，即 $f(x_1,x_2,x_3)=1$ 也表示椭圆柱面.

函数有几何图形，方程也有几何图形，两者的图形之间的关系是：方程的图形是函数的图形与直线、平面或超平面的截线或截面．如：$f(x,y)=2x^2+y^2$ 在 3 维空间的图形是椭圆抛物面，而 $2x^2+y^2=1$ 表示椭圆.

5.2.2 配方法

对任一个二次型 $f(\boldsymbol{X})=\boldsymbol{X}^{\mathrm{T}}\boldsymbol{A}\boldsymbol{X}$，也可以用配方法找到非退化线性替换 $\boldsymbol{X}=\boldsymbol{C}\boldsymbol{Y}$，使得 $\boldsymbol{X}^{\mathrm{T}}\boldsymbol{A}\boldsymbol{X}$ 化为标准形.

这一节的主要结果是

定理 5-3 实数域上任意一个二次型都可以经非退化线性替换化为标准形.

配方法是由拉格朗日(Lagrange)建立的，它有两种基本形式的线性替换，即存在平方项和不存在平方项两种形式对应的线性替换. 定理 5-3 的证明从略．下面举例来说明这种方法.

实施配方法的注意点：(1)对某一变量(如 x_i)配方时，务必要配尽，即经过这次配方后，未经配方的项(即剩余项，不包括前几次配过的项)，不再含有这个变量(即 x_i)；(2)每一步所作线性替换必须是非退化的(即可逆的).

例 5-4 化二次型

$$f(x_1,x_2,x_3)=x_1^2+2x_2^2+5x_3^2+2x_1x_2+2x_1x_3+6x_2x_3$$

为标准形，并求所用的非退化线性替换.

解 由于二次型中含有变量 x_1 的平方项，故把含 x_1 的项归并起来，配方得

$$\begin{aligned} f &= x_1^2+2x_1x_2+2x_1x_3+2x_2^2+5x_3^2+6x_2x_3 \\ &= (x_1+x_2+x_3)^2-x_2^2-x_3^2-2x_2x_3+2x_2^2+5x_3^2+6x_2x_3 \\ &= (x_1+x_2+x_3)^2+x_2^2+4x_2x_3+4x_3^2. \end{aligned}$$

上式右端除第一项外已不再含 x_1，继续配方，得

$$f=(x_1+x_2+x_3)^2+(x_2+2x_3)^2.$$

令

$$\begin{cases} y_1=x_1+x_2+x_3, \\ y_2=x_2+2x_3, \\ y_3=x_3, \end{cases}$$

即

$$\begin{cases} x_1=y_1-y_2+y_3, \\ x_2=y_2-2y_3, \\ x_3=y_3 \end{cases}$$

把 f 化成了标准形

$$f=y_1^2+y_2^2.$$

所用非退化线性替换为

$$\boldsymbol{X}=\begin{pmatrix} 1 & -1 & 1 \\ 0 & 1 & -2 \\ 0 & 0 & 1 \end{pmatrix}\boldsymbol{Y}.$$

例 5-5 化二次型

$$f=2x_1x_2+2x_1x_3-6x_2x_3$$

为标准形，并求所用的非退化线性替换.

解 在二次型 $f(x_1,x_2,x_3)$ 中不含平方项，由于含交叉项 x_1x_2，故可先作非退化线性替换

$$\begin{cases} x_1=y_1+y_2, \\ x_2=y_1-y_2, \\ x_3=y_3, \end{cases}$$

得

$$f=2y_1^2-2y_2^2-4y_1y_3+8y_2y_3,$$

再配方，得

$$f=2(y_1-y_3)^2-2(y_2-2y_3)^2+6y_3^2.$$

令

> 这里的线性替换 $\boldsymbol{X}=\boldsymbol{CY}$，$\boldsymbol{C}=\begin{pmatrix} 1 & 1 & 0 \\ 1 & -1 & 0 \\ 0 & 0 & 1 \end{pmatrix}$ 一定是可逆矩阵，保证线性替换是非退化的. 对于三元二次型，为了构造平方项，依据交叉项的情形，线性替换矩阵还可能是什么？请思考.

$$\begin{cases}z_1=y_1-y_3,\\z_2=y_2-2y_3,\\z_3=y_3,\end{cases}$$

即

$$\begin{cases}y_1=z_1+z_3,\\y_2=z_2+2z_3,\\y_3=z_3.\end{cases}$$

二次型化为标准形

$$f=2z_1^2-2z_2^2+6z_3^2.$$

所作非退化线性替换矩阵为

$$\boldsymbol{C}=\begin{pmatrix}1&1&0\\1&-1&0\\0&0&1\end{pmatrix}\begin{pmatrix}1&0&1\\0&1&2\\0&0&1\end{pmatrix}=\begin{pmatrix}1&1&3\\1&-1&-1\\0&0&1\end{pmatrix},$$

即

$$\boldsymbol{X}=\begin{pmatrix}1&1&3\\1&-1&-1\\0&0&1\end{pmatrix}\boldsymbol{Z}.$$

初等变换法的另一种形式

上述两例是有代表性的，所使用的方法适用于一般的二次型. 一般地，对二次型

$$f(x_1,x_2,\cdots,x_n)=\boldsymbol{X}^{\mathrm{T}}\boldsymbol{A}\boldsymbol{X},\ (\text{其中 } \boldsymbol{A}^{\mathrm{T}}=\boldsymbol{A})$$

拉格朗日配方法的步骤为：

(1) 如果二次型中至少有一个平方项，不妨设 $a_{11}\neq 0$，则对所有含 x_1 的项配方(经配方后所余各项中不再含有 x_1)，如此继续配方，直至每项都包含在各完全平方项中，引入新变量 y_1，y_2，$\cdots$，y_n，由$\boldsymbol{X}=\boldsymbol{C}\boldsymbol{Y}$，得 $\boldsymbol{X}^{\mathrm{T}}\boldsymbol{A}\boldsymbol{X}=d_1y_1^2+d_2y_2^2+\cdots+d_ny_n^2$；

(2) 如果二次型中不含平方项，只有混合项，不妨设 $a_{12}\neq 0$，则可令

$$x_1=y_1+y_2,\ x_2=y_1-y_2,\ x_3=y_3,\ \cdots,\ x_n=y_n.$$

经此非退化线性替换，二次型中出现 $a_{12}y_1^2-a_{12}y_2^2$，再按(1)实行配方法.

配方法较正交替换法，避免了解矩阵的特征问题，但所作线性替换通常改变对应的几何体的几何形状，另外配方步骤较多时，求非退化线性替换的矩阵要计算多个矩阵的乘法. 一般来说，用配方法化得标准形不唯一.

> 选择什么样的线性替换化二次型为标准形，与研究目的有关. 如果目的是讨论二次曲线、二次曲面，判定其类型，则只能选择正交替换，即通过旋转或镜像保持几何图形不变，标准形的系数即为矩阵的特征值；如果目的是讨论函数的极值等，则可以使用配方法或初等变换法，免去计算特征值的难题.

5.2.3 初等变换法

下面我们将用初等变换的方法来解决化实二次型为标准形的

问题.

对于二次型

$$f(\boldsymbol{X})=\boldsymbol{X}^{\mathrm{T}}\boldsymbol{A}\boldsymbol{X},\ (\boldsymbol{A}^{\mathrm{T}}=\boldsymbol{A})$$

可以通过非退化线性替换化为标准形，即存在可逆阵 $\boldsymbol{C}$ 使得

$$\boldsymbol{C}^{\mathrm{T}}\boldsymbol{A}\boldsymbol{C}=\boldsymbol{D}, \tag{5-6}$$

其中 $\boldsymbol{D}$ 为对角形矩阵. 由于 $\boldsymbol{C}$ 为可逆矩阵，可令

$$\boldsymbol{C}=\boldsymbol{P}_1\boldsymbol{P}_2\cdots\boldsymbol{P}_s,$$

其中 $\boldsymbol{P}_i(i=1,2,\cdots,s)$ 为初等矩阵，于是式(5-6)可写成

$$\boldsymbol{P}_s^{\mathrm{T}}\cdots\boldsymbol{P}_2^{\mathrm{T}}\boldsymbol{P}_1^{\mathrm{T}}\boldsymbol{A}\boldsymbol{P}_1\boldsymbol{P}_2\cdots\boldsymbol{P}_s=\boldsymbol{D},$$

这里 $\boldsymbol{P}_1^{\mathrm{T}}$，$\boldsymbol{P}_2^{\mathrm{T}}$，…，$\boldsymbol{P}_s^{\mathrm{T}}$ 为行初等矩阵，则 $\boldsymbol{P}_1$，$\boldsymbol{P}_2$，…，$\boldsymbol{P}_s$ 为对应的列初等矩阵，所以当对 $\boldsymbol{A}$ 施以行初等变换的同时施以相同的列初等变换，将它化为对角矩阵时，记录所用的列(或行)初等矩阵之积，即为非退化线性替换的矩阵. 具体地，把 $\boldsymbol{A}$ 和 n 阶单位矩阵 $\boldsymbol{E}$ 合在一起，构成 $2n\times n$ 矩阵 $\begin{pmatrix}\boldsymbol{A}\\ \boldsymbol{E}\end{pmatrix}$，对 $\begin{pmatrix}\boldsymbol{A}\\ \boldsymbol{E}\end{pmatrix}$ 的列作初等列变换，然后对 $\boldsymbol{A}$ 的行作相应的初等行变换，当 $\boldsymbol{A}$ 化为对角阵 $\boldsymbol{D}$ 时，$\boldsymbol{E}$ 就化成了可逆矩阵 $\boldsymbol{C}$，且适合 $\boldsymbol{C}^{\mathrm{T}}\boldsymbol{A}\boldsymbol{C}=\boldsymbol{D}$.

例 5-6 化二次型

$$f(x_1,x_2,x_3)=x_1^2+2x_2^2+x_3^2+2x_1x_2+2x_1x_3+4x_2x_3$$

为标准形.

解 构造矩阵

$$\begin{pmatrix}\boldsymbol{A}\\ \boldsymbol{E}\end{pmatrix}=\begin{pmatrix}1&1&1\\1&2&2\\1&2&1\\ \hdashline 1&0&0\\0&1&0\\0&0&1\end{pmatrix}\xrightarrow[c_3+(-1)c_1]{c_2+(-1)c_1}\begin{pmatrix}1&0&0\\1&1&1\\1&1&0\\ \hdashline 1&-1&-1\\0&1&0\\0&0&1\end{pmatrix}\xrightarrow[r_3+(-1)r_1]{r_2+(-1)r_1}$$

$$\begin{pmatrix}1&0&0\\0&1&1\\0&1&0\\ \hdashline 1&-1&-1\\0&1&0\\0&0&1\end{pmatrix}\xrightarrow{c_3+(-1)c_2}\begin{pmatrix}1&0&0\\0&1&0\\0&1&-1\\ \hdashline 1&-1&0\\0&1&-1\\0&0&1\end{pmatrix}\xrightarrow{r_3+(-1)r_2}\begin{pmatrix}1&0&0\\0&1&0\\0&0&-1\\ \hdashline 1&-1&0\\0&1&-1\\0&0&1\end{pmatrix},$$

取

$$\boldsymbol{C}=\begin{pmatrix}1&-1&0\\0&1&-1\\0&0&1\end{pmatrix},$$

经非退化线性替换 $\boldsymbol{X}=\boldsymbol{C}\boldsymbol{Y}$，该二次型可化为标准形 $f=y_1^2+y_2^2-y_3^2$.

对不含平方项的二次型 $f=\boldsymbol{X}^{\mathrm{T}}\boldsymbol{A}\boldsymbol{X}$，利用初等变换化为标准形，首先是将 $\begin{pmatrix}\boldsymbol{A}\\\boldsymbol{E}\end{pmatrix}$ 中 a_{11} 位置化为非零元.

例 5-7　将二次型 $f(x_1,x_2,x_3)=2x_1x_2+2x_1x_3-6x_2x_3$ 化为标准形.

解　构造矩阵

$$\begin{pmatrix}\boldsymbol{A}\\\boldsymbol{E}\end{pmatrix}=\begin{pmatrix}0&1&1\\1&0&-3\\1&-3&0\\\hdashline 1&0&0\\0&1&0\\0&0&1\end{pmatrix}\xrightarrow{c_1+(1)c_2}\begin{pmatrix}1&1&1\\1&0&-3\\-2&-3&0\\\hdashline 1&0&0\\1&1&0\\0&0&1\end{pmatrix}$$

$$\xrightarrow{r_1+(1)r_2}\begin{pmatrix}2&1&-2\\1&0&-3\\-2&-3&0\\\hdashline 1&0&0\\1&1&0\\0&0&1\end{pmatrix}\xrightarrow[c_3+(1)c_1]{c_2+\left(-\frac{1}{2}\right)c_1}\begin{pmatrix}2&0&0\\1&-\frac{1}{2}&-2\\-2&-2&-2\\\hdashline 1&-\frac{1}{2}&1\\1&\frac{1}{2}&1\\0&0&1\end{pmatrix}$$

$$\xrightarrow[r_3+(1)r_1]{r_2+\left(-\frac{1}{2}\right)r_1}\begin{pmatrix}2&0&0\\0&-\frac{1}{2}&-2\\0&-2&-2\\\hdashline 1&-\frac{1}{2}&1\\1&\frac{1}{2}&1\\0&0&1\end{pmatrix}\xrightarrow{c_3+(-4)c_2}\begin{pmatrix}2&0&0\\0&-\frac{1}{2}&0\\0&-2&6\\\hdashline 1&-\frac{1}{2}&3\\1&\frac{1}{2}&-1\\0&0&1\end{pmatrix}$$

$$\xrightarrow{r_3+(-4)r_2}\begin{pmatrix}2&0&0\\0&-\frac{1}{2}&0\\0&0&6\\\hdashline 1&-\frac{1}{2}&3\\1&\frac{1}{2}&-1\\0&0&1\end{pmatrix},$$

对比例 5-5 和例 5-7，同一二次型在不同的线性替换下标准形不同，思考它们有什么共同点？

思考题答案

取

$$C=\begin{pmatrix}1 & -\frac{1}{2} & 3\\ 1 & \frac{1}{2} & -1\\ 0 & 0 & 1\end{pmatrix},$$

经非退化线性替换 $\boldsymbol{X}=\boldsymbol{C}\boldsymbol{Y}$，二次型 $f(x_1,x_2,x_3)$ 可化为标准形

$$f=y_1^2-\frac{1}{2}y_2^2+6y_3^2.$$

初等变换法求标准形优点是在给出标准形的同时能给出所做的非退化线性替换的矩阵.

习题 5.2

部分习题详解

1. 求一个正交变换，化下列二次型为标准形：

（1）$f(x_1,x_2,x_3)=x_1^2+x_2^2+x_3^2+4x_1x_2+4x_1x_3+4x_2x_3$；

（2）$f(x_1,x_2,x_3)=2x_1^2+5x_2^2+5x_3^2+4x_1x_2-4x_1x_3-8x_2x_3$.

2. 用配方法化下列二次型为标准形，并指出所用变换的矩阵和二次型的秩.

（1）$f(x_1,x_2,x_3)=2x_1^2+x_2^2-4x_1x_2-4x_1x_3$；

（2）$f(x_1,x_2,x_3,x_4)=2x_1x_2-2x_2x_3-2x_3x_4-2x_4x_1$.

3. 用初等变换法化下列二次型为标准形，给出非退化线性替换的矩阵.

（1）$f(x_1,x_2,x_3)=x_1^2+2x_2^2+x_3^2+2x_1x_2+2x_1x_3+4x_2x_3$；

（2）$f(x_1,x_2,x_3)=2x_1x_2+2x_1x_3-4x_2x_3$.

4. 已知二次型 $f(x_1,x_2,x_3)=5x_1^2+5x_2^2+kx_3^2-2x_1x_2+6x_1x_3-6x_2x_3$ 的秩为 2，求 k，并用正交变换化二次型为标准形.

5.3 化二次型为规范形

一个二次型的标准形不唯一，如例 5-5 和例 5-7，同一个二次型

$$f(x_1,x_2,x_3)=2x_1x_2+2x_1x_3-6x_2x_3$$

经过非退化线性替换 $\boldsymbol{X}=\begin{pmatrix}1 & 1 & 3\\ 1 & -1 & -1\\ 0 & 0 & 1\end{pmatrix}\boldsymbol{Z}$ 可化为标准形

$$f=2z_1^2-2z_2^2+6z_3^2,$$

经过非退化线性替换 $X=\begin{pmatrix}1 & -\frac{1}{2} & 3\\ 1 & \frac{1}{2} & -1\\ 0 & 0 & 1\end{pmatrix}Y$，可化为标准形

$$f=y_1^2-\frac{1}{2}y_2^2+6y_3^2.$$

但在两标准形中系数不为零的项数是相同的，它是由二次型的秩(即秩($\boldsymbol{A}$))唯一确定的. 本节进一步讨论所谓的规范形，对于同一二次型，它是唯一确定的.

5.3.1 实二次型的规范形

定理 5-4 任一实二次型

$$f(\boldsymbol{X})=\boldsymbol{X}^{\mathrm{T}}\boldsymbol{A}\boldsymbol{X},\ (\boldsymbol{A}^{\mathrm{T}}=\boldsymbol{A})$$

经过非退化线性替换，可化为

$$f=z_1^2+\cdots+z_p^2-z_{p+1}^2-\cdots-z_r^2, \tag{5-7}$$

其中 r 为二次型的秩，式(5-7)称为二次型的规范形，且规范形是唯一的.

证明 由定理 5-3 二次型 $f(\boldsymbol{X})=\boldsymbol{X}^{\mathrm{T}}\boldsymbol{A}\boldsymbol{X}$，经过非退化线性替换可化为标准形

$$f=\lambda_1y_1^2+\lambda_2y_2^2+\cdots+\lambda_ny_n^2.$$

其中 λ_1，λ_2，…，λ_n 可能有正，有负，有零，可再作非退化线性替换，将变量按系数为正、负、零重排顺序，仍记为 y_1，y_2，…，y_n，得二次型的标准形

$$f=d_1y_1^2+\cdots+d_py_p^2-d_{p+1}y_{p+1}^2-\cdots-d_ry_r^2,$$

其中 $d_i>0$ $(i=1,2,\cdots,r,r\leqslant n)$ 而 y_{r+1}，…，y_n 的系数为零.

因为 d_i 为正实数，所以可作非退化线性替换

$$\begin{cases}y_i=\dfrac{1}{\sqrt{d_i}}z_i & (i=1,2,\cdots,r),\\ y_i=z_i & (i=r+1,\cdots,n),\end{cases}$$

化为规范形

$$f=z_1^2+\cdots+z_p^2-z_{p+1}^2-\cdots-z_r^2.$$

显然，规范形完全被 r，p 这两个数所决定. 证毕.

规范形的唯一性意思是说，若非退化线性替换 $\boldsymbol{X}=\boldsymbol{P}\boldsymbol{Y}$，及 $\boldsymbol{X}=$

QZ 把二次型 $f(X)=X^TAX$ 分别化为标准形

$$f=k_1y_1^2+\cdots+k_py_p^2-k_{p+1}y_{p+1}^2-\cdots-k_ry_r^2,\ (k_i>0)$$

$$f=l_1z_1^2+\cdots+l_sz_s^2-l_{s+1}z_{s+1}^2-\cdots-l_ry_r^2,\ (l_i>0)$$

则正项个数 $s=p$，从而负项个数 $r-p=r-s$. 证明从略.（参见文献[1]）

实二次型的标准形中非零系数项数 r(即秩)、正系数项个数 p 和负系数项个数 q 由二次型或它的矩阵唯一确定，与所用的非退化线性替换无关. r 和 p 是刻画实二次型的特性的两个数量指标，应予以重视.

定义 5-5　实二次型 $f(x_1,x_2,\cdots,x_n)$ 的规范形中，系数为正的平方项个数为 p，称为二次型的**正惯性指数**，系数为负的平方项个数 $r-p$，称为 f 的**负惯性指数**，记作 q，它们的差 $p-(r-p)=2p-r$ 称为二次型的**符号差**.

如二次型 $f(X)=X^TAX$，经非退化线性替换化为规范形

$$f=y_1^2+y_2^2+y_3^2-y_4^2-y_5^2,$$

则该二次型正惯性指数为 3，负惯性指数为 2，符号差为 1.

定理 5-4 又称为惯性定理，用矩阵的语言叙述为：

任一实对称矩阵 A 与对角阵

$$\begin{pmatrix} E_p & O & O \\ O & -E_{r-p} & O \\ O & O & O \end{pmatrix}$$

合同. 其中 r 为矩阵 A 的秩，p 由矩阵 A 唯一确定.

推论　两个 n 阶实对称矩阵合同的充分必要条件为它们的秩和正惯性指数分别相等.

5.3.2 复二次型的规范形

定理 5-5　任一复二次型

$$f(X)=X^TAX(A^T=A)$$

都可经非退化线性替换化为

$$f=z_1^2+z_2^2+\cdots+z_r^2, \tag{5-8}$$

其中 r 为二次型的秩，称为复二次型的规范形，且规范形唯一.

证明　由于任一复二次型经非退化线性替换可化为

$$f=d_1y_1^2+d_2y_2^2+\cdots+d_ry_r^2,$$

其中 $d_i\neq 0$ 为复数$(i=1,2,\cdots,r,r\leqslant n)$.这里 r 为二次型的秩，因为任一复数均可开平方，所以可作非退化线性替换

$$y_1=\frac{1}{\sqrt{d_1}}z_1,\ \cdots,\ y_r=\frac{1}{\sqrt{d_r}}z_r,\ y_{r+1}=z_{r+1},\ \cdots,\ y_n=z_n$$

得规范形

$$f=z_1^2+z_2^2+\cdots+z_r^2.$$

由于二次型的秩唯一确定，所以规范形唯一确定. 证毕.

定理 5-5 用矩阵语言叙述为：

任一复对称矩阵合同于对角矩阵

$$\begin{pmatrix} \boldsymbol{E}_r & \boldsymbol{O} \\ \boldsymbol{O} & \boldsymbol{O} \end{pmatrix},$$

其中 r 为矩阵 $\boldsymbol{A}$ 的秩.

推论 两个同阶复对称矩阵合同的充分必要条件为秩相等.

例 5-8 求二次型

$$f(x_1,x_2,x_3)=(x_1+x_2)^2+(x_2-x_3)^2+(x_3+x_1)^2$$

的正、负惯性指数.

解
$$\begin{aligned} & f(x_1,x_2,x_3) \\ =& 2x_1^2+2x_1x_2+2x_1x_3+2x_2^2-2x_2x_3+2x_3^2 \\ =& 2\left(x_1+\frac{1}{2}x_2+\frac{1}{2}x_3\right)^2+\frac{3}{2}(x_2-x_3)^2 \\ =& 2y_1^2+\frac{3}{2}y_2^2, \end{aligned}$$

其中，$y_1=x_1+\frac{1}{2}x_2+\frac{1}{2}x_3$，$y_2=x_2-x_3$，所以 $p=2$，$q=0$.

注意，题设 $f(x_1, x_2, x_3)$ 的表达式虽然已是平方和的形式，但如果令

$$\begin{cases} y_1=x_1+x_2, \\ y_2=x_2-x_3, \\ y_3=x_1+x_3, \end{cases}$$

则因为行列式

$$\begin{vmatrix} 1 & 1 & 0 \\ 0 & 1 & -1 \\ 1 & 0 & 1 \end{vmatrix}=0.$$

可见上述线性替换不是非退化的，如果认为 $f(x_1,x_2,x_3)$ 的标准形是 $y_1^2+y_2^2+y_3^2$ 而得出 $p=3$ 是错误的.

例 5-9 已知

$$A=\begin{pmatrix}1&1&1\\1&1&1\\1&1&1\end{pmatrix},\ B=\begin{pmatrix}1&0&0\\0&0&0\\0&0&0\end{pmatrix},\ C=\begin{pmatrix}3&0&0\\0&0&0\\0&0&0\end{pmatrix},$$

判定矩阵 A，B，C 是否相似？是否合同？

解 因为 A，B，C 均为实对称矩阵，所以它们均可对角化，要判定是否相似，只要看特征值是否相同. 因为 $|\lambda E-A|=\lambda^3-3\lambda^2$，故 A 的特征值为 3，0，0. 显然 B 的特征值为 1，0，0. C 的特征值为 3，0，0. 所以 A 与 C 相似.

从特征值知道二次型 $X^{\mathrm{T}}AX$，$X^{\mathrm{T}}BX$，$X^{\mathrm{T}}CX$ 的正惯性指数均为 $p=1$，负惯性指数均为 $q=0$，即它们有相同的正、负惯性指数，从而 $A\simeq B\simeq C$.

习题 5.3

部分习题详解

1. 求下列二次型的规范型，并指出其秩和正惯性指数.

(1) $f(x_1,x_2,x_3)=x_1^2+x_2^2+x_3^2+4x_1x_2+4x_1x_3+4x_2x_3$；

(2) $f(x_1,x_2,x_3)=2x_1^2+5x_2^2+5x_3^2+4x_1x_2-4x_1x_3-8x_2x_3$；

(3) $f(x_1,x_2,x_3)=17x_1^2+14x_2^2+14x_3^2-4x_1x_2-4x_1x_3-8x_2x_3$；

(4) $f(x_1,x_2,x_3,x_4)=2x_1x_2-2x_2x_3-2x_3x_4-2x_4x_1$.

2. 设 $A\in\mathbf{R}^{n\times n}$ 为幂等矩阵 $(A^2=A)$，若 A 满足 $A^{\mathrm{T}}=A$，A 的秩为 $r>0$，求 A 的正惯性指数.

3. 设 n 元二次型 $f=X^{\mathrm{T}}AX\,(A^{\mathrm{T}}=A)$ 的秩和正惯性指数分别为 r，p，若 $r>p>0$，证明：存在非零向量 $\boldsymbol{\eta}\in\mathbf{R}^n$ 使得 $\boldsymbol{\eta}^{\mathrm{T}}A\boldsymbol{\eta}=\mathbf{0}$.

5.4 正定二次型和正定矩阵

微课视频：正定二次型

实二次型 $f(x_1,x_2,\cdots,x_n)=X^{\mathrm{T}}AX$ 是关于 x_1，x_2，…，x_n 的二次齐次多项式函数，当 $X=\mathbf{0}$ 时，$f(X)=0$，任取 $X\neq\mathbf{0}$ 时，$f(X)$ 是一个实数，实二次型的正定性主要讨论的是任取 $X\neq\mathbf{0}$，$f(X)=X^{\mathrm{T}}AX$ 是否恒取正值的问题，它在多元函数极值点的判别，最优化等问题中有着广泛应用.

5.4.1 基本概念

定义 5-6 设 n 元实二次型 $f(x_1,x_2,\cdots,x_n)=X^{\mathrm{T}}AX$，如果对任意的 $\mathbf{0}\neq(x_1,x_2,\cdots,x_n)^{\mathrm{T}}=X\in\mathbf{R}^n$，恒有 $f(x_1,x_2,\cdots,x_n)=X^{\mathrm{T}}AX>0$，则称 $f(x_1,x_2,\cdots,x_n)$ 为**正定二次型**，同时称二次型的矩阵 A 为**正定矩阵**.

如二次型$f(x_1,x_2,x_3,x_4)=x_1^2+x_2^2+3x_3^2+x_4^2$，对任意的$\boldsymbol{X}=(x_1,x_2,x_3,x_4)^{\mathrm{T}}\neq\boldsymbol{0}$，由于$\boldsymbol{X}$至少有一个分量$x_i\neq 0$，所以有$f(x_1,x_2,x_3,x_4)>0$，即该二次型是正定的，但二次型$g(x_1,x_2,x_3)=x_1^2-x_2^2+x_3^2$，取$\boldsymbol{X}_1=(0,1,0)^{\mathrm{T}}$时，$f(\boldsymbol{X}_1)=f(0,1,0)=-1<0$，取$\boldsymbol{X}_2=(1,1,0)^{\mathrm{T}}$时，$f(\boldsymbol{X}_2)=f(1,1,0)=0$，取$\boldsymbol{X}_3=(1,1,1)^{\mathrm{T}}$时，$f(\boldsymbol{X}_3)=f(1,1,1)=1>0$，正负号不定，不是正定二次型.

与此相关还有下列概念.

定义 5-7　设$\boldsymbol{A}$为n阶实对称矩阵，如果对任意非零实向量$\boldsymbol{X}$，实二次型$f(\boldsymbol{X})=\boldsymbol{X}^{\mathrm{T}}\boldsymbol{A}\boldsymbol{X}$均为负值，称二次型$f$为**负定二次型**，其对应矩阵$\boldsymbol{A}$称为**负定矩阵**.

如果对任意实向量$\boldsymbol{X}$，实二次型$f=\boldsymbol{X}^{\mathrm{T}}\boldsymbol{A}\boldsymbol{X}$均为非负值(非正值)，则称二次型$f$为**半正定的(半负定的)**，其对应矩阵$\boldsymbol{A}$称为**半正定(半负定)矩阵**.

如果对某些向量，实二次型$\boldsymbol{X}^{\mathrm{T}}\boldsymbol{A}\boldsymbol{X}$为正值，而对另一些向量，实二次型$\boldsymbol{X}^{\mathrm{T}}\boldsymbol{A}\boldsymbol{X}$为负值，称此二次型是**不定的**.

以下三幅图(见图 5-2)分别是正定、负定和不定二次型的示意图，你能画出半正定二次型$z=2x^2$的草图吗？

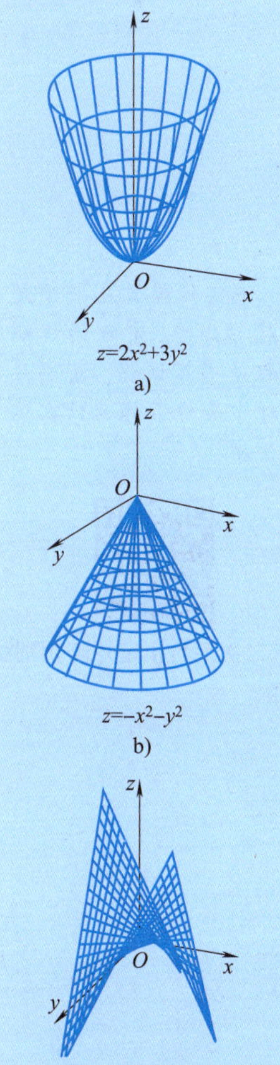

正定二次型(正定矩阵)在许多数学分支和科技问题中有广泛的应用. 如实向量长度的平方$\|\boldsymbol{X}\|^2=\boldsymbol{X}^{\mathrm{T}}\boldsymbol{X}$就是一个正定二次型. 正定二次型的几何意义是向量长度的平方.

二次型及其标准形和规范形

如$g(x_1,x_2,x_3)=x_1^2-x_2^2+x_3^2$是不定二次型，$h(x_1,x_2,x_3)=-x_1^2-x_2^2-3x_3^2$是负定二次型，$k(x_1,x_2,x_3)=x_1^2+3x_3^2$为半正定二次型.

5.4.2　正定二次型的判定

根据正定二次型的定义，首先有

命题 1　二次型$f(y_1,y_2,\cdots,y_n)=d_1y_1^2+d_2y_2^2+\cdots+d_ny_n^2$正定的充分必要条件是$d_i>0(i=1,2,\cdots,n)$.

证明　充分性，显然．下证必要性.

必要性，用反证法证明. 设有$d_k\leqslant 0$，取$y_k=1$而$y_i=0(i\neq k)$，代入二次型，得

$$f(0,\cdots,0,1,0,\cdots,0)=d_k\leqslant 0,$$

这与二次型$f(y_1,y_2,\cdots,y_n)$正定矛盾. 证毕.

命题 2　非退化线性替换不改变二次型的正定性.

证明　设二次型$f(\boldsymbol{X})=\boldsymbol{X}^{\mathrm{T}}\boldsymbol{A}\boldsymbol{X}$，经非退化线性替换$\boldsymbol{X}=\boldsymbol{C}\boldsymbol{Y}$化为$f=\boldsymbol{Y}^{\mathrm{T}}(\boldsymbol{C}^{\mathrm{T}}\boldsymbol{A}\boldsymbol{C})\boldsymbol{Y}$.

对任意 $\mathbf{0}\neq \boldsymbol{Y}_0\in \mathbf{R}^n$，由于 $\boldsymbol{X}=\boldsymbol{C}\boldsymbol{Y}$，$\boldsymbol{C}$ 可逆，故存在 $\boldsymbol{X}_0\in \mathbf{R}^n$，使得$\boldsymbol{X}_0=\boldsymbol{C}\boldsymbol{Y}_0$ 且 $\boldsymbol{X}_0\neq \mathbf{0}$(否则由 $\boldsymbol{X}_0=\mathbf{0}$ 得 $\boldsymbol{Y}_0=\boldsymbol{C}^{-1}\boldsymbol{X}_0=\mathbf{0}$ 与 $\boldsymbol{Y}_0\neq\mathbf{0}$ 矛盾)，由于 $\boldsymbol{X}^{\mathrm{T}}\boldsymbol{A}\boldsymbol{X}$ 正定，故 $\boldsymbol{X}_0^{\mathrm{T}}\boldsymbol{A}\boldsymbol{X}_0>0$. 从而

$$\boldsymbol{Y}_0^{\mathrm{T}}(\boldsymbol{C}^{\mathrm{T}}\boldsymbol{A}\boldsymbol{C})\boldsymbol{Y}_0=\boldsymbol{X}_0^{\mathrm{T}}\boldsymbol{A}\boldsymbol{X}_0>0.$$

这样二次型 $\boldsymbol{Y}^{\mathrm{T}}(\boldsymbol{C}^{\mathrm{T}}\boldsymbol{A}\boldsymbol{C})\boldsymbol{Y}$ 正定. 证毕.

由上述两个结论，我们可以通过非退化线性替换，将实二次型化为标准形来判定其正定性.

关于实二次型的标准形或规范形判定二次型，有下面的重要定理.

正定矩阵首先必须是实对称矩阵. 定理的证明过程是循环证明，请思考定理中等价条件为什么这样排序？

定理 5-6 设 $\boldsymbol{A}$ 是 n 阶实对称矩阵，则下列命题等价

(1) $\boldsymbol{X}^{\mathrm{T}}\boldsymbol{A}\boldsymbol{X}$ 是正定二次型(或 $\boldsymbol{A}$ 是正定矩阵)；

(2) $\boldsymbol{A}$ 的正惯性指数为 n，即 $\boldsymbol{A}$ 合同于 $\boldsymbol{E}$；

(3)存在可逆矩阵 $\boldsymbol{P}$，使得 $\boldsymbol{A}=\boldsymbol{P}^{\mathrm{T}}\boldsymbol{P}$；

(4)$\boldsymbol{A}$ 的 n 个特征值 $\lambda_1,\lambda_2,\cdots,\lambda_n$ 全大于零.

正定二次型与正定矩阵判别法

证明 (采用循环证法)

(1)⇒(2)，对于 $\boldsymbol{A}$，存在可逆矩阵 $\boldsymbol{C}$，使得

$$\boldsymbol{C}^{\mathrm{T}}\boldsymbol{A}\boldsymbol{C}=\begin{pmatrix} d_1 & & & \\ & d_2 & & \\ & & \ddots & \\ & & & d_n \end{pmatrix}.$$

假设正惯性指数小于 n，则至少存在一个 $d_i\leqslant 0$，作非退化线性替换 $\boldsymbol{X}=\boldsymbol{C}\boldsymbol{Y}$，则

$$\boldsymbol{X}^{\mathrm{T}}\boldsymbol{A}\boldsymbol{X}=\boldsymbol{Y}^{\mathrm{T}}(\boldsymbol{C}^{\mathrm{T}}\boldsymbol{A}\boldsymbol{C})\boldsymbol{Y}=d_1y_1^2+d_2y_2^2+\cdots+d_ny_n^2$$

不恒大于零，由上述命题 1 与(1)矛盾，故 $\boldsymbol{A}$ 的正惯性指数为 n，从而$\boldsymbol{A}\simeq\boldsymbol{E}$.

(2)⇒(3)，设 $\boldsymbol{A}$ 合同于 $\boldsymbol{E}$，即存在可逆矩阵 $\boldsymbol{C}$，使得 $\boldsymbol{C}^{\mathrm{T}}\boldsymbol{A}\boldsymbol{C}=\boldsymbol{E}$，即 $\boldsymbol{A}=(\boldsymbol{C}^{\mathrm{T}})^{-1}\boldsymbol{C}^{-1}=(\boldsymbol{C}^{-1})^{\mathrm{T}}(\boldsymbol{C}^{-1})$，令 $\boldsymbol{P}=\boldsymbol{C}^{-1}$，则有 $\boldsymbol{A}=\boldsymbol{P}^{\mathrm{T}}\boldsymbol{P}$.

(3)⇒(4)，设 λ 为 $\boldsymbol{A}$ 的任一特征值，$\boldsymbol{X}$ 为对应的特征向量，则有 $\boldsymbol{A}\boldsymbol{X}=\lambda\boldsymbol{X}$，由(3)有 $\boldsymbol{P}^{\mathrm{T}}\boldsymbol{P}\boldsymbol{X}=\lambda\boldsymbol{X}$，左乘 X^{T}，有

$$\boldsymbol{X}^{\mathrm{T}}\boldsymbol{P}^{\mathrm{T}}\boldsymbol{P}\boldsymbol{X}=\lambda\boldsymbol{X}^{\mathrm{T}}X,\text{即}\langle\boldsymbol{P}\boldsymbol{X},\boldsymbol{P}\boldsymbol{X}\rangle=\lambda\langle\boldsymbol{X},\boldsymbol{X}\rangle.$$

由于 $\boldsymbol{X}\neq\mathbf{0}$，从而 $\boldsymbol{P}\boldsymbol{X}\neq\mathbf{0}$，故 $\boldsymbol{A}$ 的特征值

$$\lambda=\frac{\langle\boldsymbol{P}\boldsymbol{X},\boldsymbol{P}\boldsymbol{X}\rangle}{\langle\boldsymbol{X},\boldsymbol{X}\rangle}>0.$$

(4)⇒(1)，对于 n 阶实对称矩阵 $\boldsymbol{A}$，存在正交阵 $\boldsymbol{Q}$ 使得

$$\boldsymbol{Q}^{\mathrm{T}}\boldsymbol{A}\boldsymbol{Q}=\begin{pmatrix}\lambda_1 & & & \\ & \lambda_2 & & \\ & & \ddots & \\ & & & \lambda_n\end{pmatrix},$$

作正交替换 $\boldsymbol{X}=\boldsymbol{Q}\boldsymbol{Y}$ 得

$$\boldsymbol{X}^{\mathrm{T}}\boldsymbol{A}\boldsymbol{X}=\lambda_1 y_1^2+\lambda_2 y_2^2+\cdots+\lambda_n y_n^2,$$

由于已知特征值 λ_1，λ_2，…，λ_n 都大于零，故 $\boldsymbol{X}^{\mathrm{T}}\boldsymbol{A}\boldsymbol{X}$ 正定. 证毕.

例 5-10 判定二次型

$$f(x_1,x_2,x_3)=x_1^2+2x_2^2+3x_3^2-2x_1x_2-2x_2x_3$$

是否正定.

解法 1 用配方法得

$$\begin{aligned}&f(x_1,x_2,x_3)\\&=(x_1^2-2x_1x_2+x_2^2)+(x_2^2-2x_2x_3+x_3^2)+2x_3^2\\&=(x_1-x_2)^2+(x_2-x_3)^2+2x_3^2\geqslant 0.\end{aligned}$$

等号成立的充分必要条件是

$$x_1-x_2=0,\ x_2-x_3=0,\ x_3=0,$$

即 $x_1=x_2=x_3=0$，故 $f(x_1,x_2,x_3)$ 正定.

解法 2 求特征值法，二次型对应的矩阵为

$$\boldsymbol{A}=\begin{pmatrix}1 & -1 & 0\\ -1 & 2 & -1\\ 0 & -1 & 3\end{pmatrix},$$

解 $|\lambda\boldsymbol{E}-\boldsymbol{A}|=0$ 得 $\lambda_1=2$，$\lambda_2=2+\sqrt{3}$，$\lambda_3=2-\sqrt{3}$. 特征值全大于 0，所以 $f(x_1,x_2,x_3)$ 正定.

推论 设 $\boldsymbol{A}=(a_{ij})$ 为 n 阶正定矩阵，则

(1) $\boldsymbol{A}$ 的对角元 $a_{ii}>0(i=1,2,\cdots,n)$；

(2) $\boldsymbol{A}$ 的行列式 $|\boldsymbol{A}|>0$.

证明 (1) 因为 $\boldsymbol{A}$ 正定，故对于基本单位向量 $\boldsymbol{\varepsilon}_i\in\mathbf{R}^n(i=1,2,\cdots,n)$，由定义

$$a_{ii}=\boldsymbol{\varepsilon}_i^{\mathrm{T}}\boldsymbol{A}\boldsymbol{\varepsilon}_i>0.$$

(2) 因为 $\boldsymbol{A}$ 正定，故由定理 5-6 的(4)，$\boldsymbol{A}$ 的特征值 $\lambda_i>0(i=1,2,\cdots,n)$，从而

$$|\boldsymbol{A}|=\lambda_1\lambda_2\cdots\lambda_n>0.$$

证毕.

推论给出二次型 $\boldsymbol{X}^{\mathrm{T}}\boldsymbol{A}\boldsymbol{X}$(实对称矩阵 $\boldsymbol{A}$)正定的必要条件. 利用推论对某些实对称矩阵可以快速地给出它非正定的判定. 如

$$\boldsymbol{A}=\begin{pmatrix}1&2\\2&4\end{pmatrix},\ \boldsymbol{B}=\begin{pmatrix}4&5\\5&2\end{pmatrix},\ \boldsymbol{C}=\begin{pmatrix}-3&2\\2&3\end{pmatrix}.$$

这些矩阵都不是正定的，这是因为 $|\boldsymbol{A}|=0$，$|\boldsymbol{B}|<0$ 和 $c_{11}<0$. 但下列矩阵

$$\boldsymbol{D}=\begin{pmatrix}1&2&0&0\\2&1&0&0\\0&0&1&2\\0&0&2&1\end{pmatrix},$$

显然 $d_{ii}>0(i=1,2,3,4)$，$|\boldsymbol{D}|=\begin{vmatrix}1&2\\2&1\end{vmatrix}\cdot\begin{vmatrix}1&2\\2&1\end{vmatrix}=9>0$ 满足推论条件，由于

$$|\lambda\boldsymbol{E}-\boldsymbol{D}|=\begin{vmatrix}\lambda-1&-2&0&0\\-2&\lambda-1&0&0\\0&0&\lambda-1&-2\\0&0&-2&\lambda-1\end{vmatrix}=(\lambda+1)^2(\lambda-3)^2,$$

故 $\lambda_1=\lambda_2=-1$，$\lambda_3=\lambda_4=3$，由定理 5-6 的(4)可知 $\boldsymbol{D}$ 不是正定矩阵.

在前面给出的实二次型(实对称矩阵)正定性的判定条件中，当$n>3$ 时，求特征值法或化标准形法判定正定性均不容易，下面进一步研究矩阵性质，给出二次型正定性的另一等价条件.

定义 5-8 设

$$\boldsymbol{A}=\begin{pmatrix}a_{11}&a_{12}&\cdots&a_{1n}\\a_{21}&a_{22}&\cdots&a_{2n}\\\vdots&\vdots&&\vdots\\a_{n1}&a_{n2}&\cdots&a_{nn}\end{pmatrix}$$

为 n 阶方阵，称

$$|A_k| = \begin{vmatrix} a_{11} & a_{12} & \cdots & a_{1k} \\ a_{21} & a_{22} & \cdots & a_{2k} \\ \vdots & \vdots & & \vdots \\ a_{k1} & a_{k2} & \cdots & a_{kk} \end{vmatrix}$$

为 n 阶方阵 $\boldsymbol{A}$ 的 k 阶**顺序主子式**. 当 $k=1, 2, \cdots, n$ 时得 $\boldsymbol{A}$ 的 n 个顺序主子式.

定理 5-7　n 元二次型 $\boldsymbol{X}^{\mathrm{T}}\boldsymbol{A}\boldsymbol{X}$ 正定的充分必要条件是 $\boldsymbol{A}$ 的 n 个顺序主子式全大于零.

请读者归纳证明步骤，寻找证明的关键点.

证明　必要性，设二次型 $f(x_1,x_2,\cdots,x_n)=\boldsymbol{X}^{\mathrm{T}}\boldsymbol{A}\boldsymbol{X}$ 正定，则对任意给定的 $1\leqslant k\leqslant n$，及一切 $\boldsymbol{X}_k=(x_1,\cdots,x_k)^{\mathrm{T}}\neq\boldsymbol{0}$，$\boldsymbol{X}=(x_1,\cdots,x_k,0,\cdots,0)^{\mathrm{T}}\neq\boldsymbol{0}$，记 $\boldsymbol{X}=(\boldsymbol{X}_k^{\mathrm{T}},\boldsymbol{0})$，则有

$$\boldsymbol{X}^{\mathrm{T}}\boldsymbol{A}\boldsymbol{X}=(\boldsymbol{X}_k^{\mathrm{T}},\boldsymbol{0})\begin{pmatrix}\boldsymbol{A}_k & * \\ * & *\end{pmatrix}\begin{pmatrix}\boldsymbol{X}_k^{\mathrm{T}} \\ \boldsymbol{0}\end{pmatrix}=\boldsymbol{X}_k^{\mathrm{T}}\boldsymbol{A}_k\boldsymbol{X}_k>0,$$

故关于 $x_1, x_2, \cdots, x_k$ 的 k 元二次型 $\boldsymbol{X}_k^{\mathrm{T}}\boldsymbol{A}\boldsymbol{X}_k$ 正定，由定理 5-6 知 $|\boldsymbol{A}_k|>0$. 必要性得证.

充分性，对矩阵阶数 n 用数学归纳法

当 $n=1$ 时，$f(x_1)=a_{11}x_1^2$，由已知 $a_{11}>0$，得对于任意 $x_1\neq0$，有 $\boldsymbol{X}^{\mathrm{T}}\boldsymbol{A}\boldsymbol{X}=a_{11}x_1^2>0$ 是正定的.

假设对 $n-1$ 元实二次型，结论成立，即各阶顺序主子式都大于零的$n-1$ 阶实对称矩阵是正定的.

对 n 元实二次型 $\boldsymbol{X}^{\mathrm{T}}\boldsymbol{A}\boldsymbol{X}$，将其矩阵 $\boldsymbol{A}$ 分块为

$$\boldsymbol{A}=\begin{pmatrix}\boldsymbol{A}_{n-1} & \boldsymbol{\alpha} \\ \boldsymbol{\alpha}^{\mathrm{T}} & a_{nn}\end{pmatrix},$$

由于 $\boldsymbol{A}_{n-1}$ 的各阶顺序主子式均为 $\boldsymbol{A}$ 的顺序主子式，故由归纳假设，$\boldsymbol{A}_{n-1}$ 是正定矩阵，由定理 5-6 知，存在可逆矩阵 $\boldsymbol{P}_1$ 使得

$$\boldsymbol{P}_1^{\mathrm{T}}\boldsymbol{A}_{n-1}\boldsymbol{P}_1=\boldsymbol{E}_{n-1},$$

取

$$\boldsymbol{G}_1=\begin{pmatrix}\boldsymbol{P}_1 & \boldsymbol{0} \\ \boldsymbol{0} & 1\end{pmatrix},$$

则

$$\boldsymbol{G}_1^{\mathrm{T}}\boldsymbol{A}\boldsymbol{G}_1=\begin{pmatrix}\boldsymbol{P}_1^{\mathrm{T}} & \boldsymbol{0}\\ \boldsymbol{0} & 1\end{pmatrix}\begin{pmatrix}\boldsymbol{A}_{n-1} & \boldsymbol{\alpha}\\ \boldsymbol{\alpha}^{\mathrm{T}} & a_{nn}\end{pmatrix}\begin{pmatrix}\boldsymbol{P}_1 & \boldsymbol{0}\\ \boldsymbol{0} & 1\end{pmatrix}$$

$$=\begin{pmatrix}\boldsymbol{E}_{n-1} & \boldsymbol{P}_1^{\mathrm{T}}\boldsymbol{\alpha}\\ \boldsymbol{\alpha}^{\mathrm{T}}\boldsymbol{P}_1 & a_{nn}\end{pmatrix},$$

取

$$\boldsymbol{G}_2=\begin{pmatrix}\boldsymbol{E}_{n-1} & -\boldsymbol{P}_1^{\mathrm{T}}\boldsymbol{\alpha}\\ \boldsymbol{O} & 1\end{pmatrix},$$

则

$$\boldsymbol{G}_2^{\mathrm{T}}\boldsymbol{G}_1^{\mathrm{T}}\boldsymbol{A}\boldsymbol{G}_1\boldsymbol{G}_2=\begin{pmatrix}\boldsymbol{E}_{n-1} & \boldsymbol{O}\\ -\boldsymbol{\alpha}^{\mathrm{T}}\boldsymbol{P}_1 & 1\end{pmatrix}\begin{pmatrix}\boldsymbol{E}_{n-1} & \boldsymbol{P}_1^{\mathrm{T}}\boldsymbol{\alpha}\\ \boldsymbol{\alpha}^{\mathrm{T}}\boldsymbol{P}_1 & a_{nn}\end{pmatrix}\begin{pmatrix}\boldsymbol{E}_{n-1} & -\boldsymbol{P}_1^{\mathrm{T}}\boldsymbol{\alpha}\\ \boldsymbol{O} & 1\end{pmatrix}$$

$$=\begin{pmatrix}\boldsymbol{E}_{n-1} & \boldsymbol{O}\\ \boldsymbol{O} & a_{nn}-\boldsymbol{\alpha}^{\mathrm{T}}\boldsymbol{P}_1\boldsymbol{P}_1^{\mathrm{T}}\boldsymbol{\alpha}\end{pmatrix}.$$

令 $a=a_{nn}-\boldsymbol{\alpha}^{\mathrm{T}}\boldsymbol{P}_1\boldsymbol{P}_1^{\mathrm{T}}\boldsymbol{\alpha}$，上式两边取行列式得

$$a=|\boldsymbol{G}_1|^2\cdot|\boldsymbol{G}_2|^2\cdot|\boldsymbol{A}|>0,$$

取

$$\boldsymbol{G}_3=\begin{pmatrix}\boldsymbol{E}_{n-1} & \boldsymbol{O}\\ \boldsymbol{O} & \dfrac{1}{\sqrt{a}}\end{pmatrix},$$

则

$$\boldsymbol{G}_3^{\mathrm{T}}\boldsymbol{G}_2^{\mathrm{T}}\boldsymbol{G}_1^{\mathrm{T}}\boldsymbol{A}\boldsymbol{G}_1\boldsymbol{G}_2\boldsymbol{G}_3=\begin{pmatrix}\boldsymbol{E}_{n-1} & \boldsymbol{O}\\ \boldsymbol{O} & \dfrac{1}{\sqrt{a}}\end{pmatrix}\begin{pmatrix}\boldsymbol{E}_{n-1} & \boldsymbol{0}\\ \boldsymbol{O} & a\end{pmatrix}\begin{pmatrix}\boldsymbol{E}_{n-1} & \boldsymbol{O}\\ \boldsymbol{O} & \dfrac{1}{\sqrt{a}}\end{pmatrix}=\boldsymbol{E}_n.$$

令 $\boldsymbol{C}=\boldsymbol{G}_1\boldsymbol{G}_2\boldsymbol{G}_3$，则有 $\boldsymbol{C}^{\mathrm{T}}\boldsymbol{A}\boldsymbol{C}=\boldsymbol{E}$，即 $\boldsymbol{A}$ 合同于单位矩阵，由定理 5-6 知 $\boldsymbol{A}$ 为正定矩阵. 证毕.

例 5-11 判定二次型 $f(x_1,x_2,x_3)=2x_1^2-4x_1x_2+3x_2^2-2x_2x_3+4x_3^2$ 的正定性.

解 $f(x_1,x_2,x_3)$ 的矩阵为

$$\boldsymbol{A}=\begin{pmatrix}2 & -2 & 0\\ -2 & 3 & -1\\ 0 & -1 & 4\end{pmatrix},$$

由于

$$|\boldsymbol{A}_1|=2>0,$$

$$|A_2|=\begin{vmatrix}2&-2\\-2&3\end{vmatrix}=2>0,$$

$$|A_3|=\begin{vmatrix}2&-1&0\\-2&3&-1\\0&-1&4\end{vmatrix}=14>0.$$

根据定理 5-7，二次型 f 是正定的.

例 5-12　设二次曲面的方程为

$$x^2+(2+a)y^2+az^2+2xy-2xz-yz=5,$$

问参数 a 取何值时，该曲面表示椭球面?

解　该曲面为椭球面，即二次型

$$f=x^2+(2+a)y^2+az^2+2xy-2xz-yz$$

必为正定二次型，即 f 的矩阵

$$A=\begin{pmatrix}1&1&-1\\1&2+a&-\frac{1}{2}\\-1&-\frac{1}{2}&a\end{pmatrix}$$

为正定的，由定理 5-7，A 的各阶顺序主子式全大于零，即

$$|A_1|=1>0,$$

$$|A_2|=\begin{vmatrix}1&1\\1&2+a\end{vmatrix}=1+a>0,$$

$$|A_3|=\begin{vmatrix}1&1&-1\\1&2+a&-\frac{1}{2}\\-1&-\frac{1}{2}&a\end{vmatrix}=a^2-\frac{5}{4}>0.$$

由此可知，$a>\frac{\sqrt{5}}{2}$时，故当 $a>\frac{\sqrt{5}}{2}$时，二次曲面 $f=5$ 为椭球面.

5.4.3　正定矩阵的性质

性质 1　设 A 为正定矩阵，则 $|A|>0$，从而 A 为可逆矩阵.

性质 2　设 A 为正定矩阵，则 A^{-1}，A^*(伴随矩阵)，A^k(k 为正整数)均为正定矩阵.

性质 3 设 $\boldsymbol{A}$、$\boldsymbol{B}$ 为 n 阶正定矩阵，则 $\boldsymbol{A}+\boldsymbol{B}$ 为正定矩阵.

请读者自己证明性质 1，2，3.

例 5-13 已知 $\boldsymbol{A}$ 为 n 阶可逆矩阵，证明：$\boldsymbol{A}^{\mathrm{T}}\boldsymbol{A}$ 为正定矩阵.

证法 1 因为 $(\boldsymbol{A}^{\mathrm{T}}\boldsymbol{A})^{\mathrm{T}}=\boldsymbol{A}^{\mathrm{T}}\boldsymbol{A}$，故 $\boldsymbol{A}^{\mathrm{T}}\boldsymbol{A}$ 为对称矩阵，由于 $\boldsymbol{A}^{\mathrm{T}}\boldsymbol{A}=\boldsymbol{A}^{\mathrm{T}}\boldsymbol{E}\boldsymbol{A}$，且 $\boldsymbol{A}$ 为可逆矩阵. 所以 $\boldsymbol{A}^{\mathrm{T}}\boldsymbol{A}$ 与 $\boldsymbol{E}$ 是合同的，从而 $\boldsymbol{A}^{\mathrm{T}}\boldsymbol{A}$ 正定.

证法 2 设 $\forall \boldsymbol{0}\neq\boldsymbol{X}\in\mathbf{R}^n$，由于 $\boldsymbol{A}$ 可逆，故 $\boldsymbol{A}\boldsymbol{X}\neq\boldsymbol{0}$，则

$$\boldsymbol{X}^{\mathrm{T}}(\boldsymbol{A}^{\mathrm{T}}\boldsymbol{A})\boldsymbol{X}=(\boldsymbol{A}\boldsymbol{X})^{\mathrm{T}}(\boldsymbol{A}\boldsymbol{X})=\langle\boldsymbol{A}\boldsymbol{X},\boldsymbol{A}\boldsymbol{X}\rangle>0,$$

由定义可知矩阵 $\boldsymbol{A}^{\mathrm{T}}\boldsymbol{A}$ 是正定的. 证毕.

例 5-14 设 $\boldsymbol{A}$ 为 n 阶实对称矩阵，证明：$\boldsymbol{A}$ 正定的充分必要条件是存在 n 阶正定矩阵 $\boldsymbol{B}$，使得 $\boldsymbol{A}=\boldsymbol{B}^2$.

证明 充分性，因为 $\boldsymbol{B}$ 对称，故 $\boldsymbol{A}$ 对称，$\boldsymbol{B}$ 正定，故 $\boldsymbol{B}$ 的特征值都大于零，从而 $\boldsymbol{A}$ 的特征值均大于零，即 $\boldsymbol{A}$ 正定.

必要性，设 $\boldsymbol{A}$ 为正定矩阵，存在正交矩阵 $\boldsymbol{Q}$ 使得

$$\boldsymbol{Q}^{-1}\boldsymbol{A}\boldsymbol{Q}=\begin{pmatrix}\lambda_1 & & & \\ & \lambda_2 & & \\ & & \ddots & \\ & & & \lambda_n\end{pmatrix}=\boldsymbol{\Lambda},$$

其中 λ_1，λ_2，…，λ_n 为 $\boldsymbol{A}$ 的特征值，全大于零.

取

微课视频：曲线拟合最小二乘法

$$\boldsymbol{\Lambda}_0=\begin{pmatrix}\sqrt{\lambda_1} & & & \\ & \sqrt{\lambda_2} & & \\ & & \ddots & \\ & & & \sqrt{\lambda_n}\end{pmatrix},$$

则 $\boldsymbol{A}=\boldsymbol{Q}\boldsymbol{\Lambda}\boldsymbol{Q}^{-1}=\boldsymbol{Q}\boldsymbol{\Lambda}_0^2\boldsymbol{Q}^{-1}=\boldsymbol{Q}\boldsymbol{\Lambda}_0\boldsymbol{Q}^{-1}\boldsymbol{Q}\boldsymbol{\Lambda}_0\boldsymbol{Q}^{-1}=(\boldsymbol{Q}\boldsymbol{\Lambda}_0\boldsymbol{Q}^{-1})^2=\boldsymbol{B}^2$.

显然 $\boldsymbol{B}=\boldsymbol{Q}\boldsymbol{\Lambda}_0\boldsymbol{Q}^{-1}$ 是正定矩阵，故结论成立. 证毕.

5.4.4 其他有定二次型

关于半正定、负定、半负定二次型类似于正定二次型有如下结论.

定理 5-8 设 $\boldsymbol{A}$ 为 n 阶实对称矩阵，则下列命题等价

(1) $\boldsymbol{X}^{\mathrm{T}}\boldsymbol{A}\boldsymbol{X}$ 半正定；

(2) $\boldsymbol{A}$ 的正惯性指数 $p=$秩$(\boldsymbol{A})$(即 $\boldsymbol{A}$ 合同于$\begin{pmatrix}\boldsymbol{E}_r & \boldsymbol{O}\\ \boldsymbol{O} & \boldsymbol{O}\end{pmatrix}$);

(3) $\boldsymbol{A}$ 的特征值非负，且至少有一个为零;

(4) 存在非满秩矩阵 $\boldsymbol{P}$，使得 $\boldsymbol{A}=\boldsymbol{P}^{\mathrm{T}}\boldsymbol{P}$;

(5) $\boldsymbol{A}$ 的各阶主子式非负，且至少有一个等于零.

该定理证明类似于定理 5-6. 只是要注意(5)中条件为主子式，而不仅仅是顺序主子式.

例 5-15 证明：二次型

$$f=n\sum_{i=1}^{n}x_i^2-\left(\sum_{i=1}^{n}x_i\right)^2$$

是半正定的.

证明 二次型 f 的矩阵为

$$\boldsymbol{A}=\begin{pmatrix}n-1 & -1 & \cdots & -1\\ -1 & n-1 & \cdots & -1\\ \vdots & \vdots & & \vdots\\ -1 & -1 & \cdots & n-1\end{pmatrix},$$

故 $\boldsymbol{A}$ 的特征方程为

$$|\lambda\boldsymbol{E}-\boldsymbol{A}|=\begin{vmatrix}\lambda-(n-1) & 1 & \cdots & 1\\ 1 & \lambda-(n-1) & \cdots & 1\\ \vdots & \vdots & & \vdots\\ 1 & 1 & \cdots & \lambda-(n-1)\end{vmatrix}$$

$$=\lambda\begin{vmatrix}1 & 1 & \cdots & 1\\ 0 & \lambda-n & \cdots & 0\\ \vdots & \vdots & & \vdots\\ 0 & 0 & \cdots & \lambda-n\end{vmatrix}$$

$$=\lambda(\lambda-n)^{n-1},$$

故 $\boldsymbol{A}$ 的特征值为 $\lambda_1=0$，$\lambda_2=\lambda_3=\cdots=\lambda_n=n$. 由定理 5-8(3)可知 $\boldsymbol{A}$ 是半正定矩阵，即 f 为半正定二次型. 证毕.

定理 5-9 设 $\boldsymbol{A}$ 为 n 阶实对称矩阵，则下列命题等价.

(1) $\boldsymbol{X}^{\mathrm{T}}\boldsymbol{A}\boldsymbol{X}$ 负定;

(2) $\boldsymbol{A}$ 的负惯性指数为 n，即 $\boldsymbol{A}\simeq-\boldsymbol{E}$;

(3) 存在可逆阵 $\boldsymbol{P}$，使得 $\boldsymbol{A}=-\boldsymbol{P}^{\mathrm{T}}\boldsymbol{P}$;

(4) $\boldsymbol{A}$ 的特征值全小于 0;

(5) $\boldsymbol{A}$ 的奇数阶顺序主子式全小于零，偶数阶顺序主子式全大于零.

定理 5-9 中有些部分的证明较难，略去这些证明，学习中仍以正定二次型的讨论为主.

部分习题详解

习题 5.4

1. 判别下列实对称矩阵是否正定？

(1) $\begin{pmatrix} 1 & -1 & 2 \\ -1 & 3 & 0 \\ 2 & 0 & 9 \end{pmatrix}$； (2) $\begin{pmatrix} 1 & -1 & 2 & 0 \\ -1 & 1 & 1 & -1 \\ 2 & 1 & 0 & 1 \\ 0 & -1 & 1 & 2 \end{pmatrix}$；

(3) $\begin{pmatrix} 2 & 1 & 1 & \cdots & 1 \\ 1 & 2 & 1 & \cdots & 1 \\ 1 & 1 & 2 & \cdots & 1 \\ \vdots & \vdots & \vdots & & \vdots \\ 1 & 1 & 1 & \cdots & 2 \end{pmatrix}$； (4) $\begin{pmatrix} 2 & 1 & & & \\ 1 & 2 & 1 & & \\ & 1 & \ddots & \ddots & \\ & & \ddots & \ddots & 1 \\ & & & 1 & 2 \end{pmatrix}$.

2. 设 $\boldsymbol{A}$，$\boldsymbol{B}$ 分别为 m，n 阶正定矩阵，证明：$\begin{pmatrix} \boldsymbol{A} & \boldsymbol{O} \\ \boldsymbol{O} & \boldsymbol{B} \end{pmatrix}$ 是正定矩阵.

3. 设 n 阶实对称矩阵 $\boldsymbol{A}$ 满足 $\boldsymbol{A}^3-6\boldsymbol{A}^2+11\boldsymbol{A}-6\boldsymbol{E}=\boldsymbol{O}$，证明：$\boldsymbol{A}$ 是正定矩阵.

4. 证明：n 阶实数矩阵 $\boldsymbol{A}$ 可逆的充分必要条件是 $\boldsymbol{A}^{\mathrm{T}}\boldsymbol{A}$ 为正定矩阵.

5. 设 $\boldsymbol{A}$，$\boldsymbol{B}$ 为 n 阶对称矩阵，若 $\boldsymbol{A}$ 正定，$\boldsymbol{B}$ 半正定，证明：$\boldsymbol{A}+\boldsymbol{B}$ 是正定矩阵.

总习题五

部分习题详解

一、问答题

1. 试从几何的角度加以解释二、三元二次型的几何意义，并证明：平面曲线 $\frac{5}{2}x_1^2+13x_1x_2+\frac{5}{2}x_2^2=-36$ 是双曲线.

2. 对于化实二次型为标准形，用正交替换法、配方法、初等变换法化二次型为标准形，各有什么特点？

3. 设 $\boldsymbol{A}$ 是实对称矩阵，对于任意的非零向量 $\boldsymbol{\alpha}\in\mathbf{R}^n$，称 $R(\boldsymbol{\alpha})=\frac{\boldsymbol{\alpha}^{\mathrm{T}}\boldsymbol{A}\boldsymbol{\alpha}}{\boldsymbol{\alpha}^{\mathrm{T}}\boldsymbol{\alpha}}$ 为关于矩阵的瑞利(Rayleigh)商. 请推导如下所谓瑞利

原理：设实对称矩阵 $\boldsymbol{A}$ 的特征值按大小顺序排成 $\lambda_1 \leqslant \lambda_2 \leqslant \cdots \leqslant \lambda_n$，$\boldsymbol{\alpha}_1$，$\boldsymbol{\alpha}_2$，…，$\boldsymbol{\alpha}_n$ 分别为 $\boldsymbol{A}$ 的属于 λ_1，λ_2，…，λ_n 的特征向量，则 $\lambda_1 \leqslant R(\boldsymbol{\alpha}) \leqslant \lambda_n$，且 $\lambda_1 = \min\limits_{X \neq 0} R(\boldsymbol{X}) = R(\boldsymbol{\alpha}_1)$，$\lambda_n = \max\limits_{X \neq 0} R(\boldsymbol{X}) = R(\boldsymbol{\alpha}_n)$.

4. 矩阵的等价、相似、合同三个概念的联系和区别是什么？请搜寻等价、相似和合同关系的不变量.

二、单项选择题

1. 设 $\boldsymbol{A}$ 是正定矩阵，则非齐次线性方程组 $\boldsymbol{Ax} = \boldsymbol{\beta}$（　　）.

A. 无解　B. 可能有解　C. 有无穷多组解　D. 有唯一解

2. 实二次型 $f = \boldsymbol{X}^{\mathrm{T}}\boldsymbol{AX}$（$\boldsymbol{A}^{\mathrm{T}} = \boldsymbol{A}$）为正定的充分必要条件是（　　）.

A. $R(\boldsymbol{A}) = n$　　B. $\boldsymbol{A}$ 的负惯性指数为零

C. $|\boldsymbol{A}| > 0$　　D. $\boldsymbol{A}$ 的特征值全大于零

3. 设 $\boldsymbol{A} = \begin{pmatrix} 1 & 1 & 1 & 1 \\ 1 & 1 & 1 & 1 \\ 1 & 1 & 1 & 1 \\ 1 & 1 & 1 & 1 \end{pmatrix}$，$\boldsymbol{B} = \begin{pmatrix} 4 & 0 & 0 & 0 \\ 0 & 0 & 0 & 0 \\ 0 & 0 & 0 & 0 \\ 0 & 0 & 0 & 0 \end{pmatrix}$，则 $\boldsymbol{A}$ 与 $\boldsymbol{B}$ 的关系为（　　）.

A. 合同且相似　　B. 合同但不相似

C. 相似但不合同　　D. 既不相似也不合同

4. 设 $\boldsymbol{A}$，$\boldsymbol{B}$ 为 n 阶实对称矩阵，矩阵 $\boldsymbol{A}$，$\boldsymbol{B}$ 合同的充分必要条件是（　　）.

A. $\boldsymbol{A}$，$\boldsymbol{B}$ 的秩相等　　B. $\boldsymbol{A}$，$\boldsymbol{B}$ 都合同于对角矩阵

C. $\boldsymbol{A}$，$\boldsymbol{B}$ 的特征值相同　　D. $\boldsymbol{A}$，$\boldsymbol{B}$ 正、负惯性指数相同

5. 已知矩阵 $\boldsymbol{A} = \begin{pmatrix} 3 & 2 & 0 \\ 2 & 4 & -2 \\ 0 & -2 & 5 \end{pmatrix}$ 正定，则与 $\boldsymbol{A}$ 相似的对角矩阵为（　　）.

A. $\begin{pmatrix} 1 & & \\ & 2 & \\ & & 10 \end{pmatrix}$　　B. $\begin{pmatrix} 2 & & \\ & 0 & \\ & & 10 \end{pmatrix}$

C. $\begin{pmatrix} 1 & & \\ & 4 & \\ & & 7 \end{pmatrix}$　　D. $\begin{pmatrix} 6 & & \\ & 7 & \\ & & -1 \end{pmatrix}$

6. 设矩阵 $\boldsymbol{A} = \begin{pmatrix} 1 & 0 & 0 \\ 0 & -1 & 2 \\ 0 & 2 & 2 \end{pmatrix}$，则下列矩阵中（　　）与矩阵 $\boldsymbol{A}$ 合同.

A. $\begin{pmatrix} 1 & & \\ & -1 & \\ & & 0 \end{pmatrix}$　　B. $\begin{pmatrix} 1 & & \\ & 1 & \\ & & -1 \end{pmatrix}$

C. $\begin{pmatrix} 1 & & \\ & -1 & \\ & & -1 \end{pmatrix}$　　D. $\begin{pmatrix} -1 & & \\ & -1 & \\ & & 0 \end{pmatrix}$

7. 设$\boldsymbol{A}=(a_{ij})_{n\times n}$为实对称矩阵，二次型$f(x_1,x_2,\cdots,x_n)=\sum_{i=1}^{n}(a_{i1}x_1+a_{i2}x_2+\cdots+a_{in}x_n)^2$正定的充要条件是(　　).

A. $|\boldsymbol{A}|=0$　　B. $|\boldsymbol{A}|\neq 0$　　C. $|\boldsymbol{A}|>0$　　D. $|\boldsymbol{A}|<0$

8. 任何一个n阶可逆矩阵必定与同阶单位阵(　　).

A. 合同　　B. 相似　　C. 等价　　D. 以上都不对

9. 设$\boldsymbol{A}$，$\boldsymbol{B}$为n阶正定矩阵，则(　　)是正定矩阵.

A . $\boldsymbol{AB}$　　B. $\boldsymbol{A}^*+\boldsymbol{B}^*$　　C. $\boldsymbol{A}^{-1}-\boldsymbol{B}^{-1}$　　D. $\boldsymbol{A}^{\mathrm{T}}-\boldsymbol{B}^{\mathrm{T}}$

10. 若$\boldsymbol{A}$为3阶正定矩阵，$\boldsymbol{\alpha}_1$，$\boldsymbol{\alpha}_2$，$\boldsymbol{\alpha}_3$为3维非零列向量，且$\boldsymbol{\alpha}_i^{\mathrm{T}}\boldsymbol{A}\boldsymbol{\alpha}_j=0(i\neq j,\ i;\ j=1,\ 2,\ 3)$，则(　　).

A. $\boldsymbol{\alpha}_1$，$\boldsymbol{\alpha}_2$，$\boldsymbol{\alpha}_3$ 线性无关

B. $\boldsymbol{\alpha}_1$，$\boldsymbol{\alpha}_2$，$\boldsymbol{\alpha}_3$ 线性相关

C. $\boldsymbol{\alpha}_1$，$\boldsymbol{\alpha}_2$，$\boldsymbol{\alpha}_3$ 可能线性相关，也可能线性无关

D. 只有当$\boldsymbol{\alpha}_1$，$\boldsymbol{\alpha}_2$，$\boldsymbol{\alpha}_3$均为单位向量时，线性无关

三、解答题

1. 设$\boldsymbol{A}=\begin{pmatrix} 0 & 1 & 0 & 0 \\ 1 & 0 & 0 & 0 \\ 0 & 0 & 2 & 1 \\ 0 & 0 & 1 & 2 \end{pmatrix}$，求：(1)$\boldsymbol{A}^{-1}$；(2)分别写出$\boldsymbol{A}$和$\boldsymbol{A}^{-1}$为矩阵的二次型；(3)求$\boldsymbol{A}$和$\boldsymbol{A}^{-1}$的特征值；(4)求相应于$\boldsymbol{A}$和$\boldsymbol{A}^{-1}$的二次型的标准型.

2. 设$\boldsymbol{A}$是一个3阶实矩阵，若对任意3维列向量$\boldsymbol{X}$，都有$\boldsymbol{X}^{\mathrm{T}}\boldsymbol{AX}=0$，则$\boldsymbol{A}$为反对称矩阵.

3. 已知二次型$f(x_1,x_2,x_3)=2x_1^2+3x_2^2+3x_3^2+2\lambda x_2x_3(\lambda>0)$通过正交变换化成标准型$f=y_1^2+2y_2^2+5y_3^2$. 求参数$\lambda$及所用正交变换矩阵$\boldsymbol{Q}$.

4. 设二次型$f(x_1,x_2,x_3)=4x_1^2+3x_2^2+3x_3^2+2x_2x_3$.

(1)求一个正交变换将二次型化为标准形，并写出所用的正交变换；

(2)用配平方法将二次型化为标准形，并写出所用的可逆线性变换；

(3)用合同变换法将二次型化为标准形，并写出所用的可逆线性变换.

5. 已知二次型 $f(x_1,x_2,x_3)=5x_1^2+5x_2^2+3x_3^2-2x_1x_2+6x_1x_3-6x_2x_3$，求一正交变换，将二次型化为标准形，并指出 $f(x_1,x_2,x_3)=1$ 表示何种二次曲面.

6. 已知二次型 $f(x_1,x_2,x_3)=x_1^2+x_2^2+x_3^2+2ax_1x_2+2x_1x_3+2bx_2x_3$ 经过正交变换化为标准形 $f=y_2^2+2y_3^2$，求参数 a，b 及所用的正交变换矩阵.

7. 证明：单位矩阵 $\boldsymbol{E}$ 与 $-\boldsymbol{E}$ 在复数域上合同，但在实数域上不合同.

8. 用可逆线性替换化二次型 $f(x_1,x_2,x_3)=(x_1-x_2)^2+(x_2-x_3)^2+(x_3-x_1)^2$ 为标准形.

9. 设 $\boldsymbol{A}$ 是 n 阶实对称矩阵，且 $\boldsymbol{A}^2=\boldsymbol{E}$，证明：存在正交矩阵 $\boldsymbol{T}$，使

$$\boldsymbol{T}^{-1}\boldsymbol{A}\boldsymbol{T}=\begin{pmatrix}\boldsymbol{E}_p & \boldsymbol{O}\\ \boldsymbol{O} & -\boldsymbol{E}_{n-p}\end{pmatrix},$$

其中，p 是 $\boldsymbol{A}$ 所对应二次型的正惯性指数.

10. 设 $\boldsymbol{A}$ 是 n 阶正定矩阵，$\boldsymbol{E}$ 是 n 阶单位矩阵，证明：$|\boldsymbol{A}+\boldsymbol{E}|>1$.

11. 设 $\boldsymbol{A}$ 为 m 阶的正定矩阵，$\boldsymbol{B}$ 为 $m\times n$ 实数矩阵，试证：$\boldsymbol{B}^{\mathrm{T}}\boldsymbol{A}\boldsymbol{B}$ 正定的充分必要条件是 $R(\boldsymbol{B})=n$.

12. 设 $\boldsymbol{A}$ 是 n 阶正定矩阵，证明：$|\boldsymbol{A}+2\boldsymbol{E}|>2^n$.

第10、12题，考虑行列式与特征值之间的关系. 利用正定矩阵的特征值为正的特性，或利用“和化积”的思想，借用标准形方法解决.

举例

13. 设 $\boldsymbol{A}$、$\boldsymbol{B}$ 均为 n 阶实对称阵，证明：若 $\boldsymbol{A}$ 的特征值都大于 a，$\boldsymbol{B}$ 的特征值都大于 b，则 $\boldsymbol{A}+\boldsymbol{B}$ 的特征值都大于 $a+b$.

14. 设 $\boldsymbol{A}$ 为实对称方阵，证明：当 ε 充分小时，$\boldsymbol{E}+\varepsilon\boldsymbol{A}$ 是正定的.

15. 设 $\boldsymbol{A}$ 为 n 阶正定矩阵，$\boldsymbol{S}$ 为 n 阶实反对称矩阵. 证明：

(1)对于任意 n 维实向量 $\boldsymbol{x}$，有 $\boldsymbol{x}^{\mathrm{T}}\boldsymbol{S}\boldsymbol{x}=0$；

(2)$\boldsymbol{A}-\boldsymbol{S}^2$ 是正定矩阵.

*第 6 章 线性空间与线性变换

线性空间是线性代数的基本研究对象之一. 它是向量空间 $\mathbf{R}^n$ 的推广，它使向量和向量空间的概念更具一般性，同时也更抽象. 这一章将给出一般线性空间的概念，并介绍线性空间上一种重要的对应关系——线性变换和线性变换所对应的矩阵的关系问题.

6.1 线性空间的概念

在解析几何中讨论 3 维几何向量，用它的加法和数乘运算描述几何和力学问题，为了研究一般线性方程组的理论，在第 3 章中，我们把 3 维向量推广为 n 维向量，定义 n 维向量的加法和数乘运算，讨论了向量空间中的向量的线性相关性，完满地给出线性方程组的理论. 回顾 n 维向量空间 $\mathbf{R}^n$ 的定义，它是向量集合关于加法和数乘运算满足八条运算法则的一个代数系统. 如果将 $\mathbf{R}^n$ 中向量这一具体对象抽象出来，就形成了线性空间的概念.

6.1.1 线性空间的定义与例子

定义 6-1 设 V 是一个以 $\boldsymbol{\alpha},\boldsymbol{\beta}$，$\boldsymbol{\gamma}$，…为元素的集合，$F$ 是一个数域，在 V 中定义两种运算，一种叫加法：$\forall \boldsymbol{\alpha},\boldsymbol{\beta}\in V$，有 $\boldsymbol{\alpha}+\boldsymbol{\beta}\in V$；另一种叫数量乘法：任取数 $k\in F$，$\boldsymbol{\alpha}\in V$，有 $k\boldsymbol{\alpha}\in V$. 并且满足下面 8 条运算法则：

(1) 加法交换律　$\boldsymbol{\alpha}+\boldsymbol{\beta}=\boldsymbol{\beta}+\boldsymbol{\alpha}$；

(2) 加法结合律　$(\boldsymbol{\alpha}+\boldsymbol{\beta})+\boldsymbol{\gamma}=\boldsymbol{\alpha}+(\boldsymbol{\beta}+\boldsymbol{\gamma})$；

(3) 零元素存在　$\exists\mathbf{0}\in V$，$\forall\boldsymbol{\alpha}$，有 $\mathbf{0}+\boldsymbol{\alpha}=\boldsymbol{\alpha}$；

(4) 负元素存在　$\forall\boldsymbol{\alpha}\in V$，$\exists\boldsymbol{\beta}\in V$，使 $\boldsymbol{\alpha}+\boldsymbol{\beta}=\mathbf{0}$，记 $\boldsymbol{\beta}=-\boldsymbol{\alpha}$；

(5) 数域 F 中存在单位元　即存在数 $1\in F$，$\forall \boldsymbol{\alpha}\in V$，$1\boldsymbol{\alpha}=\boldsymbol{\alpha}$；

(6) 数乘结合律　$(kl)\boldsymbol{\alpha}=k(l\boldsymbol{\alpha})=l(k\boldsymbol{\alpha})$；

(7) 分配律　$(k+l)\boldsymbol{\alpha}=k\boldsymbol{\alpha}+l\boldsymbol{\alpha}$；

(8) 分配律　$k(\boldsymbol{\alpha}+\boldsymbol{\beta})=k\boldsymbol{\alpha}+k\boldsymbol{\beta}$.

其中 $\boldsymbol{\alpha},\boldsymbol{\beta}$，$\boldsymbol{\gamma}$ 是 V 中任意元素，k，l 是 F 中的数，则称 V 为数域 F 上的**线性空间**，V 中元素称为**向量**，F 为实(复)数域时，称 V 为**实(复)线性空间**.

线性空间是近代数学极其重要的概念. 线性代数是以有限维线性空间上线性变换的理论为其核心.

请仔细体会 $\mathbf{R}^n$ 作成的实数域 $\mathbf{R}$ 上的线性空间的特殊地位，它是线性空间"最好的""最典型"的代表.

例 6-1　$\mathbf{R}^n$ 是 $\mathbf{R}$ 上的线性空间.

例 6-2　设 $\mathbf{R}^{m\times n}$ 表示实数域上全体 $m\times n$ 矩阵作成的集合，$\mathbf{R}^{m\times n}$ 关于矩阵的加法和数乘运算作成实数域 $\mathbf{R}$ 上的一个线性空间. 其中的零元即为零矩阵. 任一矩阵 $\boldsymbol{A}$ 的负元为 $-\boldsymbol{A}$.

例 6-3　数域 F 上关于未定元 x 的全体多项式作成的集合 $F[x]$，关于多项式的加法和数乘运算作成 F 上的一个线性空间，其中零元为零多项式. 如果考虑次数小于 n 的多项式，连同零多项式作成的集合 $F[x]_n$ 也构成 F 上的线性空间.

例 6-4　区间 $[a,b]$ 上的全体实连续函数，对通常的函数的加法和数与函数的乘法运算作成实数域上一个线性空间，记作 $C[a,b]$.

从以上 4 个例子可以看出，线性空间中的向量不一定是有序数组，它可能为矩阵、多项式、函数等，有时一个数也可以成为向量.

例 6-5　正实数的全体，记作 $\mathbf{R}^+$，在其中定义加法 $\oplus$ 和数乘 $\otimes$ 运算为

$$\boldsymbol{a}\oplus\boldsymbol{b}=\boldsymbol{ab},\ (\forall \boldsymbol{a},\boldsymbol{b}\in\mathbf{R}^+)$$
$$k\otimes\boldsymbol{a}=\boldsymbol{a}^k,\ (\forall k\in\mathbf{R},\boldsymbol{a}\in\mathbf{R}^+)$$

验证 $(\mathbf{R}^+,\oplus,\otimes)$ 为实域 $\mathbf{R}$ 上的线性空间.

线性空间的诸多例子会让我们通过不同对象(向量)体会线性空间的本质. 从学习的角度看，它们能给我们带来新的见识.

证明　首先，对 $\forall \boldsymbol{a}$，$\boldsymbol{b}\in\mathbf{R}^+$，$\forall k\in\mathbf{R}$，有 $\boldsymbol{a}\oplus\boldsymbol{b}=\boldsymbol{ab}\in\mathbf{R}^+$，且 $k\otimes\boldsymbol{a}=\boldsymbol{a}^k\in\mathbf{R}^+$，即关于加法、数乘运算封闭.

其次，验证满足 8 条运算法则；

(1) $\boldsymbol{a}\oplus\boldsymbol{b}=\boldsymbol{ab}=\boldsymbol{ba}=\boldsymbol{b}\oplus\boldsymbol{a}$；

(2) $(\boldsymbol{a}\oplus\boldsymbol{b})\oplus\boldsymbol{c}=(\boldsymbol{ab})\oplus\boldsymbol{c}=(\boldsymbol{ab})\boldsymbol{c}=\boldsymbol{a}(\boldsymbol{bc})=\boldsymbol{a}\oplus(\boldsymbol{b}\oplus\boldsymbol{c})$；

(3) $1\in\mathbf{R}^+$，对 $\forall \boldsymbol{a}\in\mathbf{R}^+$，有 $1\oplus\boldsymbol{a}=1\cdot\boldsymbol{a}=\boldsymbol{a}$；

(4) $\forall \boldsymbol{a}\in\mathbf{R}^+$，$\exists \boldsymbol{a}^{-1}\in\mathbf{R}^+$，使得 $\boldsymbol{a}\oplus\boldsymbol{a}^{-1}=\boldsymbol{aa}^{-1}=1$；

(5) $\exists 1\in\mathbf{R}$, $\forall \boldsymbol{a}\in\mathbf{R}^+$, 满足 $1\otimes\boldsymbol{a}=\boldsymbol{a}^1=\boldsymbol{a}$;

(6) $\forall k, l\in\mathbf{R}$, $\boldsymbol{a}\in\mathbf{R}^+$满足 $k\otimes(l\otimes\boldsymbol{a})=k\otimes\boldsymbol{a}^l=\boldsymbol{a}^{lk}=(kl)\otimes\boldsymbol{a}$;

(7) $\forall k, l\in\mathbf{R}$, $\boldsymbol{a}\in\mathbf{R}^+$,

$$\begin{aligned}(k+l)\otimes\boldsymbol{a}&=\boldsymbol{a}^{k+l}=\boldsymbol{a}^k\boldsymbol{a}^l=\boldsymbol{a}^k\oplus\boldsymbol{a}^l\\&=(k\otimes\boldsymbol{a})\oplus(l\otimes\boldsymbol{a});\end{aligned}$$

(8) $\forall \boldsymbol{a}\in\mathbf{R}$, $\boldsymbol{a}, \boldsymbol{b}\in\mathbf{R}^+$,

$$\begin{aligned}k\otimes(\boldsymbol{a}\oplus\boldsymbol{b})&=k\otimes\boldsymbol{ab}=(\boldsymbol{ab})^k=\boldsymbol{a}^k\boldsymbol{b}^k\\&=\boldsymbol{a}^k\oplus\boldsymbol{b}^k=k\otimes\boldsymbol{a}\oplus k\otimes\boldsymbol{b}.\end{aligned}$$

证毕.

6.1.2 线性空间的简单性质

线性空间是用公理系统定义的抽象概念. 空间中元素的一切运算规则应由公理推出, 如本段证明的若干性质.

性质 1 线性空间 V 的零元素唯一.

证明 设 $\mathbf{0}_1$, $\mathbf{0}_2$ 是 V 的两个零元素, 则由定义

$$\mathbf{0}_1=\mathbf{0}_1+\mathbf{0}_2=\mathbf{0}_2+\mathbf{0}_1=\mathbf{0}_2,$$

故 V 中零元唯一. 证毕.

性质 2 线性空间 V 中任一元素的负元素是唯一的.

证明 设 $\boldsymbol{\beta}_1,\boldsymbol{\beta}_2$ 是 $\boldsymbol{\alpha}$ 的两个负元素, 则由定义 1 法则(4), 有

$$\boldsymbol{\alpha}+\boldsymbol{\beta}_1=\boldsymbol{\beta}_1+\boldsymbol{\alpha}=\mathbf{0},\ \boldsymbol{\alpha}+\boldsymbol{\beta}_2=\boldsymbol{\beta}_2+\boldsymbol{\alpha}=\mathbf{0},$$

于是

$$\boldsymbol{\beta}_1=\boldsymbol{\beta}_1+\mathbf{0}=\boldsymbol{\beta}_1+(\boldsymbol{\alpha}+\boldsymbol{\beta}_2)=(\boldsymbol{\beta}_1+\boldsymbol{\alpha})+\boldsymbol{\beta}_2=\mathbf{0}+\boldsymbol{\beta}_2=\boldsymbol{\beta}_2,$$

故 $\boldsymbol{\alpha}$ 的负元素唯一. 证毕.

性质 3 设 0 为数零, $\mathbf{0}$ 为 V 的零向量, 则

(1) $0\cdot\boldsymbol{\alpha}=\mathbf{0}$;

(2) $k\cdot\mathbf{0}=\mathbf{0}(k\in \boldsymbol{F})$;

(3) 若 $k\cdot\boldsymbol{\alpha}=\mathbf{0}$, 则一定有 $k=0$ 或 $\boldsymbol{\alpha}=\mathbf{0}$;

(4) $(-1)\cdot\boldsymbol{\alpha}=-\boldsymbol{\alpha}$.

证明留给读者.

利用负元可以定义减法 $\boldsymbol{\beta}-\boldsymbol{\alpha}=\boldsymbol{\beta}+(-\boldsymbol{\alpha})$ 且有

性质 4 对 $\forall\boldsymbol{\alpha},\boldsymbol{\beta}\in V$, $k, l\in F$ 有

(1) $k(\boldsymbol{\alpha}-\boldsymbol{\beta})=k\boldsymbol{\alpha}-k\boldsymbol{\beta}$;

(2) $(k-l)\boldsymbol{\alpha}=k\boldsymbol{\alpha}-l\boldsymbol{\alpha}$.

证明　(1) 因为 $k(\boldsymbol{\alpha}-\boldsymbol{\beta})+k\boldsymbol{\beta}=k[(\boldsymbol{\alpha}-\boldsymbol{\beta})+\boldsymbol{\beta}]$

$$=k\{\boldsymbol{\alpha}+[(-\boldsymbol{\beta})+\boldsymbol{\beta}]\}$$

$$=k\boldsymbol{\alpha},$$

所以 $k(\boldsymbol{\alpha}-\boldsymbol{\beta})=k\boldsymbol{\alpha}-k\boldsymbol{\beta}$.

(2) 因为

$$(k-l)\boldsymbol{\alpha}+l\boldsymbol{\alpha}=[(k-l)+l]\boldsymbol{\alpha}=k\boldsymbol{\alpha},$$

所以 $(k-l)\boldsymbol{\alpha}=k\boldsymbol{\alpha}-l\boldsymbol{\alpha}$. 证毕.

6.1.3 子空间

定义 6-2　设 V 是线性空间，W 是 V 的非空子集合，若 W 的所有元素关于 V 中的加法和数乘运算也构成一个线性空间，则称 W 为 V 的一个**子空间**.

非零线性空间 V 都有两个子空间，一个是它自身 V，另一个是 $\{\mathbf{0}\}$，称为零元素空间.

注意子空间与子集合在运算上的区别.

定理 6-1　设 W 是线性空间 V 的非空子集合，则 W 是 V 的子空间的充要条件是：

(1) 若 $\boldsymbol{\alpha}, \boldsymbol{\beta}\in W$，则 $\boldsymbol{\alpha}+\boldsymbol{\beta}\in W$;

(2) 若 $\boldsymbol{\alpha}\in W$，$k\in F$，则 $k\boldsymbol{\alpha}\in W$.

证明　必要性是显然的，只证充分性.

设 W 满足(1)与(2)，则只须验证定义 6-1 中 8 条运算法则是否满足．因为 $k\boldsymbol{\alpha}\in W$，取 $k=0\in F$，则

$$0\cdot\boldsymbol{\alpha}=\mathbf{0}\in W,$$

即 W 中存在零元素. 又取 $k=-1\in F$，$-\boldsymbol{\alpha}=(-1)\cdot\boldsymbol{\alpha}\in W$，$W$ 中负元素存在．因为 $W\subseteq V$，W 中元素的加法与数乘就是 V 中元素加法和数乘，故定义 6-1 其余 6 条法则对 W 的运算必满足，故 W 是线性空间，从而是 V 的子空间. 证毕.

例 6-6　线性空间 $\mathbf{R}^{n\times n}$ 的子集合

(1) $W_1=\{\boldsymbol{A}\mid\boldsymbol{A}\in\mathbf{R}^{n\times n},\ \boldsymbol{A}^{\mathrm{T}}=\boldsymbol{A}\}$;

(2) $W_2=\{\boldsymbol{B}\mid\boldsymbol{B}\in\mathbf{R}^{n\times n},\ |\boldsymbol{B}|\neq 0\}$.

判断它们是否为子空间.

解　(1) $\forall\boldsymbol{A}\in W_1$，$k\in\mathbf{R}$，因 $(k\boldsymbol{A})^{\mathrm{T}}=k\boldsymbol{A}$，所以 $k\boldsymbol{A}\in W_1$. 又 $\forall\boldsymbol{A}_1, \boldsymbol{A}_2\in W_1$，$(\boldsymbol{A}_1+\boldsymbol{A}_2)^{\mathrm{T}}=\boldsymbol{A}_1^{\mathrm{T}}+\boldsymbol{A}_2^{\mathrm{T}}=(\boldsymbol{A}_1+\boldsymbol{A}_2)^{\mathrm{T}}$，所以 $\boldsymbol{A}_1+\boldsymbol{A}_2\in$

W_1. 即 W_1 对 $\mathbf{R}^{n\times n}$ 的加法和数乘运算封闭. 又 $\boldsymbol{O}\in W_1$，即 W_1 非空，故 W_1 为 $\mathbf{R}^{n\times m}$ 的子空间.

(2) 因为 $\boldsymbol{O}\notin W_2$，故 W_2 不是线性空间，从而也不是 $\mathbf{R}^{n\times n}$ 的子空间.

定理 6-2　设 W_1，W_2 是线性空间 V 的子空间，则有

(1) W_1 与 W_2 的交集

$$W_1\cap W_2=\{\boldsymbol{\alpha}\mid\boldsymbol{\alpha}\in W_1\text{ 且 }\boldsymbol{\alpha}\in W_2\}\tag{6-1}$$

是 V 的子空间，称为 W_1 与 W_2 的**交空间**；

(2) 定义集合

$$W_1+W_2=\{\boldsymbol{\alpha}\mid\boldsymbol{\alpha}=\boldsymbol{\alpha}_1+\boldsymbol{\alpha}_2,\ \boldsymbol{\alpha}_1\in W_1,\ \boldsymbol{\alpha}_2\in W_2\}\tag{6-2}$$

是 V 的子空间，称为 W_1 与 W_2 的**和空间**.

证明　只证明(2)，(1)的证明留给读者. 由定义 $W_1+W_2\subseteq V$，且非空. $\forall\boldsymbol{\alpha},\boldsymbol{\beta}\in W_1+W_2$，则存在 $\boldsymbol{\alpha}_i,\boldsymbol{\beta}_i\in W_i$，$i=1,2$，有

$$\boldsymbol{\alpha}=\boldsymbol{\alpha}_1+\boldsymbol{\alpha}_2,\boldsymbol{\beta}=\boldsymbol{\beta}_1+\boldsymbol{\beta}_2.$$

任取数 k，$l\in F$，则

$$\begin{aligned}k\boldsymbol{\alpha}+l\boldsymbol{\beta}&=k(\boldsymbol{\alpha}_1+\boldsymbol{\alpha}_2)+l(\boldsymbol{\beta}_1+\boldsymbol{\beta}_2)\\&=(k\boldsymbol{\alpha}_1+l\boldsymbol{\beta}_1)+(k\boldsymbol{\alpha}_2+l\boldsymbol{\beta}_2).\end{aligned}$$

由 W_i 是子空间，有 $k\boldsymbol{\alpha}_i+l\boldsymbol{\beta}_i\in W_i(i=1,2)$. 由式(6-2)，$k\boldsymbol{\alpha}+l\boldsymbol{\beta}\in W_1+W_2$. 由定理 6-1，$W_1+W_2$ 是 V 的子空间. 证毕.

例 6-7　设 $\boldsymbol{\varepsilon}_1=(1,0,0)^{\mathrm{T}}$，$\boldsymbol{\varepsilon}_2=(0,1,0)^{\mathrm{T}}$ 及 $\boldsymbol{R}^3$ 的子空间，

$$W_1=L(\boldsymbol{\varepsilon}_1),\ W_2=L(\boldsymbol{\varepsilon}_2),$$

求 W_1+W_2.

解　取 $\boldsymbol{\alpha}\in W_1+W_2$，则存在 $\boldsymbol{\alpha}_i\in W_i(i=1,2)$，

$$\boldsymbol{\alpha}=\boldsymbol{\alpha}_1+\boldsymbol{\alpha}_2.$$

又 $\boldsymbol{\alpha}_1\in W_1$，故 $\boldsymbol{\alpha}_1=k\boldsymbol{\varepsilon}_1$，同理 $\boldsymbol{\alpha}_2=l\boldsymbol{\varepsilon}_2$，所以

$$\boldsymbol{\alpha}=\boldsymbol{\alpha}_1+\boldsymbol{\alpha}_2=k\boldsymbol{\varepsilon}_1+l\boldsymbol{\varepsilon}_2,\ k,\ l\in F,$$

因此有

$$W_1+W_2=L(\boldsymbol{\varepsilon}_1,\boldsymbol{\varepsilon}_2).$$

从几何上看，W_1 是 $\mathbf{R}^3$ 中的 Ox 轴，W_2 是 $\mathbf{R}^3$ 中的 Oy 轴，W_1+W_2 则是 $\mathbf{R}^3$ 的 Oxy 平面.

一般有

$$W_1\subseteq W_1+W_2,\ W_2\subseteq W_1+W_2,$$
$$W_1\cup W_2\subseteq W_1+W_2.$$

应注意，$W_1 \cup W_2 = W_1 + W_2$ 未必成立，故 $W_1 \cup W_2$ 不一定是子空间. 如例 6-7 中 $W_1 = L(\boldsymbol{\varepsilon}_1)$，$W_2 = L(\boldsymbol{\varepsilon}_2)$，则 $\boldsymbol{\varepsilon}_1 \in W_1$，$\boldsymbol{\varepsilon}_2 \in W_2$，从而 $\boldsymbol{\varepsilon}_1$，$\boldsymbol{\varepsilon}_2$ 皆在 $W_1 \cup W_2$ 中，但 $\boldsymbol{\varepsilon}_1 + \boldsymbol{\varepsilon}_2 = \begin{pmatrix}1\\1\\0\end{pmatrix} \notin W_i$，$i=1$，2，从而 $\boldsymbol{\varepsilon}_1 + \boldsymbol{\varepsilon}_2 \notin W_1 \cup W_2$，即 $W_1 \cup W_2$ 不是子空间.

6.1.4 实内积空间

在 5.1 节中，曾定义 $\mathbf{R}^n$ 中的内积为 $\langle \boldsymbol{\alpha}, \boldsymbol{\beta} \rangle = \boldsymbol{\alpha}^{\mathrm{T}} \boldsymbol{\beta}$. 这里一般地定义实内积，介绍实内积空间.

定义 6-3 设 V 是实数域 $\mathbf{R}$ 上的线性空间，如果对 V 中任意向量 $\boldsymbol{\alpha}$ 与 $\boldsymbol{\beta}$，在 $\mathbf{R}$ 中都有唯一的实数与之对应，记作 $\langle \boldsymbol{\alpha}, \boldsymbol{\beta} \rangle$，它具有如下性质：

（1）对称性　$\langle \boldsymbol{\alpha}, \boldsymbol{\beta} \rangle = \langle \boldsymbol{\beta}, \boldsymbol{\alpha} \rangle$；

（2）线性性　$\langle \boldsymbol{\alpha}+\boldsymbol{\beta}, \boldsymbol{\gamma} \rangle = \langle \boldsymbol{\alpha}, \boldsymbol{\gamma} \rangle + \langle \boldsymbol{\beta}, \boldsymbol{\gamma} \rangle$，

$\langle k\boldsymbol{\alpha}, \boldsymbol{\beta} \rangle = k \langle \boldsymbol{\alpha}, \boldsymbol{\beta} \rangle$；

（3）非负性　$\langle \boldsymbol{\alpha}, \boldsymbol{\alpha} \rangle \geqslant 0$，而且 $\langle \boldsymbol{\alpha}, \boldsymbol{\alpha} \rangle = 0$ 的充要条件是 $\boldsymbol{\alpha}$ 为零向量，即 $\boldsymbol{\alpha} = \mathbf{0}$.

其中 $\forall \boldsymbol{\alpha}, \boldsymbol{\beta}, \boldsymbol{\gamma} \in V$，$k \in \mathbf{R}$，则称 $\langle \boldsymbol{\alpha}, \boldsymbol{\beta} \rangle$ 为线性空间 V 中的内积，并称 V 为实内积空间或欧氏空间，记为 $[V; \langle \boldsymbol{\alpha}, \boldsymbol{\beta} \rangle]$.

例 6-8 线性空间 $\mathbf{R}^n$ 中，定义的内积 $\langle \boldsymbol{\alpha}, \boldsymbol{\beta} \rangle = \boldsymbol{\alpha}^{\mathrm{T}} \boldsymbol{\beta}$ 是此定义下的内积的一种.

此外，取 $\boldsymbol{A}$ 是一个给定的 n 阶正定矩阵，对 $\mathbf{R}^n$ 中向量 $\boldsymbol{\alpha}, \boldsymbol{\beta}$，还可定义内积

$$\langle \boldsymbol{\alpha}, \boldsymbol{\beta} \rangle = \boldsymbol{\alpha}^{\mathrm{T}} \boldsymbol{A} \boldsymbol{\beta}. \tag{6-3}$$

式(6-3)称为双线性型，其中 $\langle \boldsymbol{\alpha}, \boldsymbol{\alpha} \rangle = \boldsymbol{\alpha}^{\mathrm{T}} \boldsymbol{A} \boldsymbol{\alpha}$ 就是二次型. 它显然满足定义 6-3 的条件.

例 6-9 在连续函数空间 $C[a,b]$ 中，任取 $C[a,b]$ 中的函数 $f(x)$，$g(x)$，定义内积如下：

$$\langle f(x), g(x) \rangle = \int_a^b f(x) g(x) \mathrm{d}x. \tag{6-4}$$

由定积分的性质，式(6-4)满足定义 6-3 的条件，故上述定义运算是 $C[a,b]$ 中的内积.

类似欧氏空间 $\mathbf{R}^n$，可在实内积空间中定义向量的长度，两向

量夹角等概念.

设$[V;\langle\boldsymbol{\alpha},\boldsymbol{\beta}\rangle]$为实内积空间，称

$$|\boldsymbol{\alpha}|=\sqrt{\langle\boldsymbol{\alpha},\boldsymbol{\alpha}\rangle} \tag{6-5}$$

为向量$\boldsymbol{\alpha}$的长度，长度等于1的向量称为单位向量.

定理 6-3 在内积空间$[V;\langle\boldsymbol{\alpha},\boldsymbol{\beta}\rangle]$中，对任意两个向量$\boldsymbol{\alpha}$，$\boldsymbol{\beta}$，有

$$|\langle\boldsymbol{\alpha},\boldsymbol{\beta}\rangle|\leqslant|\boldsymbol{\alpha}|\,|\boldsymbol{\beta}|.$$

非零向量$\boldsymbol{\alpha}$与$\boldsymbol{\beta}$的夹角$(\widehat{\boldsymbol{\alpha},\boldsymbol{\beta}})$定义为

$$(\widehat{\boldsymbol{\alpha},\boldsymbol{\beta}})=\arccos\frac{\langle\boldsymbol{\alpha},\boldsymbol{\beta}\rangle}{|\boldsymbol{\alpha}|\,|\boldsymbol{\beta}|},$$

若$\langle\boldsymbol{\alpha},\boldsymbol{\beta}\rangle=0$，则称向量$\boldsymbol{\alpha}$与$\boldsymbol{\beta}$是正交的.

设向量组$\boldsymbol{\alpha}_1$，$\boldsymbol{\alpha}_2$，…，$\boldsymbol{\alpha}_m$，若它们两两正交，且都是单位向量，则称$\boldsymbol{\alpha}_1$，$\boldsymbol{\alpha}_2$，…，$\boldsymbol{\alpha}_m$是标准正交向量组，即

$$\langle\boldsymbol{\alpha}_i,\boldsymbol{\alpha}_j\rangle=\begin{cases}1,i=j,\\0,i\neq j.\end{cases} \tag{6-6}$$

类似于定理5-2，对给定的一个线性无关向量组$\boldsymbol{\alpha}_1$，$\boldsymbol{\alpha}_2$，…，$\boldsymbol{\alpha}_r$，可通过施密特正交化方法化为一组正交向量组，即由

$$\begin{aligned}&\boldsymbol{\beta}_1=\boldsymbol{\alpha}_1,\\&\boldsymbol{\beta}_k=\boldsymbol{\alpha}_k-\sum_{i=1}^{k-1}\frac{\langle\boldsymbol{\alpha}_k,\boldsymbol{\beta}_i\rangle}{\langle\boldsymbol{\beta}_i,\boldsymbol{\beta}_i\rangle}\boldsymbol{\beta}_i,\ k=2,\ 3,\ \cdots,\ r\end{aligned} \tag{6-7}$$

所得向量组$\{\boldsymbol{\beta}_1,\boldsymbol{\beta}_2,\cdots,\boldsymbol{\beta}_r\}$是正交向量组，再单位化，可得一个标准正交向量组.

例 6-10 在内积空间

$$[C[0,1];\langle f,g\rangle=\int_0^1 f\cdot g\mathrm{d}x]$$

中将线性无关向量组$\{x,x^2,x^3\}$化成正交向量组.

解 $f_1(x)=x$，$f_2(x)=x^2$，$f_3(x)=x^3$，由施密特正交化过程：

$$g_1(x)=f_1(x)=x,$$

$$g_2(x)=f_2(x)-\frac{\langle f_2,g_1\rangle}{\langle g_1,g_1\rangle}g_1$$

$$=x_2-\frac{\int_0^1 x^3\mathrm{d}x}{\int_0^1 x^2\mathrm{d}x}x=x^2-\frac{3}{4}x,$$

$$g_3(x)=f_3-\frac{\langle f_3,g_1\rangle}{\langle g_1,g_1\rangle}g_1-\frac{\langle f_3,g_2\rangle}{\langle g_2,g_2\rangle}g_2$$

$$=x^3-\frac{\int_0^1 x^4\,\mathrm{d}x}{\int_0^1 x^2\,\mathrm{d}x}x-\frac{\int_0^1\left(x^5-\frac{3}{4}x^4\right)\mathrm{d}x}{\int_0^1\left(x^4-\frac{3}{2}x^3+\frac{9}{16}x^2\right)\mathrm{d}x}\left(x^2-\frac{3}{4}x\right)$$

$$=x^3-\frac{3}{5}x-\frac{4}{3}x^2+x$$

$$=x^3-\frac{4}{3}x^2+\frac{2}{5}x.$$

故 x，$x^2-\frac{3}{4}x$，$x^3-\frac{4}{3}x^2+\frac{2}{5}x$ 是正交向量组.

习题 6.1

1. 检验以下集合对于所指的线性运算是否构成实数域上的线性空间？

部分习题详解

(1) $V=\{\boldsymbol{A}\in\mathbf{R}^{n\times n}\mid\boldsymbol{A}^{\mathrm{T}}=\boldsymbol{A}\}$，运算是矩阵的加法和数乘；

(2) $V=\{\boldsymbol{A}\in\mathbf{R}^{n\times n}\mid\boldsymbol{A}^{\mathrm{T}}=-\boldsymbol{A}\}$，运算是矩阵的加法和数乘；

(3) $V=\{\boldsymbol{A}\in\mathbf{R}^{n\times n}\mid a_{ij}=0(\forall i>j)\}$，运算是矩阵的加法和数乘；

(4) $V=\{\boldsymbol{A}\in\mathbf{R}^{n\times n}\mid\boldsymbol{A}^{\mathrm{T}}\boldsymbol{A}=\boldsymbol{E}\}$，运算是矩阵的加法和数乘.

2. 求下列线性空间的交空间、和空间.

(1) $V_1=\{\boldsymbol{A}\in\mathbf{R}^{n\times n}\mid\boldsymbol{A}^{\mathrm{T}}=\boldsymbol{A}\}$ 与 $V_2=\{\boldsymbol{A}\in\mathbf{R}^{n\times n}\mid\boldsymbol{A}^{\mathrm{T}}=-\boldsymbol{A}\}$；

(2) $V_1=\{\boldsymbol{A}\in\mathbf{R}^{n\times n}\mid a_{ij}=0(\forall i>j)\}$ 与 $V_2=\{\boldsymbol{A}\in\mathbf{R}^{n\times n}\mid a_{ij}=0(\forall i<j)\}$.

3. 在实数域上的线性空间 $C[0,1]$ 中，证明：x，x^2，e^x 线性无关.

4. 设 V 是线性空间，如果向量 $\boldsymbol{\alpha}$，$\boldsymbol{\beta}$，$\boldsymbol{\gamma}\in V$，且 $c_1\boldsymbol{\alpha}+c_2\boldsymbol{\beta}+c_3\boldsymbol{\gamma}=\mathbf{0}$，其中 $c_1c_3\neq0$，证明：$L(\boldsymbol{\alpha},\boldsymbol{\beta})=L(\boldsymbol{\beta},\boldsymbol{\gamma})$.

6.2 线性空间的基、维数和坐标

由于线性空间是向量空间 $\mathbf{R}^n$ 的推广，类似地，可以证明 $\mathbf{R}^n$ 中的向量间的线性相关性的定义及相关基本结论都适用于一般的线性空间.

在有限维线性空间中构建一组基，就好比在 3 维几何空间建立坐标系，当然这里基向量组只需线性无关即可，不要求正交.

例 6-11 证明：线性空间 $\mathbf{R}^{2\times2}$ 中元素

$$\boldsymbol{A}_1=\begin{pmatrix}1&0\\0&0\end{pmatrix},\ \boldsymbol{A}_2=\begin{pmatrix}1&1\\0&0\end{pmatrix},\ \boldsymbol{A}_3=\begin{pmatrix}1&1\\1&0\end{pmatrix},\ \boldsymbol{A}_4=\begin{pmatrix}1&1\\1&1\end{pmatrix}$$

是线性无关的.

证明 设

$$k_1\boldsymbol{A}_1+k_2\boldsymbol{A}_2+k_3\boldsymbol{A}_3+k_4\boldsymbol{A}_4=\boldsymbol{0}, \tag{6-8}$$

即

$$\begin{pmatrix} k_1+k_2+k_3+k_4 & k_2+k_3+k_4 \\ k_3+k_4 & k_4 \end{pmatrix}=\begin{pmatrix} 0 & 0 \\ 0 & 0 \end{pmatrix},$$

于是

$$\begin{cases} k_1+k_2+k_3+k_4=0, \\ k_2+k_3+k_4=0, \\ k_3+k_4=0, \\ k_4=0. \end{cases}$$

而此方程组只有零解，因此当 $k_1=k_2=k_3=k_4=0$ 时式(6-8)成立，故 $\boldsymbol{A}_1$，$\boldsymbol{A}_2$，$\boldsymbol{A}_3$，$\boldsymbol{A}_4$ 线性无关. 证毕.

当 $\mathbf{R}^{2\times2}$ 中

$$\boldsymbol{E}_{11}=\begin{pmatrix} 1 & 0 \\ 0 & 0 \end{pmatrix},\ \boldsymbol{E}_{12}=\begin{pmatrix} 0 & 1 \\ 0 & 0 \end{pmatrix},\ \boldsymbol{E}_{21}=\begin{pmatrix} 0 & 0 \\ 1 & 0 \end{pmatrix},\ \boldsymbol{E}_{22}=\begin{pmatrix} 0 & 0 \\ 0 & 1 \end{pmatrix}$$

也是线性无关的. 对任意 $\boldsymbol{A}=\begin{pmatrix} a_{11} & a_{12} \\ a_{21} & a_{22} \end{pmatrix}\in\mathbf{R}^{2\times2}$，有

$$\boldsymbol{A}=a_{11}\boldsymbol{E}_{11}+a_{12}\boldsymbol{E}_{12}+a_{21}\boldsymbol{E}_{21}+a_{22}\boldsymbol{E}_{22},$$

且表示法唯一，下面在一般线性空间中讨论基、维数及坐标等概念.

6.2.1 基与维数

定义 6-4 设 V 是线性空间，若存在 n 个线性无关的向量 $\boldsymbol{\alpha}_1$，$\boldsymbol{\alpha}_2$，…，$\boldsymbol{\alpha}_n$，使空间中任一向量可由它们线性表示，则称 $\boldsymbol{\alpha}_1$，$\boldsymbol{\alpha}_2$，…，$\boldsymbol{\alpha}_n$ 为 V 的一组**基**. 基所含向量个数 n 为 V 的**维数**，记为 $\dim V=n$. 规定零向量构成的空间 $\{\boldsymbol{0}\}$ 的维数为零.

若 V 的维数是有限的，则称 V 是有限维空间，否则称 V 是无限维空间. 例如所有实系数多项式就构成一个无限维空间，1，x，x^2，…，x^n，…是它的一组基. 有限维空间和无限维空间在研究方法上有较大的差别，我们只讨论有限维空间.

我们将不再过多地谈论无限维线性空间. 无限维线性空间是叫作“泛函分析”的数学分支所关注的核心内容，它同时采用解析和代数的工具.

在 n 维线性空间 V 中，任意 $n+1$ 个向量 $\boldsymbol{\beta}_1,\boldsymbol{\beta}_2,\cdots,\boldsymbol{\beta}_{n+1}$ 都可以由 V 的一组基 $\boldsymbol{\alpha}_1$，$\boldsymbol{\alpha}_2$，…，$\boldsymbol{\alpha}_n$ 线性表示，由此可知在 n 维线性空间中任意 $n+1$ 个向量都是线性相关的，所以 n 维线性空间 V 中，任何 n 个线性无关的向量构成的向量组都是 V 的一组基.

例 6-12 在线性空间 $\mathbf{R}^{2\times2}$ 中，

$$A_1=\begin{pmatrix}1&0\\0&0\end{pmatrix},\ A_2=\begin{pmatrix}1&1\\0&0\end{pmatrix},\ A_3=\begin{pmatrix}1&1\\0&1\end{pmatrix},\ A_4=\begin{pmatrix}1&1\\1&1\end{pmatrix}$$

和 E_{11}，E_{12}，E_{21}，E_{22} 都是它的基.

一般地，线性空间 $\mathbf{R}^{n\times n}$ 中，$E_{ij}(i=1,2,\cdots,n,j=1,2,\cdots,n)$ 是一组基，且 $\dim\mathbf{R}^{n\times n}=n^2$.

设 $A_{n\times n}$ 为任一实矩阵，记 $A=(\alpha_1,\alpha_2,\cdots,\alpha_n)$，称 $R(A)=L(\alpha_1,\alpha_2,\cdots,\alpha_n)$ 称为矩阵 A 的列向量空间. 显然 $\dim R(A)=$ 秩(A).

考虑齐次线性方程组 $AX=\mathbf{0}$，记 $N(A)$ 为 $AX=\mathbf{0}$ 的解空间，则有

$$\dim R(A)+\dim N(A)=n.$$

对于线性空间的子空间，有重要结论.

在讨论线性空间维数时，定义中的数域所扮演的角色是不可忽视的. 如：关于数的运算，复数集合作为 $\mathbf{C}$ 上的空间 $(\mathbf{C},+,\cdot,\mathbf{C})$ 是 1 维的，$(\mathbf{C},+,\cdot,\mathbf{R})$ 是 2 维的.

定理 6-4 设 V 是 n 维线性空间，W 是 V 的 m 维子空间，若 α_1，α_2，$\cdots$，α_m 是 W 的一个基，则 α_1，α_2，$\cdots$，α_m 可以扩充为 V 的一个基.

定理 6-5 设 W_1 和 W_2 是线性空间 V 的两个子空间，则

$$\dim W_1+\dim W_2=\dim(W_1+W_2)+\dim(W_1\cap W_2).$$

我们略去定理 6-4 和定理 6-5 的证明，有兴趣的读者可参考有关书籍.

6.2.2 坐标

设 α_1，α_2，$\cdots$，α_n 是 n 维线性空间 V 的一组基，则 V 中任一向量可由基向量组 α_1，α_2，$\cdots$，α_n 唯一地线性表示，因此有：

定义 6-5 设 $\{\alpha_1,\alpha_2,\cdots,\alpha_n\}$ 是 n 维线性空间 V 的一组基向量，任取 $\alpha\in V$，则存在 x_1，x_2，$\cdots$，x_n 使得

$$\alpha=x_1\alpha_1+x_2\alpha_2+\cdots+x_n\alpha_n,$$

或记为

$$\alpha=\sum_{i=1}^{n}x_i\alpha_i=(\alpha_1,\alpha_2,\cdots,\alpha_n)\begin{pmatrix}x_1\\x_2\\\vdots\\x_n\end{pmatrix},\tag{6-9}$$

则数 x_1，x_2，…，x_n 为 $\boldsymbol{\alpha}$ 由基$\{\boldsymbol{\alpha}_1,\boldsymbol{\alpha}_2,\cdots,\boldsymbol{\alpha}_n\}$线性表示的系数. 式(6-9)中的向量$(x_1,x_2,\cdots,x_n)^{\mathrm{T}}$称为 $\boldsymbol{\alpha}$ 在基$\{\boldsymbol{\alpha}_1,\boldsymbol{\alpha}_2,\cdots,\boldsymbol{\alpha}_n\}$下的坐标.

式(6-9)中第二个等式是借助于矩阵乘法运算表示的. 尽管对一般的线性空间，$(\boldsymbol{\alpha}_1,\boldsymbol{\alpha}_2,\cdots,\boldsymbol{\alpha}_n)$已不再是矩阵，但这种表示仍可带来许多便利.

如在 $\mathbf{R}^{2\times2}$ 中向量$\begin{pmatrix}2&3\\1&4\end{pmatrix}$，由于

$$\begin{pmatrix}2&3\\1&4\end{pmatrix}=(\boldsymbol{E}_{11},\boldsymbol{E}_{12},\boldsymbol{E}_{21},\boldsymbol{E}_{22})\begin{pmatrix}2\\3\\1\\4\end{pmatrix},$$

故该向量在所给基下坐标为$(2,3,1,4)^{\mathrm{T}}$.

例 6-13 已知$\{1,x,x^2,x^3\}$，$\{1,(x-1),(x-1)^2,(x-1)^3\}$是线性空间 $\boldsymbol{P}_4[x]$的两组基,

(1)求 $\boldsymbol{P}_4[x]$中多项式$f(x)=a_0+a_1x+a_2x^2+a_3x^3$ 在基$\{1,x,x^2,x^3\}$下的坐标;

(2)求 $g(x)=x^3$ 在基$\{1,(x-1),(x-1)^2,(x-1)^3\}$下的坐标.

解 (1)因为

$$f(x)=(1,x,x^2,x^3)\begin{pmatrix}a_0\\a_1\\a_2\\a_3\end{pmatrix},$$

所以$f(x)$在基$\{1,x,x^2,x^3\}$下坐标为$(a_0,a_1,a_2,a_3)^{\mathrm{T}}$.

(2) 利用 $g(x)$在 $x=1$ 处的泰勒公式

$$g(x)=g(1)+g'(1)(x-1)+\frac{g''(1)}{2}(x-1)^2+\frac{g^{(3)}(1)}{3!}(x-1)^3$$

而 $g(1)=1$，$g'(1)=3$，$g''(1)=6$，$g^{(3)}(x)=6$.

故$f(x)$在基$\{1,(x-1),(x-1)^2,(x-1)^3\}$下的坐标为$(1,3,3,1)^{\mathrm{T}}$.

对于数域为 $\mathbf{R}$ 的 n 维线性空间 V，不论它的向量是矩阵还是多项式，或是其他什么. 当在 V 中取定一组基时，V 中向量的坐标皆是 $\mathbf{R}^n$ 中的向量. 即在给定基下，若取坐标作为对应关系，则任取 V 中一个向量 $\boldsymbol{\alpha}$，$\boldsymbol{\alpha}$ 在基$\{\boldsymbol{\alpha}_1,\boldsymbol{\alpha}_2,\cdots,\boldsymbol{\alpha}_n\}$下的坐标向量 $\boldsymbol{X}\in\mathbf{R}^n$. 反之，在 $\mathbf{R}^n$ 中任取一个向量 $\boldsymbol{X}$，由式(6-9)所得的向量 $\boldsymbol{\alpha}=$

$(\boldsymbol{\alpha}_1,\boldsymbol{\alpha}_2,\cdots,\boldsymbol{\alpha}_n)\boldsymbol{X}$ 是 V 中的向量，且以 $\boldsymbol{X}$ 为其在基 $\{\boldsymbol{\alpha}_1,\boldsymbol{\alpha}_2,\cdots,\boldsymbol{\alpha}_n\}$ 下的坐标向量. 因此，任何一个 n 维线性空间 V 都可以与线性空间 $\mathbf{R}^n$ 之间建立一一对应关系. 又 V 中 s 个向量 $\boldsymbol{\alpha}_1$，$\boldsymbol{\alpha}_2$，$\cdots$，$\boldsymbol{\alpha}_s$ 的线性组合 $\sum\limits_{i=1}^{s}k_i\boldsymbol{\alpha}_i$ 对应于它们坐标的线性组合 $\sum\limits_{i=1}^{s}k_i\boldsymbol{X}_i$，且 $\sum\limits_{i=1}^{s}k_i\boldsymbol{\alpha}_i=\mathbf{0}$ 当且仅当 $\sum\limits_{i=1}^{s}k_i\boldsymbol{X}_i=\mathbf{0}$. 所以 V 中 $\boldsymbol{\alpha}_1$，$\boldsymbol{\alpha}_2$，$\cdots$，$\boldsymbol{\alpha}_s$ 线性相关的充要条件是它们的坐标 $\boldsymbol{X}_1$，$\boldsymbol{X}_2$，$\cdots$，$\boldsymbol{X}_s$ 在 $\mathbf{R}^n$ 中线性相关. 即坐标这种对应关系保持向量的线性相关性不变.

例 6-14　讨论 $\boldsymbol{P}_4[x]$ 中向量组

$$f_1=2+3x+5x^3,\ f_2=x+x^2+4x^3,\ f_3=4+x-3x^3$$

的线性相关性.

解　取 $\boldsymbol{P}_4[x]$ 的基 $\{1,x,x^2,x^3\}$，则向量组的坐标为

$$\boldsymbol{X}_1=(2,3,0,5)^{\mathrm{T}},\ \boldsymbol{X}_2=(0,1,1,4)^{\mathrm{T}},\ \boldsymbol{X}_3=(4,1,0,-3)^{\mathrm{T}}.$$

$$\boldsymbol{A}=(\boldsymbol{X}_1,\boldsymbol{X}_2,\boldsymbol{X}_3)=\begin{pmatrix}2&0&4\\3&1&1\\0&1&0\\5&4&-3\end{pmatrix}$$

等价于

$$\boldsymbol{B}=\begin{pmatrix}1&1&-3\\0&1&0\\0&0&1\\0&0&0\end{pmatrix},$$

故秩$(\boldsymbol{A})=3$，所以 $\{\boldsymbol{X}_1,\boldsymbol{X}_2,\boldsymbol{X}_3\}$ 线性无关，即 $\{f_1,f_2,f_3\}$ 线性无关.

6.2.3　基变换与坐标变换

在 n 维线性空间中，任意 n 个线性无关的向量都可以取作线性空间的基，对不同的基，同一个向量的坐标通常不相同. 例 6-13 已说明这一点. 现在我们来讨论，随着基的改变，向量的坐标怎样变化.

设 $\{\boldsymbol{\alpha}_1,\boldsymbol{\alpha}_2,\cdots,\boldsymbol{\alpha}_n\}$，$\{\boldsymbol{\beta}_1,\boldsymbol{\beta}_2,\cdots,\boldsymbol{\beta}_n\}$ 是 n 维线性空间 V 的两组基，则对任意 $\boldsymbol{\beta}_i(i=1,2,\cdots,n)$，故 $\boldsymbol{\beta}_i$ 可由基 $\boldsymbol{\alpha}_1$，$\boldsymbol{\alpha}_2$，$\cdots$，$\boldsymbol{\alpha}_n$ 表示为

$$\boldsymbol{\beta}_i=(\boldsymbol{\alpha}_1,\boldsymbol{\alpha}_2,\cdots,\boldsymbol{\alpha}_n)\begin{pmatrix}c_{1i}\\c_{2i}\\\vdots\\c_{ni}\end{pmatrix},\tag{6-10}$$

利用矩阵运算的记法，式(6-10)中 n 个式子可合写为

$$(\boldsymbol{\beta}_1,\boldsymbol{\beta}_2,\cdots,\boldsymbol{\beta}_n)=(\boldsymbol{\alpha}_1,\boldsymbol{\alpha}_2,\cdots,\boldsymbol{\alpha}_n)\begin{pmatrix} c_{11} & c_{12} & \cdots & c_{1n} \\ c_{21} & c_{22} & \cdots & c_{2n} \\ \vdots & \vdots & & \vdots \\ c_{n1} & c_{n2} & \cdots & c_{nn} \end{pmatrix}. \tag{6-11}$$

过渡矩阵连接了两组基的关系，从表象上看，可以用分块矩阵的乘法记号表示. 通常，这种表示在讨论两向量组线性关系的习题中很有用.

定义 6-6 设 $\{\boldsymbol{\alpha}_1,\boldsymbol{\alpha}_2,\cdots,\boldsymbol{\alpha}_n\}$，$\{\boldsymbol{\beta}_1,\boldsymbol{\beta}_2,\cdots,\boldsymbol{\beta}_n\}$ 是 n 维线性空间 V 的两组基，若有矩阵 $\boldsymbol{C}_{n\times n}$，使

$$(\boldsymbol{\beta}_1,\boldsymbol{\beta}_2,\cdots,\boldsymbol{\beta}_n)=(\boldsymbol{\alpha}_1,\boldsymbol{\alpha}_2,\cdots,\boldsymbol{\alpha}_n)\boldsymbol{C}, \tag{6-12}$$

则称矩阵 $\boldsymbol{C}$ 为从基 $\{\boldsymbol{\alpha}_1,\boldsymbol{\alpha}_2,\cdots,\boldsymbol{\alpha}_n\}$ 到基 $\{\boldsymbol{\beta}_1,\boldsymbol{\beta}_2,\cdots,\boldsymbol{\beta}_n\}$ 的过渡矩阵(基变换矩阵).

显然 $\boldsymbol{C}$ 是可逆矩阵，并且 $\boldsymbol{C}^{-1}$ 是从基 $\{\boldsymbol{\beta}_1,\boldsymbol{\beta}_2,\cdots,\boldsymbol{\beta}_n\}$ 到基 $\{\boldsymbol{\alpha}_1,\boldsymbol{\alpha}_2,\cdots,\boldsymbol{\alpha}_n\}$ 的过渡矩阵.

请在例 6-5 给出的线性空间中研究基变换和坐标变换. 反思初等数学中的对数换底公式.

定理 6-6 设线性空间 V 的一组基 $\{\boldsymbol{\alpha}_1, \boldsymbol{\alpha}_2, \cdots, \boldsymbol{\alpha}_n\}$ 到另一组基 $\{\boldsymbol{\beta}_1,\boldsymbol{\beta}_2, \cdots,\boldsymbol{\beta}_n\}$ 的过渡矩阵为 $\boldsymbol{C}$，设 V 中一个向量在两组基下坐标分别为 $\boldsymbol{X}$ 和 $\boldsymbol{Y}$，则

$$\boldsymbol{X}=\boldsymbol{C}\boldsymbol{Y}. \tag{6-13}$$

证明 对向量 $\boldsymbol{\alpha}\in V$，设 $\boldsymbol{\alpha}$ 在两组基下坐标分别为 $\boldsymbol{X}$ 和 $\boldsymbol{Y}$，即

$$\boldsymbol{\alpha}=(\boldsymbol{\alpha}_1,\boldsymbol{\alpha}_2,\cdots,\boldsymbol{\alpha}_n)\boldsymbol{X}, \tag{6-14}$$

$$\boldsymbol{\alpha}=(\boldsymbol{\beta}_1,\boldsymbol{\beta}_2,\cdots,\boldsymbol{\beta}_n)\boldsymbol{Y},$$

由此

$$\boldsymbol{\alpha}=(\boldsymbol{\beta}_1,\boldsymbol{\beta}_2,\cdots,\boldsymbol{\beta}_n)\boldsymbol{Y}=(\boldsymbol{\alpha}_1,\boldsymbol{\alpha}_2,\cdots,\boldsymbol{\alpha}_n)\boldsymbol{C}\boldsymbol{Y}, \tag{6-15}$$

比较式(6-14)和式(6-15)得

$$\boldsymbol{X}=\boldsymbol{C}\boldsymbol{Y}.$$

证毕.

例 6-15 已知 $\mathbf{R}^3$ 中两组基

$$\boldsymbol{\alpha}_1=\begin{pmatrix}1\\1\\1\end{pmatrix},\ \boldsymbol{\alpha}_2=\begin{pmatrix}1\\0\\-1\end{pmatrix},\ \boldsymbol{\alpha}_3=\begin{pmatrix}1\\0\\1\end{pmatrix},$$

$$\boldsymbol{\beta}_1=\begin{pmatrix}1\\2\\1\end{pmatrix},\ \boldsymbol{\beta}_2=\begin{pmatrix}2\\3\\4\end{pmatrix},\ \boldsymbol{\beta}_3=\begin{pmatrix}3\\4\\3\end{pmatrix},$$

(1) 求由基 $\boldsymbol{\alpha}_1$，$\boldsymbol{\alpha}_2$，$\boldsymbol{\alpha}_3$ 到基 $\boldsymbol{\beta}_1,\boldsymbol{\beta}_2,\boldsymbol{\beta}_3$ 的过渡矩阵；

(2) 求向量 $\boldsymbol{\alpha}=\boldsymbol{\alpha}_1-\boldsymbol{\alpha}_2+\boldsymbol{\alpha}_3$ 在基 $\boldsymbol{\beta}_1$，$\boldsymbol{\beta}_2$，$\boldsymbol{\beta}_3$ 下的坐标.

解 (1) 由公式

$$(\boldsymbol{\beta}_1,\boldsymbol{\beta}_2,\boldsymbol{\beta}_3)=(\boldsymbol{\alpha}_1,\boldsymbol{\alpha}_2,\boldsymbol{\alpha}_3)\boldsymbol{C}$$

得过渡矩阵

$$\begin{aligned}\boldsymbol{C}&=(\boldsymbol{\alpha}_1,\boldsymbol{\alpha}_2,\boldsymbol{\alpha}_3)^{-1}(\boldsymbol{\beta}_1,\boldsymbol{\beta}_2,\boldsymbol{\beta}_3)\\&=\begin{pmatrix}1&1&1\\1&0&0\\1&-1&1\end{pmatrix}^{-1}\begin{pmatrix}1&2&3\\2&3&4\\1&4&3\end{pmatrix}\\&=\begin{pmatrix}0&1&0\\\frac{1}{2}&0&-\frac{1}{2}\\\frac{1}{2}&-1&\frac{1}{2}\end{pmatrix}\begin{pmatrix}1&2&3\\2&3&4\\1&4&3\end{pmatrix}\\&=\begin{pmatrix}2&3&4\\0&-1&0\\-1&0&-1\end{pmatrix}.\end{aligned}$$

(2) 设 $\boldsymbol{\alpha}$ 在基 $\boldsymbol{\alpha}_1$，$\boldsymbol{\alpha}_2$，$\boldsymbol{\alpha}_3$ 和 $\boldsymbol{\beta}_1,\boldsymbol{\beta}_2,\boldsymbol{\beta}_3$ 下的坐标分别为 $\boldsymbol{X}=(x_1,x_2,x_3)^{\mathrm{T}}$ 和 $\boldsymbol{Y}=(y_1,y_2,y_3)^{\mathrm{T}}$，根据定理 6-6 可知

$$\boldsymbol{X}=\boldsymbol{C}\boldsymbol{Y},$$

即

$$\begin{pmatrix}x_1\\x_2\\x_3\end{pmatrix}=\begin{pmatrix}2&3&4\\0&-1&0\\-1&0&-1\end{pmatrix}\begin{pmatrix}y_1\\y_2\\y_3\end{pmatrix},$$

故

$$\begin{pmatrix}y_1\\y_2\\y_3\end{pmatrix}=\begin{pmatrix}2&3&4\\0&-1&0\\-1&0&-1\end{pmatrix}^{-1}\begin{pmatrix}1\\-1\\1\end{pmatrix}=\begin{pmatrix}-1\\1\\0\end{pmatrix},$$

即 $\boldsymbol{\alpha}$ 在 $\boldsymbol{\beta}_1,\boldsymbol{\beta}_2,\boldsymbol{\beta}_3$ 下的坐标为 $(-1,1,0)^{\mathrm{T}}$.

习题 6.2

1. 求下列线性空间的一组基和维数.

(1) $V=\{\boldsymbol{A}\in\mathbf{R}^{n\times n}\mid \boldsymbol{A}^{\mathrm{T}}=\boldsymbol{A}\}$，运算是矩阵的加法和数乘；

(2) $V=\{\boldsymbol{A}\in\mathbf{R}^{n\times n}\mid \boldsymbol{A}^{\mathrm{T}}=-\boldsymbol{A}\}$，算是矩阵的加法和数乘；

(3) $V=\{\boldsymbol{A}\in\mathbf{R}^{n\times n}\mid a_{ij}=0(\forall i>j)\}$，运算是矩阵的加法和数乘；

部分习题详解

(4) $V=\{\boldsymbol{A}\in\mathbf{R}^{n\times n}\mid a_{ij}=0(\forall i\neq j)\}$，运算是矩阵的加法和数乘.

2. 设由向量 $\boldsymbol{\alpha}_1=(1,2,1,0)$，$\boldsymbol{\alpha}_2=(-1,1,1,1)$ 和 $\boldsymbol{\beta}_1=(2,-1,0,1)$，$\boldsymbol{\beta}_2=(1,-1,3,7)$ 生成的子空间分别为 V_1，V_2，求交空间 $V_1\cap V_2$ 的基与维数.

3. 在 $\mathbf{R}^{2\times2}$ 中，有两组基：

(Ⅰ) $\boldsymbol{A}_1=\begin{pmatrix}1&0\\0&0\end{pmatrix}$，$\boldsymbol{A}_2=\begin{pmatrix}1&1\\0&0\end{pmatrix}$，$\boldsymbol{A}_3=\begin{pmatrix}1&1\\1&0\end{pmatrix}$，$\boldsymbol{A}_4=\begin{pmatrix}1&1\\1&1\end{pmatrix}$；

(Ⅱ) $\boldsymbol{B}_1=\begin{pmatrix}0&1\\0&0\end{pmatrix}$，$\boldsymbol{B}_2=\begin{pmatrix}0&0\\1&0\end{pmatrix}$，$\boldsymbol{B}_3=\begin{pmatrix}0&0\\1&1\end{pmatrix}$，$\boldsymbol{B}_4=\begin{pmatrix}1&-1\\1&0\end{pmatrix}$.

(1) 求 $\boldsymbol{A}=\begin{pmatrix}3&2\\5&-4\end{pmatrix}$ 在基 $\boldsymbol{A}_1$，$\boldsymbol{A}_2$，$\boldsymbol{A}_3$，$\boldsymbol{A}_4$ 下的坐标；

(2) 求由基 $\boldsymbol{A}_1$，$\boldsymbol{A}_2$，$\boldsymbol{A}_3$，$\boldsymbol{A}_4$ 到基 $\boldsymbol{B}_1$，$\boldsymbol{B}_2$，$\boldsymbol{B}_3$，$\boldsymbol{B}_4$ 的过渡矩阵.

4. 讨论 $F_4[x]$ 中 $f_1(x)=2+3x+5x^3$，$f_2(x)=x+x^2+4x^3$，$f_3(x)=4+x-3x^3$ 的线性相关性.

6.3 线性变换

线性空间是某一类事物从量的方面的一个抽象，认识客观事物，固然要弄清楚它们单个的和总体的性质，但更重要的是研究它们之间的各种各样的联系. 在线性空间中，事物之间的联系就反映为线性空间的映射. 线性空间 V 到自身的映射通常称为线性变换. 线性变换讨论的是线性空间上的一类最基本的变换. 关于线性变换的讨论仍然以矩阵为工具.

6.3.1 线性变换的概念

定义 6-7 设 V 是数域 F 上的线性空间，若有对应关系 T，使得对 V 中每一个向量 $\boldsymbol{\alpha}$，都有确定的向量 $\boldsymbol{\alpha}'=T(\boldsymbol{\alpha})$ 与之对应，称 T 为 V 上的一个**变换**. $T(\boldsymbol{\alpha})$ 称为 $\boldsymbol{\alpha}$ 在变换 T 下的**像**，$\boldsymbol{\alpha}$ 称为 $T(\boldsymbol{\alpha})$ 的**原像**. 又若 T 满足

(1) $T(\boldsymbol{\alpha}+\boldsymbol{\beta})=T(\boldsymbol{\alpha})+T(\boldsymbol{\beta})$，$\forall\boldsymbol{\alpha},\boldsymbol{\beta}\in V$；

(2) $T(k\boldsymbol{\alpha})=kT(\boldsymbol{\alpha})$，$\forall k\in F$，$\forall\boldsymbol{\alpha}\in V$.

则称 T 为 V 上的一个**线性变换**.

> 线性代数通常分两个部分．一部分是作为解析理论部分的矩阵代数；另一部分是线性空间及其上的线性变换理论，是几何理论．

例 6-16　设 $\boldsymbol{A}\in\mathbf{R}^{n\times n}$，定义 $\mathbf{R}^n$ 中的变换 T 为

$$T(\boldsymbol{\alpha})=\boldsymbol{A\alpha},\quad \forall\,\boldsymbol{\alpha}\in\mathbf{R}^n,$$

则 T 是 $\mathbf{R}^n$ 上的一个线性变换.

例 6-17　在 $\mathbf{R}^{n\times n}$中取定一个元素 $\boldsymbol{A}$，定义 $\mathbf{R}^{n\times n}$中的变换 $T_{\boldsymbol{A}}$ 如下

$$T_{\boldsymbol{A}}(\boldsymbol{B})=\boldsymbol{AB}-\boldsymbol{BA},\quad \forall\,\boldsymbol{B}\in\mathbf{R}^{n\times n},$$

则 $T_{\boldsymbol{A}}$ 为 $\mathbf{R}^{n\times n}$上的线性变换.

证明　因为

$$\begin{aligned}T_{\boldsymbol{A}}(\boldsymbol{B}+\boldsymbol{C})&=\boldsymbol{A}(\boldsymbol{B}+\boldsymbol{C})-(\boldsymbol{B}+\boldsymbol{C})\boldsymbol{A}\\&=(\boldsymbol{AB}-\boldsymbol{BA})+(\boldsymbol{AC}-\boldsymbol{CA})\\&=T_{\boldsymbol{A}}(\boldsymbol{B})+T_{\boldsymbol{A}}(\boldsymbol{C}),\ (\forall\,\boldsymbol{B},\ \boldsymbol{C}\in\mathbf{R}^{n\times n})\end{aligned}$$

$$\begin{aligned}T_{\boldsymbol{A}}(k\boldsymbol{B})&=\boldsymbol{A}(k\boldsymbol{B})-(k\boldsymbol{B})\boldsymbol{A}\\&=k(\boldsymbol{AB}-\boldsymbol{BA})\\&=kT_{\boldsymbol{A}}(\boldsymbol{B}),\ (\forall\,k\in\mathbf{R},\ \boldsymbol{B}\in\mathbf{R}^{n\times n})\end{aligned}$$

故 $T_{\boldsymbol{A}}$ 为 $\mathbf{R}^{n\times n}$上的线性变换. 证毕.

例 6-18　平面上取定直角坐标系 Oxy，每个平面向量均可以由过原点的向量表示，将每个向量经原点 O 旋转 θ 角，这样得到平面向量空间的一个变换，记为 T_θ.

如图 6-1 所示，设向量 $\boldsymbol{\alpha}$ 的长度为 r，与 x 轴正向夹角为 φ，则 $\boldsymbol{\alpha}$ 的坐标为

$$\begin{pmatrix}x\\y\end{pmatrix}=\begin{pmatrix}r\cos\varphi\\r\sin\varphi\end{pmatrix},$$

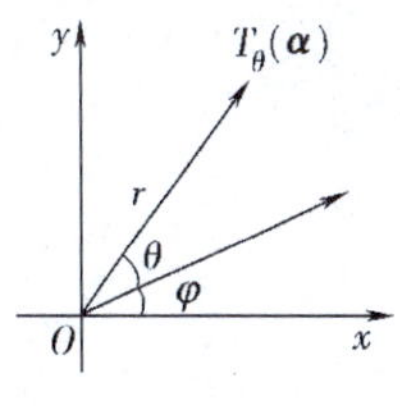

图 6-1

$T_\theta(\boldsymbol{\alpha})$的长度为 r，与 x 轴正向夹角为 $\theta+\varphi$，因而 $T_\theta(\boldsymbol{\alpha})$坐标为

$$\begin{pmatrix}x'\\y'\end{pmatrix}=\begin{pmatrix}r\cos(\theta+\varphi)\\r\sin(\theta+\varphi)\end{pmatrix},$$

即

$$\begin{pmatrix}x'\\y'\end{pmatrix}=\begin{pmatrix}\cos\theta&-\sin\theta\\\sin\theta&\cos\theta\end{pmatrix}\begin{pmatrix}x\\y\end{pmatrix},$$

由此不难看出 T_θ 是一个线性变换.

例 6-19　线性空间 $C[a,b]$上定义变换 S 如下

$$S(f(x))=\int_a^x f(t)\,\mathrm{d}t,\quad \forall f(x)\in C[a,b],$$

由微积分学知识可知 S 保持加法和数量乘法，因而 S 为 $C[a,b]$上的线性变换.

6.3.2　线性变换的简单性质

假设 V 是数域 F 上的 n 维线性空间，如下线性变换是常见的

线性变换.

零变换 O，即 $O(\boldsymbol{\alpha})=\mathbf{0}$，$\forall \boldsymbol{\alpha}\in V$.

恒等变换(单位变换)I，即 $I(\boldsymbol{\alpha})=\boldsymbol{\alpha}$，$\forall \boldsymbol{\alpha}\in V$.

数乘变换 $T_k(k\in \boldsymbol{F})$，即 $T_k(\boldsymbol{\alpha})=k\boldsymbol{\alpha}$，$\forall \boldsymbol{\alpha}\in V$.

当 $k=0$ 时，T_k 为零变换，当 $k=1$ 时，T_k 为恒等变换.

关于线性变换 T 有如下基本性质：

(1) $T(\mathbf{0})=\mathbf{0}$，$T(-\boldsymbol{\alpha})=-T(\boldsymbol{\alpha})$；

(2) 若 $\boldsymbol{\beta}=k_1\boldsymbol{\alpha}_1+k_2\boldsymbol{\alpha}_2+\cdots+k_s\boldsymbol{\alpha}_s$，则

$$T(\boldsymbol{\beta})=k_1T(\boldsymbol{\alpha}_1)+k_2T(\boldsymbol{\alpha}_2)+\cdots+k_sT(\boldsymbol{\alpha}_s)；$$

(3) 若 $\boldsymbol{\alpha}_1$，$\boldsymbol{\alpha}_2$，…，$\boldsymbol{\alpha}_s$ 线性相关，则象 $T(\boldsymbol{\alpha}_1)$，$T(\boldsymbol{\alpha}_2)$，…，$T(\boldsymbol{\alpha}_s)$线性相关.

注意这里逆命题不成立，如零变换，则把线性无关的向量组变成线性相关的向量组.

(4) 线性变换 T 的像

$$\mathrm{Im}T=\{T(\boldsymbol{\alpha})\mid \boldsymbol{\alpha}\in V\}$$

是 V 的一个线性子空间.

证明 对 $\forall \boldsymbol{\beta}_1,\boldsymbol{\beta}_2\in \mathrm{Im}T$，存在 $\boldsymbol{\alpha}_1$，$\boldsymbol{\alpha}_2\in V$ 使得

$$T(\boldsymbol{\alpha}_i)=\boldsymbol{\beta}_i(i=1,2),$$

从而

$$\boldsymbol{\beta}_1+\boldsymbol{\beta}_2=T(\boldsymbol{\alpha}_1)+T(\boldsymbol{\alpha}_2)=T(\boldsymbol{\alpha}_1+\boldsymbol{\alpha}_2)\in \mathrm{Im}T,$$

$$k\boldsymbol{\beta}_1=kT(\boldsymbol{\alpha}_1)=T(k\boldsymbol{\alpha}_1)\in \mathrm{Im}T,$$

由于 $\mathrm{Im}T\subset V$，且显然非空，故 $\mathrm{Im}T$ 为 V 的一个子空间. 证毕.

(5) 线性变换 T 的核

$$\mathrm{Ker}T=\{\boldsymbol{\alpha}\mid \boldsymbol{\alpha}\in V,T(\boldsymbol{\alpha})=\mathbf{0}\}$$

是 V 的一个线性子空间.

证明 首先因为 $\mathbf{0}\in \mathrm{Ker}T$ 非空，若 $\boldsymbol{\alpha}_1$，$\boldsymbol{\alpha}_2\in T$，即 $T(\boldsymbol{\alpha}_i)=\mathbf{0}$ $(i=1，2)$，则

$$T(\boldsymbol{\alpha}_1+\boldsymbol{\alpha}_2)=T(\boldsymbol{\alpha}_1)+T(\boldsymbol{\alpha}_2)=\mathbf{0}+\mathbf{0}=\mathbf{0},$$

$$T(k\boldsymbol{\alpha}_1)=kT(\boldsymbol{\alpha}_1)=k\cdot\mathbf{0}=\mathbf{0},$$

故 $\boldsymbol{\alpha}_1+\boldsymbol{\alpha}_2$，$k\boldsymbol{\alpha}_1\in \mathrm{Ker}T$. 所以 $\mathrm{Ker}T$ 为 V 的一个子空间. 证毕.

例 6-20 设 $\mathbf{R}^n$ 上的线性变换

$$T:T(\boldsymbol{\alpha})=\boldsymbol{A}\boldsymbol{\alpha},\quad \forall \boldsymbol{\alpha}\in \mathbf{R}^n,$$

则 $\mathrm{Im}T=R(\boldsymbol{A})$，$\mathrm{Ker}T=N(\boldsymbol{A})$.

6.3.3 线性变换的矩阵表示

设 V 为数域 F 上的 n 维线性空间，T 为 V 上的线性变换，取 V

的基 $\boldsymbol{\alpha}_1$，$\boldsymbol{\alpha}_2$，…，$\boldsymbol{\alpha}_n$，首先，对线性空间 V 中任一向量 $\boldsymbol{\alpha}$，都可以由基向量线性表示，即

$$\boldsymbol{\alpha}=x_1\boldsymbol{\alpha}_1+x_2\boldsymbol{\alpha}_2+\cdots+x_n\boldsymbol{\alpha}_n,$$

所以

$$T(\boldsymbol{\alpha})=x_1T(\boldsymbol{\alpha}_1)+x_2T(\boldsymbol{\alpha}_2)+\cdots+x_nT(\boldsymbol{\alpha}_n).\tag{6-16}$$

这说明只要知道了 V 的基 $\boldsymbol{\alpha}_1$，$\boldsymbol{\alpha}_2$，…，$\boldsymbol{\alpha}_n$ 在线性变换 T 下的象 $T(\boldsymbol{\alpha}_i)(i=1,2,\cdots,n)$，由式(6-16)就可求得 V_n 中任一向量 $\boldsymbol{\alpha}$ 在线性变换 T 下的象 $T(\boldsymbol{\alpha})$. 反过来，对基 $\{\boldsymbol{\alpha}_1,\boldsymbol{\alpha}_2,\cdots,\boldsymbol{\alpha}_n\}$，任取 V 中 n 个向量 $\boldsymbol{\beta}_1,\boldsymbol{\beta}_2$，…，$\boldsymbol{\beta}_n$，由 $T(\boldsymbol{\alpha}_i)=\boldsymbol{\beta}_i(i=1,2,\cdots,n)$，则可确定一个线性变换 T.

定理 6-7　设 $\boldsymbol{\alpha}_1$，$\boldsymbol{\alpha}_2$，…，$\boldsymbol{\alpha}_n$ 为线性空间 V 的一组基，$\boldsymbol{\beta}_1,\boldsymbol{\beta}_2,\cdots,\boldsymbol{\beta}_n$ 为 V 中任意 n 个向量，则存在唯一线性变换 T，使得 $T(\boldsymbol{\alpha}_i)=\boldsymbol{\beta}_i(i=1,2,\cdots,n)$.

利用上述讨论可以建立线性变换与矩阵的联系.

> 定义 6-8 表明，抽象的线性变换的研究可以转化为对矩阵的研究. 比如：线性变换的像空间的维数转化为它在一组基下的矩阵的秩；反过来，也进一步揭示矩阵秩的一些本质属性.

定义 6-8　设 $\boldsymbol{\alpha}_1$，$\boldsymbol{\alpha}_2$，…，$\boldsymbol{\alpha}_n$ 是数域 F 上的 n 维线性空间 V 的一组基. T 是 V 上的一个线性变换，基向量的像可以由基向量组线性表示为

$$\begin{cases}T\boldsymbol{\alpha}_1=a_{11}\boldsymbol{\alpha}_1+a_{21}\boldsymbol{\alpha}_2+\cdots+a_{n1}\boldsymbol{\alpha}_n,\\ T\boldsymbol{\alpha}_2=a_{12}\boldsymbol{\alpha}_1+a_{22}\boldsymbol{\alpha}_2+\cdots+a_{n2}\boldsymbol{\alpha}_n,\\ \qquad\vdots\\ T\boldsymbol{\alpha}_n=a_{1n}\boldsymbol{\alpha}_1+a_{2n}\boldsymbol{\alpha}_2+\cdots+a_{nn}\boldsymbol{\alpha}_n.\end{cases}$$

用矩阵表示为

$$\begin{aligned}T(\boldsymbol{\alpha}_1,\boldsymbol{\alpha}_2,\cdots,\boldsymbol{\alpha}_n)&=(T\boldsymbol{\alpha}_1,T\boldsymbol{\alpha}_2,\cdots,T\boldsymbol{\alpha}_n)\\&=(\boldsymbol{\alpha}_1,\boldsymbol{\alpha}_2,\cdots,\boldsymbol{\alpha}_n)\boldsymbol{A},\end{aligned}\tag{6-17}$$

其中

$$\boldsymbol{A}=\begin{pmatrix}a_{11}&a_{12}&\cdots&a_{1n}\\a_{21}&a_{22}&\cdots&a_{2n}\\\vdots&\vdots&&\vdots\\a_{n1}&a_{n2}&\cdots&a_{nn}\end{pmatrix}.$$

矩阵 $\boldsymbol{A}$ 称为线性变换 T 在 $\boldsymbol{\alpha}_1$，$\boldsymbol{\alpha}_2$，…，$\boldsymbol{\alpha}_n$ 下的矩阵.

对给定的线性变换 T，由式(6-17)，$\boldsymbol{A}$ 的第 i 列是 $T(\boldsymbol{\alpha}_i)$ 在基 $\{\boldsymbol{\alpha}_1,\boldsymbol{\alpha}_2,\cdots,\boldsymbol{\alpha}_n\}$ 下的坐标，坐标的唯一性决定了矩阵 $\boldsymbol{A}$ 的唯一性. 反之，当给定矩阵 $\boldsymbol{A}$，基象 $T(\boldsymbol{\alpha}_i)$ 被完全确定，从而也就

唯一确定了一个线性变换 T，故在给定基下，线性变换 T 与 n 阶矩阵 $\boldsymbol{A}$ 之间是一一对应的，即

$$T \xrightarrow{\{\boldsymbol{\alpha}_1,\boldsymbol{\alpha}_2,\cdots,\boldsymbol{\alpha}_n\}} \boldsymbol{A}_{n\times n},$$

又 $\forall \boldsymbol{\alpha}\in V_n$，设 $\boldsymbol{\alpha}$ 与 $T(\boldsymbol{\alpha})$ 在基 $\{\boldsymbol{\alpha}_1,\boldsymbol{\alpha}_2,\cdots,\boldsymbol{\alpha}_n\}$ 下坐标分别是 $\boldsymbol{x}$ 与 $\boldsymbol{y}$，即

$$\boldsymbol{\alpha}=(\boldsymbol{\alpha}_1,\boldsymbol{\alpha}_2,\cdots,\boldsymbol{\alpha}_n)\boldsymbol{x},\ T(\boldsymbol{\alpha})=(\boldsymbol{\alpha}_1,\boldsymbol{\alpha}_2,\cdots,\boldsymbol{\alpha}_n)\boldsymbol{y},$$

由

$$\begin{aligned}T(\boldsymbol{\alpha})&=T[(\boldsymbol{\alpha}_1,\boldsymbol{\alpha}_2,\cdots,\boldsymbol{\alpha}_n)\boldsymbol{x}]\\&=T(\boldsymbol{\alpha}_1,\boldsymbol{\alpha}_2,\cdots,\boldsymbol{\alpha}_n)\boldsymbol{x}\\&=(\boldsymbol{\alpha}_1,\boldsymbol{\alpha}_2,\cdots,\boldsymbol{\alpha}_n)\boldsymbol{A}\boldsymbol{x}\end{aligned}$$

得

$$\boldsymbol{y}=\boldsymbol{A}\boldsymbol{x}. \tag{6-18}$$

这就是变换在给定基下的坐标式. 它实际上就是由矩阵 $\boldsymbol{A}$ 决定的 $\mathbf{R}^n$ 上的线性变换 $T_{\boldsymbol{A}}$：$\boldsymbol{y}=\boldsymbol{A}\boldsymbol{x}$.

例 6-21 设三维空间 $\mathbf{R}^3$ 上线性变换 T 在标准正交基 $\{\boldsymbol{\varepsilon}_1,\boldsymbol{\varepsilon}_2,\boldsymbol{\varepsilon}_3\}$ 的像分别为 $T(\boldsymbol{\varepsilon}_1)=(1,1,2)^{\mathrm{T}}$，$T(\boldsymbol{\varepsilon}_2)=(0,1,1)^{\mathrm{T}}$，$T(\boldsymbol{\varepsilon}_3)=(0,1,0)^{\mathrm{T}}$，求 T 在 $\boldsymbol{\varepsilon}_1$，$\boldsymbol{\varepsilon}_2$，$\boldsymbol{\varepsilon}_3$ 下的矩阵.

解 因为 $\boldsymbol{T}(\boldsymbol{\varepsilon}_i)=(\boldsymbol{\varepsilon}_1,\boldsymbol{\varepsilon}_2,\boldsymbol{\varepsilon}_3)\boldsymbol{T}(\boldsymbol{\varepsilon}_i)$，故在标准正交基 $\boldsymbol{\varepsilon}_1$，$\boldsymbol{\varepsilon}_2$，$\boldsymbol{\varepsilon}_3$ 下，$\boldsymbol{A}$ 的第 i 列 $\boldsymbol{A}_i=T(\boldsymbol{\varepsilon}_i)$，即

$$\boldsymbol{A}=(T(\boldsymbol{\varepsilon}_1),T(\boldsymbol{\varepsilon}_2),T(\boldsymbol{\varepsilon}_3))=\begin{pmatrix}1&0&0\\1&1&1\\2&1&0\end{pmatrix}.$$

例 6-22 设 4 维线性空间 $\boldsymbol{P}_4[x]$ 上的线性变换 T 如下定义：

$$T(f(x))=\frac{\mathrm{d}f(x)}{\mathrm{d}x}-f(x)$$

求 T 在基 $\{1,x,x^2,x^3\}$ 下的矩阵 $\boldsymbol{A}$.

解 因为

$$T(1)=\frac{\mathrm{d}(1)}{\mathrm{d}x}-1=0-1=(1,x,x^2,x^3)\begin{pmatrix}-1\\0\\0\\0\end{pmatrix},$$

$$T(x)=\frac{\mathrm{d}x}{\mathrm{d}x}-x=1-x=(1,x,x^2,x^3)\begin{pmatrix}1\\-1\\0\\0\end{pmatrix},$$

$$T(x^2)=\frac{\mathrm{d}x^2}{\mathrm{d}x}-x^2=2x-x^2=(1,x,x^2,x^3)\begin{pmatrix}0\\2\\-1\\0\end{pmatrix},$$

$$T(x^3)=\frac{\mathrm{d}x^3}{\mathrm{d}x}-x^3=3x^2-x^3=(1,x,x^2,x^3)\begin{pmatrix}0\\0\\3\\-1\end{pmatrix},$$

所以 T 在基 $\{1,x,x^2,x^3\}$ 下的矩阵为

$$\boldsymbol{A}=\begin{pmatrix}-1&1&0&0\\0&-1&2&0\\0&0&-1&3\\0&0&0&-1\end{pmatrix}.$$

习题 6.3

部分习题详解

1. 判别下面所定义的变换哪些是线性变换，哪些不是.

(1) 在线性空间 V 中，$A\boldsymbol{x}=\boldsymbol{x}+\boldsymbol{\alpha}$，其中 $\boldsymbol{\alpha}\in V$ 是一固定的向量；

(2) 在线性空间 V 中，$A\boldsymbol{x}=\boldsymbol{\alpha}$，其中 $\boldsymbol{\alpha}\in V$ 是一固定的向量；

(3) 在 $\mathbf{R}^3$ 中，$A(x_1,x_2,x_3)=(x_1^2,x_2+x_3,x_3^2)$；

(4) 在 $\mathbf{R}^3$ 中，$A(x_1,x_2,x_3)=(2x_1-x_2,x_2+x_3,x_1)$；

(5) 在 $F[x]$ 中，$Af(x)=f(x+1)$；

(6) 在 $F[x]$ 中，$Af(x)=f(x_0)$，其中 $x_0\in F$ 是一固定的数.

2. 在 $F[x]$ 中，$Af(x)=f'(x)$，$Bf(x)=xf(x)$，证明：$AB-BA=E$，其中 E 表示恒等变换.

3. 在 $\mathbf{R}^3$ 中，定义线性变换 $A(x_1,x_2,x_3)=(2x_1-x_2,x_2+x_3,x_1)$，求线性变换 A 在基 $\boldsymbol{\varepsilon}_1=(1,0,0)$，$\boldsymbol{\varepsilon}_2=(0,1,0)$，$\boldsymbol{\varepsilon}_3=(0,0,1)$ 下的矩阵.

4. 设 A 是线性空间 V 上的线性变换，如果 $A^{k-1}\boldsymbol{\varepsilon}\neq\boldsymbol{0}$，但 $A^k\boldsymbol{\varepsilon}=\boldsymbol{0}$，证明：对于正整数 k，有 $\boldsymbol{\varepsilon}$，$A\boldsymbol{\varepsilon}$，…，$A^{k-1}\boldsymbol{\varepsilon}$ 线性无关.

6.4 线性变换在不同基下的矩阵

线性变换的矩阵是对选定的基而言的. 线性变换在不同基下矩阵之间关系有如下定理.

定理 6-8　设 n 维线性空间 V 的基 $\boldsymbol{\alpha}_1$，$\boldsymbol{\alpha}_2$，…，$\boldsymbol{\alpha}_n$ 到基 $\boldsymbol{\beta}_1$，$\boldsymbol{\beta}_2$，…，$\boldsymbol{\beta}_n$ 的过渡矩阵为 $\boldsymbol{C}$，V 上线性变换 T 在上述两组基下的矩阵分别为 $\boldsymbol{A}$ 和 $\boldsymbol{B}$，则

$$\boldsymbol{B}=\boldsymbol{C}^{-1}\boldsymbol{A}\boldsymbol{C}.$$

定理 6-8 表明矩阵相似理论在研究线性变换中的作用.

证明 设 T 在上述两组基下变换矩阵分别为 $\boldsymbol{A}$ 和 $\boldsymbol{B}$, 即

$$T(\boldsymbol{\alpha}_1,\boldsymbol{\alpha}_2,\cdots,\boldsymbol{\alpha}_n)=(\boldsymbol{\alpha}_1,\boldsymbol{\alpha}_2,\cdots,\boldsymbol{\alpha}_n)\boldsymbol{A}, \tag{6-19}$$

$$T(\boldsymbol{\beta}_1,\boldsymbol{\beta}_2,\cdots,\boldsymbol{\beta}_n)=(\boldsymbol{\beta}_1,\boldsymbol{\beta}_2,\cdots,\boldsymbol{\beta}_n)\boldsymbol{B}, \tag{6-20}$$

由于

$$(\boldsymbol{\beta}_1,\boldsymbol{\beta}_2,\cdots,\boldsymbol{\beta}_n)=(\boldsymbol{\alpha}_1,\boldsymbol{\alpha}_2,\cdots,\boldsymbol{\alpha}_n)\boldsymbol{C},$$

故有

$$\begin{aligned}T(\boldsymbol{\beta}_1,\boldsymbol{\beta}_2,\cdots,\boldsymbol{\beta}_n)&=T[(\boldsymbol{\alpha}_1,\boldsymbol{\alpha}_2,\cdots,\boldsymbol{\alpha}_n)\boldsymbol{C}]\\&=(\boldsymbol{\alpha}_1,\boldsymbol{\alpha}_2,\cdots,\boldsymbol{\alpha}_n)\boldsymbol{AC}\\&=(\boldsymbol{\beta}_1,\boldsymbol{\beta}_2,\cdots,\boldsymbol{\beta}_n)\boldsymbol{C}^{-1}\boldsymbol{AC}.\end{aligned} \tag{6-21}$$

比较式(6-19)和式(6-20)得

$$\boldsymbol{B}=\boldsymbol{C}^{-1}\boldsymbol{AC}.$$

定理 6-10 可叙述为：线性空间上同一线性变换在不同基下的矩阵是相似的. 因而线性变换 T 在 V 的一切基下的矩阵将构成相似矩阵类. 反之，若已知 $\boldsymbol{A}$ 是 T 在某一组基下的矩阵，且 $\boldsymbol{B}$ 相似于 $\boldsymbol{A}$，即存在矩阵 $\boldsymbol{C}$，使得 $\boldsymbol{B}=\boldsymbol{C}^{-1}\boldsymbol{AC}$，则一定可找到 V 的另一组基，使 T 在该基下的矩阵恰为 $\boldsymbol{B}$，而 $\boldsymbol{C}$ 正是两组基之间的过渡矩阵.

T 在不同基下矩阵之间的关系就是矩阵相似的背景. 把矩阵 $\boldsymbol{A}$ 相似化简到 Jordan 标准形的意义对线性变换可解释为：已知 T 在某一基下矩阵为 $\boldsymbol{A}$ 时，在线性空间 V 中求一组基，使 T 在该基下的矩阵为 Jordan 矩阵，从而具有最简形式.

例 6-23 设 $\mathbf{R}^3$ 上线性变换 T 为

$$T(x_1,x_2,x_3)^{\mathrm{T}}=(x_1+2x_2+x_3,x_2-x_3,x_1+x_3)^{\mathrm{T}},$$

求 T 在基

$$\boldsymbol{\alpha}_1=(1,0,1)^{\mathrm{T}},\boldsymbol{\alpha}_2=(0,1,1)^{\mathrm{T}},\boldsymbol{\alpha}_3=(1,-1,1)^{\mathrm{T}}$$

下的矩阵 $\boldsymbol{B}$.

解 由题意，易求得 T 在标准正交基下的矩阵 $\boldsymbol{A}$，由

$$\begin{pmatrix}x_1+2x_2+x_3\\x_2-x_3\\x_1+x_3\end{pmatrix}=\begin{pmatrix}1&2&1\\0&1&-1\\1&0&1\end{pmatrix}\begin{pmatrix}x_1\\x_2\\x_3\end{pmatrix}=\boldsymbol{A}\begin{pmatrix}x_1\\x_2\\x_3\end{pmatrix}$$

得

$$\boldsymbol{A}=\begin{pmatrix}1&2&1\\0&1&-1\\1&0&1\end{pmatrix}.$$

又从$\{\boldsymbol{\varepsilon}_1,\boldsymbol{\varepsilon}_2,\boldsymbol{\varepsilon}_3\}$到$\{\boldsymbol{\alpha}_1,\boldsymbol{\alpha}_2,\boldsymbol{\alpha}_3\}$的过渡矩阵$\boldsymbol{C}$及其逆矩阵分别为

$$\boldsymbol{C}=\begin{pmatrix}1&0&1\\0&1&-1\\1&1&1\end{pmatrix},\ \boldsymbol{C}^{-1}=\begin{pmatrix}2&1&-1\\-1&0&1\\-1&-1&1\end{pmatrix},$$

所以

$$\boldsymbol{B}=\boldsymbol{C}^{-1}\boldsymbol{A}\boldsymbol{C}=\begin{pmatrix}1&5&-4\\0&-2&2\\1&-2&4\end{pmatrix}.$$

例 6-24　设$\mathbf{R}^3$中一组基$\boldsymbol{\alpha}_1=(1,1,0)^{\mathrm{T}}$，$\boldsymbol{\alpha}_2=(1,2,0)^{\mathrm{T}}$，$\boldsymbol{\alpha}_3=(0,2,-1)^{\mathrm{T}}$，$T$为$\mathbf{R}^3$上的线性变换，且

$$T(\boldsymbol{\alpha}_1,\boldsymbol{\alpha}_2,\boldsymbol{\alpha}_3)=(\boldsymbol{\alpha}_1,\boldsymbol{\alpha}_2,\boldsymbol{\alpha}_3)\boldsymbol{A},$$

其中

$$\boldsymbol{A}=\begin{pmatrix}2&0&3\\0&-2&-1\\1&-1&4\end{pmatrix}.$$

又向量$\boldsymbol{\alpha}$在基$\boldsymbol{\beta}_1=(1,2,3)^{\mathrm{T}}$，$\boldsymbol{\beta}_2=(1,3,5)^{\mathrm{T}}$，$\boldsymbol{\beta}_3=(0,2,1)^{\mathrm{T}}$下的坐标为$(1,-2,1)^{\mathrm{T}}$，求$T(\boldsymbol{\alpha})$在$\boldsymbol{\beta}_1,\boldsymbol{\beta}_2,\boldsymbol{\beta}_3$下的坐标.

解　设

$$(\boldsymbol{\beta}_1,\boldsymbol{\beta}_2,\boldsymbol{\beta}_3)=(\boldsymbol{\alpha}_1,\boldsymbol{\alpha}_2,\boldsymbol{\alpha}_3)\boldsymbol{C},$$

则

$$\begin{pmatrix}1&1&0\\2&3&2\\3&5&1\end{pmatrix}=\begin{pmatrix}1&1&0\\1&2&2\\0&0&-1\end{pmatrix}\boldsymbol{C},$$

故

$$\boldsymbol{C}=\begin{pmatrix}-6&-11&-4\\7&12&4\\-3&-5&-1\end{pmatrix}.$$

又因为

$$\boldsymbol{\alpha}=(\boldsymbol{\beta}_1,\boldsymbol{\beta}_2,\boldsymbol{\beta}_3)\begin{pmatrix}1\\-2\\1\end{pmatrix},$$

所以

$$T(\boldsymbol{\alpha})=T(\boldsymbol{\beta}_1,\boldsymbol{\beta}_2,\boldsymbol{\beta}_3)\begin{pmatrix}1\\-2\\1\end{pmatrix}$$

$$=(\boldsymbol{\beta}_1,\boldsymbol{\beta}_2,\boldsymbol{\beta}_3)\boldsymbol{C}^{-1}\boldsymbol{AC}\begin{pmatrix}1\\-2\\1\end{pmatrix}$$

$$=(\boldsymbol{\beta}_1,\boldsymbol{\beta}_2,\boldsymbol{\beta}_3)\begin{pmatrix}237\frac{1}{3}\\-175\frac{1}{3}\\115\frac{2}{3}\end{pmatrix}.$$

习题 6.4

部分习题详解

1. 已知线性空间 $\mathbf{R}^3$ 中的线性变换 τ，使得 $\tau\begin{pmatrix}x\\y\\z\end{pmatrix}=\begin{pmatrix}x+y\\x-y\\z\end{pmatrix}$，求线性变换 τ 在基 $\boldsymbol{\alpha}_1=\begin{pmatrix}1\\0\\0\end{pmatrix}$，$\boldsymbol{\alpha}_2=\begin{pmatrix}1\\1\\0\end{pmatrix}$，$\boldsymbol{\alpha}_3=\begin{pmatrix}1\\1\\1\end{pmatrix}$ 下对应的矩阵.

2. 已知 $\mathbf{R}^3$ 中线性变换 A 在基 $\boldsymbol{\eta}_1=(-1,1,1)$，$\boldsymbol{\eta}_2=(1,0,-1)$，$\boldsymbol{\eta}_3=(0,1,1)$ 下的矩阵是 $\begin{pmatrix}1&0&1\\1&1&0\\-1&2&1\end{pmatrix}$，求 A 在基 $\boldsymbol{\varepsilon}_1=(1,0,0)$，$\boldsymbol{\varepsilon}_2=(0,1,0)$，$\boldsymbol{\varepsilon}_3=(0,0,1)$ 下的矩阵.

3. 给定 $\mathbf{R}^3$ 的两组基 $\begin{cases}\boldsymbol{\varepsilon}_1=(1,0,1),\\\boldsymbol{\varepsilon}_2=(2,1,0),\\\boldsymbol{\varepsilon}_3=(1,1,1)\end{cases}$ 和 $\begin{cases}\boldsymbol{\eta}_1=(1,2,-1),\\\boldsymbol{\eta}_2=(2,2,-1),\\\boldsymbol{\eta}_3=(2,-1,-1),\end{cases}$ 定义线性变换 $A:A\boldsymbol{\varepsilon}_i=\boldsymbol{\eta}_i(i=1,2,3)$.

(1)写出由基 $\boldsymbol{\varepsilon}_1$，$\boldsymbol{\varepsilon}_2$，$\boldsymbol{\varepsilon}_3$ 到基 $\boldsymbol{\eta}_1$，$\boldsymbol{\eta}_2$，$\boldsymbol{\eta}_3$ 的过渡矩阵；

(2)写出线性变换 A 在基 $\boldsymbol{\varepsilon}_1$，$\boldsymbol{\varepsilon}_2$，$\boldsymbol{\varepsilon}_3$ 下的矩阵；

(3)写出线性变换 A 在基 $\boldsymbol{\eta}_1$，$\boldsymbol{\eta}_2$，$\boldsymbol{\eta}_3$ 下的矩阵.

4. 在 4 维线性空间中，线性变换 τ 在基向量组 $\boldsymbol{\alpha}_1$，$\boldsymbol{\alpha}_2$，$\boldsymbol{\alpha}_3$，$\boldsymbol{\alpha}_4$ 下的矩阵为

$$T=\begin{pmatrix}1&3&-3&2\\-1&-5&2&1\\0&-2&5&0\\0&1&-1&1\end{pmatrix},$$

若基向量组改为 $\boldsymbol{\alpha}_1$，$\boldsymbol{\alpha}_1+\boldsymbol{\alpha}_2$，$\boldsymbol{\alpha}_1+\boldsymbol{\alpha}_2+\boldsymbol{\alpha}_3$，$\boldsymbol{\alpha}_1+\boldsymbol{\alpha}_2+\boldsymbol{\alpha}_3+\boldsymbol{\alpha}_4$，求此时线性变换 τ 的矩阵.

5. 已知线性空间 $\mathbf{R}^3$ 的基 $\boldsymbol{\alpha}_1=(-1,0,2)^{\mathrm{T}}$，$\boldsymbol{\alpha}_2=(0,1,1)^{\mathrm{T}}$，$\boldsymbol{\alpha}_3=(3,-1,0)^{\mathrm{T}}$，在线性变换 σ 下的像为 $\sigma(\boldsymbol{\alpha}_1)=(-5,0,3)^{\mathrm{T}}$，$\sigma(\boldsymbol{\alpha}_2)=(0,-1,6)^{\mathrm{T}}$，$\sigma(\boldsymbol{\alpha}_3)=(-5,-1,9)^{\mathrm{T}}$，试求 $\boldsymbol{\beta}=(-5,0,3)^{\mathrm{T}}$ 的像.

总习题六

一、问答题

1. 对于任意自然数 n，$C[-\pi,\pi]$ 中的向量组 $1,\sin x,\cdots,\sin nx,\cos x,\cdots,\cos nx$ 线性相关性如何？在 $C[-\pi,\pi]$ 上定义内积运算 $(f(x),g(x))=\int_{-\pi}^{\pi}f(x)g(x)\mathrm{d}x$，请回顾其在学习傅里叶(Fourier)级数时的作用.

部分习题详解

2. 在给定了空间直角坐标系的 3 维空间中，所有自原点引出的向量添加零向量构成一个 3 维线性空间 $\mathbf{R}^3$.

(1) 问所有终点都在一个平面上的向量是否为子空间？

(2) 设有过原点的三条直线，这三条直线上的全部向量分别成为三个子空间 L_1，L_2，L_3，问 L_1+L_2，$L_1+L_2+L_3$ 构成哪些类型的子空间，试全部列举出来；

(3) 用 3 维空间 $\mathbf{R}^3$ 的例子来说明，若 U，V，X，Y 是子空间，满足 $U+V=X$，$X\supset Y$，是否一定有 $Y=Y\cap U+Y\cap V$？

3. 试通过线性变换在不同基下矩阵之间是相似的，讨论矩阵对角化理论在线性变换理论中的作用.

二、判断题

1. 下列集合对于给定的运算是否构成实数域 $\mathbf{R}$ 上的线性空间？

(1) $V_0=\{X=(0,x_2,\cdots,x_n)\mid x_2,\cdots,x_n\in\mathbf{R}\}$，对于通常向量的加法和数乘；

(2) $V_1=\{X=(1,x_2,\cdots,x_n)\mid x_2,\cdots,x_n\in\mathbf{R}\}$，对于通常向量的加法和数乘；

(3) 全体 n 阶实矩阵集合 $\mathbf{R}^{n\times n}$，定义

加法：$\forall \boldsymbol{A},\boldsymbol{B}\in\mathbf{R}^{n\times n}$，$\boldsymbol{A}\oplus\boldsymbol{B}=\boldsymbol{AB}-\boldsymbol{BA}$；数乘：按通常的矩阵数乘；

(4) $S=\left\{\begin{pmatrix}0 & b\\ -b & a\end{pmatrix}\middle| a,b\in\mathbf{R}\right\}$，对于通常矩阵的加法和数乘；

(5) $V=\{\boldsymbol{X}=(x_1,x_2,\cdots,x_n)\mid x_1+x_2+\cdots+x_n=0,x_i\in\mathbf{R}\}$，对于通常向量的加法和数乘.

2. 判断下列变换是否为线性变换？

(1)在线性空间 $\mathbf{R}^3$ 中，对任意 $\boldsymbol{\alpha}=\begin{pmatrix}a_1\\a_2\\a_3\end{pmatrix}\in\mathbf{R}^3$，定义 $\sigma(\boldsymbol{\alpha})=\begin{pmatrix}a_1\\a_2\\0\end{pmatrix}$；

(2)在线性空间 $\mathbf{R}^3$ 中，对任意 $\boldsymbol{\alpha}=(x_1,x_2,x_3)^{\mathrm{T}}\in\mathbf{R}^3$；定义

$$\sigma\,(x_1,x_2,x_3)^{\mathrm{T}}=(x_1^2,x_2+x_3,x_3^2)^{\mathrm{T}};$$

(3)在 $\mathbf{R}^{n\times n}$ 中，对任意 $\boldsymbol{X}\in\mathbf{R}^{n\times n}$，定义 $\sigma(\boldsymbol{X})=\boldsymbol{AX}-\boldsymbol{XB}$，$\boldsymbol{A}$，$\boldsymbol{B}\in\mathbf{R}^{n\times n}$是取定的矩阵；

(4)在区间$[a,b]$上所有连续函数构成的实线性空间 $C[a,b]$ 中，对任意$f(x)\in C[a,b]$，定义 $\sigma(f(x))=\int_a^x f(t)\sin t\mathrm{d}t$；

(5)在 $\mathbf{R}^{n\times n}$中，合同变换 σ 使 $\sigma(\boldsymbol{A})=\boldsymbol{P}^{\mathrm{T}}\boldsymbol{AP}$，$\forall\boldsymbol{A}\in\mathbf{R}^{n\times n}$，其中 $\boldsymbol{P}$ 为 n 阶的实可逆矩阵.

三、解答题

1. 求实数域 $\mathbf{R}$ 上 3 阶实对称矩阵在通常的矩阵加法和数乘下构成的线性空间的基与维数.

2. 已知1，x，x^2，x^3 是 $R_4[x]$的一组基：

(1)证明：1，$1+x$，$(1+x)^2$，$(1+x)^3$ 也是 $R_4[x]$的一组基；

(2)求由基1，x，x^2，x^3 到基1，$1+x$，$(1+x)^2$，$(1+x)^3$ 的过渡矩阵；

(3)求由基1，$1+x$，$(1+x)^2$，$(1+x)^3$ 到基1，x，x^2，x^3 的过渡矩阵；

(4)求 $a_3x^3+a_2x^2+a_1x+a_0$ 对于基1，$1+x$，$(1+x)^2$，$(1+x)^3$ 的坐标.

3. 求 $R_n[x]$中微分算子 $Df(x)=f'(x)$在基1，x，x^2，…，x^{n-1} 下的矩阵.

4. 求线性空间 $\mathbf{R}^4$ 中由向量组 $\boldsymbol{\alpha}_1=\begin{pmatrix}2\\0\\1\\2\end{pmatrix}$，$\boldsymbol{\alpha}_2=\begin{pmatrix}-1\\1\\0\\3\end{pmatrix}$，$\boldsymbol{\alpha}_3=\begin{pmatrix}0\\2\\1\\8\end{pmatrix}$，$\boldsymbol{\alpha}_4=\begin{pmatrix}5\\-1\\2\\1\end{pmatrix}$所生成的子空间的维数和一个基.

5. 验证 $\boldsymbol{\alpha}_1=\begin{pmatrix}1\\-1\\0\end{pmatrix}$，$\boldsymbol{\alpha}_2=\begin{pmatrix}2\\1\\3\end{pmatrix}$，$\boldsymbol{\alpha}_3=\begin{pmatrix}3\\1\\2\end{pmatrix}$为 $\mathbf{R}^3$ 的一个基，并求

$\boldsymbol{\beta}_1=\begin{pmatrix}5\\0\\7\end{pmatrix}$，$\boldsymbol{\beta}_2=\begin{pmatrix}-9\\-8\\-13\end{pmatrix}$在这组基下的坐标.

6. 设 $\mathbf{R}^3$ 中由基 $\boldsymbol{\alpha}_1$，$\boldsymbol{\alpha}_2$，$\boldsymbol{\alpha}_3$ 到基 $\boldsymbol{\beta}_1,\boldsymbol{\beta}_2,\boldsymbol{\beta}_3$ 的过渡矩阵为 $\boldsymbol{A}=\begin{pmatrix}1&1&-1\\-1&1&1\\1&-1&1\end{pmatrix}$：

(1)若基 $\boldsymbol{\alpha}_1=(1,0,0)^{\mathrm{T}}$，$\boldsymbol{\alpha}_2=(1,1,0)^{\mathrm{T}}$，$\boldsymbol{\alpha}_3=(1,1,1)^{\mathrm{T}}$，试求基 $\boldsymbol{\beta}_1,\boldsymbol{\beta}_2,\boldsymbol{\beta}_3$；

(2)若基 $\boldsymbol{\beta}_1=(0,1,1)^{\mathrm{T}}$，$\boldsymbol{\beta}_2=(1,0,2)^{\mathrm{T}}$，$\boldsymbol{\beta}_3=(2,1,0)^{\mathrm{T}}$，试求基 $\boldsymbol{\alpha}_1$，$\boldsymbol{\alpha}_2$，$\boldsymbol{\alpha}_3$.

7. 在 $R_3[x]$ 中有三组基(Ⅰ)1，x，x^2；(Ⅱ)$1+x$，$x+x^2$，x^2；(Ⅲ)1，$x-x^2$，$x+x^2$. $\boldsymbol{\alpha}$ 在基(Ⅰ)下的坐标为$(1,0,-1)^{\mathrm{T}}$，$\boldsymbol{\beta}$ 在基(Ⅱ)下的坐标为$(2,1,0)^{\mathrm{T}}$，$\boldsymbol{\gamma}$ 在基(Ⅲ)下的坐标为$(0,-1,1)^{\mathrm{T}}$，(1)求 $\boldsymbol{\alpha}+\boldsymbol{\beta}+\boldsymbol{\gamma}$ 在基 1，x，x^2 下的坐标，(2)求由基(Ⅱ)到基(Ⅲ)的过渡矩阵.

8. 已知 $\boldsymbol{\alpha}_1=\begin{pmatrix}a\\1\\1\end{pmatrix}$，$\boldsymbol{\alpha}_2=\begin{pmatrix}0\\b\\1\end{pmatrix}$，$\boldsymbol{\alpha}_3=\begin{pmatrix}0\\0\\c\end{pmatrix}$，及 $\boldsymbol{\beta}_1=\begin{pmatrix}-1\\-1\\x\end{pmatrix}$，$\boldsymbol{\beta}_2=\begin{pmatrix}y\\-1\\1\end{pmatrix}$，$\boldsymbol{\beta}_3=\begin{pmatrix}-1\\z\\1\end{pmatrix}$是 $\mathbf{R}^3$ 中的两组基，由基 $\boldsymbol{\alpha}_1$，$\boldsymbol{\alpha}_2$，$\boldsymbol{\alpha}_3$ 到基 $\boldsymbol{\beta}_1$，$\boldsymbol{\beta}_2$，$\boldsymbol{\beta}_3$ 的过渡矩阵为 $\boldsymbol{C}=\begin{pmatrix}-1&1&-1\\0&1&2\\0&2&0\end{pmatrix}$，试求 a，b，c；x，y，z.

9. 已知 $\boldsymbol{\alpha}_1$，$\boldsymbol{\alpha}_2$，$\boldsymbol{\alpha}_3$ 是线性空间 $\mathbf{R}^3$ 的一个基，线性变换 σ 在这个基下的矩阵为

$\boldsymbol{A}=\begin{pmatrix}1&2&3\\2&3&1\\3&1&2\end{pmatrix}$，求 σ 在基 $\boldsymbol{\beta}_1=\boldsymbol{\alpha}_1+\boldsymbol{\alpha}_2$，$\boldsymbol{\beta}_2=\boldsymbol{\alpha}_2+\boldsymbol{\alpha}_3$，$\boldsymbol{\beta}_3=\boldsymbol{\alpha}_3$ 下的矩阵.

附　录

附录 A　矩阵特征问题的数值解

矩阵特征问题的数值解法，是线性代数计算法的又一个基本课题，这里描述少数几个算法，作为入门的初阶.

A.1　求主特征值的幂法

在许多应用中，并不需要算出矩阵的全部特征值和特征向量，特别是通常只要求出主特征值，以及对应的特征向量.

计算数学中的所有方法无一例外地都以线性代数为基础.

定义 A-1　设方阵 $\boldsymbol{A}$ 存在一个特征值，它的绝对值比其余特征值都大，称之为 $\boldsymbol{A}$ 的主特征值.

例如：若方阵 $\boldsymbol{A}$ 有特征值 -5，-2，1，则 -5 是 $\boldsymbol{A}$ 的主特征值. 而方阵 $\boldsymbol{B}$ 有特征值 4，-4，3，2，则 $\boldsymbol{B}$ 无主特征值.

设 n 阶矩阵 $\boldsymbol{A}$ 存在 n 个线性无关的特征向量 $\boldsymbol{\alpha}_1$，$\boldsymbol{\alpha}_2$，…，$\boldsymbol{\alpha}_n$，以及唯一的一个主特征值 λ_1，即有

$$|\lambda_1|>|\lambda_2|\geqslant|\lambda_3|\geqslant\cdots\geqslant|\lambda_n|. \tag{A-1}$$

对适当选择的初始向量 $\boldsymbol{z}^{(0)}$，必能表成

$$\boldsymbol{z}^{(0)}=\sum_{i=1}^{n}l_i\boldsymbol{\alpha}_i. \tag{A-2}$$

另外从 $\boldsymbol{z}^{(0)}$ 出发，可定义迭代格式

$$\boldsymbol{z}^{(k)}=\boldsymbol{A}\boldsymbol{z}^{(k-1)},\ k=1,\ 2,\ 3,\ \cdots, \tag{A-3}$$

利用式(A-2)，就有

$$\boldsymbol{z}^{(k)}=\boldsymbol{A}\boldsymbol{z}^{(k-1)}=\boldsymbol{A}^2\boldsymbol{z}^{(k-2)}=\cdots=\boldsymbol{A}^k\boldsymbol{z}^{(0)}=\sum_{i=1}^{n}l_i(\lambda_i)^k\boldsymbol{\alpha}_i. \tag{A-4}$$

可以看出，只要 $l_1\neq0$，从式(A-1)就可推知，项 $l_1(\lambda_1)^k\boldsymbol{\alpha}_1$ 终将在式(A-4)中占支配地位，对充分大的 k，有

$$z^{(k)}=\lambda_1^k\left[l_1\boldsymbol{\alpha}_1+\sum_{i=2}^{n}l_i\left(\frac{\lambda_i}{\lambda_1}\right)^k\boldsymbol{\alpha}_i\right]=\lambda_1^k(l_1\boldsymbol{\alpha}_1+\boldsymbol{\varepsilon}^{(k)}).\qquad(\text{A-4}')$$

其中 $\boldsymbol{\varepsilon}^{(k)}$ 是分量值都很小的向量，向量 $z^{(k)}$ 是对应于 λ_1 的特征向量 $\boldsymbol{\alpha}_1$ 的近似，且当 $\|\boldsymbol{\varepsilon}^{(k)}\|$ 充分小时，$z^{(k)}$ 是足够精确的. 以上分析，就是幂法计算主特征值的基础.

实际计算时，每一步都要适当调节 $z^{(k)}$ 的分量，故用下列一组方程代替前面的迭代公式(A-3)

$$\boldsymbol{y}^{(k)}=\boldsymbol{A}z^{(k-i)},\qquad(\text{A-3}')$$

$\boldsymbol{\beta}_k=\boldsymbol{y}^{(k)}$ 具有最大绝对值的那个分量

$$z^{(k)}=\boldsymbol{y}^{(k)}=\boldsymbol{\beta}_k,$$

从式(A-4′)可以看出，有

$$\boldsymbol{\beta}_k=\lambda_1+o\left(\left|\frac{\lambda_2}{\lambda_1}\right|^k\right),\qquad(\text{A-3}'')$$

以及在 $k\to\infty$ 时，$z^{(k)}$ 将收敛到对应于 λ_1 的某个特征向量 $p\boldsymbol{\alpha}_1$，p 是一个数.

例 A-1　求矩阵

$$\boldsymbol{A}=\begin{pmatrix}2&3&2\\10&3&4\\3&6&1\end{pmatrix}$$

的主特征值.

解　取 $z^{(0)}=(0,0,1)^{\mathrm{T}}$，依式(A-3′)迭代，算得数据见表 A-1.

表　A-1

k	$(z^{(k)})^{\mathrm{T}}$			$\boldsymbol{\beta}_k$
0	0	0	1	1
1	0.5	1.0	0.25	4
2	0.5	1.0	0.861 1	9
3	0.5	1.0	0.730 6	11.44
4	0.5	1.0	0.753 5	10.922 4
5	0.5	1.0	0.749 3	11.014 0
6	0.5	1.0	0.750 1	10.997 2
7	0.5	1.0	0.750 0	11.000 4
8	0.5	1.0	0.750 0	11.000 0

可以算出，这个矩阵的特征值是 11，-3 和 2，所以比值 $\left|\frac{\lambda_2}{\lambda_1}\right|$ 和

$\left|\dfrac{\lambda_3}{\lambda_1}\right|$很小，这是以上计算结果收敛较快的原因.

幂法的收敛速率，本质上取决于比值$\left|\dfrac{\lambda_2}{\lambda_1}\right|$，如果这个值接近于1，那么幂法的效率是很低的. 由于对任一选定的常数p，矩阵$\boldsymbol{A}-p\boldsymbol{E}$的特征值为$\lambda_i-p$，当$\lambda_1-p$为其主特征值，且对它用幂法具有较快的收敛速率时，那么就可通过对$\boldsymbol{A}-p\boldsymbol{E}$用幂法求出主特征值$\lambda_1-p$后，再加上已知数$p$而得$\boldsymbol{A}$的主特征值$\lambda_1$，称这种技术为原点移位. 在某些情况下，这种方法是十分有效的. 例如，对某个具有特征值$\lambda_j=15-j(j=1,2,3,4)$的4阶矩阵$\boldsymbol{A}$，若用幂法求$\boldsymbol{A}$的主特征值时，迭代值$\boldsymbol{\beta}_k$本质上以$\left(\dfrac{13}{14}\right)^k$的速率在趋于$\lambda_1$. 但若选择$p=12$，则对矩阵$\boldsymbol{A}-p\boldsymbol{E}$来说，收敛速率大体上是$\left(\dfrac{1}{2}\right)^k$. 这两个收敛速率的差别甚为可观.

可惜的是，如果不知道$\boldsymbol{A}$的特征值分布的任何信息，要选到好的p值是困难的. 尽管如此，通过原点移位以加速收敛的思想仍然是十分有用的.

例 A-2 研究幂法对矩阵

$$\boldsymbol{A}=\begin{pmatrix}-3 & 1 & 0\\ 1 & -3 & -3\\ 0 & -3 & 4\end{pmatrix}$$

的应用，取初始近似为$\boldsymbol{z}^{(0)}=(0,0,1)^{\mathrm{T}}$.

解 前6次的迭代结果见表A-2.

表 A-2

k	$(\boldsymbol{z}^{(k)})^{\mathrm{T}}$			$\boldsymbol{\beta}_k$
0	0	0	1	1
1	0	−0.75	1	4
2	−0.12	−0.12	1	6.25
3	0.055 0	−0.633 0	1	4.36
4	−0.013 5	−0.177 3	1	5.899
5	−0.030 2	−0.547 6	1	4.531 9
6	−0.080 1	−0.245 9	1	5.642 8

显然，收敛是缓慢而且是摆动的. 如果假定收敛速率仅取决于$\left|\dfrac{\lambda_2}{\lambda_1}\right|^k$，则可估计$\left|\dfrac{\lambda_2}{\lambda_1}\right|$是接近于1的，而从摆动的情况看，$\lambda_2$与

λ_1 是反号的. 由于从上表看出 λ_1 应在 5 附近, 若取 $p=-4$(从而将 λ_1 移到 9 附近, 而 λ_2 被移到-1 附近), 并将幂法用于矩阵.

$$\boldsymbol{A}-p\boldsymbol{E}=\boldsymbol{A}+4\boldsymbol{E}=\begin{pmatrix}1 & 1 & 0\\ 1 & 1 & -3\\ 0 & -3 & 8\end{pmatrix},$$

迭代得如下结果(见表 A-3).

表 A-3

k	$(z^{(k)})^{\mathrm{T}}$			$\boldsymbol{\beta}_k$
0	0	0	1	1
1	0	-0. 375	1. 0	8
2	-0. 041 1	-0. 369 9	1. 0	9. 125
3	0. 045 1	-0. 374 4	1. 0	9. 109 7
4	-0. 046 0	-0. 374 8	1. 0	9. 123 2
5	-0. 046 1	-0. 374 9	1. 0	9. 124 4
6	-0. 046 1	-0. 474 9	1. 0	9. 124 7

这样经 6 次迭代, 已较清楚地显示出 $\lambda_1=5.125$.

A. 2 实对称矩阵特征值与特征向量求法

作为主特征值幂法的应用, 我们介绍求实对称矩阵的特征值和特征向量的方法.

设 $\boldsymbol{A}$ 为一个实对称矩阵, 它的特征值全为实数, 记为 λ_1, λ_2, …, λ_n, 且按它们的绝对值大小排列, 即

$$|\lambda_1|>|\lambda_2|>\cdots>|\lambda_n|.$$

设 $\boldsymbol{\alpha}$ 是关于 λ_1 的长度为 1 的特征向量(写成列向量形式), 则矩阵 $\boldsymbol{B}=\boldsymbol{A}-\lambda_1\boldsymbol{\alpha}\boldsymbol{\alpha}^{\mathrm{T}}$ 的特征值为 0, λ_2, …, λ_n, 且 $\boldsymbol{B}$ 仍是一个实对称矩阵. 若 $\boldsymbol{\beta}$ 是 $\boldsymbol{B}$ 的关于 λ_2, …, λ_n 中某个特征值 λ_i 的特征向量, 则 $\boldsymbol{\beta}$ 也一定是 $\boldsymbol{A}$ 的关于同一个特征值 λ_i 的特征向量. 于是对于一个实对称矩阵, 可按下述方法一一求其特征值:

第一步, 先求出 $\boldsymbol{A}$ 的主特征值 λ_1(一般为近似值)以及属于 λ_1 的特征向量 $\boldsymbol{\alpha}_0$(注意要将它单位化);

第二步, 由 $\boldsymbol{B}=\boldsymbol{A}-\lambda_1\boldsymbol{\alpha}\boldsymbol{\alpha}^{\mathrm{T}}$, 求出矩阵 $\boldsymbol{B}$;

第三步, 这时 λ_2 成了 $\boldsymbol{B}$ 的主特征值, 于是用幂法求出 λ_2 以及关于 λ_2 的特征向量.

继续重复上述步骤直至一步一步求出 $\boldsymbol{A}$ 的所有特征值及相应的特征向量.

作为练习, 请读者用幂法求下列矩阵的所有特征值

$$A=\begin{pmatrix}5&4&1&1\\4&5&1&1\\1&1&4&2\\1&1&2&4\end{pmatrix}.$$

A.3 *QR* 方法

在解矩阵特征值问题强有力算法的发展进程中，矩阵分解算法或许称得上是里程碑之一. 这里简单描述一下其中最为重要的 ***QR*** 算法，其细节及进一步改进与发展，读者可阅读有关参考书目.

对给定的 n 阶矩阵 $\boldsymbol{A}$，可作出其正交三角形分解. 为便于叙述，不妨附以下标 1，即 $\boldsymbol{A}_1 \xlongequal{\text{def}} \boldsymbol{A}$，有

$$\boldsymbol{A}_1=\boldsymbol{Q}_1\boldsymbol{R}_1,$$

其中 $\boldsymbol{Q}_1$ 为正交阵，$\boldsymbol{R}_1$ 为上三角阵. 据此可定义矩阵 $\boldsymbol{A}_2$，令

$$\boldsymbol{A}_2 \xlongequal{\text{def}} \boldsymbol{R}_1\boldsymbol{Q}_1,$$

这就有 $\boldsymbol{Q}_1^{-1}\boldsymbol{A}_1\boldsymbol{Q}_1=\boldsymbol{A}_2$，即 $\boldsymbol{A}_2$ 与 $\boldsymbol{A}_1$ 相似，故 $\boldsymbol{A}_1$，$\boldsymbol{A}_2$ 具有完全一样的特征值. 对 $\boldsymbol{A}_2$ 再作正交三角形分解，得

$$\boldsymbol{A}_2=\boldsymbol{Q}_2\boldsymbol{R}_2,$$

并定义 $\boldsymbol{A}_3=\boldsymbol{R}_2\boldsymbol{Q}_2$，然后再作正交三角形分解，…，一般地，为

$$\boldsymbol{A}_k=\boldsymbol{Q}_k\boldsymbol{R}_k,\ \boldsymbol{A}_{k+1}=\boldsymbol{R}_k\boldsymbol{Q}_k,\ k=1,\ 2,\ \cdots. \tag{A-5}$$

容易看出，这一列矩阵 $\boldsymbol{A}_1$，$\boldsymbol{A}_2$，…，均相似，故具有全同的特征值. 而且，重要的是，在非常一般的条件下，矩阵列 $\{\boldsymbol{A}_k\}$ 将收敛于一个上三角形矩阵 $\boldsymbol{U}$，因为三角阵的全部主对角线元即为其全部的特征值，这也就是 $\boldsymbol{A}$ 的全部特征值. 在具体计算中，当 $\boldsymbol{A}_{k+1}$ 与 $\boldsymbol{A}_k$ 的对应主对角线元相差均小于预先给定精度时，可认为 $\boldsymbol{A}_{k+1}$ 的主对角线元就是 $\boldsymbol{A}$ 的特征值之合适的近似值.

例 A-3 试用 ***QR*** 的方法，计算

$$\boldsymbol{A}=\begin{pmatrix}2&1\\1&2\end{pmatrix}$$

的全部特征值.

解 将 $\boldsymbol{A}$ 记成 $\boldsymbol{A}_1$，容易地得到 $\boldsymbol{A}_1$ 的正交三角形分解 $\boldsymbol{A}_1=\boldsymbol{Q}_1\boldsymbol{R}_1$，其中

$$\boldsymbol{Q}_1=\frac{1}{\sqrt{5}}\begin{pmatrix}2&1\\1&-2\end{pmatrix},\ \boldsymbol{R}_1=\frac{1}{\sqrt{5}}\begin{pmatrix}5&4\\0&-3\end{pmatrix}.$$

于是，有

$$
\begin{aligned}
\boldsymbol{A}_2 &= \boldsymbol{R}_1\boldsymbol{Q}_1\\
&= \frac{1}{5}\begin{pmatrix}5 & 4\\ 0 & -3\end{pmatrix}\begin{pmatrix}2 & 1\\ 1 & -2\end{pmatrix}\\
&= \begin{pmatrix}2.8 & -0.6\\ -0.6 & 1.2\end{pmatrix}.
\end{aligned}
$$

对 $\boldsymbol{A}_2$ 再作正交三角形分解，$\boldsymbol{A}_2=\boldsymbol{Q}_2\boldsymbol{R}_2$，有

$$
\boldsymbol{Q}_2=\frac{1}{\sqrt{8.2}}\begin{pmatrix}2.8 & -0.6\\ -0.6 & -2.8\end{pmatrix},\ \boldsymbol{R}_2=\frac{1}{\sqrt{8.2}}\begin{pmatrix}8.2 & -2.4\\ 0 & -3\end{pmatrix},
$$

及

$$
\boldsymbol{A}_3=\boldsymbol{R}_2\boldsymbol{Q}_2=\frac{1}{8.2}\begin{pmatrix}24.4 & 1.8\\ 1.8 & 8.4\end{pmatrix}\approx\begin{pmatrix}2.98 & 0.22\\ 0.22 & 1.02\end{pmatrix},
$$

且可得 $\boldsymbol{A}_3=\boldsymbol{Q}_3\boldsymbol{R}_3$，其中

$$
\boldsymbol{Q}_3=\frac{1}{\sqrt{8.93}}\begin{pmatrix}2.98 & 0.22\\ 0.22 & -2.98\end{pmatrix},\ \boldsymbol{R}_3=\frac{1}{\sqrt{8.93}}\begin{pmatrix}8.93 & -2.384\\ 0 & -2.99\end{pmatrix},
$$

以及

$$
\begin{aligned}
\boldsymbol{A}_4 &= \boldsymbol{R}_3\boldsymbol{Q}_3=\frac{1}{8.93}\begin{pmatrix}8.93 & -2.384\\ 0 & -2.99\end{pmatrix}\begin{pmatrix}2.98 & 0.22\\ 0.22 & -2.98\end{pmatrix}\\
&= \begin{pmatrix}2.92 & 0.07\\ 0.07 & 1\end{pmatrix}.
\end{aligned}
$$

可以看出，随着 k 的增加，$\boldsymbol{A}_k$ 的非对角线元在趋于零，而对角线元趋于矩阵 $\boldsymbol{A}$ 的特征值 $\lambda_1=3$ 和 $\lambda_2=1$.

附录 B　矩阵广义逆简介

设 $\boldsymbol{A}$ 是 n 阶方阵，$\boldsymbol{b}$ 是 $n\times1$ 矩阵，则可得到线性方程组

$$
\boldsymbol{Ax}=\boldsymbol{b}. \tag{B-1}
$$

当 $\boldsymbol{A}$ 是可逆(非奇异)矩阵时，线性方程组(B-1)有唯一解：$x=\boldsymbol{A}^{-1}\boldsymbol{b}$. 当 $\boldsymbol{A}$ 是奇异矩阵时，线性方程组(B-1)可能无解也可能有无穷多个解. 当然，更加一般地，设 $\boldsymbol{A}$ 是 $m\times n$ 矩阵，$\boldsymbol{b}$ 是 $m\times1$ 矩阵时，线性方程组(B-1)具体有什么样的解，需要借助于系数矩阵与增广矩阵的秩来判定：当 $r(\boldsymbol{A})=r(\boldsymbol{A}\quad\boldsymbol{b})=n$ 时，有唯一解；当 $r(\boldsymbol{A})=r(\boldsymbol{A}\quad\boldsymbol{b})<n$ 时，有无穷多个解；当 $r(\boldsymbol{A})\neq r(\boldsymbol{A}\quad\boldsymbol{b})$ 时，无解.

在有无穷多个解时，解的表示形式采用通解表示，这实际上是很不方便进行科学研究的. 在一些实际应用中，如线性控制理论、线性模型理论、大数据信息处理理论中，经常遇到线性方程组的一般解的表示形式问题. 为此我们系统介绍矩阵的广义逆知识.

设 A 是复数域 $\mathbf{C}$ 上的 $m\times n$ 矩阵，考虑下面的四个矩阵方程：（这里 $\boldsymbol{B}^{\mathrm{H}}$ 表示复矩阵 $\boldsymbol{B}$ 的共轭转置矩阵，即 $\boldsymbol{B}^{\mathrm{H}}=(\overline{\boldsymbol{B}})^{\mathrm{T}}$.）

$$\boldsymbol{AxA}=\boldsymbol{A}, \tag{P_1}$$

$$\boldsymbol{xAx}=\boldsymbol{x}, \tag{P_2}$$

$$(\boldsymbol{Ax})^{\mathrm{H}}=\boldsymbol{Ax}, \tag{P_3}$$

$$(\boldsymbol{xA})^{\mathrm{H}}=\boldsymbol{xA}, \tag{P_4}$$

称矩阵方程(P_1)，(P_2)，(P_3)，(P_4)为彭罗斯(Penrose)方程. 下面我们证明这四个方程有唯一的公共解. 为此我们需要下面的引理.

引理 B-1 设 $\boldsymbol{A}$ 是 $m\times n$ 复矩阵，则 $r(\boldsymbol{A})=r(\boldsymbol{A}^{\mathrm{H}}\boldsymbol{A})=r(\boldsymbol{A}\boldsymbol{A}^{\mathrm{H}})$.

证明 显然齐次线性方程组 $\boldsymbol{Ax}=\mathbf{0}$ 的解都是齐次线性方程组 $\boldsymbol{A}^{\mathrm{H}}\boldsymbol{Ax}=\mathbf{0}$ 的解. 反之，设 $\boldsymbol{x}=\boldsymbol{\alpha}$ 是 $\boldsymbol{A}^{\mathrm{H}}\boldsymbol{Ax}=\mathbf{0}$ 的任意一个解，则 $\boldsymbol{A}^{\mathrm{H}}\boldsymbol{A\alpha}=\mathbf{0}$，于是 $\boldsymbol{\alpha}^{\mathrm{H}}\boldsymbol{A}^{\mathrm{H}}\boldsymbol{A\alpha}=\mathbf{0}$，从而 $(\boldsymbol{A\alpha})^{\mathrm{H}}(\boldsymbol{A\alpha})=\mathbf{0}$.

设 $\boldsymbol{A\alpha}=\begin{pmatrix}x_1+\mathrm{i}y_1\\x_2+\mathrm{i}y_2\\\vdots\\x_n+\mathrm{i}y_n\end{pmatrix}$，则 $(\boldsymbol{A\alpha})^{\mathrm{H}}(\boldsymbol{A\alpha})=(x_1^2+y_1^2)+(x_2^2+y_2^2)+\cdots+(x_n^2+y_n^2)$，于是 $(x_1^2+y_1^2)+(x_2^2+y_2^2)+\cdots+(x_n^2+y_n^2)=0$，故 $x_i=y_i=0$，$1\leqslant i\leqslant n$. 从而 $\boldsymbol{A\alpha}=\begin{pmatrix}x_1+\mathrm{i}y_1\\x_2+\mathrm{i}y_2\\\vdots\\x_n+\mathrm{i}y_n\end{pmatrix}=\mathbf{0}$，即 $\boldsymbol{x}=\boldsymbol{\alpha}$ 是 $\boldsymbol{Ax}=\mathbf{0}$ 的解. 因而，齐次线性方程组 $\boldsymbol{Ax}=\mathbf{0}$ 与齐次线性方程组 $\boldsymbol{A}^{\mathrm{H}}\boldsymbol{Ax}=\mathbf{0}$ 同解. 故有 $n-r(\boldsymbol{A})=n-r(\boldsymbol{A}^{\mathrm{H}}\boldsymbol{A})$，即有 $r(\boldsymbol{A})=r(\boldsymbol{A}^{\mathrm{H}}\boldsymbol{A})$.

注意到上述证明过程可知 $r(\boldsymbol{A}\boldsymbol{A}^{\mathrm{H}})=r[(\boldsymbol{A}^{\mathrm{H}})^{\mathrm{H}}\boldsymbol{A}^{\mathrm{H}}=r(\boldsymbol{A}^{\mathrm{H}})]$，再由 $r(\boldsymbol{A})=r(\boldsymbol{A}^{\mathrm{H}})$ 可得 $r(\boldsymbol{A})=r(\boldsymbol{A}\boldsymbol{A}^{\mathrm{H}})$.

引理 B-2 设 $\boldsymbol{A}$ 是 $m\times n$ 复矩阵，若 $r(\boldsymbol{A})=r>0$，则存在 $m\times r$ 列满秩矩阵 $\boldsymbol{B}$ 及 $r\times n$ 行满秩矩阵 $\boldsymbol{C}$，使得

$$\boldsymbol{A}=\boldsymbol{BC}. \tag{B-2}$$

证明 由矩阵等价理论，存在 m 阶可逆矩阵 $\boldsymbol{P}$ 及 n 阶可逆矩阵 $\boldsymbol{Q}$，使得 $\boldsymbol{PAQ}=\begin{pmatrix}\boldsymbol{E}_r&\boldsymbol{O}\\\boldsymbol{O}&\boldsymbol{O}\end{pmatrix}$，于是 $\boldsymbol{A}=\boldsymbol{P}^{-1}\begin{pmatrix}\boldsymbol{E}_r&\boldsymbol{O}\\\boldsymbol{O}&\boldsymbol{O}\end{pmatrix}\boldsymbol{Q}^{-1}=\boldsymbol{P}^{-1}\begin{pmatrix}\boldsymbol{E}_r\\\boldsymbol{O}\end{pmatrix}_{m\times r}(\boldsymbol{E}_r\quad\boldsymbol{O})_{r\times n}\boldsymbol{Q}^{-1}=\boldsymbol{BC}$，其中，$\boldsymbol{B}=\boldsymbol{P}^{-1}\begin{pmatrix}\boldsymbol{E}_r\\\boldsymbol{O}\end{pmatrix}_{m\times r}$，$\boldsymbol{C}=$

$(E_r \quad O)_{r\times n}Q^{-1}$，显然 B 是秩为 r 的 $m\times r$ 列满秩矩阵，C 是秩为 r 的 $r\times n$ 行满秩矩阵.

通常称公式(B-2)为矩阵 A 的满秩分解. 利用矩阵的满秩分解，我们来证明满足彭罗斯方程的解存在且唯一.

定理 B-1　彭罗斯方程的解存在且唯一.

证明　先证解的存在性：

若 $A=O$，则显然 $x=O$ 是彭罗斯方程的解；

若 $A\neq O$，则由引理 B-2，$A=BC$，其中 B 是秩为 r 的 $m\times r$ 列满秩矩阵，C 是秩为 r 的 $r\times n$ 行满秩矩阵，这里 $r=r(A)$. 于是由引理 B-1 知 CC^{H}，$B^{\mathrm{H}}B$ 都是 r 阶可逆矩阵，因此取 $x=C^{\mathrm{H}}(CC^{\mathrm{H}})^{-1}(B^{\mathrm{H}}B)^{-1}B^{\mathrm{H}}$，则容易验证它是彭罗斯方程的解.

再证唯一性：假设 X，Y 都是彭罗斯方程的解，则

$$
\begin{aligned}
X &= XAX = X(AYA)X = X(AY)(AX) = X(AY)^{\mathrm{H}}(AX)^{\mathrm{H}} = \\
&\quad X(AXAY)^{\mathrm{H}} \\
&= X(AY)^{\mathrm{H}} = XAY = (XA)^{\mathrm{H}}Y = (XAYA)^{\mathrm{H}}Y = (YA)^{\mathrm{H}}(XA)^{\mathrm{H}}Y \\
&= YAXAY = YAY = Y.
\end{aligned}
$$
因此解是唯一的.

将满足彭罗斯方程的唯一解称为矩阵 A 的 Moore-Penrose 逆矩阵，记为 A^{+}.（历史上也称为矩阵 A 的伪逆.）因此我们有：每个复矩阵 A 都有 Moore-Penrose 逆矩阵，且 $A^{+}=C^{\mathrm{H}}(CC^{\mathrm{H}})^{-1}(B^{\mathrm{H}}B)^{-1}B^{\mathrm{H}}$，满足：

$$A=AA^{+}A;\ A^{+}=A^{+}AA^{+};\ (AA^{+})^{\mathrm{H}}=AA^{+};\ (A^{+}A)^{\mathrm{H}}=A^{+}A.$$

例 B-1

设 $A=\begin{pmatrix}1&1\\1&1\\0&0\end{pmatrix}$，求 A^{+}.

解　由初等变换可得 $A=\begin{pmatrix}1\\1\\0\end{pmatrix}(1\quad 1)=BC$，其中 $B=\begin{pmatrix}1\\1\\0\end{pmatrix}$，$C=(1\quad 1)$.

于是 $A^{+}=C^{\mathrm{H}}(CC^{\mathrm{H}})^{-1}(B^{\mathrm{H}}B)^{-1}B^{\mathrm{H}}=\begin{pmatrix}1\\1\end{pmatrix}(2)^{-1}(2)^{-1}(1\quad 1\quad 0)=\dfrac{1}{4}\begin{pmatrix}1&1&0\\1&1&0\end{pmatrix}$.

例 B-2 设$A=\begin{pmatrix}1&0&1\\2&1&3\\0&1&1\end{pmatrix}$，求$A^+$.

解 先对A及3阶单位矩阵E_3施行相同的初等行变换，当把A变成行最简形矩阵D时，单位矩阵E_3变成3阶可逆矩阵P，再对D及3阶单位矩阵E_3施行相同的初等列变换，当把D变成最简形矩阵时，单位矩阵E_3变成3阶可逆矩阵Q，具体地：

$$(A\quad E_3)=\begin{pmatrix}1&0&1&1&0&0\\2&1&3&0&1&0\\0&1&1&0&0&1\end{pmatrix}\xrightarrow{\text{初等行变换}}\begin{pmatrix}1&0&1&1&0&0\\0&1&1&-2&1&0\\0&0&0&2&-1&1\end{pmatrix},$$

于是

$$D=\begin{pmatrix}1&0&1\\0&1&1\\0&0&0\end{pmatrix},\ P=\begin{pmatrix}1&0&0\\-2&1&0\\2&-1&1\end{pmatrix}.$$

$$\begin{pmatrix}D\\E_3\end{pmatrix}=\begin{pmatrix}1&0&1\\0&1&1\\0&0&0\\1&0&0\\0&1&0\\0&0&1\end{pmatrix}\xrightarrow{\text{初等列变换}}\begin{pmatrix}1&0&0\\0&1&0\\0&0&0\\1&0&-1\\0&1&-1\\0&0&1\end{pmatrix},\ \text{因此}\ Q=\begin{pmatrix}1&0&-1\\0&1&-1\\0&0&1\end{pmatrix},$$

$r(A)=2$.

$$\text{取}\ B=P^{-1}\begin{pmatrix}1&0\\0&1\\0&0\end{pmatrix}=\begin{pmatrix}1&0\\2&1\\0&1\end{pmatrix},\ C=\begin{pmatrix}1&0&0\\0&1&0\end{pmatrix}Q^{-1}=\begin{pmatrix}1&0&1\\0&1&1\end{pmatrix},$$

则$A=BC$.

$$A^+=C^{\mathrm H}\ (CC^{\mathrm H})^{-1}\ (B^{\mathrm H}B)^{-1}\ B^{\mathrm H}=\begin{pmatrix}1&0\\0&1\\1&1\end{pmatrix}\begin{pmatrix}2&1\\1&2\end{pmatrix}^{-1}\begin{pmatrix}5&2\\2&2\end{pmatrix}^{-1}$$

$$\begin{pmatrix}1&2&0\\0&1&1\end{pmatrix}=\frac{1}{6}\begin{pmatrix}2&1&-3\\-2&0&4\\0&1&1\end{pmatrix}.$$

例 B-3 设A是n阶可逆矩阵，证明：$A^{-1}=A^+$.

证明 由于$A=AA^+A$且A是n阶可逆矩阵，因此

$$E_n=A^{-1}A=A^{-1}(AA^+A)=(A^{-1}A)A^+A=E_nA^+A=A^+A,$$

故有

$$A^{-1}=E_nA^{-1}=(A^+A)A^{-1}=A^+(AA^{-1})=A^+E_n=A^+.$$

例 B-3 说明可逆矩阵的 Moore-Penrose 逆矩阵就是其逆矩阵. 注意到每个矩阵都有 Moore-Penrose 逆矩阵，但不是每个矩阵都是可逆矩阵，因此矩阵的 Moore-Penrose 逆是可逆矩阵的推广，故有时也把矩阵的 Moore-Penrose 逆称为矩阵的广义逆.

利用矩阵的 Moore-Penrose 逆，下面的例子给出了一个矩阵方程有解的判别方法，并给出一般解的显式表示.

例 B-4　设 A 是 $m\times n$ 矩阵，B 是 $m\times s$ 矩阵，证明：矩阵方程

$$AX=B \tag{B-3}$$

有解当且仅当 $B=AA^+B$，并证明在有解时，一般解由下式给出：

$$X=A^+B+U-A^+AU,\text{其中 } U \text{ 是任意 } n\times s \text{ 矩阵}. \tag{B-4}$$

证明　必要性. 假设矩阵方程(B-3)有解 $X=C$，则 $AC=B$，于是

$$AA^+B=AA^+(AC)=(AA^+A)C=AC=B.$$

充分性. 假设 $B=AA^+B$，则容易发现 $X=A^+B$ 是矩阵方程(B-3)的解.

可见在矩阵方程(B-3)有解时，$X=A^+B$ 就是一个解，从而经过简单计算可得公式(B-4)中每个矩阵都是矩阵方程(B-3)的解.

反之，设 X_0 是矩阵方程(B-3)的任意一个解，则有 $AX_0=B$，取 $U=X_0-A^+B$，则

$$A^+AU=A^+A(X_0-A^+B)=A^+AX_0-A^+A(A^+B)=A^+B-A^+B=O,$$

因此 $X_0=A^+B+(X_0-A^+B)=A^+B+U=A^+B+U-A^+AU$ 具有公式(B-4)的形式，从而矩阵方程(B-3)的一般解由公式(B-4)给出.

例 B-5　设 A 是 $m\times n$ 矩阵，证明：

(1) $A^HAA^+=A^H=A^+AA^H$；(2) $(A^+)^HA^HA=A=AA^H(A^+)^H$.

证明

(1) 由于 $AA^+=(AA^+)^H$，所以 $A^HAA^+=A^H(AA^+)^H=(AA^+A)^H=A^H$. 同理可证：$A^+AA^H=A^H$.

(2) 由于 $AA^+=(AA^+)^H=(A^+)^HA^H$，所以 $(A^+)^HA^HA=AA^+A=A$. 同理可证：$AA^H(A^+)^H=A$.

附录 C　数域与多项式简介

C.1　数域

关于数的加、减、乘、除等运算的性质通常称为数的代数性质. 代数所研究的问题主要涉及数的代数性质，这方面的大部分

性质是有理数、实数、复数的全体所共有的.

定义 C-1 设 P 是由一些复数组成的集合，其中包括0与1，如果 P 中任意两个数的和、差、积、商(除数不为零)仍然是其中的数，那么 P 就称为一个**数域**.

显然全体有理数组成的集合、全体实数组成的集合、全体复数组成的集合都是数域．这三个数域分别用字母 **Q**、**R**、**C** 来代表. 全体整数组成的集合就不是数域.

如果数的集合 P 中任意两个数作某一种运算的结果都仍在 P 中，就说数集 P 对这个运算是封闭的. 因此数域的定义也可以说成，如果一个包含0，1在内的数集 P 对于加法、减法、乘法与除法(除数不为零)是封闭的，那么 P 就称为一个数域.

例如，所有具有形式 $a+b\sqrt{2}$ 的数(其中 a，b 是任何有理数)，构成一个数域，通常用 $\boldsymbol{Q}(\sqrt{2})$ 来表示这个数域．所有可以表成形式 $a+b\mathrm{i}$ 的数组成一数域，其中 a，b 是任何有理数，$\mathrm{i}^2=-1$，通常用 $\boldsymbol{Q}(\mathrm{i})$ 来表示这个数域．但所有奇数组成的数集，对于乘法是封闭的，但对于加、减法不是封闭的，它不构成一个数域.

性质 所有的数域都包含有理数域.

C.2 多项式

1. 一元多项式

定义 C-2 设 n 是一非负整数，形式表达式

$$a_nx^n+a_{n-1}x^{n-1}+\cdots+a_1x+a_0,\tag{C-1}$$

其中 a_0，a_1，…，a_n 全属于数域 P，称为系数在数域 P 中的一元多项式，或者简称为数域 P 上的**一元多项式**.

在多项式(C-1)中，a_ix^i 称为 i 次项，a_i 称为 i 次项的系数. 以后用 $f(x)$，$g(x)$，…或 f，g，…来表示多项式. 这里定义的多项式是符号或文字的形式表达式.

定义 C-3 如果在多项式 $f(x)$ 与 $g(x)$ 中，除去系数为零的项外，同次项的系数全相等，那么 $f(x)$ 与 $g(x)$ 就称为相等，记为 $f(x)=g(x)$.

系数全为零的多项式称为零多项式，记为0. 在式(C-1)中，

如果 $a_n \neq 0$，那么 $a_n x^n$ 称为多项式(C-1)的首项，a_n 称为首项系数，n 称为多项式(C-1)的次数. 多项式 $f(x)$ 的次数记为 $\partial(f(x))$. 零多项式是唯一不定义次数的多项式.

2. 多项式函数

设

$$f(x)=a_n x^n+a_{n-1}x^{n-1}+\cdots+a_1 x+a_0 \tag{C-2}$$

是 $P[x]$ 中的多项式，α 是 P 中的数，在式(C-2)中用 α 代 x 所得的数

$$a_n\alpha^n+a_{n-1}\alpha^{n-1}+\cdots+a_1\alpha+a_0$$

称为 $f(x)$ 当 $x=\alpha$ 时的值，记为 $f(\alpha)$. 这样，多项式 $f(x)$ 就定义了一个数域上的函数，可以由一个多项式来定义的函数就称为数域上的多项式函数.

定理 C-1　(余数定理)用一次多项式去除多项式 $f(x)$，所得的余式是一个常数，这个常数等于函数值 $f(\alpha)$.

如果 $f(x)$ 在 $x=\alpha$ 时函数值 $f(\alpha)=0$，那么 α 就称为 $f(x)$ 的一个根或零点. 由余数定理得到根与一次因式的关系：

推论　α 是 $f(x)$ 的根的充要条件是 $(x-\alpha)$ 是 $f(x)$ 的一个因式.

由这个关系，可以定义重根的概念. α 称为 $f(x)$ 的 k 重根，如果 $(x-\alpha)$ 是 $f(x)$ 的 k 重因式. 当 $k=1$ 时，α 称为单根；当 $k>1$ 时，α 称为重根.

定理 C-2　$P[x]$ 中的 n 次多项式 $f(x)$ $(n\geqslant 0)$ 在数域 P 中的根不可能多于 n 个(重根按重数计算).

在上面看到，每个多项式函数都可以由一个多项式来定义. 相同的多项式会不会定义出相同的函数呢？这就是问，是否可能有 $f(x)\neq g(x)$，而对于 P 中所有的数 α 都有 $f(\alpha)=g(\alpha)$？定理 C-2 不难对这个问题给出一个否定的回答.

定理 C-3　如果多项式 $f(x)$，$g(x)$ 的次数都不超过 n，而它们对 $n+1$ 个不同的数有相同的值即 $f(\alpha_i)=g(\alpha_i)$，$i=1, 2, \cdots, n+1$，那么 $f(x)=g(x)$.

因为数域中有无穷多个数，所以定理 C-3 说明了，不同的多项式定义的函数也不相同. 如果两个多项式定义相同的函数，就称为恒等. 上面的结论表明，多项式的恒等与多项式相等实际上

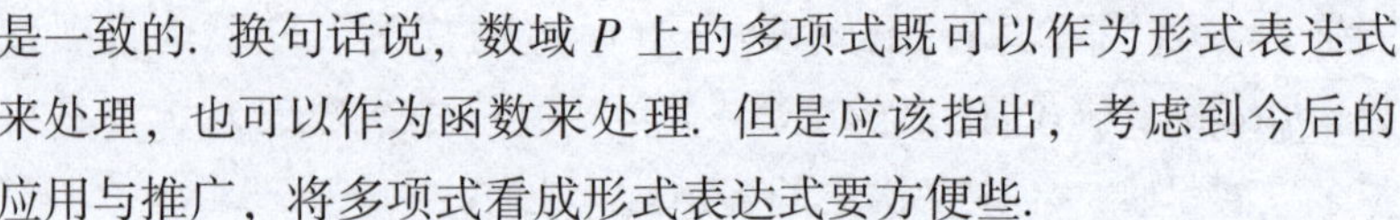

是一致的. 换句话说，数域 P 上的多项式既可以作为形式表达式来处理，也可以作为函数来处理. 但是应该指出，考虑到今后的应用与推广，将多项式看成形式表达式要方便些.

3. 多项式因式分解定理

> 代数学基本定理是一个存在性定理，我们找到了一元二次方程 $ax^2+bx+c=0$ 的求根公式，$x_{1,2}=\dfrac{-b\pm\sqrt{b^2-4ac}}{2a}$，三、四次方程也有类似的求根公式，但要复杂一些。1831 年，Galois 发现五次以上的多项式就没有这样的公式了.

定理 C-4 （代数基本定理）每个次数≥1 的复系数多项式在复数域中有一个根.

利用根与一次因式的关系，代数基本定理可以等价地叙述为：每个次数≥1 的复系数多项式在复数域上一定有一个一次因式. 由此，在复数域上所有次数大于 1 的多项式都是可约的. 因式分解定理在复数域上可以叙述成：

定理 C-5 （复系数多项式因式分解定理）每个次数≥1 的复系数多项式在复数域上都可以唯一地分解成一次因式的乘积.

因此，复系数多项式具有标准分解式

$$f(x)=a_n(x-\alpha_1)^{l_1}(x-\alpha_2)^{l_2}\cdots(x-\alpha_s)^{l_s},$$

其中 α_1，α_2，…，α_s 是不同的复数，l_1，l_2，…，l_s 是正整数. 标准分解式说明了每个 n 次复系数多项式恰有 n 个复根（重根按重数计算）.

对于实系数多项式，如果 α 是实系数多项式 $f(x)$ 的复根，那么 α 的共轭数 $\overline{\alpha}$ 也是 $f(x)$ 的根，并且 α 与 $\overline{\alpha}$ 有同一重数，即实系数多项式的非零复数根成对出现.

定理 C-6 （实系数多项式因式分解定理） 每个次数≥1 的实系数多项式在实数域上都可以唯一地分解成一次因式与含一对非零共轭复数根的二次因式的乘积. 实数域上不可约多项式，除一次多项式外，只有含非零共轭复数根的二次多项式.

因此，实系数多项式具有标准分解式

$$f(x)=a_n(x-c_1)^{l_1}(x-c_2)^{l_2}\cdots(x-c_s)^{l_s}$$
$$(x^2+p_1x+q_1)^{k_1}\cdots(x^2+p_rx+q_r)^{k_r},$$

其中 c_1，…，c_s，p_1，…，p_r，q_1，…，q_r 全是实数，l_1，l_2，…，l_s，k_1，…，k_r 是正整数，并且 $x^2+p_ix+q_i(i=1,2,\cdots,r)$ 是不可约的，也就是适合条件 $p_i^2-4q_i<0$，$i=1$，2，…，r.

代数基本定理虽然肯定了 n 次方程有 n 个复根，但是并没有给出根的一个具体的求法. 高次方程求根的问题还远远没有解决. 特别是应用方面，方程求根是一个重要的问题，这个问题是相当复杂的，它构成了计算数学的一个分支.

C.3 n 次多项式的根与系数的关系

令

$$f(x)=x^n+a_1x^{n-1}+\cdots+a_n \tag{C-3}$$

是一个 $n(>0)$ 次多项式，那么在复数域 $\boldsymbol{C}$ 中 $f(x)$ 有 n 个根 α_1，α_2，…，α_n，因而在 $C[x]$ 中，$f(x)$ 完全分解为一次因式的乘积：

$$f(x)=(x-\alpha_1)(x-\alpha_2)\cdots(x-\alpha_n).$$

展开这一等式右端的括号，合并同次项，然后比较所得出的系数与式(C-1)右端的系数，得到根与系数的关系：

$$\begin{aligned}
a_1&=-(\alpha_1+\alpha_2+\cdots+\alpha_n),\\
a_2&=(\alpha_1\alpha_2+\alpha_1\alpha_3+\cdots+\alpha_{n-1}\alpha_n),\\
a_3&=-(\alpha_1\alpha_2\alpha_3+\alpha_1\alpha_2\alpha_4+\cdots+\alpha_{n-2}\alpha_{n-1}\alpha_n),\\
&\vdots\\
a_{n-1}&=(-1)^{n-1}(\alpha_1\alpha_2\cdots\alpha_{n-1}+\alpha_1\alpha_3\cdots\alpha_n+\cdots+\alpha_2\alpha_3\cdots\alpha_n),\\
a_n&=(-1)^n\alpha_1\alpha_2\cdots\alpha_n,
\end{aligned}$$

其中第 $k(k=1,2,\cdots,n)$ 个等式的右端是一切可能的 k 个根的乘积之和，乘以 $(-1)^k$.

若多项式

$$f(x)=a_0x^n+a_1x^{n-1}+\cdots+a_n$$

的首项系数 $a_0\neq1$，那么应用根与系数的关系时须先用 a_0 除所有的系数，这样做，多项式的根并无改变. 这时根与系数的关系取以下形式：

$$\begin{aligned}
\frac{a_1}{a_0}&=-(\alpha_1+\alpha_2+\cdots+\alpha_n),\\
\frac{a_2}{a_0}&=\alpha_1\alpha_2+\alpha_1\alpha_3+\cdots+\alpha_{n-1}\alpha_n,\\
&\vdots\\
\frac{a_n}{a_0}&=(-1)^n\alpha_1\alpha_2\cdots\alpha_n.
\end{aligned}$$

利用根与系数的关系容易求出有已知根的多项式，如求出有单根 5 与 -2，有二重根 3 的一个四次多项式 $f(x)=(x-5)(x+2)(x-3)^2$.

部分习题答案与提示

习题 1.1

1. (1)4；　(2)$n-1$；　(3)7；　(4)$\frac{(n-1)(n-2)}{2}$.

2. (1)-1；　(2)18；　(3)-8；　(4)$-abcd$.

3. $a_{12}a_{21}a_{34}a_{43}$；$-a_{12}a_{23}a_{34}a_{41}$.

4. 略.

5. $x_1=0$，$x_2=2$.

6. 提示：考虑用行列式的定义.

习题 1.2

1. (1)8；　(2)-40；　(3)48；　(4)a^4.

2. 略.

3. (1)$D=\begin{cases} b_1b_2\cdots b_n, & \forall\, b_i\neq 0, \\ 0, & \exists\, b_i=0; \end{cases}$　(2)$6[(n-3)!]$.

4. $x_{1,2}=\pm 1$，$x_{3,4}=\pm 2$.

5. 略.

习题 1.3

1. $M_{13}=19$；$A_{43}=-10$.

2. -24.

3. -15.

4. (1)-120；(2)$a^n+(-1)^{n+1}b^n$.

5. $(ad-bc)^n$.

习题 1.4

1. x^2y^2.

2. $(-1)^{\frac{n(n-1)}{2}}(2n-1)(n-1)^{n-1}$.

3. $3!2!$.

4. $a^3+b^3+c^3-3abc$.

5. $a=b$ 时$(n+1)a^n$；$a\neq b$ 时$\dfrac{a^{n+1}-b^{n+1}}{a-b}$.

6. 略.

习题 1.5

1. (1)$x=-a$，$y=b$，$z=c$；(2)$x_1=-1$，$x_2=-1$，$x_3=0$，$x_4=1$.

2. $\lambda\neq1$ 且 $\lambda\neq-2$.

3. (1)当 $a\neq1$ 且 $b\neq0$ 时，只有零解；(2)当 $a=1$ 或 $b=0$ 时，有非零解.

4. 略.

总习题一

一、问答题

1. 平行四边形的有向面积，平行六面体的有向体积.

2. $A_{ij}=(-1)^{i+j}M_{ij}$，展开定理.

3. 三平面交于一点.

4. 略.

二、单项选择题

1. B　2. C　3. C　4. A　5. C

6. D　7. B　8. A　9. D　10. D

三、解答题

1. $(-1)^n(n+1)a_1a_2\cdots a_n$.

2. (1)$-2(x^3+y^3)$；(2)$1-(x^2+y^2+z^2)$；(3)665；(4)0.

3. $\left(1+\sum\limits_{i=1}^{n}\dfrac{x_i}{y_i}\right)y_1y_2\cdots y_n$.

4~6. 略.

7. 当 $\lambda\neq0$ 且 $\lambda\neq-3$ 时，方程组有唯一解.

8. $\begin{cases}m=-4,\\k=-2.\end{cases}$

9. $A_{41}+A_{42}+A_{43}+A_{44}=\begin{vmatrix}1&-5&1&3\\1&1&3&4\\1&1&2&3\\1&1&1&1\end{vmatrix}=6.$

10. $(-1)^{n-1}(n-1)2^{n-2}$.

11、12. 略.

习题 2.1

1. $\begin{pmatrix}3&5&6\\0&-1&6\\3&5&5\end{pmatrix}$, $\begin{pmatrix}1&-3&-1\\7&-5&1\\4&5&-3\end{pmatrix}$.

2. (1) $\begin{pmatrix}8\\2\\12\end{pmatrix}$; (2) 10; (3) $\begin{pmatrix}-2&4&2\\-1&2&1\\-3&6&3\end{pmatrix}$;

(4) $f(x_1,x_2,x_3)=a_{11}x_1^2+a_{22}x_2^2+a_{33}x_3^2+2a_{12}x_1x_2+2a_{13}x_1x_3+2a_{23}x_2x_3$;

(5) $\begin{pmatrix}1&2&5&-4\\0&1&2&-4\\0&0&-4&-9\\0&0&0&-9\end{pmatrix}$.

3. $f(\boldsymbol{A})=\begin{pmatrix}21&-23&15\\-13&34&10\\-9&22&25\end{pmatrix}$;

4. (1) $\boldsymbol{A}^4=5^3\boldsymbol{A}$; (2) $\boldsymbol{A}^n=(-3)^{n-1}\boldsymbol{A}$.

5. $\begin{cases}x_1=3z_2+6z_3,\\x_2=z_2-4z_3,\\x_3=-6z_1-5z_2+5z_3.\end{cases}$

习题 2.2

1. (1) $\boldsymbol{A}^2=\begin{pmatrix}0&0&6\\0&0&0\\0&0&0\end{pmatrix}$, $\boldsymbol{A}^3=\begin{pmatrix}0&0&0\\0&0&0\\0&0&0\end{pmatrix}$; (2) $\begin{pmatrix}\lambda^3&3\lambda^2&3\lambda\\0&\lambda^3&3\lambda^2\\0&0&\lambda^3\end{pmatrix}$.

2. $\boldsymbol{B}=\begin{pmatrix}2&3&2\\3&7&1\\2&1&0\end{pmatrix}$, $\boldsymbol{C}=\begin{pmatrix}0&-1&2\\1&0&2\\-2&-2&0\end{pmatrix}$.

3. 略.

4. 提示：考虑 $A^2=AA^{\mathrm{T}}$ 的主对角线元素.

5. 略.

习题 2.3

1. (1) $\begin{pmatrix} -2 & \frac{3}{2} \\ 1 & -\frac{1}{2} \end{pmatrix}$； (2) $\frac{1}{2}\begin{pmatrix} \csc x & \cos x \\ \sec x & -\sin x \end{pmatrix}$；

(3) $\begin{pmatrix} -\frac{5}{2} & 1 & -\frac{1}{2} \\ 5 & -1 & 1 \\ \frac{7}{2} & -1 & \frac{1}{2} \end{pmatrix}$； (4) $\begin{pmatrix} -11 & 2 & 2 \\ -4 & 0 & 1 \\ 6 & -1 & -1 \end{pmatrix}$.

2. (1) $\begin{pmatrix} 1 & 0 \\ 0 & 2 \\ 1 & 1 \end{pmatrix}$； (2) $\begin{pmatrix} 1 & 0 & 1 \\ 1 & -1 & 0 \\ 0 & 1 & 2 \end{pmatrix}$； (3) $\begin{pmatrix} 4 & -1 & -8 \\ -3 & 1 & 7 \end{pmatrix}$.

3. $\frac{1}{10}A$.

4. $A=\pm 2E$，$A^{-1}=\pm\frac{1}{2}E$，$A^*=\pm 8E$.

5. $A^{11}=\frac{1}{2}\begin{pmatrix} 1 & \sqrt{3} \\ -\sqrt{3} & 1 \end{pmatrix}$.

6. 提示：$(E-A)(E+A+A^2+\cdots+A^{k-1})=E$.

习题 2.4

1. $k=4$.

2. $|A|=3$，$A^{-1}=\begin{pmatrix} 1 & -2 & 0 & 0 \\ -2 & 5 & 0 & 0 \\ 0 & 0 & \frac{1}{3} & \frac{2}{3} \\ 0 & 0 & -\frac{1}{3} & \frac{1}{3} \end{pmatrix}$.

3. 略.

4. -5.

5. 提示：将矩阵 A 作列分块，考虑 $A^{\mathrm{T}}A$ 的主对角元素.

习题 2.5

1. (1) $\begin{pmatrix} \boldsymbol{E}_2 & \boldsymbol{O} \\ \boldsymbol{O} & 0 \end{pmatrix}$；(2) $\boldsymbol{E}_3$；(3) $\begin{pmatrix} \boldsymbol{E}_2 & \boldsymbol{O} \\ \boldsymbol{O} & \boldsymbol{O} \end{pmatrix}$；(4) $(\boldsymbol{E}_3 \quad \boldsymbol{O})$.

2. 提示：利用初等变换(注意答案不唯一).

3. (1) $\boldsymbol{A}^{-1} = \begin{pmatrix} 0 & 2 & -1 \\ 1 & 1 & -1 \\ -2 & -5 & 4 \end{pmatrix}$；　(2) $\boldsymbol{B}^{-1} = \frac{1}{9}\begin{pmatrix} -2 & 4 & 1 \\ 2 & -1 & -1 \\ 1 & -2 & -5 \end{pmatrix}$.

4. $\boldsymbol{X} = \begin{pmatrix} 1 & 1 \\ 3 & 6 \\ -2 & -3 \end{pmatrix}$.

5. (1) $|\boldsymbol{B}| = -|\boldsymbol{A}| \neq 0$，故 $\boldsymbol{B}$ 可逆；(2) $\boldsymbol{B}^{-1}\boldsymbol{A} = \boldsymbol{E}(i,j)$；
(3)(4)提示：利用初等矩阵的性质.

习题 2.6

1. $D_1 = \begin{vmatrix} 1 & -1 & 2 \\ 2 & 3 & -5 \\ 3 & 0 & 0 \end{vmatrix}$，$D_2 = \begin{vmatrix} 1 & -1 & 0 \\ 2 & 3 & 2 \\ 3 & 0 & 1 \end{vmatrix}$，$D_3 = \begin{vmatrix} 1 & 2 & 0 \\ 2 & -5 & 2 \\ 3 & 0 & 1 \end{vmatrix}$，

$D_4 = \begin{vmatrix} -1 & 2 & 0 \\ 3 & -5 & 2 \\ 0 & 0 & 1 \end{vmatrix}$.

2. (1)2；　(2)3.

3. $n=1$，若 $a=0$，则秩$(\boldsymbol{A})=0$，若 $a\neq 0$，则秩$(\boldsymbol{A})=1$；
$n>1$，若 $a\neq 1$，且 $a\neq 1-n$ 时，则秩$(\boldsymbol{A})=n$；
若 $a=1-n$，则秩$(\boldsymbol{A})=n-1$；
若 $a=1$，则秩$(\boldsymbol{A})=1$.

4. $a=5$，$b=1$.

5. 提示：利用“若 n 阶矩阵 $\boldsymbol{A}$，$\boldsymbol{B}$ 满足 $\boldsymbol{AB}=\boldsymbol{O}$，则秩$(\boldsymbol{A})$+秩$(\boldsymbol{B})\leqslant n$.”

6. 提示：利用等价标准形证明. 逆命题成立.

总习题二

一、问答题

1. 略.

2. 略.

3. (1)$\boldsymbol{A}=\begin{pmatrix}1&1\\1&0\end{pmatrix}$，$\boldsymbol{B}=\begin{pmatrix}0&1\\1&1\end{pmatrix}$；　(2)$\boldsymbol{A}=\begin{pmatrix}0&0\\1&0\end{pmatrix}$；

(3)$\boldsymbol{A}=\begin{pmatrix}1&0\\0&0\end{pmatrix}$；　(4)$\boldsymbol{A}=\begin{pmatrix}0&1\\0&0\end{pmatrix}$，$\boldsymbol{X}=\begin{pmatrix}0&1\\0&0\end{pmatrix}$，$\boldsymbol{Y}=\begin{pmatrix}0&0\\0&0\end{pmatrix}$；

(5)$\boldsymbol{A}=\begin{pmatrix}1&0\\0&2\end{pmatrix}$，$\boldsymbol{B}=\begin{pmatrix}-1&0\\0&3\end{pmatrix}$.

4. 略.

5. 略.

二、单项选择题

1. B.　2. C.　3. A.　4. C.　5. D.

6. D.　7. C.　8. A.　9. D.　10. C.

三、解答题

1. $a=8$，$b=6$.

2. 略.

3. 1.

4. -1.

5. 128;

6. $\boldsymbol{A}=\frac{1}{4}\begin{pmatrix}-4&2\\3&-1\end{pmatrix}$，$|4\boldsymbol{A}^{-1}|=-128$，$(\boldsymbol{A}^{\mathrm{T}})^{-1}=\begin{pmatrix}2&6\\4&8\end{pmatrix}$；

7. (1)$\begin{pmatrix}1&3\\0&-1\\2&2\end{pmatrix}$；(2)$\frac{1}{4}\begin{pmatrix}1&-1\\2&2\\-9&5\end{pmatrix}$.

8. $\boldsymbol{X}=\frac{1}{4}\begin{pmatrix}1&1&0\\0&1&1\\1&0&1\end{pmatrix}$.

9. $\boldsymbol{B}=\begin{pmatrix}3&0&0\\0&5&0\\0&0&3\end{pmatrix}$.

10. 略.

11. 略.

12. bú wàng chū xīn.（不忘初心）

13. 3.

14. 提示：由于 $R(\boldsymbol{AB})\leqslant\min\{R(\boldsymbol{A}),R(\boldsymbol{B})\}\leqslant n<m$，故 $|\boldsymbol{AB}|=0$.

15. 提示：由$\boldsymbol{A}^2=\boldsymbol{A}$ 得$\boldsymbol{A}^2-\boldsymbol{A}-2\boldsymbol{E}=-2\boldsymbol{E}$，即$(\boldsymbol{A}-2\boldsymbol{E})(\boldsymbol{A}+\boldsymbol{E})=-2\boldsymbol{E}$，以及$(\boldsymbol{E}-2\boldsymbol{A})^2=\boldsymbol{E}-4\boldsymbol{A}+4\boldsymbol{A}^2=\boldsymbol{E}$.

16. 提示：利用上题结论.

17. 注意答案不唯一.

18. 略.

19. 略.

习题 3.1

1. (1)$\begin{cases} x_1=-8, \\ x_2=3-2c, \\ x_3=c, \\ x_4=2, \end{cases}$ c 为任意常数；(2)无解；

(3)$\begin{cases} x_1=-1, \\ x_2=-1, \\ x_3=0, \\ x_4=1; \end{cases}$ (4)$\begin{cases} x_1=-2c_1+c_2, \\ x_2=c_1, \\ x_3=0, \\ x_4=c_2, \end{cases}$ c_1，c_2 为任意常数.

2. (1)当 $a\neq5$ 时，无解；

(2)当 $a=5$ 时，有解，$\begin{cases} x_1=-3+3c_1-c_2, \\ x_2=-2+2c_1, \\ x_3=c_1, \\ x_4=c_2, \end{cases}$ c_1，c_2 为任意常数.

3. $a=-3$ 或 $a=1$.

4. 略.

5. 略.

习题 3.2

1. $\boldsymbol{\beta}=2\boldsymbol{\alpha}_1-2\boldsymbol{\alpha}_3$.

2. (1)线性相关；(2)线性无关；(3)线性无关；(4)线性相关.

3. 略.

4. 略.

5. 不一定. 如：

$\boldsymbol{\alpha}_1=\begin{pmatrix}1\\1\end{pmatrix}$与$\boldsymbol{\alpha}_2=\begin{pmatrix}-1\\-1\end{pmatrix}$线性相关，$\boldsymbol{\beta}_1=\begin{pmatrix}-1\\-1\end{pmatrix}$与$\boldsymbol{\beta}_2=\begin{pmatrix}2\\2\end{pmatrix}$也线性相关，$\boldsymbol{\alpha}_1+\boldsymbol{\beta}_1=\begin{pmatrix}0\\0\end{pmatrix}$与$\boldsymbol{\alpha}_2+\boldsymbol{\beta}_2=\begin{pmatrix}1\\1\end{pmatrix}$线性相关；

$\boldsymbol{\alpha}_1=\begin{pmatrix}1\\0\end{pmatrix}$与$\boldsymbol{\alpha}_2=\begin{pmatrix}2\\0\end{pmatrix}$线性相关，$\boldsymbol{\beta}_1=\begin{pmatrix}0\\1\end{pmatrix}$与$\boldsymbol{\beta}_2=\begin{pmatrix}0\\3\end{pmatrix}$也线性相关，但$\boldsymbol{\alpha}_1+\boldsymbol{\beta}_1=\begin{pmatrix}1\\1\end{pmatrix}$与$\boldsymbol{\alpha}_2+\boldsymbol{\beta}_2=\begin{pmatrix}2\\3\end{pmatrix}$线性无关.

6. 略.

习题 3.3

1. (1)不等价；(2)等价.

2. (1)3；$\boldsymbol{\alpha}_1$，$\boldsymbol{\alpha}_2$，$\boldsymbol{\alpha}_3$；$\boldsymbol{\alpha}_4=2\boldsymbol{\alpha}_1+\boldsymbol{\alpha}_2$；

(2)3；$\boldsymbol{\alpha}_1$，$\boldsymbol{\alpha}_2$，$\boldsymbol{\alpha}_4$；$\boldsymbol{\alpha}_3=\boldsymbol{\alpha}_1-2\boldsymbol{\alpha}_2$，$\boldsymbol{\alpha}_5=\boldsymbol{\alpha}_1+\boldsymbol{\alpha}_2$.

3. $k=-2$.

4. 当$km=1$时，线性相关；当$km\neq1$时，线性无关.

5. 略.

习题 3.4

1. $(-2,\ 5,\ 1)^{\mathrm{T}}$.

2. $V_1=\{(x,y,z)\mid x-2y-2z=0\}$，$V_2=\{(x,y,z)\mid y+z=0\}$，$V=\mathbf{R}^3$.

3. 证明略；不一定.

4. 略.

习题 3.5

1. (1)$\boldsymbol{\eta}_1=(-2,1,1,0)^{\mathrm{T}}$，$\boldsymbol{\eta}_2=(-1,-3,0,1)^{\mathrm{T}}$；(2)$\boldsymbol{\eta}_1=(-4,0,1,-3)^{\mathrm{T}}$，$\boldsymbol{\eta}_2=(0,1,0,4)^{\mathrm{T}}$.

2. (1)$\boldsymbol{\xi}+k\boldsymbol{\eta}=(1,1,0,1)^{\mathrm{T}}+k(-2,1,1,0)^{\mathrm{T}}$，$k$为任意常数；

(2)$\boldsymbol{\xi}+k_1\boldsymbol{\eta}_1+k_2\boldsymbol{\eta}_2=(-2,5,0,0)^{\mathrm{T}}+k_1(-1,2,1,0)^{\mathrm{T}}+k_2(5,-7,0,1)^{\mathrm{T}}$，$k_1$，$k_2$为任意常数.

3. 只要证明是解，且线性无关.

4. $\boldsymbol{AX}=\boldsymbol{b}$的通解为$k\begin{pmatrix}0\\9\\4\\5\end{pmatrix}+\begin{pmatrix}1\\9\\4\\9\end{pmatrix}$，其中$k$为任意常数.

5. 可取$\boldsymbol{B}=\begin{pmatrix}2&5\\-2&-4\\1&0\\0&3\end{pmatrix}$(注意答案不唯一).

6. $\begin{cases} x_1-2x_2+x_3=0, \\ 2x_1-3x_2+x_4=0. \end{cases}$（注意答案不唯一）

7. 略.

8. 略.

总习题三

一、问答题

1. (1)不能，考虑 $\boldsymbol{A}=\begin{pmatrix}1&1\\1&2\\0&1\end{pmatrix}$，$\boldsymbol{b}=\begin{pmatrix}1\\2\\3\end{pmatrix}$，反之，能够；

(2)不能，考虑 $\boldsymbol{A}=\begin{pmatrix}1&2&3\\0&1&2\\1&3&5\end{pmatrix}$，$\boldsymbol{b}=\begin{pmatrix}1\\2\\-1\end{pmatrix}$，反之，能够.

2. 不一定.

3. 三向量 $\boldsymbol{\alpha}_1$，$\boldsymbol{\alpha}_2$，$\boldsymbol{\alpha}_3$ 线性相关当且仅当它们共面.

4. 向量的维数是向量分量的个数，向量空间的维数是基向量组含向量的个数. 三维空间 V 中可以有四维向量，如 $\boldsymbol{\alpha}_1=(1,1,1,1)$，$\boldsymbol{\alpha}_2=(0,1,1,1)$，$\boldsymbol{\alpha}_3=(0,0,1,1)$ 生成的是三维空间，其中向量均为四维向量.

5. 设有线性方程组

$$\begin{cases} a_1x+b_1y+c_1z=d_1, \\ a_2x+b_2y+c_2z=d_2, \\ a_3x+b_3y+c_3z=d_3, \end{cases}$$

其中每一个方程在空间表示一个平面.

如果方程组无解，则或者三平面平行，或者两平面重合并与第三个平面平行，或者两平面平行并与第三个平面相交，或者任意两平面相交，其交线平行于第三个平面；

如果方程组有唯一解，则三平面相交于一点；

如果方程组有无穷多个解，则或者三平面重合，或者两平面重合并与第三个平面相交，或者三平面相交于一条直线.

二、单项选择题

1. C. 2. C. 3. A. 4. A. 5. B.

6. D. 7. D. 8. D. 9. A. 10. D.

三、解答题

1. (1)$\boldsymbol{\alpha}_1$，$\boldsymbol{\alpha}_2$ 可作为一个极大线性无关组；(2)$\boldsymbol{\beta}_1=\boldsymbol{\alpha}_1+\boldsymbol{\alpha}_2$；

$\boldsymbol{\beta}_2$ 不可以，对应的方程组无解.

2. (1)当 $a\neq -1$，b 为任何值时，$\boldsymbol{\beta}$ 能由 $\boldsymbol{\alpha}_1$，$\boldsymbol{\alpha}_2$，$\boldsymbol{\alpha}_3$，$\boldsymbol{\alpha}_4$ 唯一的线性表示；

(2)当 $a=-1$，$b\neq 0$ 时，$\boldsymbol{\beta}$ 不能由 $\boldsymbol{\alpha}_1$，$\boldsymbol{\alpha}_2$，$\boldsymbol{\alpha}_3$，$\boldsymbol{\alpha}_4$ 线性表示；

(3)当 $a=-1$，$b=0$ 时，$\boldsymbol{\beta}$ 能由 $\boldsymbol{\alpha}_1$，$\boldsymbol{\alpha}_2$，$\boldsymbol{\alpha}_3$，$\boldsymbol{\alpha}_4$ 线性表示，且表示法不唯一，此时 $\boldsymbol{\beta}=(-2k_1+k_2)\boldsymbol{\alpha}_1+(k_1-2k_2+1)\boldsymbol{\alpha}_2+k_1\boldsymbol{\alpha}_3+k_2\boldsymbol{\alpha}_4$，其中 k_1，k_2 为任意常数.

3. 通解为 $k\begin{pmatrix}1\\-3\\1\\0\end{pmatrix}+\begin{pmatrix}1\\-1\\1\\-1\end{pmatrix}$，$k\in\mathbf{R}$.

4. $a=15$，$b=5$.

5. 提示：方法多，请仔细体会.

6. (1)向量组的秩等于 3，$\boldsymbol{\alpha}_1$，$\boldsymbol{\alpha}_2$，$\boldsymbol{\alpha}_3$ 是一个极大线性无关组；(2)$\boldsymbol{\alpha}_4=\boldsymbol{\alpha}_1-2\boldsymbol{\alpha}_2+3\boldsymbol{\alpha}_3$.

7. (1)讨论 $a=2$ 时，方程组无解；$a\neq 2$，$a\neq 1$ 时，方程组有唯一解；$a=1$ 时，方程组有无穷多个解. (2)$a=1$ 时，方程组有无穷多个解，通解：$\boldsymbol{x}=(1,0,1)^{\mathrm{T}}+k(-1,1,0)^{\mathrm{T}}$，$k$ 为任意常数.

8. (1)略；(2)$\boldsymbol{A}\boldsymbol{\alpha}_4=\begin{pmatrix}-11\\-1\\-8\end{pmatrix}$.

9. $a=1$ 或 $a=2$ 时，方程组有公共解. $a=1$ 时，公共解 $k(-1,0,1)^{\mathrm{T}}$，k 为任意常数；$a=2$ 时，公共解$(0,1,-1)^{\mathrm{T}}$.

10. (1)向量 $\boldsymbol{\beta}=\begin{pmatrix}-\frac{1}{2}+\frac{1}{2}k_1\\ \frac{1}{2}-\frac{1}{2}k_1\\ k_1\end{pmatrix}$，$\boldsymbol{\gamma}=\begin{pmatrix}-\frac{1}{2}-k_2\\ k_2\\ k_3\end{pmatrix}$；

(2)证明：$|\boldsymbol{\alpha},\boldsymbol{\beta},\boldsymbol{\gamma}|=-\frac{1}{2}\neq 0$，故线性无关.

11. 提示：利用列向量组的线性表示.

12. 提示：利用 $\boldsymbol{A}^*$ 和 $\boldsymbol{A}$ 秩的关系.

习题 4.1

1. $a=5$.

2. (1)$(1,2,-1)^{\mathrm{T}}$，$\frac{5}{3}(-1,1,1)^{\mathrm{T}}$，$(2,0,2)^{\mathrm{T}}$；

(2) $(1,0,1,0)^{T}$, $(-1,1,1,1)^{T}$, $(0,-1,0,1)^{T}$.

3. $\|\boldsymbol{\beta}_1\|=\sqrt{2}$, $\|\boldsymbol{\beta}_2\|=2$, $\|\boldsymbol{\beta}_3\|=2$. $\boldsymbol{\beta}_1$与$\boldsymbol{\beta}_2$之间的夹角为$\frac{\pi}{4}$, $\boldsymbol{\beta}_1$与$\boldsymbol{\beta}_3$、$\boldsymbol{\beta}_2$与$\boldsymbol{\beta}_3$之间的夹角为$\frac{\pi}{2}$，即相互正交.

4. 平面 $x+2y+3z-4=0$.

5. 略.

6. 略.

习题 4.2

1. (1) $\lambda_1=5$, $k\begin{pmatrix}1\\2\end{pmatrix}(k\neq0)$; $\lambda_2=-3$, $k\begin{pmatrix}-1\\2\end{pmatrix}(k\neq0)$;

(2) $\lambda_1=-1$, $k\begin{pmatrix}1\\0\\1\end{pmatrix}(k\neq0)$; $\lambda_2=\lambda_3=2$, $k_1\begin{pmatrix}1\\4\\0\end{pmatrix}+k_2\begin{pmatrix}1\\0\\4\end{pmatrix}(k_1^2+k_2^2\neq0)$;

(3) $\lambda_1=4$, $k_1\begin{pmatrix}0\\1\\1\end{pmatrix}(k_1\neq0)$; $\lambda_2=\lambda_3=-2$, $k_2\begin{pmatrix}1\\1\\0\end{pmatrix}(k_2\neq0)$;

(4) $\lambda_1=1$, $k_1\begin{pmatrix}2\\1\\3\end{pmatrix}(k_1\neq0)$; $\lambda_2=2$, $k_2\begin{pmatrix}1\\1\\2\end{pmatrix}(k_2\neq0)$, $\lambda_3=3$, $k_3\begin{pmatrix}-1\\1\\1\end{pmatrix}(k_3\neq0)$.

2. $-\frac{1}{6}$; 36; -7.

3. 5(n 重)，任意 n 维非零列向量.

4. 提示：用特征值和特征向量的定义证明.

5. 提示：用特征值和特征向量的定义证明.

6. 提示：用反证法证明.

习题 4.3

1. (1) $a=3$, $b=5$; (2) $\boldsymbol{P}=\begin{pmatrix}0&1&0\\-1&0&1\\1&0&1\end{pmatrix}$.

2. (1)可以；(2)可以；(3)不可以；(4)可以.

3. （1）$P=\begin{pmatrix}1 & 1 & 0\\ 2 & 0 & 1\\ 1 & -1 & 0\end{pmatrix}$，$P^{-1}AP=\begin{pmatrix}5 & & \\ & 3 & \\ & & 3\end{pmatrix}$；（2）$E$.

4. $\begin{pmatrix}6 & 6 & 6\\ -3 & -3 & -6\\ 0 & 0 & 3\end{pmatrix}$.

5. 略.

6. 略.

习题 4.4

1. （1）$\begin{pmatrix}0 & 1 & 0\\ \frac{1}{\sqrt{2}} & 0 & \frac{1}{\sqrt{2}}\\ \frac{-1}{\sqrt{2}} & 0 & \frac{1}{\sqrt{2}}\end{pmatrix}$，$\Lambda=\begin{pmatrix}2 & & \\ & 4 & \\ & & 4\end{pmatrix}$；

（2）$\begin{pmatrix}\frac{1}{\sqrt{3}} & \frac{-1}{\sqrt{2}} & \frac{-1}{\sqrt{6}}\\ \frac{1}{\sqrt{3}} & \frac{1}{\sqrt{2}} & \frac{-1}{\sqrt{6}}\\ \frac{1}{\sqrt{3}} & 0 & \frac{2}{\sqrt{6}}\end{pmatrix}$，$\Lambda=\begin{pmatrix}5 & & \\ & 1 & \\ & & -1\end{pmatrix}$.

2. （1）$a=-2$；（2）$Q=\begin{pmatrix}\frac{1}{\sqrt{2}} & \frac{1}{\sqrt{6}} & \frac{1}{\sqrt{3}}\\ 0 & \frac{-2}{\sqrt{6}} & \frac{1}{\sqrt{3}}\\ \frac{-1}{\sqrt{2}} & \frac{1}{\sqrt{6}} & \frac{1}{\sqrt{3}}\end{pmatrix}$，$\Lambda=\begin{pmatrix}3 & 0 & 0\\ 0 & -3 & 0\\ 0 & 0 & 0\end{pmatrix}$.

3. $A=\begin{pmatrix}1 & 0 & 0\\ 0 & 0 & -1\\ 0 & -1 & 0\end{pmatrix}$.

4. $|2E-A|=2^{n-r}$.

5. 略.

总习题四

一、问答题

1. 不存在，两两正交的非零向量组成的向量组线性无关.

2. 是的.

3. 如 $\boldsymbol{\eta}_1=(0,1,-1)^{\mathrm{T}}$，$\boldsymbol{\eta}_2=(-2,1,1)^{\mathrm{T}}$.

4. 15，$(1,1,1)^{\mathrm{T}}$.

5. 考虑多项式 $f(\lambda)$ 的各项系数与此多项式在 $\lambda=0$ 处的各阶导数的关系，利用行列式 $|\lambda\boldsymbol{E}-\boldsymbol{A}|$ 的求导，并比较系数来证明.

6. 不唯一. 对于向量组来说，向量组中各向量在该向量组中排在第几个位置是无关紧要的，一个向量组 $\boldsymbol{\alpha}_1$，$\boldsymbol{\alpha}_2$，…，$\boldsymbol{\alpha}_n$ 实际上可以有 $n!$ 种次序的写法. 对于每一种写法，均可用施密特(Schmidt)正交化方法得到与原向量组等价的正交向量组. 因此，结果不唯一.

二、单项选择题

1. C.　2. C.　3. B.　4. A.　5. D.

6. C.　7. D.　8. B.　9. B.　10. C.

三、解答题

1. (1) $\boldsymbol{B}$ 的特征值为 -1，8，3；(2) $\boldsymbol{B}$ 可对角化；且 $\boldsymbol{\Lambda}=\begin{pmatrix}-1&0&0\\0&8&0\\0&0&3\end{pmatrix}$；(3) $|\boldsymbol{B}|=-24$，$|\boldsymbol{A}-2\boldsymbol{E}|=4$.

2. $\boldsymbol{B}+\boldsymbol{E}$ 的特征值 1，2，…，n，$|\boldsymbol{B}+\boldsymbol{E}|=n!$.

3. $\boldsymbol{A}$ 的特征值为 $\lambda_1=\sum\limits_{i=1}^{n}a_i^2$，$\lambda_2=\lambda_3=\lambda_n=0$；

当 $\lambda_1=\sum\limits_{i=1}^{n}a_i^2$ 时，$\boldsymbol{A}$ 的特征向量为 $k(a_1,a_2,\cdots,a_n)(k\neq 0)^{\mathrm{T}}$；

当 $\lambda_2=\lambda_3=\lambda_n=0$ 时，$\boldsymbol{A}$ 的特征向量为

$$k_1\begin{pmatrix}-\dfrac{a_2}{a_1}\\1\\0\\\vdots\\0\end{pmatrix}+k_2\begin{pmatrix}-\dfrac{a_3}{a_1}\\0\\1\\\vdots\\0\end{pmatrix}+\cdots+k_{n-1}\begin{pmatrix}-\dfrac{a_n}{a_1}\\0\\0\\\vdots\\1\end{pmatrix}(k_1^2+k_2^2+\cdots+k_{n-1}^2\neq 0).$$

4. (1) $x=0$，$y=-2$；(2) 可取 $\boldsymbol{P}=(\boldsymbol{\alpha}_1,\boldsymbol{\alpha}_2,\boldsymbol{\alpha}_3)=\begin{pmatrix}0&0&1\\-2&1&0\\1&1&-1\end{pmatrix}$.

5. 略.

6. (1) 略；(2) 略.

7. 略.

8. $\pm\frac{4}{\sqrt{2}}$.

9. $A=\begin{pmatrix}\frac{7}{3} & 0 & -\frac{2}{3}\\ 0 & \frac{5}{3} & -\frac{2}{3}\\ -\frac{2}{3} & -\frac{2}{3} & 2\end{pmatrix}$.

10. $a=2$，当 $b=1$ 时，$\lambda=1$；当 $b=-2$ 时，$\lambda=4$.

11. A 的特征值为 0，2，3 各不相同，故 A 能相似于对角矩阵.

12. $a=-2$，$A^n=\begin{pmatrix}-1 & 1 & 0\\ -2 & 2 & 0\\ 4 & -2 & 1\end{pmatrix}$.

13. 提示：用定义.

14. 提示：实对称矩阵 A 可对角化，矩阵 A 的特征值为 0 或 1.

15. 提示：将条件改写为$\begin{cases}F_{k+2}=F_{k+1}+F_k,\\ F_{k+1}=F_{k+1},\end{cases}$ $(k=0,1,2,\cdots)$ $F_0=0$，即 $\boldsymbol{\alpha}_{k+1}=A\boldsymbol{\alpha}_k$，$(k=0,1,2,\cdots)$，其中

$$\boldsymbol{\alpha}_k=\begin{pmatrix}F_{k+1}\\ F_k\end{pmatrix},\ \boldsymbol{\alpha}_0=\begin{pmatrix}F_1\\ F_0\end{pmatrix}=\begin{pmatrix}1\\ 0\end{pmatrix},\ A=\begin{pmatrix}1 & 1\\ 1 & 0\end{pmatrix}.$$

习题 5.1

1. (1) $\begin{pmatrix}1 & 1 & 0\\ 1 & 1 & -\frac{5}{2}\\ 0 & -\frac{5}{2} & -2\end{pmatrix}$；(2) $\begin{pmatrix}2 & 2 & -1\\ 2 & 3 & \frac{1}{2}\\ -1 & \frac{1}{2} & -1\end{pmatrix}$；(3) $\begin{pmatrix}1 & \frac{3}{2} & 2\\ \frac{3}{2} & 2 & 5\\ 2 & 5 & 5\end{pmatrix}$.

2. (1) $x_1^2+6x_1x_2+4x_2^2$；

(2) $x_1^2+4x_3^2+2x_1x_2+10x_1x_3+6x_2x_3$；

(3) $2x_1^2+x_2^2+6x_1x_2+8x_2x_3$；

(4) $\sum_{i=1}^{n}a_i^2x_i^2+2\sum_{1\leqslant i<j\leqslant n}a_ia_jx_ix_j$.

3. (1)1；(2)2.

4. $\boldsymbol{X}=\boldsymbol{A}^{-1}\boldsymbol{Y}$.

5. $c=3$.

6. $\boldsymbol{C}=\begin{pmatrix}0&0&1\\0&1&0\\1&0&0\end{pmatrix}$.

习题 5.2

1. (1) $\begin{pmatrix}\frac{1}{\sqrt{2}}&\frac{1}{\sqrt{6}}&\frac{1}{\sqrt{3}}\\-\frac{1}{\sqrt{2}}&\frac{1}{\sqrt{6}}&\frac{1}{\sqrt{3}}\\0&-\frac{2}{\sqrt{6}}&\frac{1}{\sqrt{3}}\end{pmatrix}$，$\boldsymbol{X}=\boldsymbol{QY}$，$f=-y_1^2-y_2^2+5y_3^2$；

(2) $\begin{pmatrix}0&\frac{4}{3\sqrt{2}}&\frac{1}{3}\\\frac{1}{\sqrt{2}}&-\frac{1}{3\sqrt{2}}&\frac{2}{3}\\\frac{1}{\sqrt{2}}&\frac{1}{3\sqrt{2}}&-\frac{2}{3}\end{pmatrix}$，$\boldsymbol{X}=\boldsymbol{QY}$，$f=y_1^2+y_2^2+10y_3^2$.

2. (1)$f=2y_1^2-y_2^2+2y_3^2$，秩为3；

(2)$f=2y_1^2-2y_2^2-4y_3^2+4y_4^2$，秩为4.

3. (1)$f=y_1^2+y_2^2-y_3^2$，$\boldsymbol{C}=\begin{pmatrix}1&-1&0\\0&1&-1\\0&0&1\end{pmatrix}$，秩为3；

(2)$f=2y_1^2-\frac{1}{2}y_2^2+4y_3^2$，$\boldsymbol{C}=\begin{pmatrix}1&-\frac{1}{2}&2\\1&\frac{1}{2}&-1\\0&0&1\end{pmatrix}$，秩为3.

4. $k=3$，$f=4y_1^2+9y_2^2$.

习题 5.3

1. (1)$f=z_1^2-z_2^2-z_3^2$，$r=3$，$p=1$；

(2)$f=z_1^2+z_2^2+z_3^2$，$r=3$，$p=3$；

(3) $f=z_1^2+z_2^2+z_3^2$，$r=3$，$p=3$；

(4) $f=z_1^2+z_2^2-z_3^2-z_4^2$，$r=4$，$p=2$.

2. r.

3. 略.

习题 5.4

1. (1)正定；(2)不正定；(3)正定；(4)正定.

2. 提示：利用定义和分块矩阵的运算性质证明.

3. 提示：考虑特征值.

4. 提示：必要性用定义证明，充分性由$\boldsymbol{A}^{\mathrm{T}}\boldsymbol{A}$ 正定，$|\boldsymbol{A}^{\mathrm{T}}\boldsymbol{A}|>0$ 推出 .

5. 提示：利用定义证明.

总习题五

一、问答题

1. 略.

2. 用正交变换法化二次型为标准形，所得标准形的各项系数为此二次型的矩阵的特征值. 因为正交替换不改变向量的长度，从而不会改变图形的形状 . 而配方法、初等变换法化二次型为标准形一般不具备上述特点. 配方法、初等变换法化二次型为标准形，避免了求矩阵的特征值，并且初等变换法在给出标准形的同时能给出所作的非退化线性变换的矩阵. 但配方法、初等变换法通常会改变图形的形状，且有时也会出现计算步骤较多的情况.

3. 略.

4. 由定义可见：(a)矩阵的等价关系存在于同型矩阵中 . 矩阵的相似、合同关系存在于同阶方阵中 . 特别地，我们通常研究对称矩阵间的合同关系. (b)等价的矩阵不一定相似或合同，但相似或合同的矩阵一定等价. (c)相似的矩阵不一定合同，合同的矩阵也不一定相似.

等价关系的不变量：秩.

相似关系的不变量：秩；特征多项式；特征值.

合同关系的不变量：秩；对称性；对称矩阵对应二次型的规范形；实对称矩阵的二次型的正惯性指数和负惯性指数.

二、单项选择题

1. D.　2. D.　3. A.　4. D.　5. C.

6. B.　7. B.　8. C.　9. B.　10. A.

三、解答题

1. (1) $\begin{pmatrix} 0 & 1 & 0 & 0 \\ 1 & 0 & 0 & 0 \\ 0 & 0 & \frac{2}{3} & -\frac{1}{3} \\ 0 & 0 & -\frac{1}{3} & \frac{2}{3} \end{pmatrix}$；

(2) $2x_1x_2+2x_3^2+2x_3x_4+2x_4^2$，$2x_1x_2+\frac{2}{3}x_3^2-\frac{2}{3}x_3x_4+\frac{2}{3}x_4^2$；

(3) $\boldsymbol{A}$ 的特征值为：1，-1，3，1；$\boldsymbol{A}^{-1}$ 的特征值为：1，-1，$\frac{1}{3}$，1；

(4) $y_1^2-y_2^2+3y_3^2+y_4^2$；$y_1^2-y_2^2+\frac{1}{3}y_3^2+y_4^2$.

2. 略.

3. $\lambda=2$，$\boldsymbol{Q}=\begin{pmatrix} 0 & 1 & 0 \\ \frac{1}{\sqrt{2}} & 0 & \frac{1}{\sqrt{2}} \\ -\frac{1}{\sqrt{2}} & 0 & \frac{1}{\sqrt{2}} \end{pmatrix}$.

4. (1) 正交变换法：$\begin{pmatrix} x_1 \\ x_2 \\ x_3 \end{pmatrix}=\begin{pmatrix} 0 & 1 & 0 \\ \frac{1}{\sqrt{2}} & 0 & \frac{1}{\sqrt{2}} \\ -\frac{1}{\sqrt{2}} & 0 & \frac{1}{\sqrt{2}} \end{pmatrix}\begin{pmatrix} y_1 \\ y_2 \\ y_3 \end{pmatrix}$，标准形为 $f=2y_1^2+4y_2^2+4y_3^2$；

(2) 配平方法：$\begin{pmatrix} x_1 \\ x_2 \\ x_3 \end{pmatrix}=\begin{pmatrix} 1 & 0 & 0 \\ 0 & 1 & 1 \\ 0 & 1 & -1 \end{pmatrix}\begin{pmatrix} y_1 \\ y_2 \\ y_3 \end{pmatrix}$，标准形为 $f=4y_1^2+8y_2^2+4y_3^2$；

(3) 合同变换法：$\begin{pmatrix} x_1 \\ x_2 \\ x_3 \end{pmatrix}=\begin{pmatrix} 1 & 0 & 0 \\ 0 & 1 & -1 \\ 0 & 0 & 3 \end{pmatrix}\begin{pmatrix} y_1 \\ y_2 \\ y_3 \end{pmatrix}$，标准形为 $f=4y_1^2+3y_2^2+24y_3^2$.

5. $\boldsymbol{A}$ 的特征值为 0，4，9，

正交变换为$\begin{pmatrix}x_1\\x_2\\x_3\end{pmatrix}=\begin{pmatrix}-\frac{1}{\sqrt{6}} & \frac{1}{\sqrt{2}} & \frac{1}{\sqrt{3}}\\ \frac{1}{\sqrt{6}} & \frac{1}{\sqrt{2}} & -\frac{1}{\sqrt{3}}\\ \frac{2}{\sqrt{6}} & 0 & \frac{1}{\sqrt{3}}\end{pmatrix}\begin{pmatrix}y_1\\y_2\\y_3\end{pmatrix}$，标准形为$f=4y_2^2+9y_3^2$；表示椭圆柱面.

6. $a=b=0$. 正交矩阵为$\boldsymbol{P}=\begin{pmatrix}-\frac{1}{\sqrt{2}} & 0 & \frac{1}{\sqrt{2}}\\ 0 & 1 & 0\\ \frac{1}{\sqrt{2}} & 0 & \frac{1}{\sqrt{2}}\end{pmatrix}$.

7. 略.

8. $y_1^2+y_2^2$(答案不唯一).

9. 提示：二次型的规范形.

10. 略.

11. 提示：(必要性)利用正定性，$\boldsymbol{X}\neq\boldsymbol{0}\Rightarrow\boldsymbol{BX}\neq\boldsymbol{0}$，从而$R(\boldsymbol{B})=n$.
(充分性)利用$\boldsymbol{A}$为正定矩阵.

12. 提示：考虑特征值.

13. 提示：考虑$\boldsymbol{A}-a\boldsymbol{E}$，$\boldsymbol{B}-b\boldsymbol{E}$的正定性.

14. 提示：当ε充分小时，$\varepsilon\boldsymbol{E}+\boldsymbol{A}$是正定的.

15. 提示：(1)证$\boldsymbol{S}^{\mathrm{T}}=-\boldsymbol{S}$或$s_{ij}=-s_{ij}$；(2)反证法.

习题 6.1

1. (1)是；(2)是；(3)是；(4)不是.

2. (1)$V_1\cap V_2=0$，$V_1+V_2=\mathbf{R}^{n\times n}$；
(2)$V_1\cap V_2=W=\{\mathrm{diag}(d_{11},d_{22},\cdots,d_{nn})\mid d_{ii}\in R\}$，$V_1+V_2=\mathbf{R}^{n\times n}$.

3. 略.

4. 提示：证明生成向量组等价.

习题 6.2

1. (1)$E_{11},E_{22},\cdots,E_{nn},E_{ij}+E_{ji}(i\neq j,i,j=1,2,\cdots,n)$，$\dim V=\frac{n(n+1)}{2}$；

(2) $E_{ij}-E_{ji}(i\neq j,i,j=1,2,\cdots,n)$, $\dim V=\dfrac{n(n-1)}{2}$;

(3) $E_{ij}(i\leqslant j,i,j=1,2,\cdots,n)$, $\dim V=\dfrac{n(n+1)}{2}$;

(4) $E_{ii}(i=1,2,\cdots,n)$, $\dim V=n$.

2. 一维，一组基：$\boldsymbol{\gamma}=-\boldsymbol{\alpha}_1+4\boldsymbol{\alpha}_2=(-5,2,3,4)$.

3. (1) $\boldsymbol{X}=(1,-3,9,-4)^{\mathrm{T}}$；(2) $\boldsymbol{T}=\begin{pmatrix}-1&0&0&2\\1&-1&-1&-2\\0&1&0&1\\0&0&1&0\end{pmatrix}$.

4. 线性相关.

习题 6.3

1. (1)当 $\alpha=0$ 时，是；当 $\alpha\neq0$ 时，不是；(2)当 $\alpha=0$ 时，是；当 $\alpha\neq0$ 时，不是；(3)不是；(4)是；(5)是；(6)是.

2. 用定义.

3. $\begin{pmatrix}2&-1&0\\0&1&1\\1&0&0\end{pmatrix}$.

4. 略.

习题 6.4

1. 线性变换 τ 在基 $\boldsymbol{\alpha}_1$，$\boldsymbol{\alpha}_2$，$\boldsymbol{\alpha}_3$ 下的矩阵为 $\boldsymbol{A}=\begin{pmatrix}0&2&2\\1&0&-1\\0&0&1\end{pmatrix}$.

2. 过渡矩阵 $\boldsymbol{P}=\begin{pmatrix}-1&1&0\\1&0&1\\1&-1&1\end{pmatrix}$，$\boldsymbol{A}$ 在基 $\boldsymbol{\varepsilon}_1$，$\boldsymbol{\varepsilon}_2$，$\boldsymbol{\varepsilon}_3$ 下的矩阵为 $\boldsymbol{B}=\boldsymbol{P}^{-1}\boldsymbol{A}\boldsymbol{P}=\begin{pmatrix}-1&1&-2\\2&2&0\\3&0&2\end{pmatrix}$.

3. (1)过渡矩阵为 $\boldsymbol{P}=\begin{pmatrix}-2&-\dfrac{3}{2}&\dfrac{3}{2}\\1&\dfrac{3}{2}&\dfrac{3}{2}\\1&\dfrac{1}{2}&-\dfrac{5}{2}\end{pmatrix}$；

(2)$\mathcal{A}$ 在基 $\boldsymbol{\varepsilon}_1$，$\boldsymbol{\varepsilon}_2$，$\boldsymbol{\varepsilon}_3$ 下的矩阵为 $\boldsymbol{A}=\begin{pmatrix}-2 & -\frac{3}{2} & \frac{3}{2}\\ 1 & \frac{3}{2} & \frac{3}{2}\\ 1 & \frac{1}{2} & -\frac{5}{2}\end{pmatrix}$；

(3)$\boldsymbol{A}$.

4. $\boldsymbol{T}=\begin{pmatrix}1 & 1 & 1 & 1\\ 0 & 1 & 1 & 1\\ 0 & 0 & 1 & 1\\ 0 & 0 & 0 & 1\end{pmatrix}$.

5. $\sigma(\boldsymbol{\beta})=(-5,\ 2,\ -9)^{\mathrm{T}}$

总习题六

一、问答题

1. 正交，线性无关.

2. (1)终点所在的平面是过原点的平面，那么所有这些向量构成二维子空间；但终点在不过原点的平面上的向量不构成子空间，因为对加法不封闭.

(2)L_1+L_2：(Ⅰ)直线 l_1 与 l_2 重合时，L_1+L_2 是一维子空间；(Ⅱ)l_1 与 l_2 不重合时，L_1+L_2 是二维子空间.

$L_1+L_2+L_3$：(Ⅰ)l_1，l_2，l_3 重合时，$L_1+L_2+L_3$ 构成一维子空间；(Ⅱ)l_1，l_2，l_3 在同一平面上时，$L_1+L_2+L_3$ 构成二维子空间；(Ⅲ)l_1，l_2，l_3 不在同一平面上时，$L_1+L_2+L_3$ 构成三维子空间.

(3)令过原点的两条不同直线 l_1，l_2 分别构成一维子空间 U，V，$X=U+V$ 是二维子空间，在 l_1，l_2 决定的平面上，过原点的另一条不与 l_1，l_2 相同的直线 l_3 构成一维子空间 Y，显然 $Y\subset X$，$Y\cap U=\{0\}$，$Y\cap V=\{0\}$，因此$(Y\cap U)\oplus(Y\cap V)=\{0\}$，故满足 $U+V=X$，$X\supset Y$，满足，但 $Y=(Y\cap U)\oplus(Y\cap V)$ 并不成立.

3. 如：简化线性变换的表示，寻找有限维空间理想的基向量组等.

二、判断题

1. (1)是，基为 $\boldsymbol{e}_2=\begin{pmatrix}0\\1\\0\\\vdots\\0\end{pmatrix}$，$\boldsymbol{e}_3=\begin{pmatrix}0\\0\\1\\\vdots\\0\end{pmatrix}$，…，$\boldsymbol{e}_n=\begin{pmatrix}0\\0\\0\\\vdots\\1\end{pmatrix}$；

$n-1$ 维；

(2)不是；　　(3)不是；

(4)是，基为 $\boldsymbol{E}_1=\begin{pmatrix}0&1\\-1&0\end{pmatrix}$，$\boldsymbol{E}_2=\begin{pmatrix}0&0\\0&1\end{pmatrix}$，2 维；

(5)是，基为 $\boldsymbol{\xi}_1=\begin{pmatrix}-1\\1\\0\\\vdots\\0\end{pmatrix}$，$\boldsymbol{\xi}_2=\begin{pmatrix}-1\\0\\1\\\vdots\\0\end{pmatrix}$，…，$\boldsymbol{\xi}_{n-1}=\begin{pmatrix}-1\\0\\0\\\vdots\\1\end{pmatrix}$，

$n-1$ 维.

2. (1)是；(2)不是；(3)是；(4)是；(5)是.

三、解答题

1. 维数为 6，基为：

$$\boldsymbol{E}_1=\begin{pmatrix}1&0&0\\0&0&0\\0&0&0\end{pmatrix},\ \boldsymbol{E}_2=\begin{pmatrix}0&0&0\\0&1&0\\0&0&0\end{pmatrix},\ \boldsymbol{E}_3=\begin{pmatrix}0&0&0\\0&0&0\\0&0&1\end{pmatrix},$$

$$\boldsymbol{E}_4=\begin{pmatrix}0&1&0\\1&0&0\\0&0&0\end{pmatrix},\ \boldsymbol{E}_5=\begin{pmatrix}0&0&1\\0&0&0\\1&0&0\end{pmatrix},\ \boldsymbol{E}_6=\begin{pmatrix}0&0&0\\0&0&1\\0&1&0\end{pmatrix}.$$

2. (1)只需证明 1，$1+x$，$(1+x)^2$，$(1+x)^3$ 线性无关；

(2)过渡矩阵为 $\boldsymbol{C}=\begin{pmatrix}1&1&1&1\\0&1&2&3\\0&0&1&3\\0&0&0&1\end{pmatrix}$；

(3)过渡矩阵为 $\boldsymbol{C}^{-1}=\begin{pmatrix}1&-1&1&-1\\0&1&-2&3\\0&0&1&-3\\0&0&0&1\end{pmatrix}$；

(4)坐标为 $\boldsymbol{x}=\boldsymbol{C}^{-1}\begin{pmatrix}a_0\\a_1\\a_2\\a_3\end{pmatrix}=\begin{pmatrix}a_0-a_1+a_2-a_3\\a_1-2a_2+3a_3\\a_2-3a_3\\a_3\end{pmatrix}$.

3. $\boldsymbol{D}=\begin{pmatrix}0&1&0&\cdots&0\\0&0&2&\cdots&0\\\vdots&\vdots&\vdots&&\vdots\\0&0&0&\cdots&n-1\\0&0&0&\cdots&0\end{pmatrix}$.

4. 维数为 2，$\boldsymbol{\alpha}_1$，$\boldsymbol{\alpha}_2$，$\boldsymbol{\alpha}_3$，$\boldsymbol{\alpha}_4$ 任何两个都可构成一个基.

5. $\boldsymbol{\beta}_1$ 在 $\boldsymbol{\alpha}_1$，$\boldsymbol{\alpha}_2$，$\boldsymbol{\alpha}_3$ 下的坐标为$(2,3,-1)^{\mathrm{T}}$，$\boldsymbol{\beta}_2$ 在 $\boldsymbol{\alpha}_1$，$\boldsymbol{\alpha}_2$，$\boldsymbol{\alpha}_3$ 下的坐标为$(3,-3,-2)^{\mathrm{T}}$.

6. (1)$\boldsymbol{\beta}_1=(1,0,1)^{\mathrm{T}}$，$\boldsymbol{\beta}_2=(1,0,-1)^{\mathrm{T}}$，$\boldsymbol{\beta}_3=(1,2,1)^{\mathrm{T}}$；

(2)$\boldsymbol{\alpha}_1=\left(\frac{1}{2},\frac{1}{2},\frac{3}{2}\right)^{\mathrm{T}}$，$\boldsymbol{\alpha}_2=\left(\frac{3}{2},\frac{1}{2},1\right)^{\mathrm{T}}$，$\boldsymbol{\alpha}_3=\left(1,1,\frac{1}{2}\right)^{\mathrm{T}}$.

7. (1)$\boldsymbol{\alpha}+\boldsymbol{\beta}+\boldsymbol{\gamma}$ 在基 1，x，x^2 下的坐标为$(3,3,2)^{\mathrm{T}}$；(2)过渡矩阵为$\boldsymbol{C}=\begin{pmatrix}1&0&0\\-1&1&1\\1&-2&0\end{pmatrix}$.

8. $a=1$，$b=-2$，$c=-\frac{1}{2}$；$x=-1$，$y=1$，$z=-5$.

9. $\boldsymbol{B}=\boldsymbol{C}^{-1}\boldsymbol{A}\boldsymbol{C}=\begin{pmatrix}3&5&3\\2&-1&-2\\2&4&4\end{pmatrix}$.